MFC Windows 应用程序设计

（第4版）

任 哲 编著

清华大学出版社
北京

国时代"，这就为那些天才的程序员们天马行空地大展身手，实现各种奇思妙想提供了广阔的空间和平台。MFC 就是在这种环境中率先冲杀出来的一匹骏马，在它的成长过程中，各种编程思想(注意，这里的用词是"思想"而不是"技术"或"技巧")的激烈交锋和碰撞，致使MFC 蕴藏了太多业界精英的智慧结晶，尽管限于当年的各种客观条件约束，他们的工作做得并不十分完美，甚至有些幼稚和笨拙，留有或多或少的缺憾，但经过多年的不断迭代，都在后续程序设计语言和程序框架的发展中得到了发展和升华，并在互联网兴起之后，为跨平台软件框架和语言的发展起到了指导性作用。Java 就从 MFC 获益匪浅，从而使之一起步就是一个相对完整的框架。可见，如果在年轻时与 MFC 失之交臂将是多么的遗憾。

如果学习的是自动化、机械等专业，想向嵌入式系统及应用方向发展，由于嵌入式系统的实时性要求较高，硬件资源又相对匮乏，所以对 MFC 的需求不会很迫切。因为它毕竟是个为桌面程序设计的 C++ 类库，代码执行效率不如 C，也很难满足苛刻的实时性要求。但在实时性要求不高、系统资源较丰富的一些嵌入式应用中，MFC 还是会有应用前景的，毕竟它的开发效率比较高。

如果学习的不是上述专业，也无心向这些方面发展，只是需要编写一些与自己专业相关的业务处理软件，那么应该去学习 Python 等应用代码库多的语言或框架。

几年来，读者另一个常问的问题是"什么是框架"。

框架似乎并无确切定义，这是因为框架无处不在，几乎可以说是一个不言而喻的概念。因为人们日常生活中的大多数活动都是处在一个框架中，这个活动的内容可能是自己的业务，也可能是在大框架中为自己或别人构造小框架。

其实框架这个概念是从平台的概念开始，从通用到专用，随着计算机应用的发展逐渐发展出来的，通用性强的称为平台，专用性强的称为框架。通用性最强的是裸机，称为硬件平台，其上的操作系统则称为软件平台。由于在软件平台上运行的程序通常是使用某种语言编写的，不同的程序设计语言为了用户的方便，还会提供一些用户可以直接调用的库函数，这些库函数通常只能被本语言所编写的程序所调用，有某种程度的专用性，于是这些库函数的集合就具有了应用程序框架的意味。另外，用函数来充当框架的功能模块，其粒度太小，致使这种框架在感官上并不那么明显，平台和框架的界限比较模糊。面向对象程序设计语言发展起来以后，以类为单位的软件模块粒度明显增大，框架的形象也就逐渐凸显并清晰了起来。这也是被微软公司称为"类库"的 MFC 却被其他人称为框架的原因。特别是在Visual Basic 以及 Delphi 等模块化程度更高，对框架底层封装得更严的可视化开发环境普及之后，程序员见到的只是各种回调函数，而框架代码基本对他们屏蔽，以至于一些程序员甚至始终不知道 main() 函数长什么样。

后来，应用程序的规模越来越大，个性化需求越来越多，人们已不满足于专业软件开发商提供的框架，从而掀起了自制框架的潮流。现在人们所说的框架，大体上就是指这些具有一定特殊用途和功能，由公司或个人使用类模块创建的类库。例如，著名的 Spring、Struts、Hibernate、SuperSocket 等，以及本书习题集中介绍的 IOC 框架和 AOP 框架等小型框架。

如果按照从通用到专业的顺序排列，用以支持用户应用程序设计的软件的顺序应该为系统平台提供的 API→语言提供的库→开发工具提供的库→定制库。那么从哪种软件库开始算作框架，大概也只能是仁者见仁智者见智了。

人们之所以喜欢使用框架，就在于利用这些框架制作软件不仅开发效率高，而且在软件的可维护性、可扩展性以及稳定性和执行效率等方面都能获得良好的效果。

任何技术一旦成为业界的时尚，它一定会带来更广泛的影响，为了应对设计健壮框架的需求，在软件设计方法上出现了一个称为设计模式的技术分支。所谓设计模式，就是人们多年来总结出来的数十种使用接口构建符合"开闭原则"软件的设计方案，如工厂模式、代理模式、监听器模式、装饰模式等。这种趋势也不可避免地影响到了程序设计语言层面，为制作健壮软件提供尽可能的支持也成了程序设计语言的一个发展方向。从 C++ 开始，各种语言相继推出了接口、抽象类、终结类、部分类、反射、特性以及扩展方法（C#）等新型语言特性。与此同时，程序设计语言大多还会提供各种应用类库，以至于语言也逐渐在框架化。

作者认为，作为高等学校，注重"框架/平台意识"的培养应该是计算机专业教学的目标之一，这也是本书从出版那天起所追求的目标。但正像有些读者指出的那样，作为一本借助框架来介绍编程思想的计算机专业教学用书，到了今天还只是单纯介绍 MFC 确实有些不合时宜，把它对后续软件框架的影响及成果介绍出来也应是本书的责任。

本书从较难自学、对以后发展起重要作用的重要基础知识中精选了如下 5 部分内容。

（1）反射机制。反射是应用程序通过读取元数据，并根据其信息实现程序功能的机制。这个机制萌芽于 MFC 的运行期类型识别，是 C# 实现装配软件的重要基础，也是应用程序实现插件功能的重要技术手段，在应用程序框架设计中也常见它的身影。

（2）特性。这是一个向元数据写信息的机制，它提供了应用程序向 PE 文件中保存注释的功能。该注释可以由应用程序在运行期通过反射来获得，从而根据注释信息实现程序的一些特殊功能。C# 还通过预置特性，来影响编译器的编译行为。特性与反射一样，也是实现程序框架的常用技术（在习题解答及上机实验的阅读材料中有介绍）。

反射和特性可以算是同一个方面的内容，即所谓的元数据编程，只不过一个是读，一个是写。作者之所以选择了元数据编程这个内容，主要是希望在学习的时候，能注重挖掘其背后的思想方法，以及这些技术的开发者们在技术发展的不同时期能够及时更新设计理念的能力。因为元数据实质上就是人们在发现软硬件资源逐渐丰富之后，及时实现了以前没有条件实现的功能，从而使 C# 实现了软件的"自描述"能力。

（3）扩展方法。这是 C# 为了支持符合"开闭原则"软件的设计，在语言层面提供的一种技术。在这个技术中，微软创建了一种既可以通过实例，也可以通过类名调用的方法。这种技术把静态类的方法通过参数中的类名与被扩展类绑了起来，从而使之成为一个不属于被扩展类的实例方法。思路独特，效果良好。

扩展方法似乎是微软公司的首创，目的是希望能在接口之外再为接口补充一些方法，以作为接口的补充。如果把接口看作契约，那么扩展方法就相当于契约的补充条款。读者从这个设计中可以看出微软程序员们不拘一格，敢于突破的创新精神。当然，作为一个新事物，目前对这种方法的争论也很多，但这个争论是不是也正是我们教学所需要的呢？

（4）Linq 系统。Linq 是 Language Integrated Query（语言集成查询）的发音，是一种数据库查询语言，使得应用程序对数据库的访问更加方便、安全。从学习的角度看，Linq 的意义重大，因为它的名字里有"集成"这个词，而这个词在业界基本等同于"跨平台"。即 Linq 是一个以跨平台为目标的项目，设计者在这个框架的设计中综合采用了多种编程技术，它们之间的配合堪称完美，其中各种接口与扩展方法的运用，用叹为观止来形容绝不为过。但遗憾地是，由于篇幅的限制，作者不得不把 Linq 中采用的表达式树作为扩展阅读材料放到本书配套的《MFC Windows 应用程序设计习题解答及上机实验》（第 4 版）（简称本书配套教材)中。这部分内容相当有意思,是 Linq 跨平台的关键,可以让读者顿悟许多以前长期感到困惑的问题。

(5) C♯ 的动态语言特性。虽然本书对于这部分内容只做了简要介绍,但不要轻视它,它不仅对 C♯ 以后发展的影响巨大,而且微软公司在 C♯ 这样一个强类型语言中增加动态性能的手法确有值得学习和品味的独到之处。

当然,作者也清楚,上面 5 个知识点哪个都不是三言两语就能讲清楚的,其中每个都应该至少占一章的篇幅,所以在这里作者只是尽力使用通俗易懂的语言介绍了它们的精要,目的是为读者建立一个基本概念,从而在其他工具性较强的书籍及资料的帮助下,能尽快地理解 C♯ 的相关内容,并能开发一些实用软件。

几年来,从读者的来信中,感觉有些读者在学习本书之前有两方面有些欠缺,致使在本书的学习过程中遇到一些不必要的麻烦,这里想再强调一下。

(1) 由于指针,特别是函数指针,是当前软件解耦的重要手段之一,因此读者最好再复习一下指针的相关知识。如果说有什么窍门的话,那就是要牢记:指针就是地址,是要访问的那个对象的地址,即指针是访问者与被访问者之间的一个中介,所以它比较"虚",而凡是虚的东西都有隔离或解耦作用。换个角度说,指针可以使访问者和被访问者关联得比较松,从而使访问者和被访问者都比较自由,相互影响小。

可以说,在计算机及软件中的那些虚拟内存、虚拟函数、虚拟文件系统等,大多都与指针有关;还有在软件设计中的接口、C♯ 中的委托、遍历集合对象成员用的迭代器,它们其实都与函数指针有或多或少的关联。

(2) 可能是集成开发工具太多的缘故,现在的学习者大多不会使用命令行工具,致使他们不知道什么称为编译,什么称为链接,不知道可执行文件的生成过程,从而也就很难理解可装配软件的工作原理。这个问题其实很好解决,只要在校学习期间在老师的指导下多做几次实验即可。

另外,作者强烈建议,有能力的读者最好在学习 C♯ 时同时学习 Java,因为它与 C♯ 几乎是一对双胞胎,并不违和。

在本书的编写过程中参考了大量资料,也引用了其中的一些代码,在此对这些资料的作者们一并表示衷心的感谢!

希望大家喜欢本书。
祝各位读者学业有成,事业发达!

作者

2025 年 4 月

学习资源

第 3 版前言

不经意间,距本书第 1 版出版已经有近 10 年光景了,而微软的 Visual C++ 6.0,特别是其核心项目 MFC,自其 1992 年年初发布的 MFC 1.0(即 MS C/C++ 7.0)开始也已经在业界驰骋拼杀 20 个年头了。本书的不断改版,固然是读者的抬爱,对于 MFC 来说,则不能不说是一个奇迹,因为迄今为止,在软件业发展史上除了 MFC 还没有一款软件受到如此瞩目。对之大加赞扬,乃至成为其忠实粉丝的拥趸有之,而对其投以藐视甚至鄙视的目光,称其代码丑陋无比而大加挞伐的人也为数众多,但这种毁誉参半的评价并未妨碍它的广泛应用。这究竟是 Visual C++ 6.0 代码并不像藐视者所说的那么丑陋,还是因其代码效率高而没有太在意它的丑陋而使人们勉为其难地在使用它? 不得而知。尽管在有了 Java 和 .NET 的今天,以 MFC 为主的 Visual C++ 6.0 仍然在桌面系统程序开发上以其独有的高效率优势而占有一定市场份额。

随着 IT 业的发展,新程序开发工具不断涌现,不知从何时起,关于 MFC 又多个了一个话题:"MFC 是否已经过时?"有人说它从出生那天起就过时了,也有人说它始终没过时,甚至时不时地有人在预测它什么时候过时以及将由什么工具来代替。一直到微软公司自己推出了自认为可代替 MFC 的 .NET 之后,人们认为 MFC 这回真的是要寿终正寝了,谁知到了 .NET 已经推出了 Visual Studio 2010 的当下,MFC 仍然像幽灵一样徘徊于业界的各个角落。

作为本书的作者,经常收到一些读者来信询问诸如上述的 MFC 会不会过时、学习 MFC 是不是还有意义之类的问题。对于第一个问题,我的回答是,不知道,真不知道。对于第二个问题,我的回答是,有意义,非常有意义。因为在应用程序框架领域,MFC 是一款具有历史意义的软件,它之所以能够在质疑和争论中被应用到今天,那就是因为它有巨大成功之处,也有因软件工程发展阶段限制的失误及失败之处,这一切都是软件业的财富。对这种财富视而不见,不学习,不继承,岂不是傻瓜?

众所周知,自面向对象程序设计思想出现之后,C++ 是第一个借助 C 的优势而真正在业界广泛推广了起来的面向对象编程语言,而 MFC 则是第一个使用 C++ 编写的 Windows 应用程序框架,正是因为有了它(当然还有 VB),那些深陷于 Windows 数千个 API 函数中的程序员才被解放了出来,也才有了以后 Windows 应用程序的蓬勃发展。

正因为这两个第一次,即两个首次,所以 C++ 语言的稚嫩和不完善(例如不合逻辑的多继承,以及还没有接口的概念等),以及 MFC 设计者们对面向对象程序设计思想理解得不深刻,使得 MFC 的有些代码看起来确实丑陋,例如它那难于理解的 6 组宏,层次过多的类继承关系,等等。但就当时的条件,实事求是地说,微软已经做得足够好了,更何况在它发展 ATL 时很快就做了方向正确的改进,这也可能是 Visual C++ 6.0 能坚持到今天的原因之一吧。

总之,放着眼前这个透漏了微软前期技术、发展轨迹以及其成功和失误(这些东西都在后来极大地影响了 Java 和 .NET 的 C#)的现成实例不借鉴、不学习,是不明智的。所以作

Visual Basic 一样,把 Windows 底层封装得太严了,程序员只剩下填空的份儿,以至于使它们成了一种"傻瓜"式的开发工具,这当然不适合以教授和学习程序设计思想与设计方法为目的的学校来使用。

当然,作者也认可业界"聪明人用 Delphi,高手用 VC"之类的说法,因为在实际工程中,为了满足工程期限的需要而采用 Delphi 之类的快速开发工具是合理并应该的。但并不意味着学生在学校学习期间一定要拿出大量的课时去学习这些快速开发工具(工具无所谓会不会的问题,而是熟不熟的问题),因为高等学校毕竟是教育机构而不是培训机构,不但要让学生知其然也更应该让其知其所以然,从而在此基础上形成较强的软件开发(甚至是研发)能力,而不是只让学生会几门流行的技术而使学生一辈子在技术发展背后疲于奔命。

那么,学习 Windows SDK 编程又如何呢?作者认为,用函数编程是 C 程序设计课程解决的问题,学生学习了 C 语言之后只要肯下功夫,多实践,自学 Windows SDK 程序设计是完全可以的,没有必要再浪费宝贵的课时了。

也正因为上述种种原因,本书既不以剖析 MFC 源代码为主,也不以介绍 Visual C++ 开发工具的使用为主,而是以重点介绍 MFC 框架的设计思想、理念和方法为基础,兼顾应用,从而使读者通过对 MFC 的学习,除了掌握 MFC 之外,还能进一步深化理解 C/C++、数据结构、操作系统乃至计算机硬件的相关知识,尽快提高程序设计能力并为学习其他应用程序设计工具打下良好的基础。

2. 第 2 版的变化

自本书的第 1 版出版以来,作者陆续收到许多读者的来信,其中既有教师也有学生和程序设计人员,在信中都在对本书褒奖之余对书的内容及编写提出了很好的意见与建议,并希望作者在有机会的条件下进行修改。在此,作者首先对这些关心本书的读者表示由衷的谢意。

综合了读者的意见之后,《MFC Windows 应用程序设计》(第 2 版)特做如下修订。

因为本书旨在说明 MFC 的思想,所以只要能以模拟方式说明其思想的,本书就采用了模拟方法。显然本书第 1 版在消息映射的模拟和叙述上过于潦草,给一部分读者学习这部分时造成了一些不必要的困难。故此,作者在第 2 版中进行了必要的修改,使得这部分的介绍更为合理、清楚。

文档/视图结构是 MFC 应用程序框架的核心。为此,作者在第 2 版的第 3 章中适当增加了文档/视图结构程序框架各对象的创建顺序、对象之间的联系、消息的传递等内容,以期使读者对文档/视图结构及其各对象之间的关系有更清楚的认识和了解,为读者精研 MFC 打下一个更加良好的基础。另外,在这一章中还加强了对象动态创建的介绍。

参考读者建议,作者把第 9 章的内容在顺序上做了改变:先介绍相对比较容易的 CFile 类,然后介绍 CArchive 类,最后介绍文档序列化,并且加强了序列化部分的说理性。

异常及异常处理是一个健壮的应用程序必备特性,这方面内容的缺失不能不说是第 1 版的一个缺憾,这次在第 2 版中把它补齐了。

当然,为追求内容的完整性,本书至少还应该补上 MFC 在网络上的应用(这也是读者的建议),但作者思虑再三后认为,作为教材本书还是不包含这部分内容为好,一是因为 MFC 在网络程序方面并不占优势,二是因为各个学校都是在 C♯.NET 或 Java 等课程中处理该问题,如果本书包括这部分内容,那么在教学上会造成内容的重叠。

另外，正如一些读者所指出的，第 14 章"组件对象模型 COM 基础"出现在本书中显得比较生硬：第一，组件对象模型的内容对于本科生来讲似乎是难了一些；第二，这本书讲的是 MFC，而这一章讲的是 ATL，确实与本书不配套。关于第一点，作者认为不是问题，学生觉得难，一是因为没有好的教材，二是学生原来接触这方面的技术比较少，但不管是什么原因，在组件应用如此广泛的今天，计算机专业特别是以软件设计为培养目标的专业不向学生讲授这方面的知识是无论如何不行的，但是，现在大多数本科学校又没有相应的课程来介绍这方面的内容，再者组件技术把抽象类的应用发挥到了淋漓尽致的程度，不学它是不会深切领会抽象类的精神实质以及它的应用的，所以本书就勉为其难地编写了这部分的入门知识。为了降低学习这部分内容的难度，作者重写了这一章。至于第二点，生硬就生硬了吧，因为 ATL 在组件设计方面确实要比 MFC 强许多。

正如前面所讲，MFC 信息量巨大，涉及程序设计的方方面面，因此需要读者在阅读本书时不但要不断地复习 C/C++ 的内容，还要不时地阅读其他书籍，尤其是数据结构、操作系统等。

另外，还要多找一些实例上机做实验（提供这样例题的书籍及网上资料很多）。

在本书的编写过程中参考了大量的相关文献和网上的资料，并引用了其中的一些例题、文字和插图，在此对这些文献和资料的作者表示诚挚的谢意。同时也对关心本书的读者表示万分的感谢。

参加本书编写工作的有任哲、房红征、李益民、车进辉。另外，刘泰辉对于本书的章节及内容的安排提出的良好意见和建议，也使本书增色不少。

将信息量如此巨大的 MFC 在一本 50 万字的教学用书中进行介绍，对水平有限的作者来说实在是一件难事，所以在此恳请读者对书中的不足和疏漏提出批评和指正。同时，也希望阅读本书的读者或使用本书作为教材的教师能与作者共同探讨，以期对本书做进一步的改进。欢迎读者及时与作者沟通。

祝各位教学有成！

作者

2007 年 7 月

第 1 版前言

这些年来,Windows 一直是一个主流操作系统,市场上对开发 Windows 应用程序的需求与日俱增。随着 Windows 操作系统的发展,Windows 应用程序变得越来越复杂,使得单纯使用 Windows API 来开发 Windows 应用程序变得越来越困难。于是,一些可视化的 Windows 开发工具(如 Visual Basic、Delphi、C ++ Builder 等)如雨后春笋般地涌现出来,这无疑给 Windows 应用的开发带来了极大的方便,同时也大大地提高了开发效率。但是,由于这些开发工具对应用程序框架的代码封装得过于严密,因而使得对 Windows 低层应用的开发几乎成为不可能。而 Microsoft 基础类库(Microsoft Foundation Classes,MFC)只是使用 C ++ 类对 Windows API 进行了封装,它一方面较好地屏蔽了 Windows 编程的复杂性,使得 Windows 应用程序的设计变得简单起来,另一方面仍然允许有经验的程序员使用 Windows 的底层功能开发高效的 Windows 应用程序,再加上与 MFC 配套的开发工具 Visual C ++ 提供的功能强大的各种 Wizard(向导),使得 MFC 成为一个强有力的 Windows 应用程序的开发工具。

目前,各高等学校已经把 C/C ++ 列为理工科专业学生的必修课程,这门课程使学生初步了解和掌握了面向对象程序设计的思想和方法,这无疑为学生学习和掌握 MFC 打下了良好的基础,同时对 MFC 的学习,除了可以使学生掌握 Windows 应用程序设计的基本方法之外,又可以使学生更进一步深刻、全面地理解面向对象程序设计的思想,从而把握程序设计方法的发展方向。

基于上述这些理由,各个高校都在 MFC 的教学方面进行了积极探索。本书是作者积数年教学经验,为高等学校理工科学生编写的一部应用 MFC 进行 Windows 应用程序设计的入门教材。

全书共有 16 章,参考教学时数为 50 学时。

本书的特点是遵循循序渐进的教学原则,以较大的篇幅从 Windows SDK 程序入手,在介绍 Windows 应用程序一般特点的基础上,重点介绍 Windows 的消息机制和 Windows 程序的基本结构,以 C ++ 类对其进行模拟封装使学生迅速建立起 MFC 应用程序框架的基本概念;然后以精练的语言介绍 Windows 的图形图像处理、应用程序界面、资源、动态链接库、进程与线程管理等知识。最后,为使学生对软件工程的发展有一个初步的了解又介绍了组件对象模型(COM)、ActiveX 技术和数据库的基本常识。

为配合教学和学习,本书为每一个知识点都配以必要的实例,力求通过实例让读者掌握 MFC 程序设计的特点及方法,所有实例都在 Windows 98 和 Visual C ++ 6.0 环境中测试通过。并且,为配合教师教学,本书为使用本教材的教师免费提供源代码和电子教案。

在本书的编写过程中得到了吉林大学张长海及其他教师的悉心指导,在本书的内容、章节编排等方面提出了宝贵意见和建议,在此对他们的帮助表示衷心的感谢。在本书的编写中还参考了大量的相关文献,并引用了其中的一些例题和内容,在此也对这些文献的作者表示诚挚的谢意。

　　参加本书编写工作的有任哲、李益民、车进辉。由于作者水平有限,恳请读者对书中的疏漏和不足提出批评和指正,欢迎读者与作者联系。

作者

2004 年 4 月

目　　录

第 1 章　Windows 程序基础

在 Windows 操作系统上运行的应用程序称为 Windows 应用程序。Windows 是一种应用于微型计算机的操作系统,它为应用程序提供了一个多任务运行平台,它为应用程序提供了一致性的图形化窗口和菜单。

本章主要内容:
- Windows 及应用程序的基本概念。
- Windows 应用程序中的数据类型。
- Windows 应用程序的消息处理机制。
- Windows 应用程序的代码重构。

1.1　Windows 应用程序的基本概念

凡是以 Windows 操作系统为运行平台的应用程序都可称为 Windows 应用程序。大多数 Windows 应用程序都具有图形界面并由事件来驱动其运行。

1.1.1　一般概念

1. Windows 应用程序的特点

Windows 应用程序的突出特点就是它具有如图 1-1 所示的图形用户界面(Graphic User Interface,GUI)。这种图形用户界面与键盘和鼠标相配合,大大方便了用户对应用程序的控制与操作。

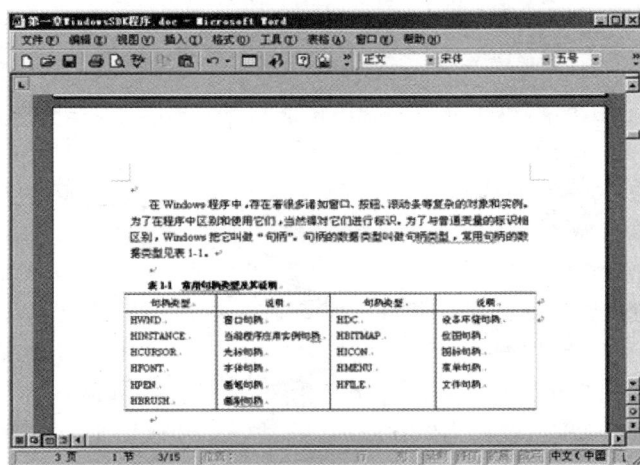

(a) 基于窗口的应用程序

图 1-1　Windows 应用程序的图形用户界面

(b) 基于窗体(对话框)的应用程序

图 1-1　(续)

　　观察 Windows 应用程序的图形界面,可以发现它由许多不同的图形元素组成,其中某些图形元素在接收到用户的某个动作后,可以使程序执行某种操作。例如,用鼠标单击如图 1-1(a)所示窗口界面的工具条最左边的按钮,程序就会建立一个新的文件;而单击工具条上带有软磁盘图标的按钮,程序就会把当前文件保存,等等。

　　显然,这种图形界面是 Windows 应用程序与用户交换信息的一个“窗口”。一个 Windows 应用程序究竟有几个窗口,则与程序的复杂程度相关,它可能只有一个窗口,也可能有多个窗口。总之,如下两点是 Windows 程序与普通程序之间的最大区别。

- 具有图形窗口界面。
- 程序的进行是由程序用户和系统所发出的事件(如键盘事件、鼠标事件、系统事件等)推动(驱动)的。

　　Windows 程序的基本结构如图 1-2 所示。

　　一般来说,普通 C 语言程序在被系统加载并进入主函数之后,程序的所有工作都在主函数以及主函数所调用的函数中完成,直至全部工作结束之后,程序才会由主函数返回系统。但 Windows 应用程序则与普通的 C 程序有所不同,从图 1-2 可以看到,Windows 程序由两段看起来没有什么联系的代码组成,一段称为主函数,另一段称为事件处理函数,这两个看起来并没有关联的函数均由操作系统来调用。

　　一个程序的主函数是由系统调用的,即当一个 Windows 程序被系统加载后,首先进入主函数,这个做法与普通 C 程序完全相同。与普通 C 程序不同的是,Windows 应用程序除了主函数之外还有一个消息处理函数,这也是一个由系统调用的函数,并不由主函数直接调用,所以在主函数中看不出对这个函数的调用过程。

　　Windows 程序主函数的主要工作有两项,一是创建程序图形窗口界面,二是进入一个称为消息循环的循环中,并在这个循环中等待用户事件的产生(如键盘、鼠标等事件)。当在消息循环中接收到事件后,主函数将把事件信息传送给系统,而系统则调用 Windows 程序中的事件处理函数并对事件进行处理,直到一个事件处理程序结束后,事件处理函数返回到

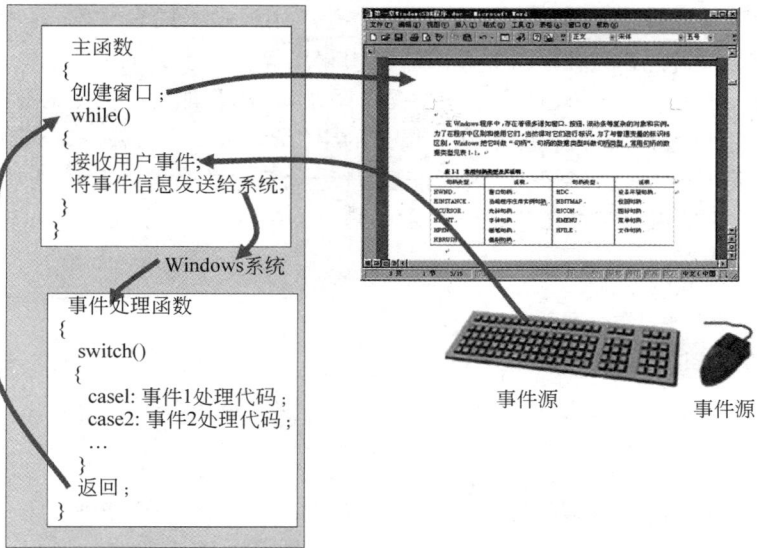

图 1-2　Windows 程序的基本结构

系统,再由系统返回到主函数的循环之中,接着等待下一个事件,程序就这样循环下去,直至事件是一个终止程序运行的事件,Windows 程序才结束运行并最后返回到系统。Windows 应用程序主函数和事件处理函数及其与系统之间的关系如图 1-3 所示。

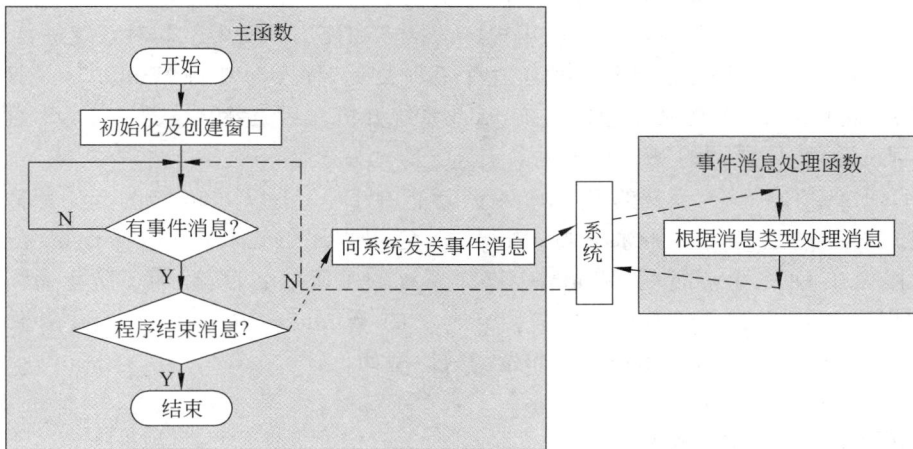

图 1-3　Windows 程序主函数、事件消息处理函数与系统之间的关系

　　因为由系统调用的函数称为回调函数,所以所有程序的主函数都属于回调函数。在 Windows 程序中,系统通过调用主函数使一个程序运行并获取事件消息,通过调用消息处理函数来处理消息,并在消息处理中实现程序功能。因此有人说:一个 Windows 应用程序是由 Window 系统和程序主函数及与其相关的事件消息处理函数组成的,这些函数都是回调函数。

2. Windows 操作系统与 Windows 程序的主函数名

　　最早使用过 Windows 的人都知道,早期的 Windows 并不是一个完整的操作系统,它只是一个以 DOS(磁盘操作系统)为运行平台的特殊应用程序。说它特殊,是因为它并不实现某种具体应用,而是一个为需要图形界面的应用程序提供基本服务的平台。

众所周知,早期的 DOS 只是个单任务操作系统,一次只能运行一个程序,而且其界面还是字符界面。用户天天面对 DOS 的那个黑黑的字符界面,工作得极其辛苦和枯燥。除了界面难看,DOS 程序还有一个令程序用户生厌的特点,即它总是按照程序的执行顺序强迫用户做一些工作,如果用户不按照程序所指示的顺序来输入数据,那么就会出错,例如:

```
#include<stdio.h>
void main()
{
    float a,b;
    printf("先输入 a,再输入 b");
    scanf("%f,%f",&a,&b);                    //必须先输入 a 后输入 b
    printf("a=%f,b=%f",a,b);
}
```

当微型计算机的硬件能力大幅度提高,可以支持更复杂、规模更大的操作系统之后,微软的开发者们便试图为微型计算机系统开发一种具有图形界面且可以并发运行多个程序的多任务操作系统。其目标就是使这种程序至少具有以下两个特点。

- 采用更为美观、更为友好的图形界面。
- 把程序运行的主控权交给程序用户。

但谨慎的开发者们并没有另外开发一个全新系统,而是在 DOS 基础上开发了一个能实现上述功能的应用程序,并在这个应用程序中实现了多任务并发运行控制、虚拟存储管理等现当代操作系统的功能,然后在这个应用程序的推广和使用过程中不断对系统进行完善,当最后系统比较成熟,且用户们已经习惯了这个系统之后,便及时地将 Windows 转换成了一个真正的不再依赖 DOS 的独立操作系统,从此系统开机之后就不再先进入 DOS,而可以自动进入 Windows,即所谓的 Win32 平台。

从 DOS 的角度来看,当初的 Windows 是运行在 DOS 上以 main()为起始函数的一个应用程序,只不过它是一个用来支持 Windows 应用程序的运行平台(操作系统)。由于 main 已作为在 DOS 上运行的 Windows 操作系统的主函数名,所以为了防止命名上的冲突,微软把当初运行在 Windows 操作系统之上的 Windows 应用程序入口函数就称作 WinMain 了,即 Windows 应用程序的起始函数原型如下:

```
int WINAPI WinMain(
    HINSTANCE hInstance,                     //当前应用程序实例的句柄
    HINSTANCE hPrevInstance,                 //系统中前一个应用程序实例的句柄
    LPSTR lpCmdLine,                         //指向本程序命令行的指针
    int nCmdShow                             //决定应用程序窗口显示方式的标志
);
```

为了照顾程序设计人员,微软公司还是在 Windows 中以附件的形式保留了 DOS,即所谓的 MS DOS,但这已不再是当初的"纯"DOS,而是一个工作于 Win32 平台之上,具有程序窗口且在其中显示了传统 DOS 字符界面的"DOS"。为了区别,人们将运行在 MS DOS 上的程序称作控制台程序(Console Application),这种运行于 Win32 平台上的控制台程序与 DOS 程序有所不同,它们除了可以调用 C 编译器提供的库函数之外,还可以调用 Windows 所提供的 API 函数,尽管它们与传统的 DOS 程序一样,都以 main()为主函数。MS DOS 的

界面如图 1-4 所示。

图 1-4　带有窗口的 MS DOS 界面

Windows 与 DOS 在系统中位置的互易如图 1-5(a)和图 1-5(b)所示。

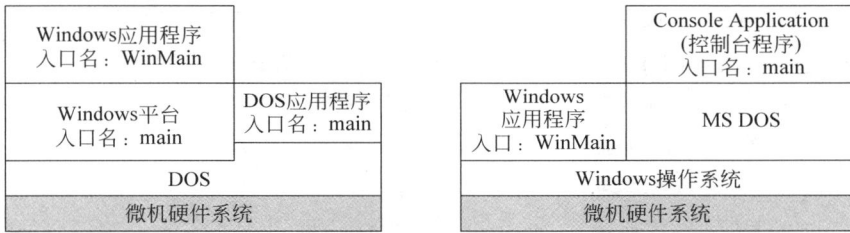

(a) 早期的Windows　　　　　　(b) 后来的Windows

图 1-5　Windows 与 DOS 的关系

迄今为止,属于 Windows 系列的操作系统如下:

- Windows 95、Windows 98、Windows ME、Windows 2000、Windows 2003。
- Windows XP Professional、Windows XP Home、Windows XP Media Center Edition、Windows XP Tablet PC Edition。
- Windows Vista。
- Windows 7。
- Windows 8。
- Windows 10。
- Windows 11。

其中,影响较大的 Windows 操作系统是 Windows XP,因为在此之前,微软有两个相互独立的操作系统系列:一个是 Windows 9x 系列,包括 Windows 95、Windows 98、Windows 98 SE 以及 Windows ME。Windows 9x 的系统基层主要程序是 16 位的 DOS 源代码,它是一种 16 位/32 位混合源代码的准 32 位操作系统,主要面向微型计算机;另一个是 Windows

NT 系列，包括 Windows NT 3.1/3.5/3.51、Windows NT 4.0 以及 Windows 2000。Windows NT 是纯 32 位操作系统，使用先进的 NT 核心技术，非常稳定，分为面向工作站和高级笔记本的 Workstation 版本（以及后来的 Professional 版），以及面向服务器的 Server 版本。而 Windows XP 是微软公司把所有用户要求合成一个操作系统的尝试，字母"XP"表示英文单词的"体验"（experience）。Windows XP 与 Windows 2000（Windows NT 5.0）一样，属于 Windows NT 系列操作系统（Windows NT 5.1），是微软公司于 2001 年发布的一个基于 Windows 2000 的产品。微软最初发行了 Windows XP 的两个版本：家庭版（Home）和专业版（Professional）。家庭版的消费对象是家庭用户，专业版则在家庭版的基础上添加了新的为面向商业设计的网络认证、双处理器等特性，且家庭版只支持一个处理器，专业版则支持两个。它包含 Windows 2000 所有高效率及安全稳定的性质以及 Windows ME 所有多媒体的功能。然而作为 Windows NT 系列的操作系统，所付出的代价是丧失了对基于 DOS 程序的支持。

继 Windows XP 之后，微软陆续发表了 Windows Vista、Windows 7、Windows 8、Windows 10、Windows 11 等。其中，Windows 11 是当前微软力推的一种操作系统，该系统旨在让人们的日常计算机操作更加简单和快捷，为人们提供高效易行的工作环境，并且将支持包括来自 Intel、AMD 和 ARM 在内的多种芯片架构，从而实现对包括平板电脑和 PC 在内的多平台支持。2011 年 9 月 14 日，Windows 8 开发者预览版发布，宣布兼容移动终端。2012 年 2 月，微软发布"视窗 8"消费者预览版，可在平板计算机上使用。

在谈 Windows 的同时不得不提一提 Java，因为在微软基于 DOS 开发了 Windows 的若干年后，Sun 公司也运用了微软这个在运行平台上再构建新运行平台的思想，构建了一种称为 Java 虚拟机的运行平台，并开发了与之配套的 Java 语言，进而形成了可跨平台的 Java 技术并在网络应用市场获得巨大成功。于是，为了能在网络应用市场上占有一席之地，微软又在自己的 Windows 操作系统上故伎重演，又推出了新的平台——可跨平台、跨语言的 .NET。目前，这个 .NET 是否能成为微软的新型操作系统则是一件可期待的事情。

Java、.NET 与 Windows 之间的关系如图 1-6 所示。

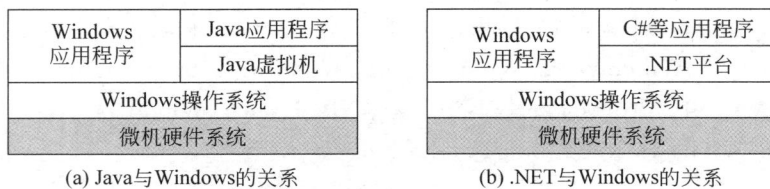

Windows 应用程序	Java应用程序
	Java虚拟机
Windows操作系统	
微机硬件系统	

Windows 应用程序	C#等应用程序
	.NET平台
Windows操作系统	
微机硬件系统	

(a) Java与Windows的关系　　　　　(b) .NET与Windows的关系

图 1-6　Java、.NET 与 Windows 的关系

1.1.2　Windows 内核、API 和开发工具

由于操作系统 Windows 直接参与 Windows 应用程序的运行，因此，Windows 应用程序开发人员必须对 Windows 有足够的了解，否则很难开发出符合要求的应用程序。

1. 内核与 API 函数

众所周知，除了硬件，操作系统是计算机系统最重要的基本组成部分，操作系统的任何故障都会严重地影响计算机系统的工作和运行，因而保护操作系统使之不受外界干扰，是计算机安全工作的重要保证,为此计算机系统在硬件设计上就采取了相应措施,使软件可以工作在不同的保护级别上。例如,运行在 X86 系列处理器上的软件分成了 4 个称为"特权级"的保护级别。为了操作系统的安全,操作系统中的软件一般都运行于保护程度最高的级别,而用户程序则工作在保护程度最低的级别。特别是称为内核的那些操作系统中的核心代码,基本都运行于最高保护级别上,用户程序根本不可能按照普通调用的方法来访问内核,除非使用操作系统特意为用户所提供的 API 函数。

作为操作系统,为了支持应用程序的设计和运行,Windows 在自己的系统函数中向用户开放了一些可以由应用程序调用的函数,这些函数的集合称为 API(Application Programming Interface,应用程序接口)。从表面上看,API 函数与普通函数没什么区别,但实质上 API 函数是一个软中断,因为在 CPU 硬件的设计上限定了用户程序只有通过软中断才能进入高保护级别代码。为了区别于普通函数,人们也常将 API 函数称为系统调用,因为这种函数既不是用户函数也不是编译器提供的库函数,而是由操作系统提供的函数。

Windows API 函数大体上可分为如下三种类型。

- 窗口管理函数:实现窗口的创建、移动和修改等功能。
- 图形设备函数:实现图形的绘制及操作功能,这类函数的集合称为图形设备接口(Graphic Device Interface,GDI)。
- 系统服务函数:实现与操作系统有关的一些功能。

2. Windows 程序开发工具

早期用来开发 Windows 应用程序的工具称为 SDK(Software Development Kit,软件开发工具包)。使用 SDK 来设计 Windows 应用程序,实际上就是直接使用 API 函数来开发应用程序。由于这种开发方法需要程序员记忆和掌握数量巨大的 API 函数,所以这种工作做起来极其困难和乏味,从而严重地阻碍了 Windows 应用程序的推广和发展。但自从出现了面向对象程序设计思想和方法以后,情况有了很大的改观,人们用类对 Windows API 函数进行了封装,从而使 Windows 应用程序结构和开发工具都发生了巨大的变化。

目前,用来设计 Windows 应用程序的开发工具大多是"面向对象"而且是"可视"的,如 Visual C++、Visual Basic、C++ Builder 等。由于这些可视化的开发工具可以大大减轻程序员的劳动强度,大幅度提高 Windows 程序的开发效率,因而迅速得到了广泛的应用。而本书便是一本介绍利用 Visual C++ 及微软基础类库(Microsoft Foundation Classes,MFC)编写应用程序的教材。

1.2 Windows 的数据类型

由于 Windows 应用程序不仅数据量非常大,而且数据的种类也相当多,为了提高应用程序的可读性,Windows 根据数据的用途,对许多 C 基本数据类型定义了便于识别的别名,这些别名的共同特点就是其关键字都为大写,例如:

```
typedef unsigned long DWORD;
typedef int BOOL;
typedef unsigned char BYTE;
typedef unsigned short WORD;
typedef float FLOAT;
```

```
typedef unsigned int UINT;
```

除此之外，Windows 还为应用程序提供了大量的结构类型，例如：

```
typedef struct tag_POINT
{
    LONG x, y;
}POINT;
```

描述了一个点的位置。再如：

```
typedef struct tag_RECT {
    LONG left;
    LONG top;
    LONG right;
    LONG bottom;
} RECT;
```

描述了一个矩形，等等。

在 Windows 应用程序设计中，既可以使用 C 的基本数据类型，也可以使用上述 Windows 自定义的数据类型。

附带说一句，在大型系统的设计中，为计算机的基本数据类型定义一些便于阅读的别名是一个通常做法。

1.2.1 Windows 的一个特殊数据类型——句柄

在 Windows 程序中，经常可以看到用类似 HCURSOR、HFONT、HPEN 这样以字母 H 开头的数据类型来声明或定义的"变量"，例如，前面介绍的 WinMain() 函数参数列表中对参数 hInstance 的声明：

```
HINSTANCE hInstance
```

这里的这个 HINSTANCE 类型的"变量"hInstance 就是一个句柄，前面的"HINSTANCE"表示了一种句柄类型。句柄这种类型变量用来表示一个内核对象。

1. 内核对象及其句柄

在计算机及计算机程序发展的初期，由于需要计算机所解决的问题比较简单，因此人们只定义了一些现在称为基本数据类型的简单数据类型（如 int、double、float 等），之后，随着问题逐渐复杂，又出现了以基本数据类型为基础的联合、枚举、结构等复杂数据类型，其中特别值得注意的便是结构类型（即 struct 类型），因为它不仅可以含有多个成员，而且其成员还可以各自具有不同类型。结构类型数据的这种可以含有大量不同类型数据的特点使得它特别适合用于表达一个用于描述事物状态的表，例如：

```
struct ET_for_student
{
    char * name;              //学生姓名
    char sex;                 //性别
    int age;                  //年龄
    int bod_yweight;          //体重
    int height;               //身高
    double vision;            //视力
    int blood_pressure;       //血压
    ...
```

```
}
```

就表示了一个用于记录学生体检结果的体检表,即其从身体状况角度描述了一个学生,如图 1-7 所示。

name		sex		age	
bod_yweight		height		vision	
blood_pressure		…		…	

图 1-7　ET_fro_student 结构

可以想象,作为运行于 Windows 操作系统之上的用户应用程序,必然会用到结构来描述一些需要大量数据来描述的窗口、按钮、文本框、滚动条、文件、字体、光标之类的事物。微软将这种描述了事物的数据结构实例都称为对象。出于用户的方便、系统的安全及保护知识产权等多种考虑,微软虽然在 Windows 系统中定义了这些数据结构,但并未向用户公开,因此,为了使用户应用程序可以创建并获得这种对象,Windows 在 API 中提供了相应的服务函数,用户通过调用这种函数获得由系统创建的对象。由于使用这种方法创建的对象位于内核内存空间,故称作内核对象。但是必须注意,为了系统安全和隐藏内核对象的实现细节,用户调用 API 函数创建内核对象成功之后,函数为用户返回的既不是该结构实例本身,也不是其指针,而是 Windows 操作系统为这个内核对象所编制的一个 4B 的整数临时编号,而这个编号也仅在本应用程序中有效。为了程序的可读性,并根据这个编号的用途,Windows 为这种存放了内核对象临时编号的整型数据变量定义了一个别名——句柄(Handle)。Windows 常用的内核对象及其句柄类型如表 1-1 所示。

表 1-1　Windows 常用句柄类型

句 柄 类 型	说　　明	句 柄 类 型	说　　明
HWND	窗口句柄	HDC	图形设备环境句柄
HINSTANCE	程序实例句柄	HBITMAP	位图句柄
HCURSOR	光标句柄	HICON	图标句柄
HFONT	字体句柄	HMENU	菜单句柄
HPEN	画笔句柄	HFILE	文件句柄
HBRUSH	画刷句柄		

从表 1-1 中可见,各种句柄类型名都以英文"Handle"的字头 H 开头,其后则是该句柄所代表的内核对象类别的简称。之所以将这种变量类型称为句柄类型,是因为它与生活中的刀柄、勺柄、壶柄的作用极为类似,意思就是说用户只要获得了句柄,那么也就获得了安装在内核对象上的"手柄",就能在不直接接触这个对象的情况下进行操作。

其实,这种句柄实质上是结构类型变量指针的再封装,从而避免用户直接操作指针而产生的危险,并且因其隔离作用屏蔽了对象的实现细节,还起到了代码的保密作用。除了上述优点之外,句柄的另一个好处是 Windows 系统开发者可以在不改变用户所持有句柄的前提下,更换或更新与之关联的内核对象,从而可以在不修改用户程序的情况下为系统进行升级换代。这就是现代程序设计中的代码弱耦合或代码隔离技术。

为了帮助读者理解上述概念,句柄两种可能的实现方式如图 1-8 所示。

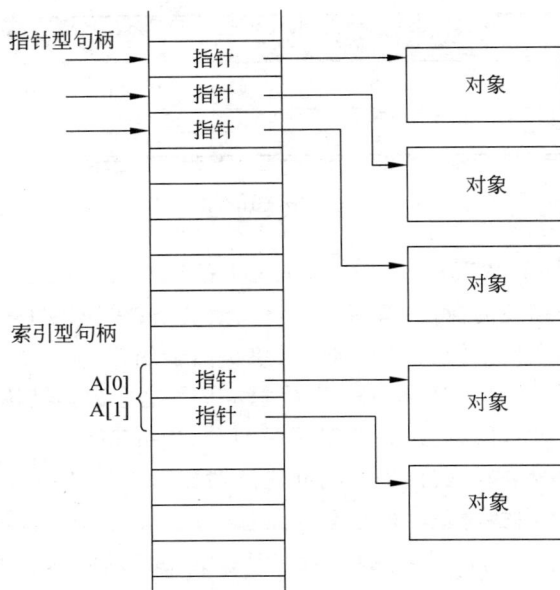

图 1-8　句柄的两种可能的实现方式示意图

对于如图 1-8 所示的两种实现方式,在 Windows 中都有采用,但不管是使用指针还是使用索引来实现句柄,在 Windows 中其外在表现都是一个 32 位整数,因此 Windows 的文档中有这样的文字:“句柄是 Windows 用来唯一标识被应用程序所建立或使用的对象的一个 32 位整数。”

其实,从使用的角度来看,句柄的功能与指针极为相似,都指向了一个对象或一个存储区域,但指针是一个地址,而句柄只是一个整数形式的编号且不能像指针那样参与运算。

2. HINSTANCE 句柄

HINSTANCE 是一个需要特别说明的句柄类型,它有应用程序实例句柄、进程实例句柄等多个名称。之所以要对它进行特殊说明,就是因为普通 C 应用程序中基本不会碰到对这种应用程序实例进行操作的情况,因此大多数初学者对此没有什么概念,但在 Windows 应用程序的主函数参数列表中就偏偏声明了两个这种句柄类型的形参:

```
int WINAPI WinMain(
    HINSTANCE hInstance,              //当前应用程序实例的句柄
    HINSTANCE hPrevInstance,          //系统中前一个应用程序实例的句柄
    LPSTR lpCmdLine,                  //指向本程序命令行的指针
    int nCmdShow                      //决定应用程序窗口显示方式的标志
);
```

即在主函数的声明中,参数列表中的第一个和第二个参数都是 HINSTANCE 类型的。

初学者在学习和阅读 Windows 程序时,常常会因一开始便遇到这种极其陌生的数据类型而感到极大压力。其实,初学者完全没有必要紧张,因为在 Windows 程序设计中也很少

用到对 HINSTANCE 类型内核对象进行操作的情况,故可以暂时不理它,另外,它与其他句柄一样,也仅代表一个内核对象,只不过这个内核对象是一个正在运行着的程序。

通常在用户眼里,应用程序就是一个为了完成某种功能而编写的代码,是静态的;而在操作系统眼里,应用程序是一个代码的运行过程,是它负责运行和管理的一个对象,因此操作系统必须在正式运行一个程序之前为这个程序建立一个结构变量,以便在程序运行起来之后在这个结构中记录该程序的运行进度、状态、内存占用情况、文件和外设的使用情况等相关数据,并根据这些数据对程序的运行进行管理。换句话说,Windows 操作系统是通过这个与程序代码相关联的数据结构变量来掌控一个程序的运行。Windows 中的这种用以表示一个程序运行过程的内核对象,称为进程对象或进程,也称为"进程(程序)控制块"。Windows 操作系统进程控制块的具体结构并没有公开,但可以想象这个控制块可能的结构如下:

```
struct task_PCB
{
    程序标识;
    程序当前状态;
    所占用内存指针;
    所打开文件指针;
    堆栈指针;
    ...
};
```

在 Windows 中,这种进程控制块的类型就是 HINSTANCE。程序控制块与程序代码之间的关系如图 1-9 所示。

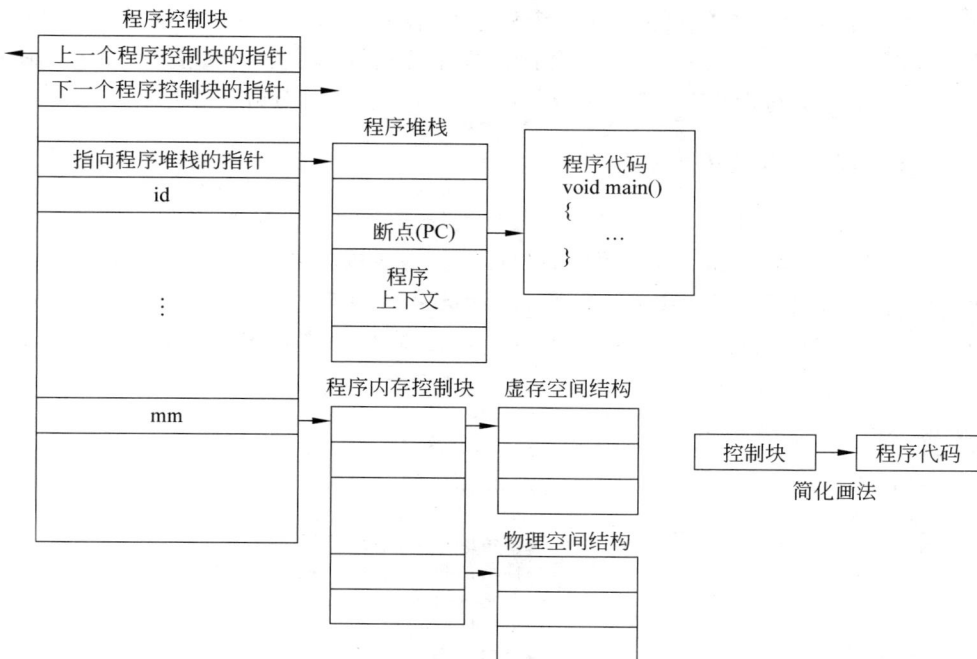

图 1-9 程序控制块的一种结构

Windows 每运行一个程序,就会在系统中创建一个该程序的 HINSTANCE 类型内核对象,在 Windows 系统中运行的 3 个进程的情况如图 1-10 所示。

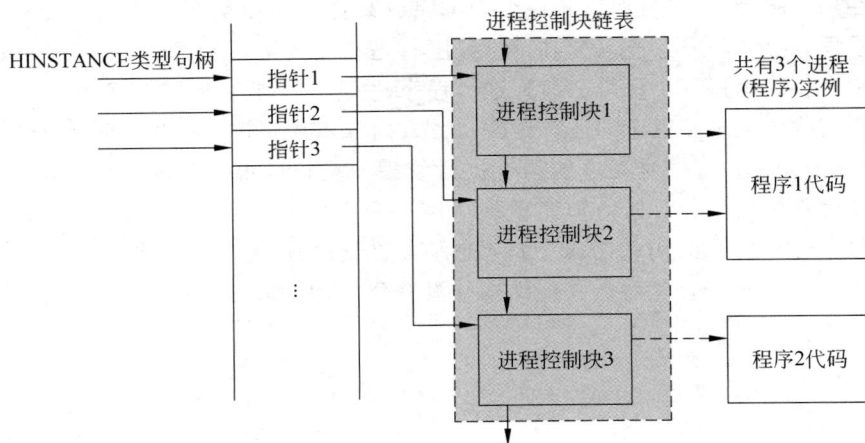

图 1-10　HINSTANCE 类型句柄的概念

需要注意的是,在这三个进程中,虽然进程 1 和进程 2 运行的都是程序 1 代码,但由于不是同一个控制块,故这是同一个程序的两个运行,因此在系统中也就存在着两个程序实例,即两个进程。即如果用户启动了两次微软的应用程序 Word,那么在系统中就有两个 Word 的应用程序实例句柄存在。

总之,HINSTANCE 类型句柄代表了正在运行的看成是 Windows 定义的一个新数据类型——程序类型,而其对象则相当于一个程序类型的变量,这个变量就代表了一个正在运行的程序,Windows 每运行一个程序就会把该程序的指针赋予这个变量,程序可以使用这个变量对一个程序进行操作。尽管这样看不严格,但不会特别影响下面的学习。

1.2.2　窗口类 WNDCLASS

前面一再提过,Windows 程序与程序用户沟通信息的界面是显示器上显示的图形窗口,因此窗口就成了 Windows 应用程序所使用的重要内核对象。为此,一个 Windows 应用程序启动之后的首要任务就是委托系统为自己创建一个窗口。

为了使应用程序设计者可以向系统提出自己对窗口的要求,Windows 定义了结构 WNDCLASS,其声明如下:

```
typedef struct _WNDCLASS
{
    UINT style;                    //窗口样式,一般设置为 0
    WNDPROC lpfnWndProc;           //指向窗口函数的指针
    int cbClsExtra;                //预留的扩展成员,一般设置为 0
    int cbWndExtra;                //预留的扩展成员,一般设置为 0
    HANDLE hInstance;              //与本窗口类关联的应用程序实例句柄
    HICON hIcon;                   //窗口图标句柄
    HCURSOR hCursor;               //窗口光标句柄
    HBRUSH hbrBackground;          //窗口背景颜色刷句柄
    LPCTSTR lpszMenuName;          //窗口菜单资源名
    LPCTSTR lpszClassName;         //本窗口类名
```

} WNDCLASS;

可见，这是用户向系统提供的一个窗口定制清单，其中，成员 style 用于指定窗口风格，大多数情况下选择 style＝0，如果有其他有关窗口风格的要求，请读者查看 Windows 的相关帮助文件。成员 hIcon 用于指定所使用的图标；成员 hCursor 用于指定窗口所使用的鼠标光标；成员 hbrBackground 用于指定窗口的背景颜色；成员 lpszMenuName 用于指定窗口的菜单。

特别需要注意的是成员 lpszClassName 和 lpfnWndProc。前者是用户为自己定制的窗口类型所命名的一个名称，即窗口类名，在以后调用窗口创建函数时用它来指定待创建窗口的类型；后者是一个函数指针成员，它指向了与这个窗口相关联的窗口函数，而这个窗口函数便是前面所介绍的事件消息处理函数。

为了说明窗口的属主，WNDCLASS 中还含有该窗口属主程序的句柄成员 hInstance。

一个 Windows 应用程序可以有多个窗口，但至少应有一个窗口。在系统中，每一个窗口都是一个窗口类的实例，一个应用程序的多个窗口类实例与其属主(进程)及各自窗口函数之间的关系如图 1-11 所示。

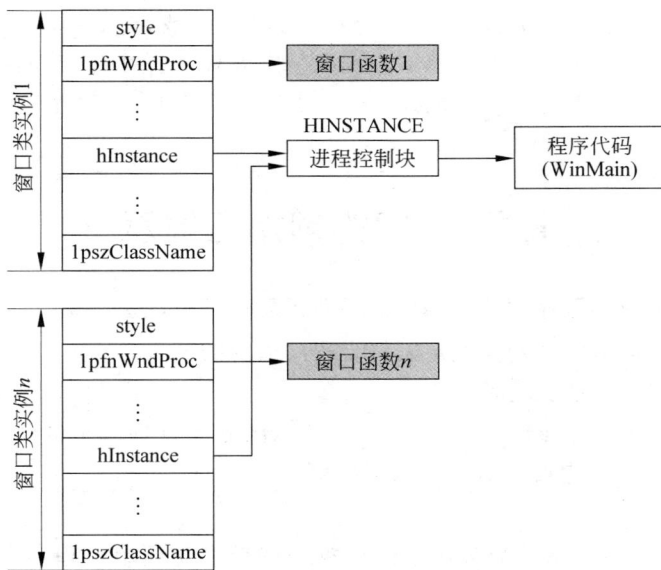

图 1-11　窗口类 WNDCLASS 实例与代码的关系

1.2.3　Windows 函数的调用说明

在函数调用过程中，主调函数和被调函数之间需要使用堆栈作为中间缓冲区来传递参数，由于有些函数具有多个参数，故为了保证参数传递顺序的正确性，就必须对参数的入栈出栈顺序进行约定，比较常用的两种函数调用约定为__stdcall 与__cdecl。即当设计一个函数时，设计者应在函数名称之前、返回类型之后，使用调用约定说明符对这个函数所采用的调用约定进行说明，从而保证编译器编译正确。通常，不同开发环境的编译器都有自己的默认调用约定，例如，Visual C++ 默认的函数调用约定为__cdecl，故用户在调用设计时定义为

__cdecl 的库函数 printf() 时可以不做任何说明。

因 Win32 的 API 函数都遵循 __stdcall 调用约定，因此在默认函数调用约定为 __cdecl 的 Visual C++ 开发环境中，调用 Win32 API 函数必须在函数名前显式地加上 __stdcall。

与 Windows 中的数据类型一样，Windows 对函数调用约定说明符 __stdcall 也定义了别名：

```
windef.h
    ...
    #define WINAPI __stdcall
    #define CALLBACK __stdcall
    ...
```

Windows 应用程序的主函数名称 WinMain 的前面就使用了函数调用约定说明 WINAPI。

在 Windows 中，__stdcall 还有 CALLBACK 等别名，这里的 CALLBACK 经常用来刻意地声明一个函数为回调函数。所谓回调函数就是一种由应用程序者设计，却由系统调用的函数。

Windows 应用程序的主函数和窗口函数均为回调函数，之所以主函数没用使用别名 CALLBACK 来修饰，而使用了别名 WINAPI，是因为 WINAPI 除了说明其修饰的函数为回调函数之外，还是一个程序入口，在以后的学习中会看到，DLL 文件的入口函数也需要使用 WINAPI 来修饰。

1.3　窗口的创建和显示

一个 Windows 应用程序主窗口的创建主要需要以下过程。
- 使用 WNDCLASS 结构变量定制符合程序需要的窗口。
- 将定制的窗口向系统注册。
- 以窗口类注册名为参数，调用创建窗口的 API 函数在内存中创建窗口。
- 调用 API 函数将窗口显示到显示器屏幕上。

1. 窗口的定制

窗口定制就是在 WNDCLASS 这个结构类型变量中说明用户程序所需的部件。其示例代码片段如下：

```
WNDCLASS wc;                                      //定义一个窗口类对象
//定制窗口
wc.style=0;                                       //窗口样式 0
wc.lpfnWndProc=WndProc;                           //把窗口函数的首地址赋予指针 lpfnWndProc
wc.cbClsExtra=0;                                  //无扩展
wc.cbWndExtra=0;                                  //无扩展
wc.hInstance=hInstance;                           //本窗口对应的程序句柄为 hInstance
wc.hIcon=LoadIcon(NULL,IDI_APPLICATION);          //图标
wc.hCursor=LoadCursor(NULL,IDC_ARROW);            //光标
wc.hbrBackground=(HBRUSH)GetStockObject(WHITE_BRUSH);       //其中函数和参数见第 4 章
wc.lpszMenuName=NULL;                             //本窗口无菜单
wc.lpszClassName="MyAppWnd";                      //窗口类名
```

2. 窗口类的注册

为了便于操作系统对用户所定义的 WNDCLASS 进行管理,用户程序必须将它们存储到一个专门的存储空间(或是链表,或是数组)进行备案并统一列表。为此,Windows 提供了窗口类型注册函数 RegisterClass( )。

RegisterClass( )函数的原型如下:

```
BOOL RegisterClass(WNDCLASS&wc);
```

其中,参数 wc 为待注册的窗口类。

一旦注册成功,则系统的窗口类列表中就有了一个以窗口类结构最后那个域 (lpszClassName)作为名称的窗口类,以后用户程序就可以使用这个名称来使用所注册的窗口类了。

3. 窗口的创建

程序使用 API 函数 CreateWindow( )创建窗口,CreateWindow( )函数的原型如下:

```
HWND CreateWindow(
    LPCTSTR lpClassName,        //窗口类的名称
    LPCTSTR lpWindowName,       //窗口实例的标题
    DWORD dwStyle,              //窗口风格
    int x,                      //窗口左上角位置坐标值 x
    int y,                      //窗口左上角位置坐标值 y
    int nWidth,                 //窗口的宽度
    int nHeight,                //窗口的高度
    HWND hWndParent,            //父窗口的句柄
    HMENU hMenu,                //主菜单的句柄
    HANDLE hInstance,           //应用程序实例句柄
    LPVOID lpParam              //该值通常为 NULL
);
```

从参数列表中可以看到,其中的第一项就是窗口所需的窗口类名 lpszClassName。在 CreateWindow( )函数的执行中,系统就会按照该窗口类成员所列举的项目把相应的程序部件统统装配到窗口这个"底盘上",从而形成了一个完整的 Windows 程序。

窗口被成功创建之后,函数返回窗口的句柄,通常要将其保存在事先定义的 HWND 句柄中,以备后面使用。

创建一个窗口的示例代码片段如下:

```
HWND hwnd;                      //定义窗口句柄
...
hwnd=CreateWindow(              //WNDCLASS 中的 lpszClassName
    "MyAppWnd",
    "Windows",
    WS_OVERLAPPEDWINDOW,
    120,50,800,600,
    NULL,
    NULL,
    hInstance,
    NULL);
```

窗口的定义及创建过程如图 1-12 所示。

可见,一个窗口的创建过程就是一个程序的安装过程。

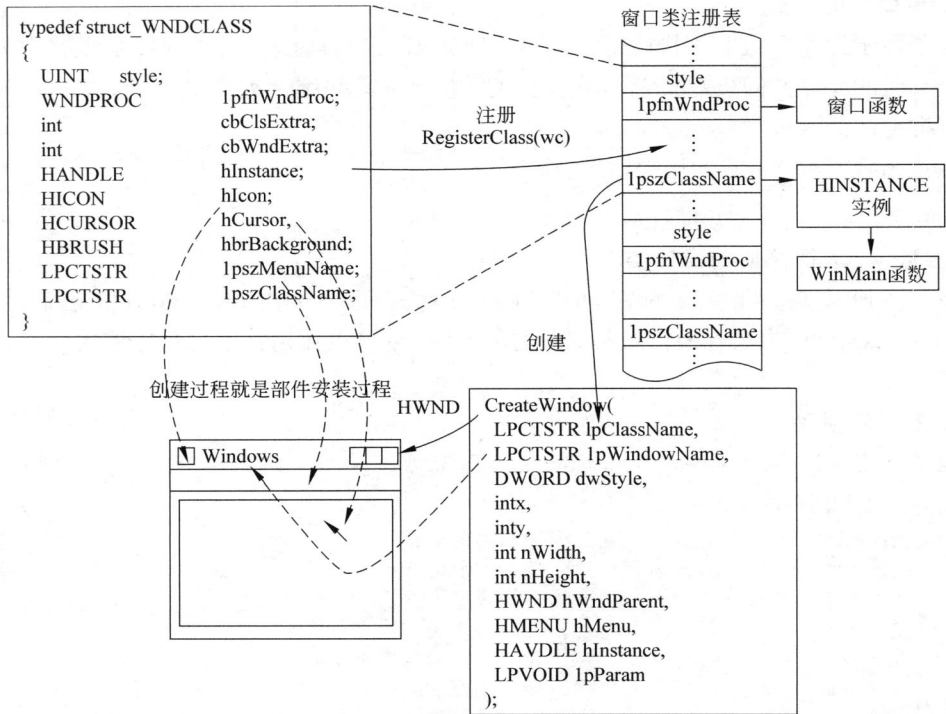

图 1-12　窗口的定义及创建

4. 窗口的显示

从上面的介绍可知,一旦调用 CreateWindow( )函数成功,程序就会获得该窗口的句柄,但这个窗口是创建在内存中的,所以为了将窗口显示在计算机显示器屏幕上,还应调用如下两个 API 函数:

```
BOOL ShowWindow(
    HWND hwnd,              // 窗口句柄
    int nCmdShow           // 窗口的显示方式
    );
```

和

```
BOOL UpdateWindow(
    HWND hwnd              // 窗口句柄
    );
```

总之,定义和创建一个窗口需要 1 个结构和 4 个 API 函数,它们分别是用于表示部件清单的结构 WNDCLASS、用于注册的函数 RegisterClass( )、用于创建的函数 CreateWindow( )、用于显示的函数 ShowWindow( )和 UpdateWindow( )。

1.4　事件、消息循环和窗口函数

前面谈到,事件驱动是 Windows 程序有别于普通应用程序的最大特点。也就是说,它是一种"懒"程序,通常不会主动去做与用户有关的事,只有当发生了某件事情时它才会有相应的响应。可见,这种"懒"是一个优点,因为它不会在任何时候强迫用户必须按顺序做某件事情。显然,这种程序中的最重要概念就是那些可以推动程序运行的各种事件,以及与事件相关的消息、消息循环和专司消息处理工作的窗口函数。

1. 事件与消息

事件与消息是程序在运行中碰到的一些需要处理的事情以及与处理该事情有关的信息,这些事件可以由用户产生,也可以由程序自身或系统产生。Windows 程序特别像商店里的服务员,当没有顾客或顾客没有服务请求时,它就在那里等,只有当顾客有要求时它才会启动一个程序段来进行相应的服务。也就是说,对于 Windows 程序来讲,用户所提出的服务要求就是一个事件。如果把这个概念再拓展一下,那就是说,凡是需要程序产生相应动作的原因或刺激都是事件。

对于 Windows 应用程序,当它被启动并创建了程序窗口之后,它随即就会进入一个等待状态(利用一个 while 循环),直到接收到了某种事件(如键盘的输入,鼠标的单击或双击),程序才会脱离等待状态去对这个事件进行处理,一旦处理完毕就又回到等待状态。当然,为了能合理地处理事件,程序必须在事件发生时知道该事件的一些必要细节,即应该知道发生了何种事件,该事件发生在何地、何时,以及是什么类型的事件等信息。为此,Windows 定义了一个用以表示这些信息的结构——消息(message),该结构定义如下:

```
typedef  struct  tagMSG
{
    HWND hwnd;                  //产生消息的窗口句柄(事件的产生地点)
    UINT message;               //消息的标识码(事件种类)
    WPARAM wParam;              //消息的附加信息 1
    LPARAM lParam;              //消息的附加信息 2
    DWORD time;                 //消息的产生时刻
    POINT pt;                   //发送该消息时,光标在屏幕上的位置
}MSG;
```

消息结构中的窗口句柄 hwnd、光标位置 pt 和消息标识码 message,就表示了事件的发生地以及事件的种类,而 time 则表示事件发生的时刻,如果消息比较复杂,结构中还有两个附加信息域(wParam 和 lParam)。每当计算机系统或用户发出某种事件时,Windows 系统会把该事件的相关信息填写到 MSG 结构的各个域,并设法把这个消息送达到应用程序专司消息处理的部门。Windows 系统已经把绝大多数事件的消息事先进行了定义,并定义了消息的标识码。

部分常用的 Windows(窗口)消息如表 1-2 所示。

表 1-2　部分常用的 Windows(窗口)消息

消息的标识	说　　明	
WM_LBUTTONDOWN	按下鼠标左键时产生的消息	
WM_LBUTTONUP	放开鼠标左键时产生的消息	
WM_RBUTTONDOWN	按下鼠标右键时产生的消息	
WM_RBUTTONUP	放开鼠标右键时产生的消息	
WM_LBUTTONDBLCLK	双击鼠标左键时产生的消息	

消息的标识	说　明	
WM_RBUTTONDBLCLK	双击鼠标右键时产生的消息	
WM_CHAR	按下非系统键时产生的消息,其中,wParam 为键的 ASCII 码	
WM_CREATE	由 CreateWindow( )函数产生的消息	
WM_CLOSE	关闭窗口时产生的消息	
WM_DESTROY	销毁窗口时产生的消息	
WM_QUIT	退出程序时,由 PostQuitMessage( )函数产生的消息	
WM_PAINT	需要窗口重画时产生的消息	

注:这里列举的仅是常用窗口消息,除此之外,Windows 还定义了其他各种各样的消息,例如,菜单的命令消息、各种控件消息、系统消息等。因本书是教科书,故不能一一列举,请读者自行参阅相关文献。

从表 1-2 可以知道,除了用户通过键盘和鼠标产生的用户消息之外,还有一些由程序(包括 Windows 系统)产生的消息。

2. 消息队列和消息循环

从上面的叙述中可以知道,事件可以产生于系统的各个部位,但处理这些事件消息的却只有应用程序和系统,因此为了在消息的产生比较密集时不会丢失消息以及对消息进行有序的处理,系统为每个应用程序都建立了称为消息队列的存储空间。在程序运行过程中如果发生了一个事件,Windows 就会把这个事件的消息送入消息队列,然后由应用程序在适当的时机去读取并处理它们。

为了使应用程序能从消息队列获取消息,Windows 提供了 API 函数 GetMessage( )。凡是 Windows 应用程序,在其程序代码中必须要调用 GetMessage( )函数,而且为了能在前一个消息处理完毕之后可以继续从消息队列获取消息,应用程序必须组织一个称为"消息循环"的循环体,其代码如下:

```
while(GetMessage(&msg,NULL,NULL,NULL))
{
    TranslateMessage(&msg);           //调用解释键盘消息 API 函数
    DispatchMessage(&msg);            //调用消息发送 API 函数将消息发送给系统
}
```

3. 消息的派送和处理

在消息循环的过程中,程序一旦获取了一个消息,经简单处理后,立即会调用函数 DispatchMessage( )把消息派送给系统,之后,系统会根据消息中的 hwnd 找到应该接收消息的程序窗口,并根据该窗口 WNDCLASS 结构中 lpfnWndProc 的指示调用窗口函数。然后在该窗口函数中,以消息中的消息号 message 为依据查找并执行该消息所对应的程序段,进而对消息进行处理。处理完毕后,只要该消息不是应用程序的终止消息,则会立即返回消息循环等待获取下一个消息。Windows 应用程序就这样周而复始进行循环,直至用户发出结束消息。至于消息循环中 DispatchMessage( )前面的 TranslateMessage( )函数,它的作用是在消息派送之前把键盘编码消息转换成字符消息。

消息的传递过程如图 1-13 所示。

从消息的传输途径上来看,消息大体上可分为两种:一种是先把消息送达消息队列,然

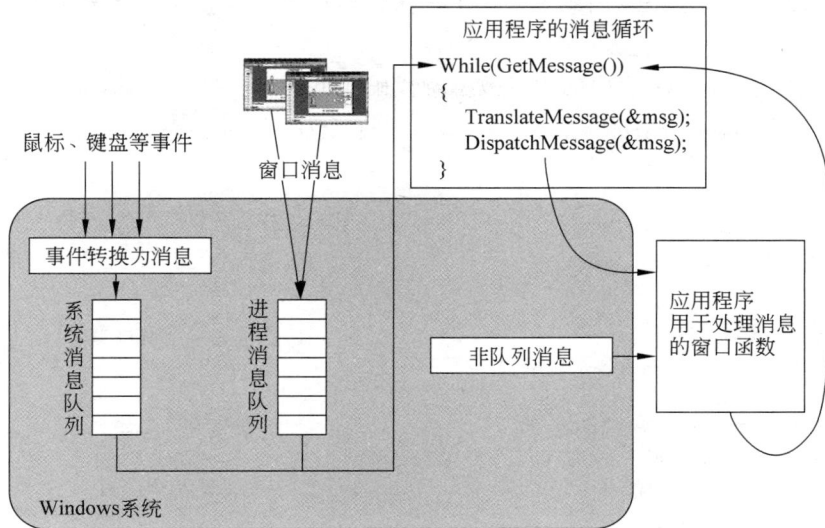

图 1-13　事件、消息、消息循环及消息的传递处理过程

后由应用程序中的消息循环通过函数 DispatchMessage( )获取并通过系统发送给窗口(如鼠标和键盘消息),这类型消息称为队列消息;另一种消息则不经消息队列而直接送达窗口(如某些系统事件产生的消息),这类消息称为非队列消息。

1.5　Windows 应用程序的结构

一个 Windows 程序一般由头文件、源文件、动态链接库、资源等几部分组成。其中,需要程序员编写的主要部分是用 C 编写的源文件。下面主要介绍 Windows 应用程序的源文件部分。

1.5.1　主函数

Windows 应用程序的主函数名称为 WinMain,其原型如下:

```
int WINAPI WinMain(
    HINSTANCE hInstance,            //当前应用程序实例的句柄
    HINSTANCE hPrevInstance,       //系统中前一个应用程序实例的句柄
    LPSTR lpCmdLine,               //指向本程序命令行的指针
    int nCmdShow                   //决定应用程序窗口显示方式的标志
);
```

函数名前面的关键字 WINAPI 也可以为 CALLBACK,它表明这是一个由系统调用的函数,即回调函数。

WinMain( )共有 4 个参数,其中,lpCmdLine 为命令行参数,hPrevInstance 为前一个应用程序实例句柄,这两个参数现在均已不使用,有用的参数只是当前程序实例句柄(即本程序句柄)hInstance 和决定窗口显示方式的标志参数 nCmdShow(通常使用系统提供的默认值)。

主函数 WinMain( )的任务为两项:创建应用程序窗口和建立消息循环。为完成上述工

作,主函数至少要调用 7 个 API 函数,其中 4 个用来创建和显示应用程序窗口,3 个用来建立消息循环。

一个完整的 Windows 程序的主函数示例代码如下:

```
int WINAPI WinMain(HINSTANCE hInstance, HINSTANCE PreInstance, LPSTR lpCmdLine,
        int nCmdShow)
{
    HWND hwnd;                                  //定义窗口句柄
    MSG  msg;                                   //定义一个用来存储消息的变量
    char lpszClassName[]="窗口";

    WNDCLASS wc;                                //定义一个窗口类实例
    //以下为窗口类实例的各个域赋值
    wc.style=0;
    wc.lpfnWndProc=WndProc;                     //安装窗口函数 WndProc
    wc.cbClsExtra=0;
    wc.cbWndExtra=0;
    wc.hInstance=hInstance;                     //安装当前应用程序实例
    wc.hIcon=LoadIcon(NULL,IDI_APPLICATION);    //安装图标
    wc.hCursor=LoadCursor(NULL,IDC_ARROW);      //安装光标
    wc.hbrBackground=(HBRUSH)GetStockObject(WHITE_BRUSH);
                                                //确定窗口背景颜色
    wc.lpszMenuName=NULL;                       //本例未安装菜单
    wc.lpszClassName=lpszClassName;             //为本 WNDCLASS 实例命名

    RegisterClass(&wc);                         //注册窗口类型

    hwnd=CreateWindow(    lpszClassName,        //创建窗口
        "Windows",                              //窗口标题
        WS_OVERLAPPEDWINDOW,                    //显示方式
        120,50,800,600,                         //窗口位置及大小
        NULL,
        NULL,
        hInstance,                              //本程序实例
        NULL);

    ShowWindow(hwnd,nCmdShow);                  //显示窗口
    UpdateWindow(hwnd);                         //对显示器的显示内容进行更新

    while(GetMessage(&msg,NULL,0,0))            //消息循环
    {
        TranslateMessage(&msg);
        DispatchMessage(&msg);                  //向系统派送消息
    }
    return msg.wParam;
}
```

1.5.2 窗口函数

具有窗口界面的 Windows 应用程序,必须有一个窗口函数来处理消息,它是独立于 WinMain()函数的一个函数。窗口函数以参数的方式接收系统传递来的消息并对消息进行分类处理,它是完成 Windows 应用程序用户任务的核心,是需要程序员编写大量代码的

地方。

由于窗口函数是一个系统回调函数,所以其函数名之前必须使用关键字 CALLBACK 来说明。除此之外,对窗口函数的声明还有两个约束:第一,其函数名必须与相应窗口结构中指针 lpfnWndProc 赋予的名称相同;第二,其参数和返回类型必须与系统的要求相符。以前面的示例为例,与该示例主函数关联的窗口函数的名称必须为 WndProc,并且窗口函数的声明应为

```
LRESULT CALLBACK WndProc(HWND hwnd,              //派送消息的窗口句柄
    UINT message,                                //系统传递来的消息标识
    WPARAM wParam,                               //消息的附加参数(32 位)
    LPARAM lParam)                               //消息的附加参数(32 位)
```

从函数的参数中可以看出,当消息循环中的 DispatchMessage( ) 函数把消息派送到系统之后,系统就会调用该窗口函数,同时会把消息中表示消息来源地的窗口句柄、消息标识和两个消息的附加参数传递到窗口函数,因为这些信息是窗口函数对消息进行处理的重要依据。

一个最简单的窗口函数的代码如下:

```
LRESULT CALLBACK WndProc(HWND hwnd, UINT message, WPARAM wParam, LPARAM lParam)
{
    switch(message)
    {
        case WM_DESTROY:
            PostQuitMessage(0);                 //调用关闭程序主窗口函数
        break;
        default:
            return(DefWndProc(hwnd,message, wParam,lParam));  //调用系统的消息处理函数
    }
    return 0;
}
```

从上面的代码中可以看到,窗口函数的主体是一个 switch-case 选择结构,每一个 case 对应一个消息的处理程序。函数中的这个 switch-case 结构会根据消息号 message 转向对应的消息处理程序段。

为了简单,本程序的窗口函数只对 WM_DESTROY 消息进行了处理,这个消息是用户用鼠标单击窗口右上角的“关闭”按钮来关闭窗口事件所产生的消息。在该消息处理程序段中,调用了 API 函数 PostQuitMessage( ),该函数会在关闭窗口时做一些善后处理工作(如销毁对象)。

这里特别指出的是,在上述窗口函数最后的 default 程序段中调用了系统所提供的一个窗口消息处理函数 DefWndProc( ),该函数的作用是对用户没有处理的消息进行默认处理。也就是说,在程序运行过程中,Windows 所定义的所有事件都可能会发生,但在一个具体应用程序中,用户只需处理实现本程序功能所需的事件即可,而其余事件就都留给系统去处理,即把那些没有被 case 所拦截的事件消息均交给 DefWndProc( )去进行默认处理。

1.5.3 Windows 系统、主函数、窗口函数之间的关系

理解 Windows 系统、主函数、窗口函数三者之间的关系,对于编写 Windows 程序的程

序员来讲极为重要,在本章的前面虽然简单介绍了它们的关系,但在了解了事件和消息之后,有必要在此基础上再介绍一下它们的关系,以便更深入地理解 Windows 程序的结构及其工作原理。

1. 系统、主函数、窗口函数三者之间的关系

Windows 系统、主函数、窗口函数三者之间的关系如图 1-14 所示。

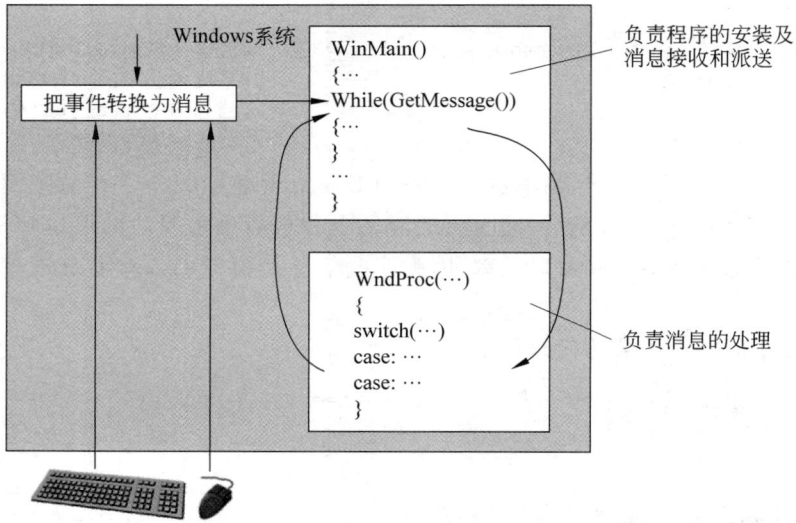

图 1-14　Windows 系统、主函数与窗口函数三者之间的关系

Windows 系统收到执行一个 Windows 应用程序命令之后的行为如图 1-15 所示。

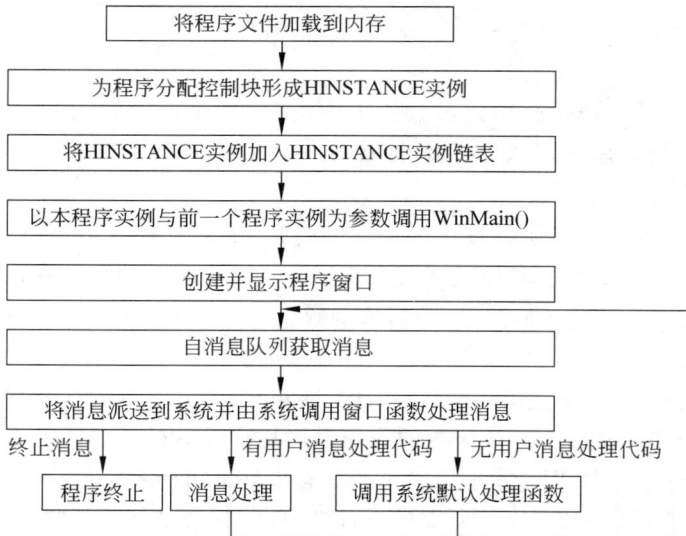

图 1-15　Windows 系统收到执行一个 Windows 应用程序命令之后的行为

在此希望读者一定要建立一个概念:无论是 Windows 程序还是 Java 和 C♯ 程序,凡是事件驱动的程序都与系统紧密相关。在研究这种程序时,必须把系统(或运行平台)看成程

序的一部分,因为它替应用程序做了太多的事情,如果不在一定程度上了解运行平台,那就没办法编写出质量较高的程序。

例 1-1　一个简单的 Windows 程序。当用鼠标左键单击程序窗口的用户区时,计算机的扬声器会发出"叮"的声音。

(1) 本程序需要使用的消息。

这个题目中用到了鼠标左键单击消息,该消息是 Windows 预定义的窗口消息,其标识为 WM_LBUTTONDOWN。

(2) 程序代码。

```
#include <windows.h>                              //编写 Windows 程序必须要包含的头文件
//声明窗口函数原型
LRESULT CALLBACK WndProc( HWND,UINT,WPARAM,LPARAM );
//--------------------------------------------------------------------------------
//主函数
int WINAPI WinMain(HINSTANCE hInstance, HINSTANCE PreInstance, LPSTR lpCmdLine,
    int nCmdShow)
{
    HWND hwnd;                                    //定义窗口句柄
    MSG msg;                                      //定义一个用来存储消息的变量
    char lpszClassName[]="窗口";
    WNDCLASS wc;                                  //定义一个窗口类型变量
    wc.style=0;
    wc.lpfnWndProc=WndProc;
    wc.cbClsExtra=0;
    wc.cbWndExtra=0;
    wc.hInstance=hInstance;
    wc.hIcon=LoadIcon(NULL, IDI_APPLICATION);
    wc.hCursor=LoadCursor(NULL, IDC_ARROW);
    wc.hbrBackground=(HBRUSH)GetStockObject(WHITE_BRUSH);
    wc.lpszMenuName=NULL;                         //窗口没有菜单
    wc.lpszClassName=lpszClassName;

    RegisterClass(&wc);                           //注册窗口类型

    hwnd=CreateWindow(lpszClassName,              //创建窗口
        "Windows",
        WS_OVERLAPPEDWINDOW,
        120,50,800,600,
        NULL,
        NULL,
        hInstance,
        NULL);

    ShowWindow(hwnd,nCmdShow);                    //显示窗口
    UpdateWindow(hwnd);

    while(GetMessage(&msg,NULL,0,0))              //消息循环
    {
        TranslateMessage(&msg);
        DispatchMessage(&msg);
    }
    return msg.wParam;
```

```
    }
    //------------------------------------------------------------------------
    //处理消息的窗口函数
    LRESULT CALLBACK WndProc(HWND hwnd, UINT message, WPARAM wParam, LPARAM lParam)
    {
        switch(message)
        {
            case WM_LBUTTONDOWN:                        //鼠标左键按下消息
            {
                MessageBeep(0);                         //可以发出声音的 API 函数
            }
                break;
            case WM_DESTROY:
                PostQuitMessage(0);
                break;
            default:
                return DefWindowProc(hwnd,message,wParam,lParam);
        }
        return 0;
    }
    //------------------------------------------------------------------------
```

　　从程序中可以看到,主函数一共做了三件事情:注册窗口类型、创建显示窗口和消息循环。在程序中定义 WNDCLASS 类型变量 wc 时,还调用了三个 API 函数:LoadIcon( )、LoadCursor( )和 GetStockObject( ),前两个函数分别装载了程序的图标和光标,而后一个函数则设置了窗口用户区背景颜色。如果程序需要菜单,则还要使用装载菜单的函数。关于它们更详细的情况可以查阅 Visual C++ 的帮助文件。

　　本程序在窗口函数 WndProc()中编写了一段 WM_LBUTTONDOWN 消息处理代码,并在该代码中调用了 Windows 的 API 函数 MessageBeep(0)。于是,当程序被启动后,如果用户在窗口的用户区按下鼠标左键,则会产生 WM_LBUTTONDOWN 消息,当系统把该消息派送到窗口函数,则该函数会找到与该消息对应的 case 程序段,并调用 API 函数 MessageBeep(0)使计算机的扬声器发出"叮"的声音。

　　例 1-2　编写一个 Windows 程序。在程序中定义两个窗口类型"窗口 1"和"窗口 2",窗口 1 背景为白色,窗口 2 背景为灰色。用这两个窗口类型创建三个窗口,窗口标题分别为 Windows1、Windows2 和 Windows3。其中,Windows1 和 Windows3 使用"窗口 1",Windows2 使用"窗口 2"。当用鼠标左键单击任何程序窗口的用户区时,计算机的扬声器都会发出"叮"的声音。

　　程序代码如下:

```
#include<windows.h>
//声明窗口函数原型
LRESULT CALLBACK WndProc(HWND,UINT,WPARAM,LPARAM);
//------------------------------------------------------------------------
//主函数
int WINAPI WinMain(HINSTANCE hInstance, HINSTANCE PreInstance, LPSTR lpCmdLine,
    int nCmdShow)
{
    HWND hwnd1;                                         //Windows1 的窗口句柄
```

```
    HWND hwnd2;                                          //Windows2 的窗口句柄
    HWND hwnd3;                                          //Windows3 的窗口句柄

    MSG   msg;

    //定义、注册窗口类型 "窗口 1"
    char lpszClassName1[ ]="窗口 1";
    WNDCLASS wc1;
    wc1.style=0;
    wc1.lpfnWndProc=WndProc;
    wc1.cbClsExtra=0;
    wc1.cbWndExtra=0;
    wc1.hInstance=hInstance;
    wc1.hIcon=LoadIcon(NULL, IDI_APPLICATION);
    wc1.hCursor=LoadCursor(NULL, IDC_ARROW);
    wc1.hbrBackground=(HBRUSH)GetStockObject(WHITE_BRUSH);      //白色
    wc1.lpszMenuName=NULL;
    wc1.lpszClassName=lpszClassName1;

    RegisterClass(&wc1);

    //定义、注册窗口类型"窗口 2"
    char lpszClassName2[]="窗口 2";
    WNDCLASS wc2;
    wc2.style=0;
    wc2.lpfnWndProc=WndProc;
    wc2.cbClsExtra=0;
    wc2.cbWndExtra=0;
    wc2.hInstance=hInstance;
    wc2.hIcon=LoadIcon(NULL, IDI_APPLICATION);
    wc2.hCursor=LoadCursor(NULL, IDC_ARROW);
    wc2.hbrBackground=(HBRUSH)GetStockObject(GRAY_BRUSH);      //灰色
    wc2.lpszMenuName=NULL;
    wc2.lpszClassName=lpszClassName2;

    RegisterClass(&wc2);

    hwnd1=CreateWindow(lpszClassName1,           //创建 Windows1 窗口
        "Windows1",
        WS_OVERLAPPEDWINDOW,
        120,50,700,500,
        NULL,
        NULL,
        hInstance,
        NULL);

    hwnd2=CreateWindow(lpszClassName2,           //创建 Windows2 窗口
        "Windows2",
        WS_OVERLAPPEDWINDOW,
        150,80,750,550,
        NULL,
        NULL,
        hInstance,
        NULL);
```

```
    hwnd3=CreateWindow(lpszClassName1,              //创建 Windows3 窗口
        "Windows3",
        WS_OVERLAPPEDWINDOW,
        200,130,500,300,,
        NULL,
        NULL,
        hInstance,
        NULL);

    ShowWindow(hwnd1,nCmdShow);                     //显示 Windows1
    UpdateWindow(hwnd1);

    ShowWindow(hwnd2,nCmdShow);                     //显示 Windows2
    UpdateWindow(hwnd2);

    ShowWindow(hwnd3,nCmdShow);                     //显示 Windows3
    UpdateWindow(hwnd3);

    while (GetMessage(&msg,NULL,0,0))
    {
        TranslateMessage(&msg);
        DispatchMessage(&msg);
    }
    return msg.wParam;
}
//-------------------------------------------------------------------------------
//处理消息的窗口函数
LRESULT CALLBACK WndProc(HWND hwnd, UINT message, WPARAM wParam, LPARAM lParam)
{
    switch(message)
    {
        case WM_LBUTTONDOWN:
        {
            MessageBeep(0);
        }
        break;
        case WM_DESTROY:
        PostQuitMessage(0);
        break;
        default:
        return DefWindowProc(hwnd,message,wParam,lParam);
    }
    return 0;
}
//-------------------------------------------------------------------------------
```

程序运行结果如图 1-16 所示。

通过这个例子请读者仔细体会一下窗口类型、窗口类型的注册、窗口句柄、窗口的创建以及程序窗口和窗口函数之间的关系。

2. 可变代码的隔离

长期的程序设计实践使人们知道,在一个程序中,有些代码属于程序框架,相对固定,是稳定代码;而另一些代码则属于业务代码,会经常变化,是可变代码。程序的计算任务就是

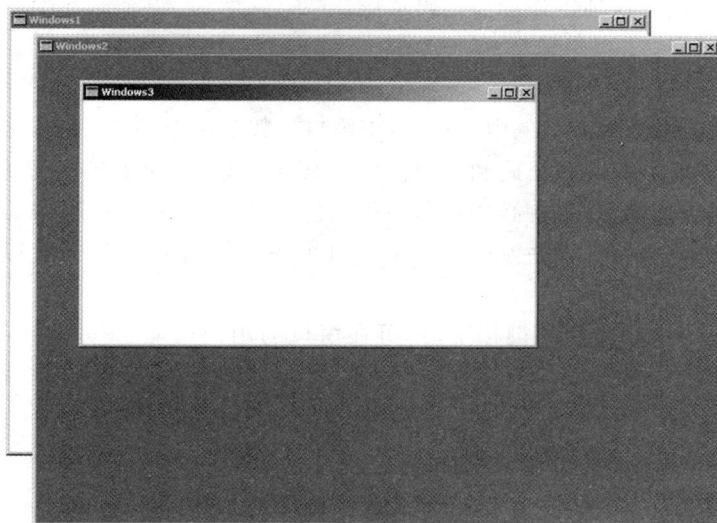

图 1-16   例 1-2 程序运行结果

依靠程序中的这两种代码相互作用来完成的,即它们之间存在着某种耦合。但人们也发现,上述两种代码的耦合程度会对程序的质量大有影响。如果耦合过松,则程序的执行效率较低,反之则程序维护性变差,从而影响了程序的寿命。从程序设计的现状来看,大多数程序存在的是耦合过紧的问题,即人们所编写的程序大多属于"紧耦合"。框架代码与可变代码紧耦合的后果之一就是如果一旦在程序某处出现了问题,那么该问题会蔓延到整个程序从而使程序完全崩溃。除此之外,这种"紧耦合"还严重地影响了程序的可维护性,即当程序某项业务出现变化而需要修改程序时,常常会因一处的修改而导致全部程序的修改。为了防止上述问题发生,人们提倡:程序结构应该具有"高内聚,低耦合"性。即首先应以功能为基准来划分基本程序模块,而各个基本模块之间则只保留最基本,以及尽可能少的联系;除此之外,还应对模块之间的有限联系进行必要的隔离,从而进一步降低耦合程度。目前,在实现代码的"高内聚,低耦合"方面,大体上有两种措施,一是利用函数或类的封装性来实现功能上的高内聚,二是利用指针或类似指针的索引的隔离功能来实现信息流的低耦合。

作为一个优秀的软件产品,Windows 在此方面做出了很多努力。例如,为了把用户与大型数据隔离开来,它定义了句柄;为了实现代码之间的隔离,它使用了函数指针(如窗口函数指针)。其中最难能可贵的是它把消息的获取、发送者与消息的处理者隔离了开来。也就是说,在 Windows 程序中,消息的获取者(主函数)并不是消息的处理者,真正的消息的处理者为窗口函数,从而有效地实现了可变代码(即用户的业务代码)的隔离。这样,当用户的业务代码发生变化时,用户只需修改窗口函数的相应代码即可,而不会波及主函数和程序框架。

1.6   Windows 程序代码重构

在现代应用程序设计的过程中,常常需要在程序功能已经正确实现之后,再对代码进行一定规模的整理,其目的就是使之尽可能符合"高内聚,低耦合"的软件设计原则,从而使之更为便于维护和使用。这项工作称为代码重构。

1.6.1 用函数封装消息处理代码

在前面的 Windows 程序示例中可见，由于窗口函数是一个 switch-case 结构，这种结构在程序分支特别多时会因业务代码和框架代码混杂在一起，不便于代码的阅读和维护。因此，按照可变代码隔离的原则，有必要对程序代码进行重构。为此，可利用 C 函数能把程序模块化的特点，对 Windows 程序窗口函数中的每个 case 程序段进行封装以形成一个消息处理函数，而在 case 中调用这个函数。

例 1-3　编制一个在鼠标左键按下时，可在窗口的用户区显示一个字符串"Hello!"的 Windows 程序，并尽可能地用函数将程序模块化。

程序代码如下：

```
//设计 Windows 程序必须包含的头文件------------------------------------------
#include<windows.h>
//定义全局变量------------------------------------------------------------
HINSTANCE hInst;
HWND hWnd;
MSG msg;
char lpszClassName [ ]="窗口";
char * ShowText;
//声明函数原型------------------------------------------------------------
ATOM MyRegisterClass(HINSTANCE hInstance);    //注册窗口函数
BOOL Create(HINSTANCE, int);                  //程序实例初始化函数
int Run( );                                   //消息循环函数

LRESULT CALLBACK WndProc(HWND, UINT, WPARAM, LPARAM);         //窗口函数

void OnLButtonDown(                      // WM_LBUTTONDOWN 消息处理函数
    HWND hWnd,
    UINT message,
    WPARAM wParam,
    LPARAM lParam);

void OnPaint(                            // WM_PAINT 消息处理函数
    HWND hWnd,
    UINT message,
    WPARAM wParam,
    LPARAM lParam);

void OnDestroy(                          // WM_DESTROY 消息处理函数
    HWND hWnd,
    UINT message,
    WPARAM wParam,
    LPARAM lParam);

//主函数-----------------------------------------------------------------
int APIENTRY WinMain(HINSTANCE hInstance, HINSTANCE hPrevInstance, LPSTR
    lpCmdLine, int nCmdShow)
{
```

```
    MyRegisterClass(hInstance);              //定义和注册窗口类型
    Create(hInstance, nCmdShow);             //创建窗口
    ShowWindow(hWnd, nCmdShow);              //显示窗口
    UpdateWindow(hWnd);                      //更新屏幕显示
    return Run();                            //消息循环
}
//注册窗口类型函数的实现------------------------------------------------
ATOM MyRegisterClass(HINSTANCE hInstance)
{
    WNDCLASS wc;
    wc.style=0;
    wc.lpfnWndProc=WndProc;
    wc.cbClsExtra=0;
    wc.cbWndExtra=0;
    wc.hInstance=hInstance;
    wc.hIcon=LoadIcon(NULL, IDI_APPLICATION);
    wc.hCursor=LoadCursor(NULL, IDC_ARROW);
    wc.hbrBackground=(HBRUSH)GetStockObject(WHITE_BRUSH);
    wc.lpszMenuName=NULL;
    wc.lpszClassName=lpszClassName;
    return RegisterClass(&wc);
}
//创建窗口函数的实现------------------------------------------------
BOOL Create(HINSTANCE hInstance, int nCmdShow)
{
    hWnd=CreateWindow(lpszClassName,
        "Windows",
        WS_OVERLAPPEDWINDOW,
        400,300,180,160,
        NULL,
        NULL,
        hInstance,
        NULL);
    return TRUE;
}
//消息循环函数的实现------------------------------------------------
int Run()
{
    while (GetMessage(&msg, NULL, 0, 0))
    {
        TranslateMessage(&msg);
        DispatchMessage(&msg);
    }
    return msg.wParam;
}
//窗口函数的实现------------------------------------------------
LRESULT CALLBACK WndProc(HWND hWnd, UINT message,
WPARAM wParam, LPARAM lParam)
{
    switch (message)
    {
        case WM_LBUTTONDOWN:
            OnLButtonDown(hWnd, message, wParam, lParam);
            break;
```

```
        case WM_PAINT:
            OnPaint(hWnd, message,wParam, lParam);
            break;
        case WM_DESTROY:
            OnDestroy(hWnd, message, wParam, lParam);
            break;
        default:
            return DefWindowProc(hWnd, message, wParam, lParam);
    }
    return 0;
}
//鼠标左键单击消息处理函数的实现------------------------------------------------------
void OnLButtonDown(HWND hWnd, UINT message, WPARAM wParam, LPARAM lParam)
{
    ShowText="Hello!";
    InvalidateRect(hWnd,NULL,1);
}
//重绘窗口用户区消息处理函数的实现-----------------------------------------------------
void OnPaint(HWND hWnd, UINT message, WPARAM wParam, LPARAM lParam)
{
    PAINTSTRUCT ps;
    HDC hdc;
    hdc=BeginPaint(hWnd, &ps);
    TextOut(hdc,50,50,ShowText,6);
    EndPaint(hWnd, &ps);
}
//销毁窗口消息处理函数的实现------------------------------------------------------------
void OnDestroy(HWND hWnd, UINT message, WPARAM wParam, LPARAM lParam)
{
    PostQuitMessage(0);
}
//------------------------------------------------------------------------------------
```

由上面的程序代码可以看出,程序由两大部分组成:主函数部分和窗口函数部分。主函数由 5 个函数组成,窗口函数由 4 个函数组成,使得应用程序的结构更加清晰明了。

另外,在这个程序里还用到了 InvalidateRect( )、BeginPaint( )、TextOut( )和 EndPaint( )等几个 API 函数。

Windows 规定,向窗口用户区输出图形必须在窗口函数 WM_PAINT 消息所对应的程序段中执行,而系统会在两种情况下产生 WM_PAINT 消息:一种是在窗口在屏幕上刚显示的瞬间;另一种是在窗口发生更新消息时。在上面鼠标左键按下消息处理代码段中是用函数 InvalidateRect( )来产生一个 WM_PAINT 消息的。所以在程序运行之后,当鼠标左键在窗口用户区被用户按下的时刻,对应消息处理代码段调用了函数 InvalidateRect( )激发了一个 WM_PAINT 消息,然后在 WM_PAINT 消息处理程序段又调用了 BeginPaint( )、TextOut( )和 EndPaint( )等用来在窗口用户区进行绘图操作的 API 函数来实现了字符串的显示。

其中,函数 BeginPaint( )用于启动绘图,函数 TextOut( )用于在用户区绘制文字(Windows 把文字看作图形),函数 EndPaint( )用于结束绘图操作(关于绘图函数的说明见第 4 章)。

1.6.2　消息映射表

因窗口函数中的 switch-case 结构实质上实现的就是一个根据消息标识来查找消息处理代码的功能,故可用一个如图 1-17 的表和一段查表程序代替它,同时为了进一步实现代码的隔离,表中的每一项可以使用一个函数指针来指向消息处理函数,这样便形成了如图 1-17 所示的表,这个表便称为消息映射表。

消息标识	消息处理函数指针
WM_LBUTTONDOWN	On_ButtonDown
WM_PAINT	On_Paint
WM_RESTROY	On_Restroy

图 1-17　消息映射表

在程序中,可以用数组或者链表来实现这个表。其数组元素(表项)为如下结构:

```
struct MSGMAP_ENTRY
{
    UINT nMessage;                                    //消息标识
    void ( * pfn)(HWND, UINT, WPARAM, LPARAM );       //消息处理函数指针
};
```

于是,作为消息映射表的数组应该为

```
struct MSGMAP_ENTRY_messageEntres[ ] =
{
    WM_LBUTTONDOWN, On_LButtondown,
    WM_PAINT, On_Paint,
    WM_DESTROY, On_Destroy,
};
```

有了上述消息映射表,窗口函数就可以进行如下修改:

```
LRESULT CALLBACK WndProc (HWND hWnd, UINT message, WPARAM wParam, LPARAM lParam)
{
    int i;                                            //循环变量
    int n = sizeof ( _messageEntres) / sizeof(_messageEntres[0] );    //循环次数

//以下 for 循环用传递来的消息标识查找匹配的处理函数,并执行它
    for (i = 0; i < n; i ++)
    {
        if (message == _messageEntres [ i ] . nMessage )
            ( * _messageEntres [ i ] . pfn ) ( hWnd, message, wParam, lParam));
    }
    return DefWindowProc( hWnd, message, wParam, lParam );
}
```

显然,无论需要处理的消息是多是少,窗口函数的结构就是这种固定格式,而用户所需要做的工作就是编写消息处理函数及按如下格式将消息标识与消息处理函数对应填入_messageEntres 数组:

```
struct MSGMAP_ENTRY  _messageEntres[ ] =
{
    WM_LBUTTONDOWN, On_LButtonDown,
```

```
    WM_PAINT, On_Paint,
    WM_DESTROY, On_Destroy,
};
```

更进一步，还可以把定义消息映射表_messageEntres[ ]和向消息映射表填写表项的代码像例 1-4 那样封装成宏，使得整个程序代码更规整、更漂亮。

例 1-4　用消息映射表实现的窗口函数。

代码如下：

```
//定义宏--------------------------------------------------------------
#define DECLARE_MESSAGE_MAP() \              //声明消息映射表的宏
struct MSGMAP_ENTRY _messageEntres[ ];\

#define BEGIN_MESSAGE_MAP() \               //消息映射表的开始宏
struct MSGMAP_ENTRY _messageEntres[ ] =\
{ \

#define ON_WM(messageID,msgFuc) \           //填写映射表项的宏
    messageID,msgFuc,
#define END_MESSAGE_MAP() \                 //消息映射表的结束宏
};\
//定义消息映射表项的结构-----------------------------------------------
struct MSGMAP_ENTRY
{
    UINT nMessage;
    void (*pfn)(HWND, UINT, WPARAM, LPARAM);
};

//声明消息处理函数原型-------------------------------------------------
void On_LButtonDown(HWND, UINT, WPARAM, LPARAM);
void On_Paint(HWND, UINT, WPARAM, LPARAM);
void On_Destroy(HWND, UINT, WPARAM, LPARAM);

//消息映射表的声明----------------------------------------------------
DECLARE_MESSAGE_MAP()

//消息映射表的实现----------------------------------------------------
BEGIN_MESSAGE_MAP()
ON_WM(WM_LBUTTONDOWN,On_LButtonDown)
ON_WM(WM_PAINT,On_Paint)
ON_WM(WM_DESTROY,On_Destroy)
END_MESSAGE_MAP()

//窗口函数-----------------------------------------------------------
LRESULT CALLBACK WndProc(HWND hWnd, UINT message,
WPARAM wParam, LPARAM lParam)
{
int i;
    int n = sizeof (_messageEntres)/sizeof(_messageEntres[0]);
    for (i = 0; i < n; i++)
    {
        if (message == _messageEntres[i].nMessage)
            (*_messageEntres[i].pfn)(hWnd, message, wParam, lParam);
    }
```

```
        return DefWindowProc(hWnd, message, wParam, lParam);
}
//鼠标左键单击消息处理函数的实现——————————————————————————
void On_LButtonDown(HWND hWnd, UINT message,
                WPARAM wParam, LPARAM lParam)
{
    ShowText="Hello!";
    InvalidateRect(hWnd,NULL,1);
}
//重绘窗口用户区消息处理函数的实现——————————————————————
void On_Paint(HWND hWnd, UINT message,
                WPARAM wParam, LPARAM lParam)
{
    PAINTSTRUCT ps;
    HDC hdc;
    hdc =BeginPaint(hWnd, &ps);
    TextOut(hdc,50,50,ShowText,6);
    EndPaint(hWnd, &ps);
}
//销毁窗口消息处理函数的实现——————————————————————————
void On_Destroy(HWND hWnd, UINT message,
                WPARAM wParam, LPARAM lParam)
{
    PostQuitMessage(0);
}
//——————————————————————————————————————————
```

从例题的代码中可以看到,只有黑体字的代码段是必须由用户编写的代码,而其他的都是固定的程序框架代码,从而可以想办法用 Windows 程序开发工具自动生成,以减少程序员的工作量。

鉴于 Windows 这种把消息发送者和消息处理者分开的做法的优点,本方法后来演化成了现在常用的一种设计模式——观察者模式。最简单的观察者模式示意图如图 1-18 所示。

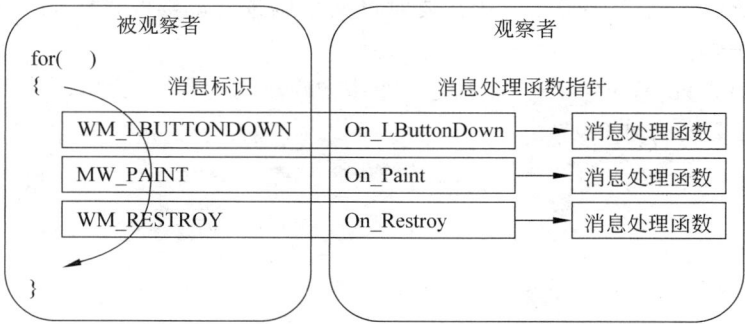

图 1-18　最简单的观察者模式

后来,Java 利用观察者模式实现了事件监听器模型,而 C♯ 则利用观察者模式演化出了独特的事件委托模型。

本 章 小 结

- Windows 及应用程序的基本概念。
- Windows 应用程序中的数据类型。
- Windows 应用程序的消息处理机制。
- Windows 应用程序的代码重构。

习 题 1

1-1　什么是 Windows API 函数？

1-2　查看 windows.h 文件,看一下 Windows 系统的句柄是什么数据类型的？

1-3　试说明以下句柄的含义:

(1) HWND;

(2) HINSTANCE;

(3) HDC。

1-4　什么是事件? 试举例说明。

1-5　如何显示和更新窗口？

1-6　什么是消息循环？

1-7　Windows 应用程序的主函数有哪 3 个主要任务？

1-8　说明 Windows 应用程序的主函数、窗口函数与 Windows 系统之间的关系。

1-9　在创建新 Win32 Application 工程时,在 Win32 Application Step‐1 of 1 对话框中选中 A typical "Hello World!" Application 选项并单击 Finish 按钮后,系统可以自动创建一个 Windows SDK 的示例程序,请运行该程序并分析这个应用程序的代码。

1-10　什么称为可变代码? 为什么要对可变代码进行隔离? 试说明 Windows 所采用的代码隔离方法。

思考题: 有人说,Windows 程序就是一个由中断驱动的程序,窗口函数是所有中断服务程序的入口,这个说法对不对？

第 2 章 Windows 应用程序的类封装

在面向对象程序设计的思想还不成熟时,早期的程序员使用 C 语言和 Windows API 函数来设计 Windows 应用程序,用这种方法开发 Windows 应用程序极其艰苦、乏味。自面向对象程序设计的思想发展起来之后,情况大为改观。人们用 C ++ 类把 Windows 的大多数 API 函数和对应的数据进行了封装,并把这些类组织成微软基础类库(MFC),从而使 Windows 应用程序设计的工作变得简单起来。

面向对象的程序设计方法,最具吸引力的优点就是可以把程序中的问题分解成若干对象,从而利用类这种数据类型,把数据和对数据的操作封装在一起,形成一个个有实际意义的程序实体,把大型程序模块化。同时利用类的继承性,可以使程序员快速地完成程序的设计任务。

本章主要内容:

- 模仿 MFC 用 C ++ 类对 Windows 主函数进行封装。
- 应用程序类 CWinApp 及其派生类。
- 窗口类 CFrameWnd 及其派生类。
- CCmdTarget 类。
- MFC 消息映射。

2.1 应用程序主函数的 C ++ 类封装

对例 1-2 程序的主函数进行分析后,就会知道,主函数的任务是创建并显示窗体和实现消息循环。如果用面向对象的思想来考虑,主函数的函数体可以看成一个对象——应用程序类对象,而其中的窗体应该是嵌入在这个应用程序类对象中的另一个对象——窗口类对象,而消息循环应该是应用程序类对象的一部分。故此,为了形成程序框架,应该声明两个类:应用程序类和窗口类。

2.1.1 窗口类的声明

显然,窗口类应该具有窗口类型属性的定义、窗口类型的注册、窗口的创建和显示等与窗口相关的功能。同时在类中还应该有一个 HWND 类型的窗口句柄 hWnd,作为类的数据成员。因此,窗口类只要把窗口句柄及对窗口操作的 API 函数封装到一起就可以了。如果把这个类命名为 CFrameWnd,于是窗口类 CFrameWnd 的声明如下:

```
//窗口类 CFrameWnd 的声明-----------------------------------------
class CFrameWnd
{
public:
    HWND hWnd;
public:
```

```
        int RegisterWindow( );
        void Create(LPCTSTR lpClassName,LPCTSTR lpWindowName);
        void ShowWindow(int nCmdShow);
        void UpdateWindow( );
};
```

```
//窗口类的成员函数------------------------------------------------------------------
int CFrameWnd::RegisterWindow( )
{
    WNDCLASS wc;                          //定义窗口类结构
    wc.style=0;
    wc.lpfnWndProc=WndProc;
    wc.cbClsExtra=0;
    wc.cbWndExtra=0;
    wc.hInstance=hInstance;
    wc.hIcon=LoadIcon(NULL, IDI_APPLICATION);
    wc.hCursor=LoadCursor(NULL, IDC_ARROW);
    wc.hbrBackground=(HBRUSH)GetStockObject(WHITE_BRUSH);
    wc.lpszMenuName=NULL;
    wc.lpszClassName=lpszClassName;
    return RegisterClass(&wc);         //注册窗口类
}

void CFrameWnd::Create( LPCTSTR lpClassName, LPCTSTR lpWindowName)
{
    RegisterWindow( );
    hInst=hInstance;
    hWnd =CreateWindow(lpszClassName,
        lpWindowName,
        WS_OVERLAPPEDWINDOW,
        CW_USEDEFAULT,
        0,
        CW_USEDEFAULT,
        0,
        NULL,
        NULL,
        hInstance,
        NULL);
}

void CFrameWnd::ShowWindow(int nCmdShow)
{
    ::ShowWindow(hWnd, nCmdShow);
}

void CFrameWnd::UpdateWindow( )
{
    ::UpdateWindow(hWnd);
}
//------------------------------------------------------------------------------------
```

代码中函数 UpdateWindow( )和 ShowWindow( )前面的符号"::"是域作用符,如果在符号的前面是空白则表明其后的函数是系统函数。因为这里的两个函数是 Windows 的两个 API 函数,UpdateWindow( )和 ShowWindow( )不属于任何类,所以在这里用域作用符说明它们是系统函数。

2.1.2 应用程序类的声明

如果把主函数中的整个函数体作为一个对象,并把它称为应用程序,则还应该声明一个应用程序类,并命名为 CWinApp。

在应用程序类中,除了应该有一个窗口类的对象 m_pMainWnd 作为类的数据成员之外,这个类还应该有两个成员函数 InitInstance( )和 Run( )。成员函数 InitInstance( ) 通过调用窗口类的成员函数来完成窗口对象 m_pMainWnd 的注册、创建、显示等工作。而成员函数 Run( )则用来完成消息循环的工作。下面的代码就是应用程序类 CWinApp 的声明:

```
//应用程序类的声明----------------------------------------------------------------
class CWinApp
{
    public:
        CFrameWnd * m_pMainWnd;
    public:
        BOOL InitInstance(int nCmdShow);
        int Run( );
        ~CWinApp( );
};

//应用程序类成员函数------------------------------------------------------------
BOOL CWinApp::InitInstance(int nCmdShow)
{
    m_pMainWnd=new CFrameWnd;
    m_pMainWnd->Create(NULL,"封装的 Windows 程序");    //创建窗口
    m_pMainWnd->ShowWindow(nCmdShow);                  //显示窗口
    m_pMainWnd->UpdateWindow( );                        //更新窗口显示
    return TRUE;
}

int CWinApp::Run( )
{
    while (GetMessage(&msg, NULL, 0, 0))
    {
        TranslateMessage(&msg);
        DispatchMessage(&msg);
    }
    return msg.wParam;
}

CWinApp::~CWinApp( ){ delete m_pMainWnd; }
//-------------------------------------------------------------------------------
```

2.1.3 主函数封装后的程序

在上面这两个类的支持下,Windows 程序的设计就相当简单了:先定义一个 CWinApp 类的全局对象 theApp,然后在主函数中按照顺序逐个地调用对象 theApp 的成员函数。例 1-3 的程序经类封装后的代码如下:

```
//程序员定义的 CWinApp 类的全局对象 theApp ----------------------------------
CWinApp theApp;

//主函数---------------------------------------------------------------------
int APIENTRY WinMain(HINSTANCE hInstance, HINSTANCE hPrevInstance, LPSTR
    lpCmdLine, int nCmdShow)
{
    int ResultCode=-1;
    theApp.InitInstance(nCmdShow);
    return ResultCode=theApp.Run( );
}
//--------------------------------------------------------------------------
```

例 2-1　对例 1-3 的程序用 C++类封装之后的完整程序清单。

```
//需要包含的头文件------------------------------------------------------------
#include<windows.h>
//定义全局变量和函数----------------------------------------------------------
HINSTANCE hInst;
HINSTANCE hInstance;
MSG msg;
char lpszClassName[ ]="window_class";
char * ShowText;
//声明函数原型----------------------------------------------------------------
LRESULT CALLBACK WndProc(HWND, UINT, WPARAM, LPARAM);       //窗口函数
void OnLButtonDown(HWND hWnd, UINT message, WPARAM wParam, LPARAM lParam);
void OnPaint(HWND hWnd, UINT message, WPARAM wParam, LPARAM lParam);
void OnDestroy(HWND hWnd, UINT message, WPARAM wParam, LPARAM lParam);
//声明窗口类------------------------------------------------------------------
class CFrameWnd
{
    public:
        HWND hWnd;
    public:
        int RegisterWindow( );
        void Create(LPCTSTR lpClassName, LPCTSTR lpWindowName);
        void ShowWindow(int nCmdShow);
        void UpdateWindow( );
};
//窗口类成员函数的实现--------------------------------------------------------
int CFrameWnd::RegisterWindow( )
{
    WNDCLASS wc;
    wc.style=0;
    wc.lpfnWndProc=WndProc;
    wc.cbClsExtra=0;
    wc.cbWndExtra=0;
    wc.hInstance=hInstance;
    wc.hIcon=LoadIcon(NULL, IDI_APPLICATION);
    wc.hCursor=LoadCursor(NULL, IDC_ARROW);
    wc.hbrBackground=(HBRUSH)GetStockObject(WHITE_BRUSH);
    wc.lpszMenuName=NULL;
    wc.lpszClassName=lpszClassName;
    return RegisterClass(&wc);
}
```

```
void CFrameWnd∷Create (LPCTSTR lpClassName, LPCTSTR lpWindowName)
{
    RegisterWindow( );
    hInst=hInstance;
    hWnd =CreateWindow(lpszClassName,
        lpWindowName,
        WS_OVERLAPPEDWINDOW,
        CW_USEDEFAULT,
        0,
        CW_USEDEFAULT,
        0,
        NULL,
        NULL,
        hInstance,
        NULL);
}
void CFrameWnd∷ShowWindow(int nCmdShow)
{
    ∷ShowWindow(hWnd, nCmdShow);
}
void CFrameWnd∷UpdateWindow( )
{
    ∷UpdateWindow(hWnd);
}

//声明应用程序类----------------------------------------------------------------------------
class CWinApp
{
public:
    CFrameWnd * m_pMainWnd;
public:
    BOOL InitInstance(int nCmdShow);
    int Run( );
    ~CWinApp( );
};
//应用程序类成员函数的实现 ----------------------------------------------------------
BOOL CWinApp∷InitInstance(int nCmdShow)
{
    m_pMainWnd=new CFrameWnd;
    m_pMainWnd->Create(NULL,"封装的 Windows 程序");
    m_pMainWnd->ShowWindow(nCmdShow);
    m_pMainWnd->UpdateWindow( );
    return TRUE;
}
int CWinApp∷Run( )
{
    while (GetMessage(&msg, NULL, 0, 0))
    {
        TranslateMessage(&msg);
        DispatchMessage(&msg);
    }
    return msg.wParam;
}
CWinApp∷~CWinApp ( ){ delete m_pMainWnd; }
```

```
//程序员定义的 WinApp 对象 theApp -----------------------------------------------
CWinApp theApp;
//主函数----------------------------------------------------------------------
int APIENTRY WinMain(HINSTANCE hInstance, HINSTANCE hPrevInstance,
    LPSTR lpCmdLine, int nCmdShow)
{
    int ResultCode=-1;
    theApp.InitInstance(nCmdShow);
    return ResultCode=theApp.Run( );
}
//窗口函数的实现----------------------------------------------------------------
LRESULT CALLBACK WndProc(HWND hWnd, UINT message,
WPARAM wParam, LPARAM lParam)
{
    switch(message)
    {
        case WM_LBUTTONDOWN:
            OnLButtonDown(hWnd, message, wParam, lParam);
            break;
        case WM_PAINT:
            OnPaint(hWnd, message,wParam, lParam);
            break;
        case WM_DESTROY:
            OnDestroy(hWnd, message, wParam, lParam);
            break;
        default:
            return DefWindowProc(hWnd, message, wParam, lParam);
    }
    return 0;
}
void OnLButtonDown(HWND hWnd, UINT message, WPARAM wParam, LPARAM lParam)
{
    ShowText="Hello!";
    InvalidateRect(hWnd,NULL,1);
}
void OnPaint(HWND hWnd, UINT message, WPARAM wParam, LPARAM lParam)
{
    PAINTSTRUCT ps;
    HDC hdc;
    hdc=BeginPaint(hWnd, &ps);
    TextOut(hdc,50,50,ShowText,6);
    EndPaint(hWnd, &ps);
}
void OnDestroy(HWND hWnd, UINT message, WPARAM wParam, LPARAM lParam)
{
    PostQuitMessage(0);
}
//----------------------------------------------------------------------------
```

例 2-1 应用程序运行后的结果如图 2-1 所示。

从程序中可以看出,如果把窗口类 CFrameWnd 和应用程序类 CWinApp 预先定义后,内置在一个类库中。那么,其他程序设计人员就可以直接使用这些类来定义对象,而没有必要自己再来声明类。更进一步,如果再制作一个程序的自动创建器(程序设计向导),把主函

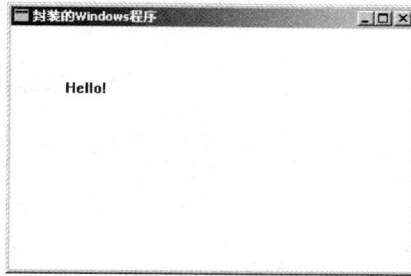

图 2-1　例 2-1 应用程序运行结果

数也自动创建出来,那么程序员的工作就剩下两项了,即定义一个应用程序类的全局对象 theApp 和编写窗口函数。显然,这样就可以大大地减轻程序设计人员的工作量。

2.2　派生类的应用

从例 2-1 可以看到,如果 Windows 应用程序设计所需要的类由系统提供,主函数由程序向导生成,那么程序员的工作量确实是少多了,但是其代价是程序设计的灵活性也变差了,很难实现一些应用程序的个性化要求。例如,要改变窗口标题栏的文本,则需要改写系统提供的窗口类成员函数,显然这不是一个好方法。因此,必须想一个既不改动系统提供的代码,又能解决问题的办法。

解决这个问题的一个有效途径,就是利用 C++ 类的继承性和多态性,让程序员在现有类的基础上派生自己的类。这样,程序员就可以在派生类中根据自己的需要添加数据成员和函数成员,也可以通过对基类的函数进行重新定义(重写)的手段来满足不同的需要。

2.2.1　应用程序类的派生类

1. 虚函数的应用

为了程序员可以在派生类中重新定义基类的某些成员函数,在基类中应该把这些成员函数声明为虚函数,即充分利用 C++ 类的多态性来解决用户的多样性要求。例如,可以把应用程序类 CWinApp 的成员函数 InitInstance()声明为虚函数。这样,程序员就可以在 CWinApp 的派生类中通过重写 InitInstance()的方法来满足某些特殊要求。

例 2-2　用 CWinApp 的派生类 CMyApp 编写的程序。

把例 2-1 中的代码做以下修改:

```
// CWinApp 类的声明-------------------------------------------------------
class CWinApp
{
public:
    CFrameWnd * m_pMainWnd;
public:
    virtual BOOL InitInstance (int nCmdShow);      //声明为虚函数
    int Run( );
    ~CWinApp( );
};
//由 CWinApp 类派生 CMyApp 类--------------------------------------------
```

```
class CMyApp:public CWinApp
{
    public:
        BOOL InitInstance(int nCmdShow);                //重新定义 InitInstance()函数
};
//重新定义的成员函数 InitInstance() ------------------------------------------------
CMyApp::InitInstance(int nCmdShow)
{
    m_pMainWnd=new CFrameWnd;
    m_pMainWnd->Create(NULL,"用新的 InitInstance 函数的程序");
    m_pMainWnd->ShowWindow(nCmdShow);
    m_pMainWnd->UpdateWindow( );
    return TRUE;
}
//用类 CMyApp 定义全局程序对象 theApp --------------------------------------------
CMyApp theApp;
```

修改后程序的运行结果如图 2-2 所示。在图中可以看到,窗口标题栏的文本与例 2-1 运行后窗口标题栏的文本不同。

图 2-2　例 2-2 应用程序运行结果

2. 获得应用程序对象指针的函数

在前面已经看到,为了在主函数中使用应用程序类的对象,程序员必须在主函数之前定义一个应用程序类派生类的全局对象:theApp。本来标识符的定义应该是程序员的权力,不应该受什么限制,即不应该限定为 theApp。但是,MFC 希望程序的主函数能由系统自动生成,而自动生成的标识符是不可能变化的。

为了解决这个问题,在应用程序类 CWinApp 的声明中,增加一个数据类型为 CWinApp * 的数据成员 m_pCurrentApp。并在类的构造函数中,把指向对象的 this 指针赋予这个数据成员。即这个类一旦创建了对象,则在对象中就有了一个指向自己的指针,这样就可以通过这个指针给对象起别名。具体做法如下。

在 CWinApp 的声明中增加如下代码:

```
class CWinApp
{
    Public:
        CWinApp * m_pCurrentApp;                //定义指针
    public:
        CWinApp( );                             //构造函数
    ...
};
CWinApp::CWinApp( ){ m_pCurrentApp=this;}       //在构造函数中给指针赋值
```

这样,当程序员定义了一个应用程序对象(如对象名为 MyApp)后,m_pCurrentApp 就指向这个对象。为了能获得这个对象,应该再设计一个能获得应用程序类对象指针的全局函数 AfxGetApp( ):

```
CWinApp * AfxGetApp( )
{
    return MyApp.m_pCurrentApp;
```

```
}
```

这样,如果在自动生成的主函数中定义的 CWinApp * 类型的指针名称为 pApp,则令 pApp＝AfxGetApp( ),这样用户定义的对象 MyApp 在主函数中就变为 pApp,当然在主函数中就用 theApp 来调用对象的各个成员函数了。但是要记住,pApp 是个指针,不是对象名,所以在调用对象成员时,在标识 pApp 的后面用"→",不是用"."。改编后的主函数代码如下:

```
//程序员定义的 WinApp 的对象 MyApp--------------------------------------------
CWinApp MyApp;
//主函数--------------------------------------------------------------
int APIENTRY WinMain(HINSTANCE hInstance, HINSTANCE hPrevInstance, LPSTR
    lpCmdLine, int nCmdShow)
{
    CWinApp * pApp;
    pApp=AfxGetApp( );
    int ResultCode=-1;
    pApp->InitInstance(nCmdShow);
    return ResultCode=pApp->Run( );
}
```

2.2.2 窗口类的派生类

既然使用派生类有如上诸多好处,于是派生窗口类也就是顺理成章的事情了。这个问题留给读者自己去做,在这里只说明在使用窗体派生类对象时应注意的问题。

由于在应用程序类 CWinApp 中定义的窗体对象 m_pMainWnd 是 CFrameWnd 类型的,而现在要用 CFrameWnd 的派生类来定义窗体对象。因此,在应用程序类派生类中的 InitInstance()函数中,需要先定义一个窗体的派生类对象,然后再把它赋给 m_pMainWnd。

例 2-3 应用了窗体和应用程序类的派生类的完整程序清单。

```
//需要包含的头文件----------------------------------------------------
#include <windows.h>
//定义全局变量和函数--------------------------------------------------
HINSTANCE hInst;
HINSTANCE hInstance;
MSG msg;
char lpszClassName [ ]="window_class";
char * ShowText;
//声明函数原型--------------------------------------------------------
LRESULT CALLBACK WndProc(HWND, UINT, WPARAM, LPARAM);    //窗口函数
void OnLButtonDown(HWND hWnd, UINT message, WPARAM wParam, LPARAM lParam);
void OnPaint(HWND hWnd, UINT message, WPARAM wParam, LPARAM lParam);
void OnDestroy(HWND hWnd, UINT message, WPARAM wParam, LPARAM lParam);
//窗口类--------------------------------------------------------------
class CFrameWnd
{
    public:
        HWND hWnd;
    public:
        int RegisterWindow( );
        void Create(LPCTSTR lpClassName, LPCTSTR lpWindowName);
        void ShowWindow(int nCmdShow);
```

```cpp
        void UpdateWindow( );
};
//窗口类的成员函数---------------------------------------------------------------------
int CFrameWnd::RegisterWindow()
{
    WNDCLASS wc;
    wc.style=0;
    wc.lpfnWndProc=WndProc;
    wc.cbClsExtra=0;
    wc.cbWndExtra=0;
    wc.hInstance=hInstance;
    wc.hIcon=LoadIcon(NULL, IDI_APPLICATION);
    wc.hCursor=LoadCursor(NULL, IDC_ARROW);
    wc.hbrBackground=(HBRUSH)GetStockObject(WHITE_BRUSH);
    wc.lpszMenuName=NULL;
    wc.lpszClassName=lpszClassName;
    return RegisterClass(&wc);
}
void CFrameWnd::Create(LPCTSTR lpClassName, LPCTSTR lpWindowName)
{
    RegisterWindow( );
    hInst=hInstance;
    hWnd=CreateWindow (lpszClassName,
        lpWindowName,
        WS_OVERLAPPEDWINDOW,
        CW_USEDEFAULT,
        0,
        CW_USEDEFAULT,
        0,
        NULL,
        NULL,
        hInstance,
        NULL);
}
void CFrameWnd::ShowWindow(int nCmdShow)
{
    ::ShowWindow(hWnd, nCmdShow);
}
void CFrameWnd::UpdateWindow( )
{
    ::UpdateWindow( hWnd );
}

//应用程序类--------------------------------------------------------------------------
class CWinApp
{
    public:
        CWinApp * m_pCurrentWinApp;
    public:
        CWinApp( );
        ~CWinApp( );
    public:
        CFrameWnd * m_pMainWnd;
    public:
```

```
            virtual BOOL InitInstance(int nCmdShow);
            int Run();
};

CWinApp::CWinApp()
    { m_pCurrentWinApp=this; }

BOOL CWinApp::InitInstance(int nCmdShow)
{
    m_pMainWnd=new CFrameWnd;
    m_pMainWnd->Create(NULL,"封装的 Windows 程序");
    m_pMainWnd->ShowWindow(nCmdShow);
    m_pMainWnd->UpdateWindow();
    return TRUE;
}
int CWinApp::Run()
{
    while (GetMessage(&msg, NULL, 0, 0))
    {
        TranslateMessage(&msg);
        DispatchMessage(&msg);
    }
    return msg.wParam;
}
CWinApp::~CWinApp() { delete m_pMainWnd; }
//程序员派生的窗口类------------------------------------------------
class CMyWnd:public CFrameWnd
{
};

//由程序员自 CWinApp 类派生的 CMyApp 类--------------------------------
class CMyApp:public CWinApp
{
public:
    BOOL InitInstance(int nCmdShow);
};
//派生类 CMyApp 的成员函数--------------------------------------------
CMyApp::InitInstance(int nCmdShow)
{
    CMyWnd * pMainWnd;
    pMainWnd=new CMyWnd;        //应用窗体的派生类定义窗体对象
    pMainWnd->Create(NULL,"应用窗体的派生类的程序");
    pMainWnd->ShowWindow(nCmdShow);
    pMainWnd->UpdateWindow();
    m_pMainWnd=pMainWnd;        //把 CMyWnd 类的对象赋给 m_pMainWnd
    return TRUE;
}

//程序员定义的 CWinApp 的对象 MyApp-----------------------------------
CMyApp MyApp;

//全局函数 AfxGetApp()----------------------------------------------
CWinApp * AfxGetApp()
{
```

```
        return MyApp.m_pCurrentWinApp;
}


//主函数------------------------------------------------------------------------------------------
int APIENTRY WinMain(HINSTANCE hInstance, HINSTANCE hPrevInstance, LPSTR
    lpCmdLine, int nCmdShow)
{
     int ResultCode=-1;
    CWinApp * pApp;
    pApp=AfxGetApp();
    pApp->InitInstance(nCmdShow);
    return ResultCode=pApp->Run();
}
//窗口函数的实现--------------------------------------------------------------------------------
LRESULT CALLBACK WndProc(HWND hWnd, UINT message,
WPARAM wParam, LPARAM lParam)
{
    switch(message)
    {
        case WM_LBUTTONDOWN:
            OnLButtonDown(hWnd, message, wParam, lParam);
            break;
        case WM_PAINT:
            OnPaint(hWnd, message,wParam, lParam);
            break;
        case WM_DESTROY:
            OnDestroy(hWnd, message, wParam, lParam);
            break;
        default:
            return DefWindowProc(hWnd, message, wParam, lParam);
    }
    return 0;
}
void OnLButtonDown(HWND hWnd, UINT message, WPARAM wParam, LPARAM lParam)
{
    ShowText="Hello!";
    InvalidateRect( hWnd,NULL,1 );
}
void OnPaint( HWND hWnd, UINT message, WPARAM wParam, LPARAM lParam )
{
    PAINTSTRUCT ps;
    HDC hdc;
    hdc=BeginPaint(hWnd, &ps);
    TextOut(hdc,50,50,ShowText,6);
    EndPaint(hWnd, &ps);
}
void OnDestroy(HWND hWnd, UINT message, WPARAM wParam, LPARAM lParam )
{
    PostQuitMessage(0);
}
//----------------------------------------------------------------------------------------------
```

2.3   窗口函数的封装——消息映射

在 Windows 程序运行过程中,程序必须对用户或者系统所产生的消息进行相应的处理。所以,程序在从消息队列中取得消息后,必须能找到消息所对应的处理程序。在 Windows SDK 程序中,用窗口函数的 switch-case 结构来查找消息处理程序,而 MFC 程序则希望把每个 case 中的消息的处理程序段作为一个函数——消息处理函数,把它们封装在各个类中。

2.3.1   消息处理函数的简单封装

对消息处理函数封装的最简单方法,就是在窗口类中声明一个成员函数 AfxWndProc( ),然后把窗口函数 WndProc( )中的全部代码移放到 AfxWndProc( )中,最后在全局的窗口函数 WndProc( )中调用 AfxWndProc( )。AfxWndProc( )与原窗口函数 WndProc( )的关系及消息的流动如图 2-3 所示。

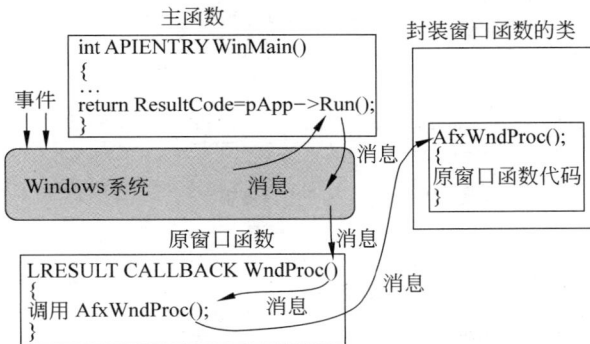

图 2-3   AfxWndProc( )函数与原窗口函数的关系

但这样做有一个问题,即只有封装了窗口函数的窗口类或它的派生类才具有或者继承了消息的处理能力,这和人们的愿望不大一致,因为在 Windows 应用程序中应该具有消息处理能力的类还有按钮类、对话框类、滚动条类等多种类。所以,最好把窗口函数封装在另一个类中,这样,凡是希望具有处理消息能力的类,则都可以由它来派生。

MFC 用 CCmdTarget 类封装窗口函数,而其他希望具有消息处理能力的类则以 CCmdTarget 类为基类来派生。

例 2-4   在例 2-3 程序的基础上,对消息处理函数进行简单封装的例子。

为了节省篇幅,在以下代码中与例 2-3 程序代码没有大的区别的均已略掉了:

```
//CCmdTarget----------------------------------------------------------------------
class CCmdTarget
{
    public:
        int AfxWndProc(HWND, UINT, WPARAM, LPARAM);
        void On_LButtonDown(HWND, UINT, WPARAM, LPARAM);
        void On_Paint(HWND, UINT, WPARAM, LPARAM);
        void On_Destroy(HWND, UINT, WPARAM, LPARAM);
```

```
    };
    int CCmdTarget::AfxWndProc(HWND hWnd, UINT message, WPARAM wParam, LPARAM lParam)
    {
        switch(message)
        {
            case WM_LBUTTONDOWN:
                On_LButtonDown(hWnd, message, wParam, lParam);
                break;
            case WM_PAINT:
                On_Paint(hWnd, message, wParam, lParam);
                break;
            case WM_DESTROY:
                On_Destroy(hWnd, message, wParam, lParam);
                break;
            default:
                return DefWindowProc(hWnd, message, wParam, lParam);
        }
        return 0;
    }

void CCmdTarget::On_LButtonDown(HWND hWnd, UINT message, WPARAM wParam, LPARAM
    lParam)
{
    ShowText="Hello! Hello!";
    InvalidateRect(hWnd,NULL,1);
}
void CCmdTarget::On_Paint(HWND hWnd, UINT message, WPARAM wParam, LPARAM lParam)
{
    PAINTSTRUCT ps;
    HDC hdc;
    hdc=BeginPaint(hWnd, &ps);
    TextOut(hdc,50,50,ShowText,14);
    EndPaint(hWnd, &ps);
}
void CCmdTarget::On_Destroy(HWND hWnd, UINT message, WPARAM wParam, LPARAM
    lParam)
{
    PostQuitMessage(0);
}

//窗口类------------------------------------------------------------------
class CFrameWnd:public CCmdTarget{略};
//应用程序类----------------------------------------------------------------
class CWinApp{略};
//程序员派生的窗口类 CMyWnd --------------------------------------------
class CMyWnd:public CFrameWnd
{
};
//程序员派生的应用程序类 CMyApp --------------------------------------
class CMyApp:public CWinApp{略};
//全局对象与函数------------------------------------------------------------
CMyApp MyApp;                    //应用程序对象
CWinApp * AfxGetApp( ){略}  //获得应用程序对象指针的全局函数
//主函数--------------------------------------------------------------------
```

```
int APIENTRY WinMain(HINSTANCE hInstance, HINSTANCE hPrevInstance, LPSTR
    lpCmdLine, int nCmdShow)
{略}
//窗口函数------------------------------------------------------------
LRESULT CALLBACK WndProc (HWND hWnd, UINT message, WPARAM wParam, LPARAM lParam)
{
    CWinApp * pApp=AfxGetApp();
    return pApp->m_pMainWnd->AfxWndProc(hWnd, message, wParam,lParam);
}
//------------------------------------------------------------------
```

程序运行结果如图 2-4 所示。

其实，在 CCmdTarget 类中只有成员函数
AfxWndProc( )就可以了,其他那些具体处理某种消
息的处理函数都应该是派生类的事,这里不过是要
让这个例子有东西在显示器上显示,说明窗口函数
的这种封装方法可行才这样做罢了。

再就是读者常常会有这样的疑问:为什么不直
接把原窗口函数封装到 CCmdTarget 类中,而在类
中再声明一个函数呢?原因很简单,接收消息的窗

图 2-4　例 2-4 应用程序运行结果

口函数应该与主函数一样是一个系统调用的回调函数,即它应该是一个全局函数,所以不能
把原函数作为任何类的成员函数来封装,如果这样做了,系统会找不到它的。

2.3.2　消息映射

前面对窗口函数封装的方法虽然可行,但也有很多问题,其中主要的问题有两个:一个
是消息处理函数通常并不在 CCmdTarget 类中,而是在它的某个派生类中;另一个是程序代
码的可读性较差。当然对于第一个问题可以用虚函数来解决,但需要维护一个庞大的虚函
数表,至于可读性就得另想办法了。

为了解决上述问题,可以使用例 1-4 中所介绍的消息映射表的方法。

1. 类的消息处理函数

首先,MFC 要求程序员在声明有消息处理的类时,除了该类要以 CCmdTarget 类或其
派生类为基类来派生之外,还要求对每一个需要响应的消息都要在类中声明如下形式的消
息处理函数:

`afx_msg void 消息处理函数名( );`

例如,希望某个类可以处理三个消息:WM_LBUTTONDOWN、WM_PAINT 和 WM_
DESTROY,则在该类中就应该声明以下 3 个消息处理函数:

```
afx_msg void OnLButtonDown();
afx_msg void OnDraw();
afx_msg void OnDestroy();
```

当然最后还要实现它们。

2. 类的消息映射表

与例 1-4 所介绍的方法类似,在 MFC 中,消息映射表项的结构为 AFX_MSGMAP_
ENTRY。AFX_MSGMAP_ENTRY 结构如下:

```
struct AFX_MSGMAP_ENTRY
{
    UINT nMessage;          //Windows 消息标识
    UINT nCode;
    UINT nID;
    UINT nLastID;
    UINT nSig;
    AFX_PMSG pfn;           //消息响应函数指针
};
```

如果类需要响应消息,则需要在类中声明一个 AFX_MSGMAP_ENTRY 类型的数组_messageEntries[ ]来作为消息映射表。类的消息映射表如图 2-5 所示。

AFX_MSGMAP_ENTRY_messageEntries[]

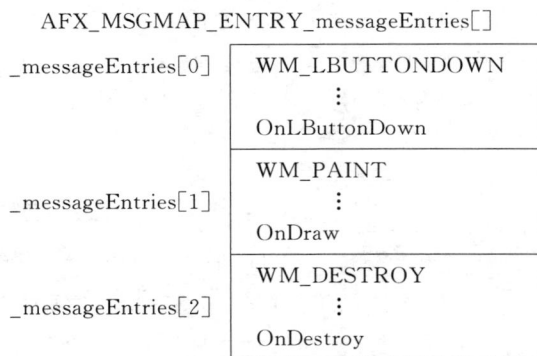

图 2-5　类的消息映射表

与例 1-4 一样,MFC 也用一组宏来实现类消息映射表的声明和表项的填写(实现)。但由于 MFC 的消息映射表比较复杂,因此这些宏也就复杂得多。

3. 消息映射表

在 MFC 中,可以响应消息的类是由 CCmdTarget 为基类派生出来的若干个类,这些类组成了一个类族。这个类族中的每个类都可以响应消息,也就是说,类族中的每个类都有可能有一个类消息映射表。这就意味着 CCmdTarget 类中窗口函数的 for 循环在进行消息检索的时候,它面对的应该是所有派生类消息映射表组成的一个总表,此类族中的各个类应该具有把自己的消息映射表添加到总表上的能力。

现在已经知道,每个类的消息映射表是一个数组,那么总表应该是什么样子呢? 显然,应该是链表。于是,为了能形成总表,MFC 要求在每一个属于 CCmdTarget 类族的类中都设置一个链表节点,该节点有两个指针:一个称为 lpEntries,指向本类消息映射表_messageEntries;另一个称为 pBaseMap,指向基类节点,从而使这些节点链成了一个单向链表,而链表上的每个节点都挂接了一个类的消息映射表。这样,CCmdTarget 类族中所有类的消息映射表就通过这个单向链表形成一个总表。CCmdTarget 类族的消息映射总表如图 2-6 所示,图中类的继承关系为 A 类派生了 B 类,B 类派生了 C 类,图中的虚线框为单向链表。

由于这个总表描述了整个应用程序的消息和消息处理函数的对应关系,所以这个大表在 MFC 中称为程序消息映射表,简称为消息映射表。

有了这样一个消息映射表,则无论 CCmdTarget 类族中哪个类的对象接收到消息,都可以在总表中寻找消息处理函数,绝不会有任何遗漏。如图 2-7 所示的例子表示了在有

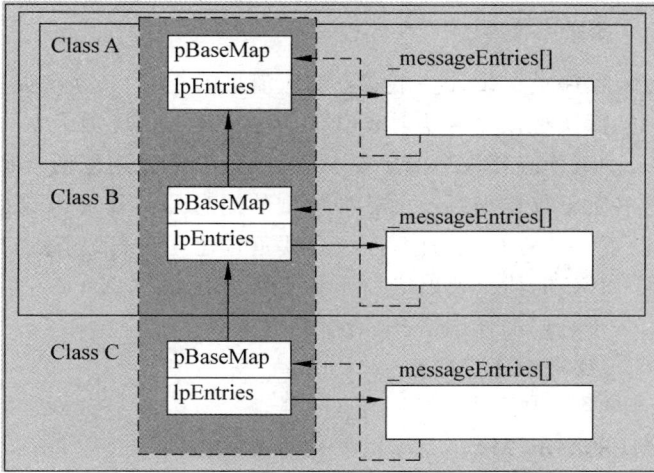

图 2-6　类族消息映射表的结构

继承关系的两个类中依靠消息映射表寻找消息处理函数的工作过程。图 2-7 中虚线表示的是 B 类对象接收消息,且消息对应的消息处理函数在 B 的基类 A 类消息映射表的情况;而实线表示的是 B 类对象接收到消息,而消息对应的消息处理函数就在 B 类消息映射表的情况。

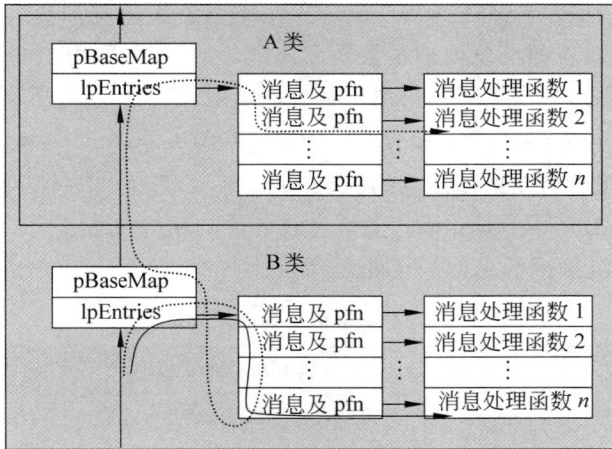

图 2-7　B 类接收消息后调用消息处理函数的过程

　　从图 2-7 中还可以看到这样一个有趣的事实:如果 B 类和 A 类都有消息所对应的处理函数的话,窗口函数执行的一定是 B 类中的消息处理函数,而不会再去执行 A 类消息处理函数,显然这就是 C++ 中虚函数的功能。那么窗口函数在消息映射总表中没有找到消息所需的处理函数怎么办呢? 当然,交给系统的默认窗口函数来处理。

　　需要注意的是,MFC 在解决类似消息映射表这种包含在类中但又具有全局意义的信息时,多次使用了这种表结构。可以说这是 MFC 的一个特点,也是读者需要借鉴之处。

2.3.3 消息映射表的声明和实现

根据上面的叙述,程序员在设计一个需要响应消息的类时,必须在类中声明一个消息映射表,而且要在类的外部实现该消息映射表(填写表的各项内容)。

为了简化程序员的工作,MFC与例1-4一样,把完成上述功能的代码封装在了若干个宏中。但是,由于这些宏不仅要把系统中各种类型的消息及其处理函数指针尽可能规范统一地填写到类消息映射表的各个表项中,而且还要负责建立链表的节点,把类的消息映射表链接到总表中,因此,MFC的消息映射宏所承担的任务远远比例1-4中的宏要复杂。这里仅介绍它们的应用,关于它们的详细情况,请参见附录C。

1. 宏 DECLARE_MESSAGE_MAP

这个宏使用在类的声明中,用来声明消息映射表。

2. 宏 BEGIN_MESSAGE_MAP

这个宏在使用类声明外,用来定义链表节点和填写链表节点中的数据,其格式为

```
BEGIN_MESSAGE_MAP(类名称,基类名称)
```

3. ON_××××

这个宏使用在宏 BEGIN_MESSAGE_MAP() 的后面,依次填写类消息映射表中的各个表项。

MFC把消息主要分为标准消息、命令消息和"Notification 消息"三大类。

标准消息的消息标识为 WM_××× 形式,在使用宏来定义消息映射时其宏的形式为 ON_WM_×××,其对应的消息处理函数是系统默认的,其名称为 On×××。

对于标准窗口消息,程序员需要把窗口消息的宏定义写在 ON_ 后面,例如:

```
ON_WM_LBUTTONDOWN()
```

这个宏没有参数,系统会自动把该消息的标识 WM_LBUTTONDOWN 和对应的消息处理函数名 afx_msg OnLButtonDown 添入类消息映射表的相应位置。

表 2-1 给出了部分标准消息的消息处理函数。

表 2-1 部分标准消息的消息处理函数

消 息 宏	消息处理函数	消息的含义
ON_WM_CHAR()	afx_msg OnChar	键盘输入字符
ON_WM_CLOSE()	afx_msg OnClose	窗口关闭
ON_WM_CREATE()	afx_msg OnCreate	窗口建立
ON_WM_DESTROY()	afx_msg OnDestroy	窗口销毁
ON_WM_LBUTTONDOWN()	afx_msg OnLButtonDown	鼠标左键按下
ON_WM_LBUTTONUP()	afx_msg OnLButtonUp	鼠标左键释放
ON_WM_MOUSEMOVE()	afx_msg OnMouseMove	鼠标移动

命令消息 WM_COMMAND 是来自菜单、工具条按钮、加速键等用户接口对象的 WM_COMMAND 通知消息,属于应用程序自己定义的消息,系统没有标准的标识和默认的消息

处理函数,所以用宏来实现命令消息映射时,其格式与标准消息有所不同。其一般格式为如下:

ON_COMMAND(<消息标识>,<对应的消息处理函数>)

例如:

```
ON_COMMAND( IDM_FILENEW,OnFileNew )
ON_COMMAND( IDM_FILEOPEN,OnFileOpen )
ON_COMMAND( IDM_FILESAVE,OnFileSave )
```

Notification 消息是由按钮、文本编辑框等控件产生的消息,由于控件的种类很多,因此实现消息映射宏的格式也不尽相同。例如,对于按钮控件(Button)的单击事件消息映射的实现宏如下:

ON_BN_CLICKED(<消息标识>,<对应的消息处理函数>)

对于组合框控件(ComboBox)的双击事件消息映射的实现宏如下:

ON_CBN_DBLCLK(<消息标识>,<对应的消息处理函数>)

对于文本编辑框控件(Edit)的双击事件消息映射的实现宏如下:

ON_EN_DBLCLK(<消息标识>,<对应的消息处理函数>)

4. END_MESSAGE_MAP

消息处理函数表的结束宏,是表示消息映射表结束的标志。

例 2-5 用 MFC 类库设计的含有消息映射的 Windows 应用程序。

(1) 在 Visual C++ 环境中,选择菜单 File|New 选项,在 New 对话框的 Projects 选项卡中,选择 Win32 Application 选项,建立工作空间。

(2) 再在 Visual C++ 环境中,选择菜单 File|New 选项,在 New 对话框的 Files 选项卡中选择建立一个 C++ 源文件。

(3) 在源文件中输入如下代码:

```
//需要包含的头文件--------------------------------------------------------
#include<afxwin.h>
//由 CFrameWnd 派生的 CMyWnd 类----------------------------------------
class CMyWnd:public CFrameWnd
{
    private:
        char * ShowText;                //声明一个字符串为数据成员
    public:
        afx_msg void OnPaint( );        //声明 WM_PAINT 消息处理函数
        afx_msg void OnLButtonDown( );  //鼠标左键按下消息处理函数
        DECLARE_MESSAGE_MAP( )          //声明消息映射
};
//消息映射的实现------------------------------------------------------
BEGIN_MESSAGE_MAP(CMyWnd,CFrameWnd)
    ON_WM_PAINT( )
    ON_WM_LBUTTONDOWN( )
END_MESSAGE_MAP( )
//WM_PAINT 消息处理函数的实现------------------------------------------
void CMyWnd::OnPaint( )
{
    CPaintDC dc(this);
```

```
            dc.TextOut(20,20,ShowText);
}
//WM_LBUTTONDOWMT 消息处理函数的实现-------------------------------------------------
void CMyWnd∷OnLButtonDown( )
{
    ShowText="有消息映射表的程序";               //当鼠标按下时输入字符串
    InvalidateRect(NULL,TRUE);                   //通知更新
}
//程序员由 CWinApp 派生的应用程序类------------------------------------------------
class CMyApp:public CWinApp
{
    public:
        BOOL InitInstance( );
};
BOOL CMyApp∷InitInstance( )
{
    CMyWnd * pMainWnd=new CMyWnd;
    pMainWnd->Create(0,"MFC");
    pMainWnd->ShowWindow(m_nCmdShow);
    pMainWnd->UpdateWindow( );
    m_pMainWnd=pMainWnd;
    return TRUE;
}
//定义 CMyApp 的对象 MyApp-------------------------------
CMyApp MyApp;
//----------------------------------------------------------------
```

（4）在编译程序之前，需要选择菜单 Project|Settings 选项，打开 Project Setting 对话框，在其中选择使用 MFC(动态、静态都可以)。

例 2-5 应用程序运行后结果如图 2-8 所示。

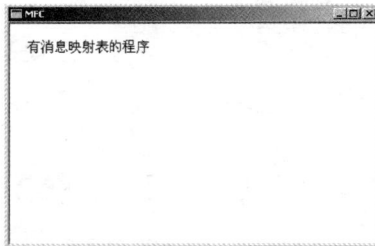

图 2-8　例 2-5 应用程序的运行结果

本 章 小 结

- CWinApp 类是 MFC 对 Windows 主函数的封装，通过派生 CWinApp 可以得到自己的应用程序类，在应用程序类中主要实现了全局初始化操作（如注册窗口类等），应用程序类创建了主窗口后便进入了消息循环。
- 应用程序的主窗口一般都是 CFrameWnd 的派生类，可以通过派生该类得到自己的主窗口类。
- Windows 应用程序的窗口函数封装到 CCmdTarget 类中，所有希望响应消息的类都

应该以 CCmdTarget 为基类来派生。

- MFC 是用消息映射表来实现消息与消息响应函数之间的映射的。MFC 通过宏来声明和实现消息映射表。MFC 的这种表驱动的机制使消息处理结构变得更加清晰、明了。
- 例 2-5 是本书第一个真正使用 MFC 编写的 Windows 应用程序，在编写这种程序时，包含的头文件为 afxwin.h。

习　题　2

2-1　在窗口类 CFrameWnd 中需要封装哪些成员？

2-2　应用程序类 CWinApp 应该具备哪些主要功能？

2-3　在 MFC 程序设计中，如果要建立拥有自己风格的主窗口，应该重写什么函数？

2-4　什么是消息映射表？

2-5　查看 MFC 的源代码，理解 MFC 的消息映射机制。

思考题：能否将窗口封装成多个类？ 如果可以，应该怎样做？

第3章 MFC 应用程序框架

如果把设计 Windows 应用程序框架所需要的 API 函数和数据封装成类,便可以利用类的继承性实现代码的重用,并在派生过程中对它进行必要的改造,从而快速地获得所需要的类,提高应用程序框架的开发效率。MFC 正是满足上述要求的一个类库,它有一组专门的类,可以快速创建应用程序的框架。

本章主要内容:
- MFC 的基本应用程序框架类。
- Windows 应用程序的文档/视图结构。
- 文档/视图结构的应用程序框架类。
- 对象的动态创建。

3.1 早期的应用程序框架及其 MFC 类

早期的 MFC,就像第 2 章所介绍的那样,在应用程序类中嵌入一个窗口类对象就构成了程序的框架。尽管这种应用程序框架比较简单,但是它体现了 MFC 程序的主体结构,并且它的一些类仍然是当前复杂应用程序框架的基本类,因此,从学习的角度来说,了解早期的 MFC 应用程序框架仍然是必要的。

3.1.1 早期的应用程序框架

早期 MFC 应用程序框架结构与例 2-3 的程序结构基本相同。应用程序框架由两个对象组成:应用程序类 CWinApp 的派生类对象和窗口类 CFrameWnd 的派生类对象,后者作为一个成员对象嵌在前者之中,如图 3-1 所示。图中,CMyApp 是应用程序类 CWinApp 的派生类;而 CMyWnd 是窗口类 CFrameWnd 的派生类。

在应用程序主函数 WinMain( )中,CWinApp 派生类的对象 theApp 通过调用自己的各个成员函数来完成程序的初始化及消息循环等一系列工作。在 CWinApp 成员函数 InitInstance( )中形成应用程序的主窗口对象 pMainWnd(类 CMyWnd 的对象),在完成窗口的创建和显示后,主窗口对象 pMainWnd 将被赋给 CWinApp 的成员 m_pMainWnd。

3.1.2 MFC 的窗口类

窗口类 CFrameWnd 是一个重要的类,它的对象通常就是应用程序的主窗口。因此,作为程序设计人员,必须对它和它的基类有一个比较清楚的了解。

在 MFC 中的类大多都有一个较长的族系,窗口类 CFrameWnd 也一样,它由基类 CObject 经 CCmdTarget 、CWnd 派生而来,它与它的基类之间的继承关系如图 3-2 所示。

1. CObject 类

仔细观察 MFC 类的层次结构可以发现,在类族中有相当一部分类的共同基类是

```
class CMyApp:public CWinApp          ────►  CMyApp theApp

CWnd * m_pMainWnd                           WinMain( )
                                            {
                                                CWinApp * pApp;
class CMyWnd:public CFrameWnd                   pApp=AfxGetApp( );
                                                pApp->InitApplication( );
                                                pApp->InitInstance( );
                                            }   pApp->Run( );

MyApp::InitInstance( )
{
    CFrameWnd * pMainWnd=new CFrameWnd;
    pMainWnd->Create(NULL, "Basic MFC Application");
    PMainWnd->ShowWindow(m_nCmdShow);
    pMainWnd->UpdateData( );
    m_pMainWnd=pMainWnd;
    return TRUE;
}
```

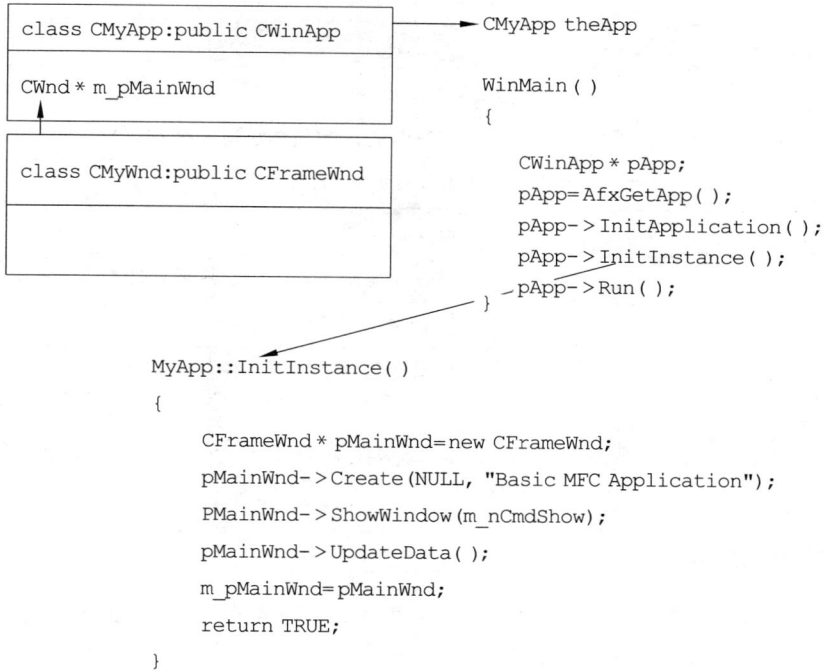

图 3-1　MFC 程序的基本结构

CObject 类。

　　CObject 类为其派生类不仅提供了程序调试诊断信息输出通用功能,并且还对运行期对象类型识别(RTTI)、对象的动态创建、对象的序列化提供了相应的支持。因此,凡是需要具有上述功能的类,必须以 CObject 或其派生类为基类来派生(CObject 类的详细信息请参见附录 F)。

2. CCmdTarget 类

　　为了支持消息处理,MFC 以 CObject 类为基类派生了
CCmdTarget 类,并在这个类中封装了窗口函数,因此凡是希
望具有处理 Windows 消息的能力的类都必须以 CCmdTarget 类或其派生类为基类来派生。

图 3-2　窗口类在类族中的位置

3. CWnd 类

　　Windows 把应用程序窗口界面上的许多图形元素,例如,控制栏、对话框、视图、属性页和控件等,都看作子窗口。为了对这些窗口类提供应有的通用属性和方法。MFC 以 CCmdTarget 类为基类派生了 CWnd 类。所以,凡是以窗口形式(方形)为外观并且可以响应消息的类(例如,按钮类 CButton、滚动条类 CScrollBar 等),它们的基类都是 CWnd 类。CWnd 类的部分成员函数如表 3-1 所示。

4. CFrameWnd 类

　　应用程序窗口类 CFrameWnd 是一个特殊的 CWnd 类,它或它的派生类对象要承担应用程序主窗口的任务,所以它除了需要 CWnd 类的一些通用功能之外,还需要一些特殊功

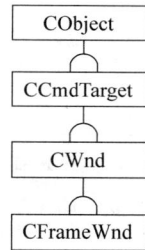

表 3-1　CWnd 类的部分成员函数

函　　数	说　　明	
Create( )	创建一个子窗口	
EnableWindow( )	使窗口的鼠标和键盘输入有效	
ModifyStyle( )	改变窗口的样式	
MoveWindow( )	改变窗口的位置和大小	
PreCreateWindow( )	在程序显示窗口之前改变窗口的样式	
SetWindowText( )	设置窗口标题的文本	
ShowWindow( )	显示或隐藏窗口	

能,因此它由 CWnd 类派生。由于按钮、滚动条、菜单条这些子窗口都放置在主窗口之上,所以它也是其他子窗口对象的容器。

3.1.3　CWinApp 类

MFC 希望把程序的主函数的函数体部分也作为一个对象来处理,为此提供了应用程序类 CWinApp,它在 MFC 的类族中的位置如图 3-3 所示。由图可见,CWinApp 类具有 CObject 类和 CCmdTarget 类的全部特性。为了支持 Windows 多线程工作方式,MFC 在 CCmdTarget 和 CWinApp 类之间构建了一个线程类 CWinThread。这个线程类 CWinThread 中封装了一些用于线程管理的功能函数。

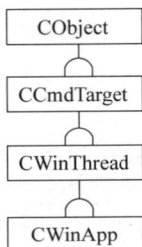

值得程序设计人员注意的是,MFC 把原来在 CWinApp 类中定义的 CWnd * 类型的数据成员 m_pMainWnd(程序的主窗口对象)放在 CWinThread 类中来定义了,所以在 CWinApp 类声明中看不到这个对象。

图 3-3　应用程序类在类族中的位置

除此之外,CWinApp 类中还有三个可以重写的虚成员函数 InitApplication( )、InitInstance( )和 Run( )。其中,成员函数 InitInstance( )是为程序创建窗口和显示窗口所设置的。因此在设计程序时,必须在 CWinApp 类的基础上派生出自己的应用程序类,并对函数 InitInstance()进行重写,以实现对窗口的不同要求。例如:

```
class MyApp:public CWinApp          //由 CWinApp 派生自己的应用程序类
{
    public:
        BOOL InitInstance( );
};
MyApp theApp;
BOOL MyApp::InitInstance( )         //重写 InitInstance()
{
    由程序员编写的窗口创建代码;
}
```

3.2 最简单的 MFC 程序实例

为了更清楚地了解 MFC 的应用程序框架类及开发这种应用程序的步骤,下面给出了一个实例。

3.2.1 程序的编写

例 3-1 使用早期 MFC 应用程序框架类设计一个最简单的 Windows 应用程序,它只创建了一个窗口。

具体设计步骤如下。

(1) 选择 VC++ 的菜单 File|New 选项,打开 New 对话框。选择 Projects 选项卡。在左下小窗口中选择 Win32 平台,在 Project name(工程名)文本框中添入工程名称,如 MyApp,然后在 Location 文本框中选择工作目录,再选择工程类型为 Win32 Application(如图 3-4 所示),最后单击 OK 按钮。这样就在编程环境中建立了一个空的工作空间。

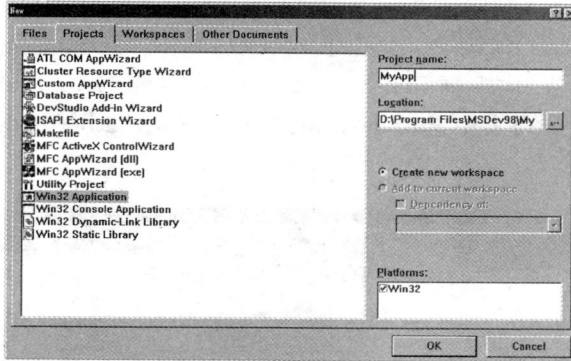

图 3-4 创建工作空间

(2) 第二次选择 VC++ 的菜单 File|New 选项,使用 Files 选项卡,在 File 文本框中添入文件名称(MyApp),选择 Add to project 复选框。然后在右窗口中选择文件类型 C++ Source File,最后单击 OK 按钮,这样 VC++ 就提供了一个空白的 C++ 源文件,如图 3-5 所示。

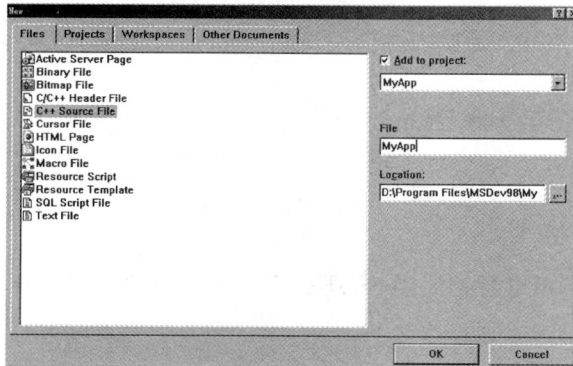

图 3-5 向工程加入源文件

（3）在文件中写入如下代码：

```
#include <afxwin.h>
//由 CWinApp 派生的应用程序类声明
class MyApp : public CWinApp
{
    public:
        BOOL InitInstance();                        //声明 InitInstance() 函数
};
//定义应用程序类的全局对象
MyApp theApp;
//InitInstance 函数的实现
MyApp::InitInstance()
{
    CFrameWnd * pMainWnd=new CFrameWnd;             //创建窗口框架类的对象
    pMainWnd->Create(NULL, "Basic MFC Application");
    pMainWnd->ShowWindow(m_nCmdShow);              //显示窗口
    pMainWnd->UpdateData();
    m_pMainWnd=pMainWnd;
    return TRUE;
}
```

（4）选择菜单 Project|Settings 选项，在出现的 Project Settings 对话框中，打开 Setting For 下拉列表，在列表中选择 All Configurations。在 General 选项卡的 Microsoft Foundation Classes 下拉列表中选择 Use MFC in a Static Library 来指定工程使用静态 MFC 类库，如图 3-6 所示。

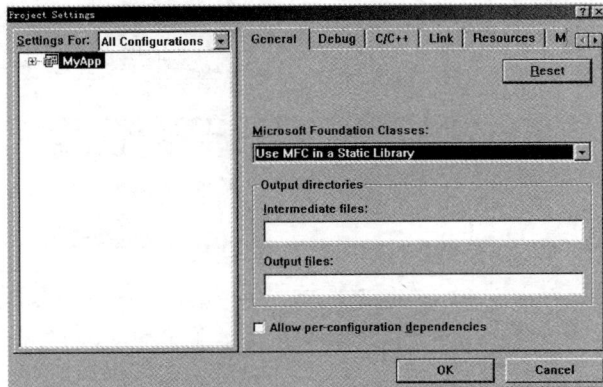

图 3-6　设置工程选项

（5）按 Ctrl＋F5 组合键，系统将会编译、链接并运行该程序。这个程序运行后将会出现一个窗口。

3.2.2　程序主函数的代码

在前面的源文件中没有看到主函数，那么主函数去哪里呢？主函数是自动生成的。其代码如下：

```
AFXAPI AfxWinMain(HINSTANCE hInstance, HINSTANCE hPrevInstance, LPTSTR
    lpCmdLine, int nCmdShow)
```

```
    {
        ASSERT(hPrevInstance==NULL);
        int nReturnCode=-1;
        CWinThread * pThread=AfxGetThread();
        CWinApp * pApp=AfxGetApp();                    //获得程序的指针
        if (!AfxWinInit(hInstance, hPrevInstance, lpCmdLine, nCmdShow))
            goto InitFailure;
        if (pApp!=NULL && !pApp->InitApplication())
            goto InitFailure;

        if (!pThread->InitInstance())          //初始化
        {
            if (pThread->m_pMainWnd!=NULL)
            {
                TRACE0("Warning: Destroying non-NULL m_pMainWnd\n");
                pThread->m_pMainWnd->DestroyWindow();
            }
            nReturnCode=pThread->ExitInstance();
            goto InitFailure;
        }
        nReturnCode=pThread->Run();            //消息循环
InitFailure:
#ifdef _DEBUG
//Check for missing AfxLockTempMap calls
    if (AfxGetModuleThreadState()->m_nTempMapLock !=0)
    {
        TRACE1("Warning: Temp map lock count non-zero (%ld).\n",
        AfxGetModuleThreadState()->m_nTempMapLock);
    }
    AfxLockTempMaps();
    AfxUnlockTempMaps(-1);
#endif
    AfxWinTerm();
    return nReturnCode;
}
```

其中,重要的语句为 CWinApp * pApp＝AfxGetApp(),它的作用是获得由用户定义的应用程序类 MyApp 的对象 theApp;然后使用该对象调用由用户重写的初始化函数 InitInstance(),并在这个函数中创建和显示程序的窗口;最后,使用 MyApp 对象的成员函数 Run()进入消息循环。再就是要注意到主函数的名称变为 AfxWinMain。

3.3　应用程序的文档/视图结构

目前,用 MFC 设计的 Windows 应用程序几乎都采用文档/视图结构。这种新程序框架与原先简单程序框架相比,最重要的区别是原来的应用程序主窗口对象被拆分成窗口框架类 CFrameWnd 对象、视图类 CView 对象和文档类 CDocument 对象三个对象。

由于文档/视图结构的应用程序比较复杂,因此很少有人自己去编写程序框架的代码,而是利用 Visual C++ 环境提供的应用程序设计向导 MFC AppWizard 自动生成,程序员的工作就是在这个框架的基础上根据需要来添加自己的代码。

3.3.1 文档/视图结构的基本概念

从简单应用程序框架的介绍中可以知道,窗口对象的任务极其繁重:它既要管理窗口本身的一些事务(如窗口的最大化、最小化、关闭、响应主菜单命令等),又要管理应用程序的数据,同时还要负责数据的显示和接收用户区的消息及处理等任务。随着应用程序规模的扩大,这个矛盾就更为突出。所以,为了减轻窗口对象的负担,分工更为明确,每个对象的任务更为专业,MFC 把早期窗口类的功能分解成三部分:数据存储、管理部分,数据显示与用户交互部分,管理窗口框的大小、标题、菜单条、状态条的窗框部分。进而形成了三个类,即文档类 CDocument、视图类 CView 和窗口框架类 CFrameWnd。

现在,窗口框架类 CFrameWnd 只承担应用程序窗口边框那部分任务,而把程序窗口的用户区那部分功能单独分割出来构建了一个新的类 CView——视图类,由它的对象来完成数据的显示、用户区消息的响应和处理等工作;至于程序数据的存储、运算和管理等工作则交给了文档类 CDocument 对象。

在应用程序中,上面所说的三个对象由一个称为文档模板的对象来统一创建和管理,使它们能够形成一个相互配合、相互协调的实体。这样,它们的分工合作就形成了一个 CDocument 对象,在后台作为应用程序的数据库;CFrameWnd 对象和 CView 对象在前台,作为应用程序界面的"后库前店"结构。

这种把数据的存储与数据的显示分开的结构,带来的最大好处是能够使一份文档(数据)可以由多个视图从不同的角度显示,从而能形成"一库多店"的结构,使得应用程序结构更加轻灵,界面更为人性化。

上面三个类对象之间的关系类似于房屋的窗户,窗口框架类 CFrameWnd 相当于窗框,视图类 CView 相当于窗框上的玻璃,而文档类 CDocument 就相当于室内的物品。在房屋的外面,透过玻璃可以窥见室内的部分物品。作为房屋,它可以有多个窗户从不同的角度来查看房屋中的同一物品。应用程序类、文档模板类、框架窗口类、视图类和文档类之间的关系如图 3-7 所示。

应用程序类对象则是上述所有对象的容器和消息传递中心。

3.3.2 单文档界面和多文档界面结构

有两种类型的文档/视图结构程序:单文档界面(Single Document Interface,SDI)应用程序和多文档界面(Multiple Document Interface,MDI)应用程序。

在单文档界面程序中,用户在一个时刻只能操作一个文档,Windows 下的 Notepad 写字板程序(如图 3-8 所示)就是一个单文档界面程序的例子。在这种应用程序中,打开文档时会自动关闭当前文档,若文档修改后尚未保存,会提示是否保存所做的修改。这种程序相对比较简单,常见的应用程序有终端仿真程序和诸如杀毒软件等一些工具程序。

多文档界面应用程序允许同时打开和操作多个文档,而且可以是不同类型的文档,如图 3-9 所示。多文档应用程序提供一个 File 菜单,用于新建、打开、保存文档。与单文档应用程序不同的是,它往往还提供一个 Close(关闭)菜单项,用于关闭当前打开的文档。

多文档应用程序还提供一个 Windows 菜单,用以对所有打开的子窗口进行管理,这个菜单包括对子窗口的新建、关闭、层叠、平铺等操作选项。关闭一个窗口时,窗口内的文档也

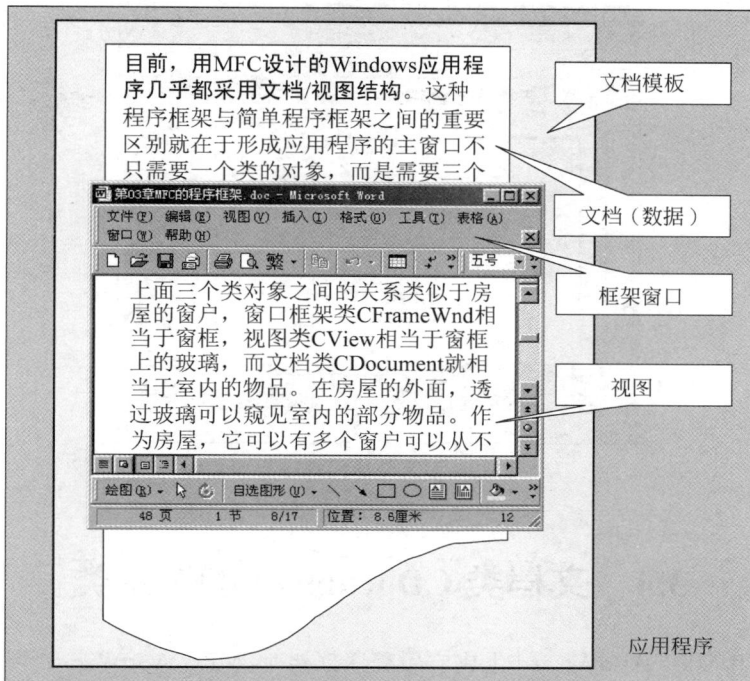

目前，用MFC设计的Windows应用程序几乎都采用文档/视图结构。这种程序框架与简单程序框架之间的重要区别就在于形成应用程序的主窗口不只需要一个类的对象，而是需要三个

文档模板

文档（数据）

框架窗口

上面三个类对象之间的关系类似于房屋的窗户，窗口框架类CFrameWnd相当于窗框，视图类CView相当于窗框上的玻璃，而文档类CDocument就相当于室内的物品。在房屋的外面，透过玻璃可以窥见室内的部分物品。作为房屋，它可以有多个窗户可以从不

视图

应用程序

图 3-7　框架窗口类、视图类、文档类、文档模板、应用程序类之间的关系

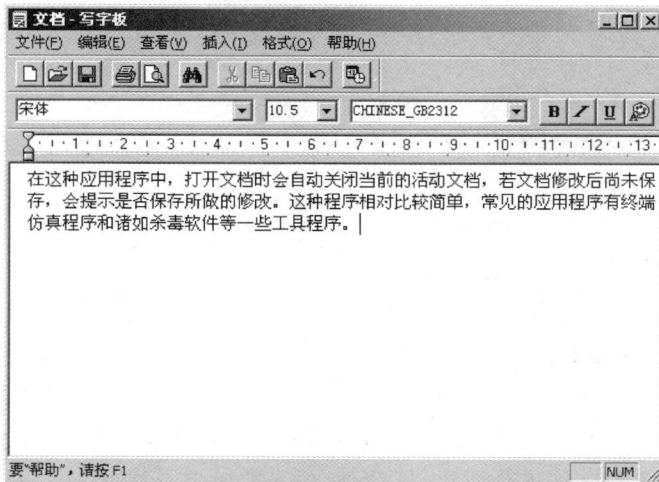

图 3-8　Windows 的 Notepad 写字板程序界面

被自动关闭。

　　从图 3-9 中可以看到，多文档程序除了需要一个应用程序框架窗口外，每个文档还需要一个文档框架窗口（子窗口）。

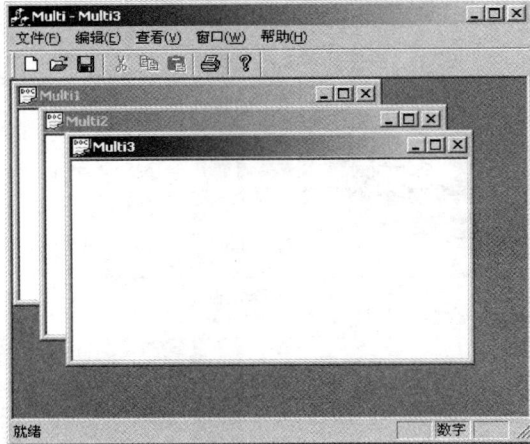

图 3-9　多文档应用程序界面

3.4　文档类 CDocument 的派生类

程序员在用 MFC AppWizard 生成应用程序框架时，MFC AppWizard 会自动以文档类 CDocument 为基类，为应用程序派生一个类名称中含有工程名的文档类，这个派生文档类的主要代码如下（如工程名为 My）：

```
class CMyDoc : public CDocument
{
    protected:
        CMyDoc( );
        DECLARE_DYNCREATE(CMyDoc)
    public:
        virtual BOOL OnNewDocument( );
        virtual void Serialize(CArchive& ar);
        virtual ~ CMyDoc( );
        DECLARE_MESSAGE_MAP( )
};
```

可以看到，这个类基本就是一个框架，但它是应用程序的数据库，是程序员定义程序数据和对这些数据进行操作的成员函数的地方。

文档类的派生类中还准备了两个用户可以重写的虚函数，其中比较重要的是 Serialize( ) 函数。当用户用菜单对文件进行新建、打开、保存等操作时，应用程序会自动调用这个函数，它既负责由文件(存储在永久存储介质中的数据)读取数据，也负责向文件存储数据(参见第 9 章)。所以这个函数也是程序设计人员编码较多的地方。

例 3-2　在文档类中定义数据成员及其成员函数的实例。

```
class CMyDoc : public CDocument
{
    private:
        int Array[3];                          //定义一个整型数组
    protected:
```

```
        CMyDoc( );
        DECLARE_DYNCREATE(CMyDoc)
    public:
        void SetMem(int i,int x);              //给数组元素赋值的成员函数
        int GetMem(int i);                     //获取数组元素值的成员函数
    public:
        virtual BOOL OnNewDocument( );
        virtual void Serialize(CArchive& ar);
        virtual~CMyDoc( );
        DECLARE_MESSAGE_MAP( )
};
CMyDoc∷CMyDoc( )
{
    for (int i=0;i<3;i++) Array[i]=0;          //数组元素赋初值
}
void CMyDoc∷SetMem(int i,int x)                //给数组元素赋值的成员函数
{
    Array[i]=x;
}
int CMyDoc∷GetMem(int i)                       //获取数组元素值的成员函数
{
    return Array[i];
}
```

由于文档类派生自 CCmdTarget 类,故它可以接收来自菜单或工具条发来的命令消息(WM_COMMAND 消息)。

3.5 视图类 CView 的派生类

视图类 CView 对象没有自己的边框,它的作用是为框架窗口提供用户区。听起来比较抽象,实际上就是把原来窗口框架类承担数据显示和接收用户对用户区操作(消息映射)的代码单独分出来,形成了一个单独的类。它的对象是应用程序与用户进行交互的界面,也是程序员编写代码最多的地方。

如果使用 MFC AppWizard 来创建应用程序,向导会为程序员自动生成一个含有工程名的 CView 类的派生类。例如,工程名为 My,则向导派生的视图类名称就称为 CMyView,这个类的主要代码如下:

```
class CMyView : public CView
{
    protected:
        CMyView( );
        DECLARE_DYNCREATE(CMyView)
    public:
        CMyDoc * GetDocument( );
        virtual void OnDraw(CDC * pDC);
        virtual BOOL PreCreateWindow(CREATESTRUCT& cs);
        protected:
            ⋮
    public:
        virtual~CMyView( );
    protected:
```

```
    DECLARE_MESSAGE_MAP()
};
```

视图类有几个重要的成员函数 GetDocument( )、OnDraw( )和 PreCreateWindow( ),其中最重要的是前两个函数 GetDocument( )和 OnDraw( )。

1. GetDocument( )函数

GetDocument( )函数用于获得文档类对象的指针,因此它是视图类对象与文档类对象进行联系的通道。这个函数是视图类对象获取文档数据的重要手段,在程序设计时,视图类对象必须通过它来访问文档类对象中的数据。所以也有人把这个函数称为"店到库的后门"。

2. OnDraw( )函数

这是一个消息处理函数,它的作用是用来更新视图的显示。系统向这个函数传递了一个指向 CDC 类对象的指针。如果把窗口用户区看成一张画布,把 OnDraw( )函数看作程序用来作画的画室,那么 CDC 类对象就是作画所需要使用的工具箱,它提供了画笔、画刷、调色板等绘图工具,程序员可以使用这些工具把来自文档的数据显示到窗口的画布(窗口用户区)上。

这个函数也称为重画函数,因为当应用程序窗口出现及其大小发生变化时,系统会自动调用 OnDraw( )函数,对窗口进行重画。除此之外,其他对象也可通过发出更新视图命令的方法来产生重画消息以调用 OnDraw( )函数。

例 3-3 在 CMyView 类中的函数 OnDraw( )中,把例 3-2 在文档类中定义数组元素 Array[1]赋值为 100,并利用窗口显示时会调用函数 OnDraw( )的特点,在用户区以 Array[1]的值为边长画一个正方形。

CMyView∷OnDraw( )的代码如下:

```
CMyView∷OnDraw(CDC * pDC)
{
    CMyDoc * pDoc=GetDocument();              //获得文档对象
    pDoc->SetMem(1,100);                      //调用文档对象的成员函数进行赋值
    CRect rt(40,40,40+pDoc->GetMem(1),40+pDoc->GetMem(1));  //定义一个矩形类对象
    pDC->Rectangle(&rt);                      //调用 CDC 类成员函数画矩形
}
```

3.6　窗口框架类 CFrameWnd 的派生类

如果使用 MFC AppWizard 来创建应用程序,向导会为程序员自动从 CFrameWnd 类派生一个称为 CMainFrame(程序主窗口框架)的派生类。派生类 CMainFrame 的主要代码如下:

```
class CMainFrame : public CFrameWnd
{
    protected:
        CMainFrame();
        DECLARE_DYNCREATE(CMainFrame)
    public:
        virtual ~ CMainFrame();
```

```
    protected:
        DECLARE_MESSAGE_MAP( )
};
```

从上面的代码中看不出什么东西来，之所以会这样，是因为程序的数据部分已交由文档类对象负责，与用户交互的消息处理和显示已交由视图类对象负责，那么它的事情当然就不多了。所以对于一般用户来说，MFC AppWizard 自动生成的这个派生类已经由其基类继承了相当完善的功能，足够一般应用程序使用，也就没有什么工作需要用户再做的了。

当然，它还为高级程序员提供了一些可以使用的方法。为了使读者有一个概念，把 CFrameWnd 的部分代码列举如下：

```
class CFrameWnd : public CWnd
{
    DECLARE_DYNCREATE(CFrameWnd)
    public:
        ⋮
        BOOL Create(…);
        CWnd * CreateView(…);                              //定义视图对象
        virtual CDocument * GetActiveDocument( );          //取得活动文档对象指针
        CView * GetActiveView( ) const;                    //取得活动视图对象指针
        void SetActiveView(…);                             //设置活动视图对象
        virtual CFrameWnd * GetActiveFrame( );             //取得活动框架对象指针
        void SetTitle(LPCTSTR lpszTitle);                  //设置标题
        CString GetTitle( ) const;                         //获取标题
        ⋮
        CControlBar * GetControlBar(UINT nID);             //获取控制条
        ⋮
    //命令处理函数
    public:
        afx_msg void OnContextHelp( );
        afx_msg void OnUpdateControlBarMenu(CCmdUI * pCmdUI);
        afx_msg BOOL OnBarCheck(UINT nID);
    //Windows 消息处理函数
        afx_msg void OnDestroy( );
        afx_msg void OnClose( );
        afx_msg void OnInitMenu(CMenu * );
        afx_msg void OnInitMenuPopup(CMenu * , UINT, BOOL);
        ⋮
        afx_msg void OnHScroll(…);
        afx_msg void OnVScroll(…);
        afx_msg void OnSize(…);
        ⋮
        DECLARE_MESSAGE_MAP( )
        friend class CWinApp;
};
```

3.7 文档模板类 CDocTemplate

为了把视图对象、框架窗口对象和文档对象组装在一起并统一管理，MFC 使用了一个称为文档模板的抽象类 CDocTemplate。CDocTemplate 的两个派生类：单文档模板类 CSingleDocTemplate 和多文档模板类 CMultiDocTemplate，一个用于单文档界面程序，一个用于多文档界面程序。

文档模板的类继承关系如图 3-10 所示。

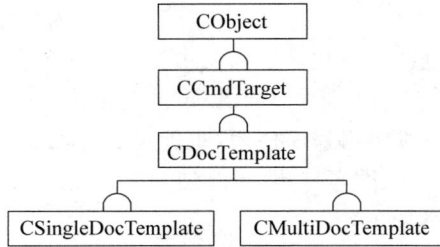

图 3-10　文档模板的类继承关系

单文档模板类的部分代码如下：

```
class CSingleDocTemplate : public CDocTemplate
{
    DECLARE_DYNAMIC(CSingleDocTemplate)

    //构造函数
public:
    CSingleDocTemplate(UINT nIDResource,        //程序资源标识
        CRuntimeClass * pDocClass,              //文档
        CRuntimeClass * pFrameClass,            //窗口框架
        CRuntimeClass * pViewClass              //视图
        );
    ⋮
protected:
    CDocument * m_pOnlyDoc;                     //文档指针
};
```

多文档模板类的部分代码如下：

```
class CMultiDocTemplate : public CDocTemplate
{
    DECLARE_DYNAMIC(CMultiDocTemplate)
    //构造函数
public:
    CMultiDocTemplate(UINT nIDResource,
        CRuntimeClass * pDocClass,
        CRuntimeClass * pFrameClass,
        CRuntimeClass * pViewClass
        );
    ⋮
protected:    //standard implementation
    CPtrList m_docList;                         //文档链表
};
```

这两个派生类之间的重要区别就在于 CSingleDocTemplate 中只有一个文档指针，而在 CMultiDocTemplate 中是一个文档链表，也就是说，单文档界面应用程序每次只能打开一个文档，而多文档界面应用程序则可以同时打开多个文档。

如果是使用 MFC AppWizard 创建应用程序，向导会根据程序员的要求自动生成一个合适的文档模板对象，程序员一般不需要对它进行修改。

3.8　应用程序类的派生类

3.8.1　应用程序类派生类的代码

作为应用程序,还需要一个应用程序类对象作为上述各类对象的容器,并实现应用程序的初始化和消息循环。当使用 MFC AppWizard 生成程序时,向导会自动生成一个 CWinApp 的派生类。例如,一工程名为 My 的应用程序类 CMyApp 的代码如下:

```
class CMyApp : public CWinApp
{
    public:
        CMyApp( );
    public:
        virtual BOOL InitInstance( );
        afx_msg void OnAppAbout( );
        DECLARE_MESSAGE_MAP( )
};
```

应用程序对象在程序运行之前由系统创建,其中的 OnAppAbout( )是在应用程序用户单击菜单"帮助"|"关于"选项时的消息处理函数。InitInstance( )是进行程序初始化工作的虚函数,程序设计人员可以通过改写进行自己的初始化工作。

由程序设计向导生成的成员函数 CMyApp∷InitInstance( )的部分代码如下:

```
BOOL CMyApp∷InitInstance( )
{
    ⋮
    CSingleDocTemplate * pDocTemplate;            //声明文档模板指针
    pDocTemplate=new CSingleDocTemplate(          //创建文档模板对象
        IDR_MAINFRAME,                            //文档模板使用的资源 ID
        RUNTIME_CLASS(CMyDoc),                    //创建文档对象
        RUNTIME_CLASS(CMainFrame),                //创建 SDI 框架窗口对象
        RUNTIME_CLASS(CMyView));                  //创建视图对象
    AddDocTemplate(pDocTemplate);                 //将文档模板加入模板链表
    ⋮
    m_pMainWnd->ShowWindow(SW_SHOW);
    m_pMainWnd->UpdateWindow( );
    return TRUE;
}
```

当程序启动之后,应用程序对象首先创建文档模板,并且在文档模板的构造函数中传递了 4 个参数:第一个参数是文档模板使用的资源 ID,剩下的其余 3 个参数都是由宏 RUNTIME_CLASS( )来创建的对象,分别是文档对象、框架窗口对象和视图对象,是由文档模板统一管理的 3 个内嵌对象。

MDI 应用程序可以有多个文档模板,它们被连接成一个链表。所以当创建了一个文档模板对象之后,还需要调用函数 AddDocTemplate( )将该模板加入模板链表。请读者自行阅读 MDI 应用程序中函数 InitInstance( )的代码如下。

如果把上面的代码与早期的 MFC 程序的代码比较一下就会看到,函数中的粗体字代码相当于例 2-3 应用程序窗口定义的代码如下:

```
MyWnd * pMainWnd=new MyWnd;
pMainWnd->CreateWin( );
```

即在文档/视图框架程序中,文档模板对象就相当于早期 MFC 程序中的窗口对象,只不过
文档模板作为管理者把现在的文档对象、视图对象和窗口框架对象装到了一起。

3.8.2　程序员的主要工作

如果使用 MFC AppWizard 创建程序框架,向导会自动提供程序所应有的派生类,并同
时定义应用程序类的全局对象和生成主函数。因此程序员的工作主要是如下几方面。

（1）重写 CWinApp 派生类的虚函数 InitInstance( )。在这个函数中,按自己的需要创
建和显示窗口。

（2）在 CDocument 的派生类中,声明程序所需的数据和对这些数据进行必要操作的接
口函数。

（3）在 CView 类的派生类中编写处理消息的代码。如果在消息处理中需要文档中的
数据,则应该调用该类的成员函数 GetDocument( )来获取文档对象,然后通过文档对象的
接口函数对文档中的数据进行操作。

（4）在 CView 类的派生类的 OnDraw( )函数中编写窗口重绘时的代码。

（5）用宏实现类的消息映射表。

3.9　MFC 文档/视图应用程序框架中各个对象的关系

从前面的叙述中可以知道,文档/视图应用程序框架的构成是比较复杂的,因此,正确理
解程序各个部分之间的关系和沟通方法是设计程序的关键。

3.9.1　应用程序各对象创建的顺序

应用程序对象是全局对象,它在程序启动之前由系统创建。应用程序启动之后,程序的
主函数首先调用应用程序对象的初始化函数 InitInstance( ),并在该函数中创建文档模板
对象。在函数 InitInstance( )中创建单文档模板对象的代码如下:

```
CSingleDocTemplate * pDocTemplate;              //声明文档模板指针
pDocTemplate=new CSingleDocTemplate(            //创建文档模板对象
    IDR_MAINFRAME,                              //文档模板使用的资源 ID
    RUNTIME_CLASS(CMyDoc),                      //创建文档对象
    RUNTIME_CLASS(CMainFrame),                  //创建主 SDI 框架窗口对象
    RUNTIME_CLASS(CMyView)                      //创建视图对象
    );
AddDocTemplate(pDocTemplate);                   //将文档模板加入链表
```

在函数 InitInstance( )中创建多文档模板对象的代码如下。

```
CMultiDocTemplate * pDocTemplate;               //声明文档模板指针
pDocTemplate=new CMultiDocTemplate(             //创建文档模板
    IDR_MYTYPE,                                 //加载文档资源
    RUNTIME_CLASS(CMyDoc),                      //创建文档对象
    RUNTIME_CLASS(CChildFrame),                 //创建子窗口对象
    RUNTIME_CLASS(CMyView)                      //创建视图对象
```

```
                        );
AddDocTemplate(pDocTemplate);                          //将文档模板加入链表
//创建多文档主窗口
CMainFrame * pMainFrame=new CMainFrame;                //创建应用程序主窗口
if (!pMainFrame->LoadFrame(IDR_MAINFRAME))             //加载资源
        return FALSE;
m_pMainWnd=pMainFrame;                                 //主窗口对象赋予指针 m_pMainWnd
```

在用文档模板构造函数创建文档模板对象的时候，在文档模板构造函数的参数列表中除了传递所需要的资源 ID 之外，还用 MFC 的宏 RUNTIME_CLASS( )传递了文档类、框架窗口类和视图类的类信息表，然后由模板类的构造函数根据资源和类信息表动态地创建文档、视图、窗口框架三个对象。其中，视图对象是由框架窗口对象创建并管理的。应用程序各对象的创建顺序如图 3-11 所示。

最后，应用程序创建文档模板对象并将其加入由应用程序对象维护的文档模板链表。

3.9.2　应用程序各对象之间的联系

1. 以文档为中心的结构

一个应用程序只有一个应用程序类 CWinApp 或其派生类的对象。如果是多文档结构的应用程序，则应用程序对象必须维护一个文档模板链表对多个文档模板进行管理，应用程序每新建或打开一个文档就会创建一个文档模板并将其加入文档模板链表。应用程序对象与文档模板链表之间的关系如图 3-12 所示。

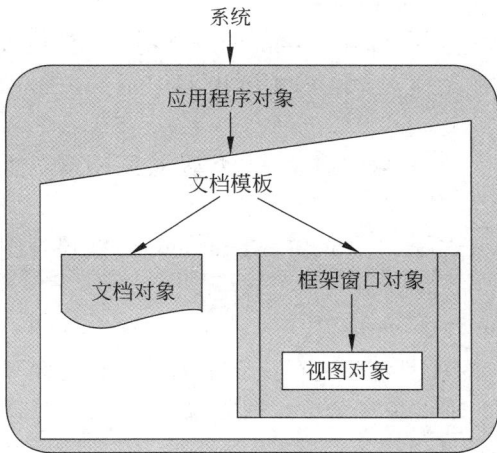

图 3-11　应用程序创建各对象的顺序　　　　图 3-12　应用程序与文档模板对象链表

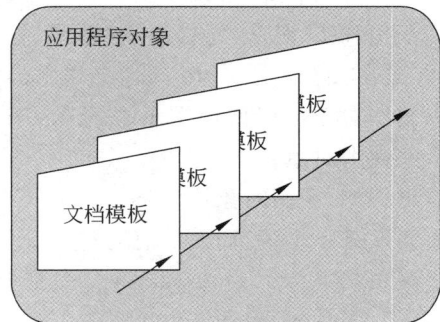

在文档模板中，文档模板委托一个 CDocManager 类对象来负责文档对象和窗口框架的管理工作。其中的每个文档对象都有一个指向其所属文档模板的指针，并且每个文档对象还要管理一个链表，这个链表的每一个节点都指向与该文档相关联的视图对象。

框架窗口对象作为视图对象的容器，也有一个由它管理的视图对象链表，并有一个指向当前活动视图对象的指针。

视图对象为了能和与之关联的文档对象沟通，每个视图对象都有一个指向与其关联的文档指针，视图对象可以通过调用自己的成员函数 GetDocument( )获取这个指针，并通过这个指针对文档对象中的数据和函数进行访问或调用。

文档模板、文档对象、框架窗口对象、视图对象之间关系的示意图如图 3-13 所示。

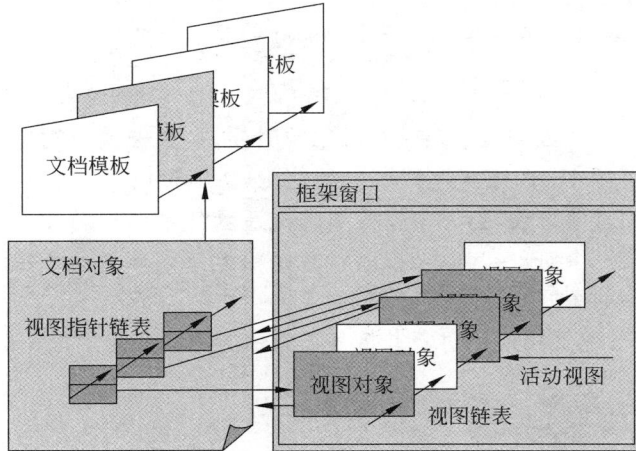

图 3-13　文档模板、文档对象、框架窗口对象、视图之间关系示意图

从图 3-13 中可以知道,这是一个以文档为中心的结构。

2. 应用程序框架对象之间的联系方法

MFC 应用程序框架的各个对象都从各自的基类继承了一些获得其他对象指针的方法,从而可以使各对象通过这些指针与其他对象的成员来互相联系。

例如,视图对象可以使用其基类 CView 的成员函数 GetDocTemplate( )获得文档模板对象;可以使用 GetDocument( )获得与其关联的文档对象;可以使用 GetParentFrame( )获得所属的框架窗口对象。

框架窗口对象可以使用继承来的 GetActiveView( )获得活动视图对象,使用 GetActiveDocument( )获得活动视图的文档。

文档对象可以使用继承来的 GetFirstViewPosition( )和 GetNextView( )获得视图链表中的视图对象。

再例如,视图对象可以通过调用 CDocument∷UpdateAllViews( )向与这个视图关联的文档发送一个消息,使所有与这个文档相关联的视图对象进行显示更新。文档对象可以通过调用 CView∷OnUpdate( )去更新一个视图对象的显示。框架窗口对象可以调用 CView∷OnActivateView( )使一个视图对象为活动视图等。

SDI 应用程序框架对象之间的联系方法如图 3-14 所示,MDI 应用程序框架对象之间的联系方法如图 3-15 所示。

例 3-4　一个可以在视图对象中显示文档数据成员 m_Text 和文档标题的应用程序。代码如下:

```
class CMFCexp3_4Doc : public CDocument
{
    ⋮
    public:
        char * m_Text;                              //在文档的派生类中定义一个字符指针
};
```

• 72 •

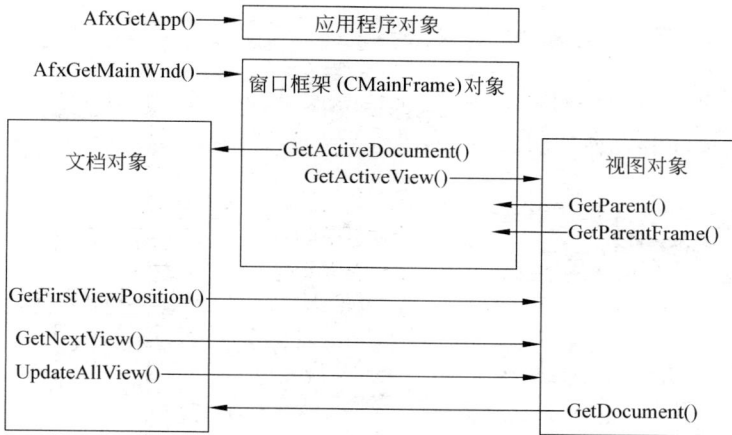

图 3-14　SDI 应用程序框架各对象之间的联系方法

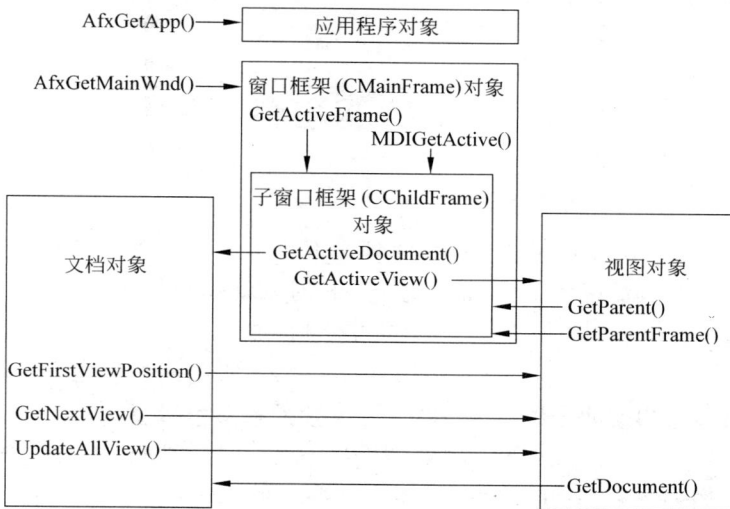

图 3-15　MDI 应用程序框架各对象之间的联系方法

```
CMFCexp3_4Doc::CMFCexp3_2Doc( )
{
    m_Text="Hello!";                              //在文档构造函数中初始化字符指针
}
//视图对象的 WM_PAINT 消息响应函数
void CMFCexp3_4View::OnDraw(CDC * pDC)
{
    CMFCexp3_4Doc * pDoc=GetDocument( );          //获取与视图关联的文档指针
    pDC->TextOut(50,50,pDoc->m_Text,6);           //显示字符指针的数据
    pDC->TextOut(190,50,pDoc->GetTitle( ));       //显示文档标题
}
```

在这个例子中用到了视图对象的方法 GetDocument( ) 和文档对象的方法 GetTitle( ),程序运行结果如图 3-16 所示。

3.9.3 文档/视图应用程序消息的传递

Windows 管理所有已经打开的窗口,把消息或事件发送给目标窗口。文档/视图应用程序消息的传递顺序和方向如图 3-17 所示。

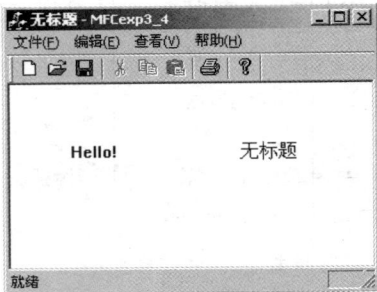

图 3-16　例 3-4 应用程序运行结果

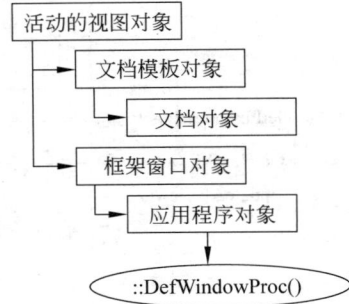

图 3-17　文档/视图应用程序消息的传递顺序和方向

3.10　对象的动态创建

3.10.1 问题的提出与解决

虽然由 MFC AppWizard 自动生成的文档类派生类是一个通用框架,但一旦用户在类中定义了成员数据和成员函数以后,那么这个文档对象就有了专门用途,这就像商店的仓库一样,存放货物的品种一旦被决定并安装好货架之后,那么这个仓库也就有了专门用途。同样,在 MFC 应用程序中,一旦一个文档含有了用户定义的数据和操作方法,那么这个文档也就是一个具有专门用途的文档了。尽管一个文档模板对象可以管理多个文档,但有一个条件:这些文档必须是同一类型的。也就是说,一个设计完毕的应用程序中的文档模板是有专门用途的。例如,用 Word 不能打开 Photoshop 的文件,当然 Photoshop 也不能打开 Word 的文件。

但是 MFC 的 MDI 程序却希望能打开多种类型的文件,于是 MDI 程序可以建立多个文档模板。但随之而来的一个问题是,程序启动后,MDI 程序应该建立哪种类型的文档模板对象呢? 最简单的办法当然是把程序所有的文档模板对象都创建出来,但这不是一个好办法,理想的办法应该是程序向用户提出询问,当得到答案后,再按要求来创建模板对象。图 3-18和图 3-19 为一个具有文本文档和位图文档两种模板的应用程序在用户试图新建或打开一个文件时,程序所发出的询问(一个多文档应用程序的实例请见附录 E)。

这就是说,程序应在运行中根据获得的文档类型(文档的扩展名)来建立不同的模板,也就是要求它构造的函数有如下功能:

```
CMultiDocTemplate(
    IDR_MYTYPE,                    //加载资源
    char * ClassNme1,              //文档类名
    char * ClassNme2,              //子窗口类名
    char * ClassNme3               //视图类名
)
```

```
{
    ⋮
    ClassNme1 * pDocument=new ClassNme1;      //动态创建文档对象
    ClassNme2 * pChildWnd=new ClassNme2;      //动态创建子窗口对象
    ClassNme3 * pView=new ClassNme3;          //动态创建视图对象
    ⋮
}
```

图 3-18　在新建文档时程序会询问所建文档的类型

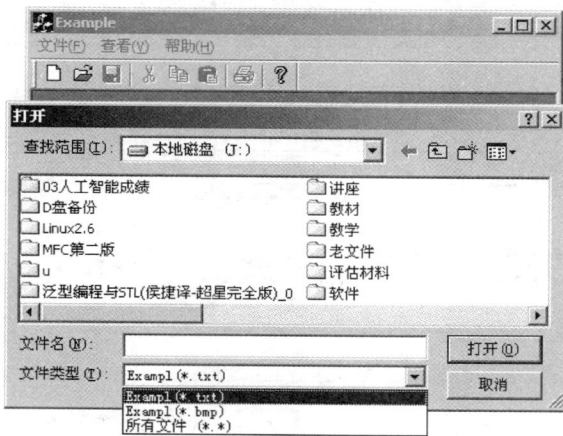

图 3-19　在试图打开一个文件时程序也会提出相应的询问

　　但是很遗憾,函数中的粗体字部分在 C++ 中是非法代码(为加深理解读者可以自行做一个实验)。

　　于是,MFC 就要求应用程序设计人员在程序设计时应该为每个需要动态创建对象的类定义一个可以创建本类对象的创建函数。例如,CMyWnd 类的对象创建函数应该如下:

```
CObject * CreateObject( ){return new CMyWnd; }
```

　　然后再制作一个全局表,凡是需要动态创建对象的类都在这个表中占一项,把类名称和对象创建函数关联起来,即如图 3-20 所示那样每项有两个记录:类名称和一个指向 CreateObject( )函数的指针 m_pfnCreateObject。

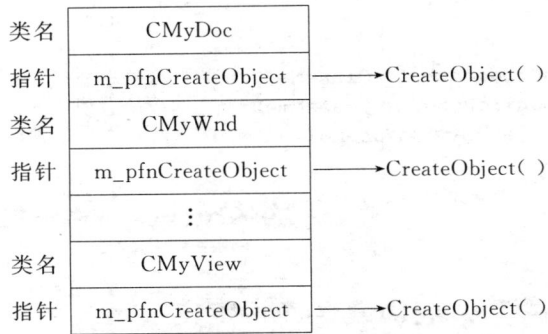

图 3-20　类名与对象创建函数关联(映射)表

　　这样,当程序获得类名后,就可以根据类名在表中找到与其对应的 CreateObject( )函数指针,并通过这个指针调用对象构建函数来创建对象。

　　按照面向对象程序设计原则:数据和函数属于哪个类,就由哪个类来管理。于是,图 3-20 这个表的每一项就如图 3-21 所示被封装到它所属的类中,并用指针形成一个链表。

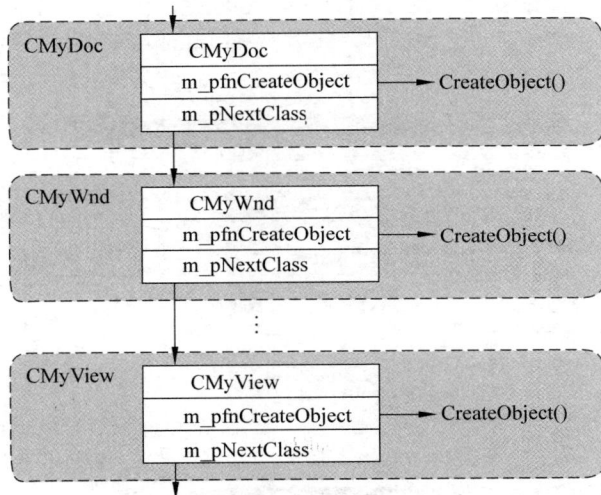

图 3-21　类中的类名与类对象构建函数映射表

　　例 3-5　下面是一个 Win32 Console 程序,这个程序中的 Myclass 类是一个带有对象创建函数的类,该程序演示了程序是如何根据从键盘获得的类名来动态创建 Myclass 类对象的。

　　这个程序首先定义了一个 CRuntimeClass 来充当如图 3-20 所示的映射表项,该结构见下面代码的相关部分(程序中把这个表项称为类信息表)。然后在 Myclass 类声明中声明了这个表 classMyclass,并在类声明外给它填写了具体表项。另外,在 Myclass 类中还声明了对象构建函数 CreateObject( )和获得类信息表项的方法 GetRuntimeClass( )并在类外实现了它们。

　　另外,为了模仿 MFC 类的继承关系,这里还定义了一个 CObject 类,并声明了一个虚函数 SayHello( ),请读者注意这个虚函数的作用。

完整的程序代码如下：

```cpp
#include <iostream.h>
#include"string.h"
class CObject;
//类信息表结构--------------------------------------------------------------
struct CRuntimeClass
{
    char * m_lpszClassName;                          //类名
    CObject * (_stdcall * m_pfnCreateObject)();      //对象构建函数指针
    CObject * _stdcall CreateObject();               //对象构建函数的声明
};
//CObject 类声明及实现-------------------------------------------------------
class CObject
{
    public:
        virtual void SayHello() { cout<<"Hello CObject \n"; }
};
//派生类 Myclass 及实现-------------------------------------------------------
class Myclass:public CObject
{
    public:
        virtual void SayHello() { cout<<"Hello Myclass \n"; }
    public:
        //对象动态创建的声明-------------------------------------------------
        static CRuntimeClass classMyclass;       //定义 CRuntimeClass 变量作为信息表
        static CRuntimeClass * GetRuntimeClass(); //获得类信息表指针的函数
};
//对象动态创建的实现---------------------------------------------------------
//对象构建函数的实现
CObject * _stdcall CreateObject()
{
    return new Myclass;
}
//填写类信息表
    CRuntimeClass Myclass::classMyclass={
    "Myclass",                               //类名
    CreateObject };
//获得类信息表指针函数的实现
CRuntimeClass * Myclass::GetRuntimeClass()
{
return &Myclass::classMyclass;
}

//主函数---------------------------------------------------------------------
void main(void)
{
    char _lpszCLS[10];
    cout<<"请输入类名:";
    cin>>_lpszCLS;
    CRuntimeClass * p=Myclass::GetRuntimeClass();
    if (!strcmp(p->m_lpszClassName,_lpszCLS))
    {
        CObject * _stdcall pp=p->m_pfnCreateObject();
```

```
        pp->SayHello( );
    }
    else
    {
        cout<<"No"<<endl;
    }
}
```

运行结果如图 3-22 所示。

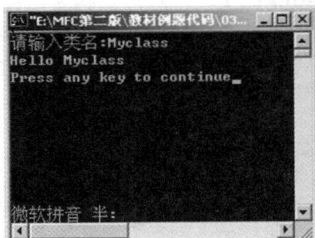

(a) 正确创建对象时的结果   (b) 不正确创建对象时的结果

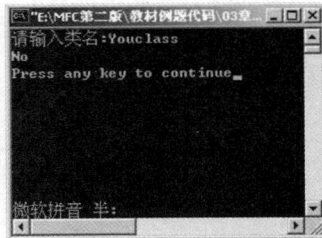

图 3-22   例 3-5 运行结果

如果把 Myclass 类声明为如下形式：

```
class Myclass:public CObject
{
    private:
        int m_X;                            //添加一个数据成员
    public:
        Myclass(int x){m_X=x;}              //添加一个用于初始化数据成员的构造函数
        virtual void SayHello( ) { cout <<"Hello Myclass \n"; }
    public:
        //对象动态创建的声明----------------------------------------------------
        static CRuntimeClass classMyclass;        //定义 CRuntimeClass 变量作为信息表
        static CRuntimeClass * GetRuntimeClass( );   //声明获得类信息表指针的函数
};
```

则会发现该程序编译通不过,原因是对象构建函数要求调用类的无参数构造函数,所以作为能够动态创建对象的类,必须要有一个无参数的构造函数。也就是说,如果类中含有其他构造函数时,用户必须为类声明并定义一个无参数的构造函数。例如,把上面的代码改成如下形式：

```
class Myclass:public CObject
{
    private:
    int m_X;
    public:
        Myclass(int x){m_X= x;}
        Myclass( ){}                                 //添加一个无参数的构造函数
        virtual void SayHello( ) { cout < <  "Hello Myclass \n"; }
    public:
    //对象动态创建的声明------------------------------------------------------------
        static CRuntimeClass classMyclass;      //定义 CRuntimeClass 变量作为信息表
        static CRuntimeClass * GetRuntimeClass( );  //声明获得类信息表指针的函数
};
```

3.10.2 类信息表及其声明和实现

其实,MFC 程序在不同的场合下还经常用到类的其他信息,于是 MFC 就把这些信息都放在上面所说的映射表项中,并把它称为类信息表。

在 MFC 中,一个类的类信息表是一个 CRuntimeClass 结构变量,该结构与对象动态创建及与表结构有关成员列举如下:

```
struct CRuntimeClass
{
    LPCSTR m_lpszClassName;                              //类名称
    ⋮
    CObject * (PASCAL * m_pfnCreateObject)();            //动态创建对象函数指针
    CObject * _stdcall CreateObject();                   //对象构建函数的声明
    void Store(CArchive& ar) const;                      //向文件存储类信息表
    static CRuntimeClass * PASCAL Load(CArchive& ar, UINT * pwSchemaNum);
                                                         //自文件读取类信息表
    CRuntimeClass * m_pBaseClass;                        //指向基类信息表的指针
    CRuntimeClass * m_pNextClass;                        //指向下一个链表项的指针
};
```

由结构的最后两个域可以知道,MFC 在这里再次使用链表结构,把各个类的类信息表组成了一个总表。即把每个类的类信息表作为一个链表节点,然后通过指针 m_pNextClass 把它们链接起来,从而组织了一个如图 3-23 所示的大的类信息表。

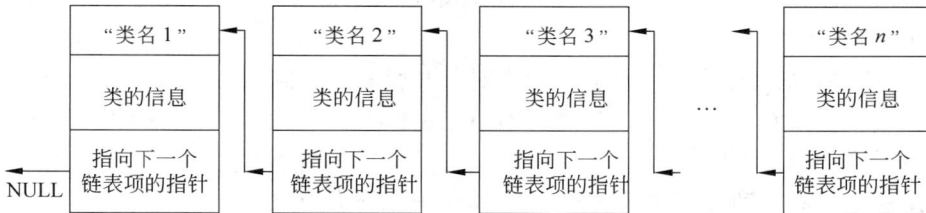

图 3-23　类信息链表的结构

与处理消息映射表的方法类似,MFC 用宏 DECLARE_DYNCREATE 封装了类信息表的声明代码,而用宏 IMPLEMENT_DYNCREATE 封装了类信息表及其链表的实现代码。因此,在设计具有动态创建对象能力的类时,必须要在类中使用这两个宏。例如:

```
class A:public B
{
    public:
        DECLARE_DYNCREATE(A)         //类信息表的声明
        ⋮
};
IMPLEMENT_DYNCREATE(A,B)                 //类信息表及其链表的实现
```

另外在这里附带说明一下,用类信息表中指向基类信息表的指针 m_pBaseClass 又可以实现一个或多个链表,但这个链表是类的类族谱系表。也就是说,类信息表有两个作用,如果沿着 m_pNextClass 指针对表进行查询,则该表是类信息表;而沿着 m_pBaseClass 指针对表进行查询,则该表是类族谱系表。这个类族谱系表便于程序来辨别一个对象是属于哪个类族的,即所谓的运行期对象类型识别,这部分内容请参见附录 F。

3.10.3 对象类信息表的提取

为了使程序在运行时能根据类名到类信息链表中获得该类的信息表，MFC 把例 3-5 中的主函数用来取得对象所属类的类信息表指针部分的代码封装成了宏 RUNTIME_CLASS（类名）。RUNTIME_CLASS 宏定义如下：

```
#define RUNTIME_CLASS(class_name) \
    ((CRuntimeClass *)(&class_name::class##class_name))
```

例如，应用程序创建文档模板对象时，在其构造函数的参数中就使用了这个宏，分别创建了文档、框架窗口和视图类对象。其代码如下：

```
pDocTemplate=new CSingleDocTemplate(
    IDR_MAINFRAME,
    RUNTIME_CLASS(CMyDoc),              //动态创建文档对象
    RUNTIME_CLASS(CMainFrame),         //动态创建主 SDI 框架窗口
    RUNTIME_CLASS(CMyView));           //动态创建视图对象
```

本 章 小 结

- 应用程序类、窗口框架类、视图类、文档类构成了应用程序的框架，框架的功能是通过各类之间的协调工作实现的。
- MFC 采用文档/视图结构来实现数据和数据表示的分离，文档视图的分离有利于数据和数据表示的单独改变。
- MFC 用类信息表存储了动态创建类对象时所需要的信息。
- 在类中使用宏 DECLARE_DYNCREATE 和 IMPLEMENT_DYNCREATE 使类具有动态创建对象的能力。
- 定义一个具有动态创建对象能力类时，必须在该类中定义一个无参数的构造函数。
- 在应用程序中，使用宏 RUNTIME_CLASS 来获得类信息表。

习 题 3

3-1　学习使用 Visual C ++ 的帮助文件并了解 CObject 类。

3-2　归纳 3.1 节中各类的功能及继承关系。

3-3　简述构成文档/视图结构应用程序框架的 4 个 MFC 派生类，并说出它们的功能。

3-4　在文档/视图结构的应用程序中，视图类对象是如何获取文档类对象中的数据的？

3-5　在 MFC 对程序窗口功能的划分中受到了什么启发？

3-6　什么是类信息表？它在对象动态创建中起什么作用？

3-7　MFC 所说的对象动态创建与 C ++ 中的对象动态创建有什么区别？对象动态创建的核心是什么？

思考题：能否在文档和视图类之间再封装一个专门对数据进行处理的类？

第4章 图 形

Windows 是一种图形界面的操作系统,它把包括文本在内的所有数据都显示为屏幕上的图像。因此,图形的处理是 Windows 程序设计的重要问题。Windows 是依靠图形设备接口(Graphic Device Interface,GDI)和设备描述环境(Device Context,DC)对图形进行支持的。

本章主要内容:
- Windows 的设备描述环境和图形设备接口。
- MFC 的 CDC 类。
- MFC 的画笔、画刷、字体。

4.1 DC 和 GDI

4.1.1 设备描述环境

计算机图形显示设备品种繁多,原理和结构差别巨大,要求程序设计人员拥有所有图形显示设备的知识和编程能力是不现实的。为此,Windows 为图形显示设备进行了软件封装,形成了一个统一的虚拟图形显示设备,从而使程序可以在这个虚拟设备上进行绘图,而虚拟设备图形转换为物理设备图形的任务则由系统去完成。在 Windows 中,这个虚拟图形设备表现为一个称为图形设备描述表的数据结构,它描述了虚拟图形设备的属性,所以也称为图形设备描述环境,简称为 DC。

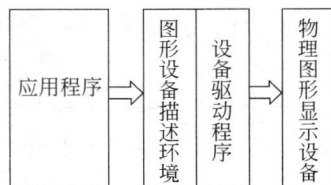

图 4-1 图形设备描述表的基本概念

也就是说,从应用程序的角度来看,DC 就是系统提供的一个画板,程序可以通过改变其属性的办法来进行绘图。

图形设备描述环境与应用程序、图形显示设备、设备驱动程序之间的关系如图 4-1 所示。

4.1.2 Windows 的 GDI

Windows 把用于改变 DC 属性的操作,即与绘图相关的操作都制作成函数,这些函数的集合就称为图形设备接口(Graphical Device Interface,GDI)。例如,GDI 中有可以绘制椭圆的函数 Ellipse( )、绘制文本的函数 DrawText( )、绘制矩形的函数 Rectangle( )等。

除了这些绘图函数之外,GDI 还有一套用于绘图的工具,如表 4-1 所示。

表 4-1 GDI 中的绘图工具

对 象 名 称	说 明
Pen(画笔)	用来绘制线条的对象

对象名称	说明	
Brush（画刷）	用来填充图形内颜色和图案的对象	
Font（字体）	用来决定文本字符样式的对象	
Bitmap（位图）	保存位图格式图像的对象	
Palette（调色板）	绘图时可以使用的颜色集	

　　应用程序如果需要向某个图形设备绘图，则应该先获得（创建）这个图形设备的 DC，然后再取得并使用合适的绘图工具对 DC 进行绘图工作。

　　为了方便，Windows 系统在初始化时为程序提供了一套默认的绘图工具，所以程序在获得了合适的 DC 后，就可以使用这些默认工具开始绘图工作。例如，Windows 系统在初始化时为应用程序提供了一支画笔，由于这支默认画笔的颜色是黑色，所以这时用 GDI 的绘图函数绘制的线条都是黑色的。

　　如果程序认为默认绘图工具不适用的话，则需创建其他工具来替换默认工具。但要记住，Windows 要求绘图环境在任何时候都应该存有一套完整的绘图工具。这意味着不能从绘图环境中删除工具，只能用一个工具替换另一个工具。

4.2　CDC 类

　　显然，在面向对象程序设计思想中，把 DC 和 GDI 函数封装到一起形成一个类是合理的，因此 MFC 就有了 CDC 类。CDC 类中一些常用的成员函数如表 4-2 所示。

表 4-2　CDC 类中的一些常用的成员函数

函　数	说　明	
Arc( )	画圆弧	
BitBlt( )	把一个 DC 中的位图复制到另一个 DC 中	
Ellipse( )	画椭圆	
FillRect( )	用参数指定的画刷来填充矩形	
LineTo( )	从当前位置画直线到参数指定的位置	
MoveTo( )	从当前位置把画笔移动到参数指定的位置	
Rectangle( )	画矩形	
RoundRect( )	画圆角矩形	
SelectObject( )	把参数所指定的绘图工具选入绘图环境	
SelectStockObject( )	把参数所指定的库存绘图工具选入绘图环境	
SetTextColor( )	设置文本颜色	
StretchBlt( )	把一个 DC 中的位图复制到另一个 DC 中，但可以改变位图的长宽比	
TextOut( )	绘制字符串	

MFC 从通用的 CDC 类派生了几种特定的设备描述环境类，见图 4-2，各个派生类的作用如表 4-3 所示。

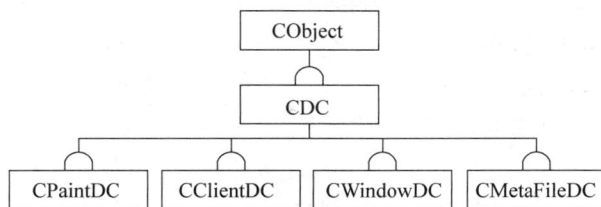

图 4-2　MFC 设备描述环境类层次结构

表 4-3　几个派生的 CDC 类

类　　名	说　　　　　明
CClientDC	窗口客户区的设备描述环境，但应用在 WM_PAINT 消息之外的消息处理函数中
CMetaFileDC	图元文件的设备描述环境，在创建可以回放的图像时使用
CPaintDC	窗口用户区的设备描述环境，在 OnDraw( ) 函数中来处理 WM_PAINT 消息
CWindowDC	在整个窗口内(不只是用户区)绘图的设备描述环境

CPaintDC 是所有 CDC 类中最常用的一个类，它代表了应用程序窗口的客户区，它只能使用在 CView 类的 OnDraw( ) 函数中。OnDraw( ) 函数的声明如下：

```
OnDraw(CDC * pDC);
```

这个函数的参数 pDC 就是指向 CPaintDC 对象的指针，在 OnDraw( ) 函数中可以使用 CDC 类的成员函数对这个对象进行绘图操作。

系统每次创建应用程序窗口及窗口需要刷新时会产生 WM_PAINT 消息，系统接收到这个消息就会自动调用 OnDraw( ) 函数。应用程序也可以调用相关函数来激活 OnDraw( )，所以程序中所有对窗口客户区进行绘图的代码都应该写在这个函数中。

例 4-1　使用 CDC 类的 TextOut( ) 函数输出字符串。

(1) 用 MFC AppWizard 创建一个名称为 MFCexp4_1 的单文档应用程序框架。

(2) 在视图类中的 OnDraw( ) 函数中添加语句：pDC→TextOut(50,50,"输出字符串")，即视图类 OnDraw( ) 函数中的代码如下：

```
void CMFCexp4_1View::OnDraw(CDC * pDC)
{
    CMFCexp4_1Doc * pDoc=GetDocument();
    pDC-> TextOut(50,50,"输出字符串");
    //输出字符串的语句
}
```

例 4-1 程序运行结果如图 4-3 所示。

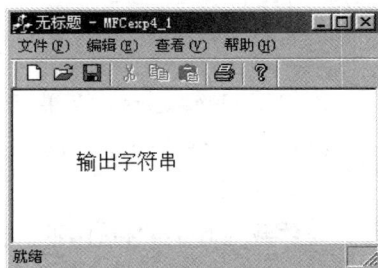

图 4-3　例 4-1 程序运行结果

4.3 CPen 类

画笔是绘图的基本工具,在 MFC 中画笔是 CPen 类的对象,它用来在 DC 上完成绘制线条的任务。初始化时,系统自动提供了一支黑色的默认画笔。如果程序设计人员对这个默认的画笔不满意,可以自己创建画笔来替换它,如图 4-4 所示。

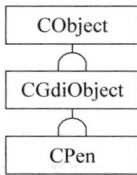

图 4-4　画笔在 MFC 类层次结构的位置

所谓自定义画笔,就是程序员自己创建的 CPen 类对象。创建画笔对象时,需要使用 CPen 类的构造函数,它的原型如下:

```
CPen(int style, int width, COLORREF color);
```

其中,参数 style 用来定义画笔样式,该参数可取的值和所对应的画笔样式如表 4-4 所示;参数 width 用来设置画笔宽度,这个宽度的计量单位为像素;参数 color 用来设置画笔颜色,颜色用 RGB 值来描述。

表 4-4　画笔的样式

样　　式	说　　明
PS_SOLID	实线画笔
PS_DASH	虚线画笔
PS_DOT	点线画笔
PS_DASHDOT	点画线画笔
PS_DASHDOTDOT	双点画线画笔
PS_NULL	笔画不可见的画笔
PS_INSIDEFRAME	在一个图形内画边线的画笔

* 表中所列画笔的样式中,除了实线之外,其他样式只在画笔参数 width=1 时有效。

RGB 是 Windows 中用红、绿、蓝分色定义颜色的宏:

```
COLORREF RGB(
    BYTE bRed,              //红色(0~255)
    BYTE bGreen,            //绿色(0~255)
    BYTE bBlue             //蓝色(0~255)
);
```

在创建了画笔之后,如果要使用它,则需要在使用之前调用 CDC 的成员函数 SelectObject( )用自定义的画笔替换原有的画笔。SelectObject( )函数的原型如下:

```
CPen * SelectObject( CPen * pPen );
```

其参数为欲载入画笔的指针,返回值为原来画笔的指针。为保存原画笔以便在新画笔使用后,恢复原画笔,在程序中应按如下形式编写代码:

```
CPen newPen(PS_SOLID,width,color);              //创建新画笔
CPen * oldPen=pDC->SelectObject(&newPen);       //加入新画笔,保存旧画笔
```

在使用新画笔绘制线条之后,如果要恢复原画笔,则使用如下代码把保存在指针

oldPen 中的旧画笔重新载入。

```
pDC->SelectObject(oldPen);
```

例 4-2　一个绘制多个线条的应用程序。

（1）用 MFC AppWizard 创建一个名称为 MFCexp4_2 的单文档应用程序框架。

（2）在视图类的函数 OnDraw( )中输入如下代码：

```
void CMFCexp4_2View::OnDraw(CDC * pDC)
{
    CMFCexp4_2Doc * pDoc=GetDocument( );
    ASSERT_VALID(pDoc);
    //TODO: add draw code for native data here
    int red=0,green=0,blue=0;
    int width=2;
    int row=20;
    for (int s=0;s<8;s++)
    {
        int color=RGB(red,green,blue);
        CPen newPen(PS_SOLID,width,color);
        CPen * oldPen=pDC->SelectObject(&newPen);
        pDC->MoveTo(20,row);
        pDC->LineTo(300,row);
        pDC->SelectObject(oldPen);
        red+=32;
        green+=16;
        blue+=8;
        width+=2;
        row+=30;
    }
}
```

程序运行结果如图 4-5 所示。

图 4-5　例 4-2 程序的运行结果

例 4-3　演示画笔样式的程序。

（1）用 MFC AppWizard 创建一个名称为 MFCexp4_3 的单文档应用程序框架。

（2）在视图类的函数 OnDraw()中输入如下代码：

```
void CMFCexp4_3View::OnDraw(CDC * pDC)
{
    CMFCexp4_3Doc * pDoc=GetDocument( );
    ASSERT_VALID(pDoc);
    //TODO: add draw code for native data here
    int style[]={PS_SOLID,PS_DASH,PS_DOT, PS_DASHDOT,PS_DASHDOTDOT};
    int row=20;
    for (int s=0;s<5;s++)
    {
        CPen newPen(style[s],1,RGB(0,0,0));
        CPen * oldPen=pDC->SelectObject(&newPen);
        pDC->MoveTo(20,row);
        pDC->LineTo(300,row);
        pDC->SelectObject(oldPen);
        row+=30;
    }
}
```

程序运行结果如图 4-6 所示。

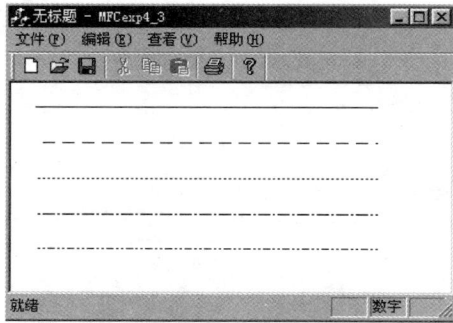

图 4-6　例 4-3 程序的运行结果

4.4　CBrush 类

画刷是 CBrush 类的对象,是对封闭图形内部用颜色或图案进行填充的工具,如图 4-7 所示。

在使用画刷之前,要创建 CBrush 类对象,构造函数的原型如下:

```
CBrush(COLORREF color);
```

或

```
CBrush(int style,COLORREF color);
```

其中,参数 style 决定画刷的样式,color 决定画刷的颜色。参数 style 的可选值如表 4-5 所示。

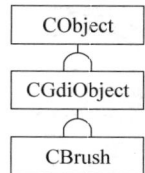

图 4-7　画刷在 MFC 类层次结构的位置

表 4-5　style 的可选值

填 充 样 式	说　　明	
HS_BDIAGONAL	以自左下角至右上角的 45°斜线填充	

填 充 样 式	说　明
HS_CROSS	以十字交叉线填充
HS_DIAGCROSS	以互相交叉的 45°线填充
HS_FDIAGONAL	以自左上角至右下角的 45°斜线填充
HS_HORIZONTAL	以水平线填充
HS_VERTICAL	以垂直线填充

与使用画笔一样,在创建了画刷之后,如果要使用该画刷,则应该使用 CDC 的成员函数:

```
CBrush * SelectObject( CBrush * pBrush );
```

把画刷选入设备描述环境,并要定义一个画刷指针,用来保存该函数返回的旧画刷指针。

例 4-4 画刷的应用。

(1) 用 MFC AppWizard 创建一个名称为 MFCexp4_4 的单文档应用程序框架。

(2) 在视图类的函数 OnDraw( )中输入如下代码:

```
void CMFCexp4_4View::OnDraw(CDC * pDC)
{
    CMFCexp4_4Doc * pDoc=GetDocument( );
    ASSERT_VALID(pDoc);
    //TODO: add draw code for native data here
    int red=0,green=0,blue=0;
    int row=20;
    for (int s=0;s<6;s++)
    {
        int clr=RGB(red,green,blue);
        CBrush newBrush(clr);
        CBrush * oldBrush=pDC->SelectObject(&newBrush);
        pDC->Rectangle(20,row,200,row+20);
        pDC->SelectObject(oldBrush);
        red+=34;green+=16;blue+=4;
        row+=30;
    }

    int styles[]={HS_BDIAGONAL,HS_CROSS,
        HS_DIAGCROSS,HS_FDIAGONAL,
        HS_HORIZONTAL,HS_VERTICAL};
    row=20;

    for (s=0;s<6;s++)
    {
        CBrush newBrush(styles[s],RGB(0,0,0));
        CBrush * oldBrush=pDC->SelectObject(&newBrush);
        pDC->Rectangle(220,row,400,row+20);
        pDC->SelectObject(oldBrush);
        row+=30;
    }
```

}

程序运行结果如图 4-8 所示。

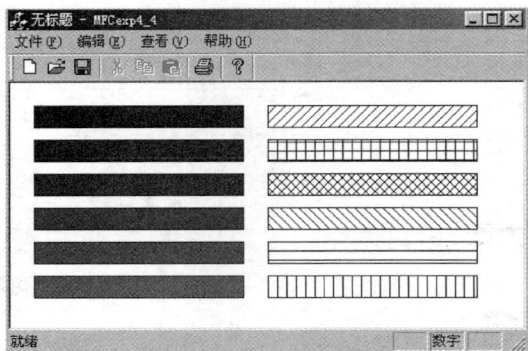

图 4-8　例 4-4 程序的运行结果

例 4-5　使用 CDC 默认的画刷和画笔绘制一个矩形。

（1）用 MFC AppWizard 创建一个名称为 MFCexp4_5 的单文档应用程序框架。

（2）在视图类的函数 OnDraw( )中输入如下代码：

```
void CMFCexp4_5View::OnDraw(CDC * pDC)
{
    CMFCexp4_5Doc * pDoc=GetDocument( );
    ASSERT_VALID(pDoc);
    //TODO: add draw code for native data here
    CRect rect(30,30,300,300);
    pDC->Rectangle(&rect);
}
```

程序运行结果如图 4-9 所示。

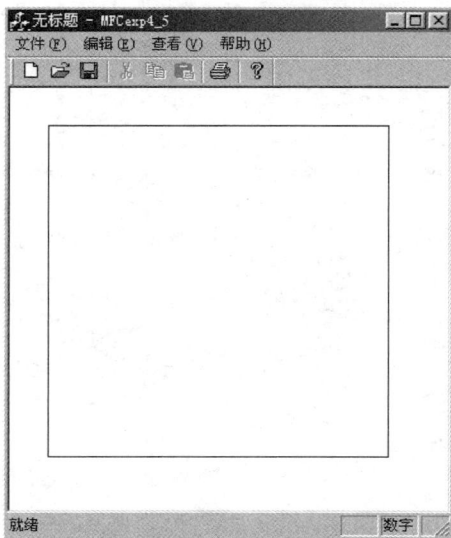

图 4-9　例 4-5 程序的运行结果

4.5 绘图模式

在 Windows 中,绘图的最终效果可以通过设定不同的绘图模式来修饰。设置绘图模式的 CDC 成员函数如下:

```
SetROP2(int nDrawMode);
```

其中,参数 nDrawMode 为绘图模式,返回值为原来的绘图模式。常用的绘图模式如表 4-6 所示。

表 4-6   常用的绘图模式

绘图模式	说 明
R2_BLACK	无论画笔颜色如何,只用黑色绘图
R2_WHITE	无论画笔颜色如何,只用白色绘图
R2_NOP	无论画笔颜色如何,只用无色绘图
R2_NOT	用与背景色相反的颜色绘图
R2_NOTCOPYPEN	用与画笔色相反的颜色绘图
R2_COPYPEN	用画笔颜色绘图
R2_XORPEN	把画笔色与背景色进行异或(XOR)运算后的颜色绘图

4.6 文本和 CFont 类

在 Windows 中,文本是作为图形来显示的,因此用户必须与设备描述环境打交道,并且还要处理与字体有关的一些问题。

4.6.1 显示文本

1. 文本的显示

显示文本要使用 CDC 类的成员函数 TextOut( ),它的原型如下:

```
BOOL TextOut( int x, int y, const CString& str );
```

其中,参数 x 为文本显示在应用程序窗口用户区的水平位置;y 为文本的垂直位置;str 为要显示的字符串,它是一个 CString 类的对象。

2. 设置文本颜色

在默认情况下,文本颜色为黑色。如果要用其他颜色显示文本,则可以使用 CDC 类的成员函数 SetTextColor( )来进行文本颜色的设置。函数 SetTextColor( )的原型如下:

```
virtual COLORREF SetTextColor( COLORREF crColor );
```

其中,参数 crColor 为文本颜色的 RGB 值,函数的返回值为原来的颜色。

与其相对应的,CDC 类还有一个可以获得当前文本颜色的函数如下:

```
COLORREF GetTextColor( ) const;
```

一般情况下,文本的背景颜色为白色。当然,在需要时也可以使用 CDC 类的成员函数 SetBkColor( )来设置文本的背景颜色如下:

```
virtual COLORREF SetBkColor( COLORREF crColor );
```

其中,参数 crColor 是文本背景颜色的 RGB 值,函数的返回值为原来的背景颜色。与这个函数相对应的,CDC 类还有一个获得当前背景颜色的成员函数:

```
COLORREF GetBkColor( ) const;
```

例 4-6 文本颜色的设置。

(1) 用 MFC AppWizard 创建一个名称为 MFCexp4_6 的单文档应用程序框架。

(2) 在视图类的 OnDraw( )函数中输入如下代码:

```
void CMFCexp4_6View::OnDraw(CDC * pDC)
{
    CMFCexp4_6Doc * pDoc=GetDocument( );
    ASSERT_VALID(pDoc);
    //TODO: add draw code for native data here
    pDC->TextOut(30,30,"文本的颜色");
    pDC->SetTextColor(RGB(255,0,0));
    pDC->TextOut(130,30,"文本的颜色");
    pDC->SetTextColor(RGB(255,255,255));
    pDC->SetBkColor(RGB(0,0,255));
    pDC->TextOut(230,30,"文本的颜色");
}
```

程序运行结果如图 4-10 所示。

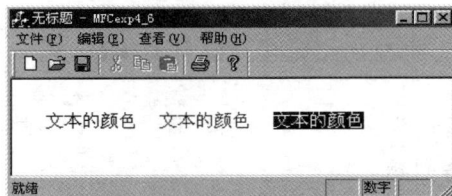

图 4-10 例 4-6 程序的运行结果

3. 设置文本字符的间距

在需要改变文本字符之间的间隔(间距)时,可以使用 CDC 类的成员函数:

```
int SetTextCharacterExtra( int nCharExtra );
```

其中,参数 nCharExtra 表示要设置的文本字符的额外间隔,该参数是以像素为单位的。函数的返回值为字符的原间距。

与设置字符间距函数相对应的,CDC 类还有一个获取当前字符间距的函数:

```
int GetTextCharacterExtra( ) const;
```

例 4-7 文本字符间距的设置。

(1) 用 MFC AppWizard 创建一个名称为 MFCexp4_7 的单文档应用程序框架。

(2) 在视图类 OnDraw( )函数中输入如下代码:

```
void CMFCexp4_7View::OnDraw(CDC * pDC)
{
```

```
CMFCexp4_7Doc * pDoc=GetDocument( );
ASSERT_VALID(pDoc);
//TODO: add draw code for native data here
for (int s=0;s<5;s++)
{
    pDC->SetTextCharacterExtra(s * 4);
    pDC->TextOut(20,20+s * 20,"文本字符的间距");
}
}
```
程序运行结果如图 4-11 所示。

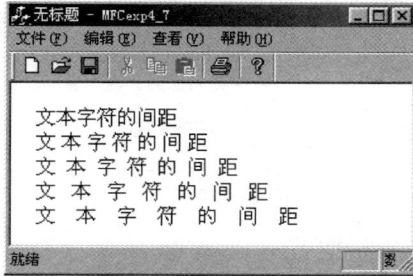

图 4-11　例 4-7 的程序运行结果

4. 设置文本的对齐方式

在实际应用中,常常需要以不同的对齐方式显示文本,例如,要左对齐文本或右对齐文本,当然,有时也需要把文本显示在窗口中间。为了实现文本的不同对齐要求,MFC 在 CDC 类中提供了一些专门用来实现文本对齐方式的函数。

进行文本对齐的函数如下:

```
UINT SetTextAlign( UINT nFlags );
```

其中,参数 nFlags 的值可以为 TA_LEFT(左对齐)、TA_CENTER(中间对齐)、TA_RIGHT(右对齐)、TA_TOP(顶部对齐)、TA_BOTTOM(底部对齐)和 TA_BASELINE(以基线对齐)。前 3 个值用于水平方向对齐,后 3 个值用于垂直对齐。

例 4-8 文本的水平对齐。

(1) 用 MFC AppWizard 创建一个名称为 MFCexp4_8 的单文档应用程序框架。

(2) 在视图类的 OnDraw( )函数中输入如下代码:

```
void CMFCexp4_8View::OnDraw(CDC * pDC)
{
    CMFCexp4_8Doc * pDoc=GetDocument( );
    ASSERT_VALID(pDoc);
    //TODO: add draw code for native data here
    //左对齐
    pDC->SetTextAlign(TA_LEFT);
    pDC->TextOut(220,20,"AAAAAAAAA");
    pDC->TextOut(220,40,"HHHHH");
    pDC->TextOut(220,60,"SSSSSSSSSSSSSSSS");
    //中间对齐
    pDC->SetTextAlign(TA_CENTER);
    pDC->TextOut(220,80,"AAAAAAAAA");
```

```
pDC->TextOut(220,100,"HHHHH");
pDC->TextOut(220,120,"SSSSSSSSSSSSSSSS");
//右对齐
pDC->SetTextAlign(TA_RIGHT);
pDC->TextOut(220,140,"AAAAAAAAA");
pDC->TextOut(220,160,"HHHHH");
pDC->TextOut(220,180,"SSSSSSSSSSSSSSSS");
}
```

程序运行结果如图 4-12 所示。

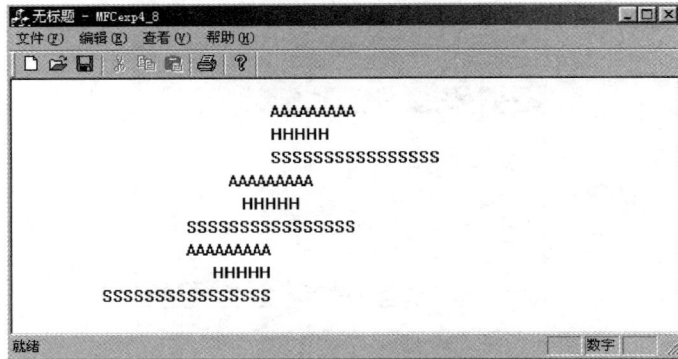

图 4-12　例 4-8 程序运行的结果

4.6.2　字体和 CFont 类

1. 获得字体的信息

为了准确显示文本，常常需要获得所选字体的信息。Windows 用一个 TEXTMETRIC 结构类型的数据来存储字体的信息。

TEXTMETRIC 结构的定义如下：

```
typedef struct tagTEXTMETRIC
{
    int tmHeight;
    int tmAscent;
    int tmDescent;
    int tmInternalLeading;
    int tmExternalLeading;
    int tmAveCharWidth;
    int tmMaxCharWidth;
    int tmWeight;
    BYTE tmItalic;
    BYTE tmUnderlined;
    BYTE tmStructOut;
    BYTE tmFirstChar;
    BYTE tmLastChar;
    BYTE tmDefaultChar;
    BYTE tmBreakChar;
    BYTE tmPitchAndFamily;
    BYTE tmCharSet;
    int tmOverhang;
```

```
        int tmDigitizedAspectX;
        int tmDigitizedY;
    }TEXTMETRIC;
```

结构中很多成员的含义,大多数读者是很陌生的,但所幸的是在大多数情况下,不必与 TEXTMETRIC 结构的成员打交道。

程序调用 CDC 类的成员函数 GetTextMetrics( )可以获得当前字体的信息:

```
BOOL GetTextMetrics( LPTEXTMETRIC lpMetrics ) const;
```

其中,参数 lpMetrics 是用户定义的一个 TEXTMETRIC 结构类型数据的指针。如果要在视图类 OnDraw( )函数中使用该函数获得字体信息,则方法如下:

```
TEXTMETRIC tm;
pDC->GetTextMetrics(&tm);
```

2. 字体的创建和 CFont 类

与画笔、画刷一样,CFont 类的对象是绘制文字的工具,其使用方法也与画笔和画刷类似,也要定义字体对象,创建并保存原来的字体,在文本输出工作结束后恢复原字体。创建字体对象的函数原型如下:

```
BOOL CreateFont( int nHeight,          //字体的逻辑高度
    int nWidth,                        //字体的逻辑宽度
    int nEscapement,                   //出口向量与 x 轴的角度
    int nOrientation,                  //字符基线与 x 轴的角度
    int nWeight,                       //字体磅值
    BYTE bItalic,                      //该值非 0 为斜体字
    BYTE bUnderline,                   //该值非 0 则在字符下面加下画线
    BYTE cStrikeOut,                   //该值非 0 则在字符上加删除线
    BYTE nCharSet,                     //字体的字符集
    BYTE nOutPrecision,                //输出精度
    BYTE nClipPrecision,               //剪裁精度
    BYTE nQuality,                     //输出质量
    BYTE nPitchAndFamily,              //调距和字体族
    LPCTSTR lpszFacename );            //字体的字型名
```

3. 使用预存的字体

字体设置是比较烦琐的一项工作,要经过多次的调整和验证,才能最后确定下来。所以,常常希望能把已经确定的字体设置保存下来,以便以后使用。为此,系统提供了一个专门用来存储字体设置的结构 LOGFONT,其定义如下:

```
typedef struct tagLOGFONT {
    LONG lfHeight;
    LONG lfWidth;
    LONG lfEscapement;
    LONG lfOrientation;
    LONG lfWeight;
    BYTE lfItalic;
    BYTE lfUnderline;
    BYTE lfStrikeOut;
    BYTE lfCharSet;
    BYTE lfOutPrecision;
    BYTE lfClipPrecision;
    BYTE lfQuality;
```

```
    BYTE lfPitchAndFamily;
    TCHAR lfFaceName[LF_FACESIZE];
} LOGFONT;
```

如果已经声明了一个 LOGFONT 类型的对象,则可以使用 CFont 类的成员函数 CreateFontIndirect( )来创建这个字体。其原型如下:

```
BOOL CreateFontIndirect(const LOGFONT * lpLogFont );
```

4.7　CDC 的其他派生类

4.7.1　窗口用户区设备描述环境 CClientDC 类

与 CPaintDC 类一样,这是一个在窗口用户区进行绘图的设备描述环境,但 CPaintDC 类的对象只能在视图类的 OnDraw( )函数中使用,而 CClientDC 类的对象可以在除了 OnDraw( )函数之外的任何地方使用。

例 4-9　设计一个利用 CClientDC 绘图,在窗口单击鼠标左键之后,在窗口的用户区出现一个菱形图形的应用程序。

(1) 用 MFC AppWizard 创建一个名称为 MFCexp4_9 的单文档应用程序。

(2) 在视图类的 OnLButtonDown( )函数中输入如下代码:

```
void CMFCexp4_9View::OnLButtonDown(UINT nFlags, CPoint point)
{
    CClientDC dc(this);                    //定义一个 CClientDC 的对象 dc
    CRect rc;                              //定义一个描述矩形的对象 rc
    GetClientRect(&rc);                    //获得用户区的尺寸,并存入 rc
    //以下是绘制菱形的代码
    dc.MoveTo(0,(rc.bottom+rc.top)/2);
    dc.LineTo((rc.right+rc.left)/2,0);
    dc.LineTo(rc.right,(rc.bottom+rc.top)/2);
    dc.LineTo((rc.right+rc.left)/2,rc.bottom);
    dc.LineTo(0,(rc.bottom+rc.top)/2);
    CView::OnLButtonDown(nFlags, point);
}
```

程序运行并单击鼠标后的结果如图 4-13 所示。

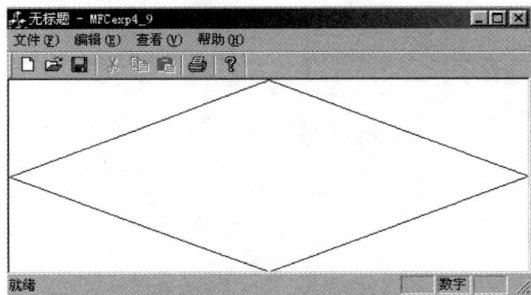

图 4-13　例 4-9 程序的运行结果

4.7.2 图元文件设备描述环境 CMetaFileDC 类

在应用程序中,有一些图形是需要经常重复显示的。这样的图形最好事先绘制好形成一个文件,并存储在内存中,当用到它时直接打开就可以了,这种图形文件称为图元文件。

制作图元文件需要一个特殊的设备描述环境 CMetaFileDC 类。它也是由 CDC 类继承来的,因此它包含 CDC 类的所有绘图方法。

一般情况下,人们是在视图类的 OnCreate( )函数中创建图元文件。具体做法为:先定义一个 CMetaFileDC 类的对象,然后用该类的 Create( )函数创建它,该函数的原型如下:

```
BOOL Create(LPCTSTR lpszFilename=NULL);
```

其参数 lpszFilename 是该图元文件的文件名。

接下来使用由 CDC 继承来的绘图方法绘制图元文件,最后使用 Close( )函数结束绘制并保存该图元文件到类的数据成员中(该数据成员的类型应为 HMETAFILE)。

当需要显示该图元文件时,使用 CDC 类的成员函数 PlayMetaFile( )。该函数的原型如下:

```
BOOL PlayMetaFile( HMETAFILE hMF );
```

但要注意的是,当不再使用该图元文件时,要用函数 DeleteMetaFile( )将其删除。

例 4-10 图元文件的使用。

(1) 用 MFC AppWizard 创建一个名称为 MFCexp4_10 的单文档应用程序。

(2) 在视图类声明中,声明一个图元文件的数据成员。代码如下:

```
class CMFCexp4_10View : public CView
{
    ⋮
    public:
        HMETAFILE m_hMetaFile;        //声明一个图元文件的数据成员
    ⋮
};
```

(3) 在创建视图对象的 OnCreate( )函数中输入创建图元文件的代码如下:

```
int CMFCexp4_10View::OnCreate(LPCREATESTRUCT lpCreateStruct)
{
    if (CView::OnCreate(lpCreateStruct)==-1)
        return-1;
    CMetaFileDC metaFileDC;
    metaFileDC.Create();                    //创建图元设备环境
    //以下是绘制图元文件的代码
    metaFileDC.Rectangle(20,20,400,200);
    metaFileDC.MoveTo(20,20);
    metaFileDC.LineTo(400,200);
    metaFileDC.MoveTo(400,20);
    metaFileDC.LineTo(20,200);
    m_hMetaFile=metaFileDC.Close();         //将图元文件赋予数据成员
    return 0;
}
```

（4）在鼠标左键按下消息响应函数中输入显示图元文件的代码如下：

```
void CMFCexp4_10View::OnLButtonDown(UINT nFlags, CPoint point)
{
    CClientDC clientDC(this);
    clientDC.PlayMetaFile(m_hMetaFile); //显示图元文件
    CView::OnLButtonDown(nFlags, point);
}
```

（5）在程序结束销毁窗口时删除图元文件的代码如下：

```
void CMFCexp4_10View::OnDestroy()
{
    CView::OnDestroy();
    ::DeleteMetaFile(m_hMetaFile);          //删除图元文件
}
```

程序运行结果如图 4-14 所示。

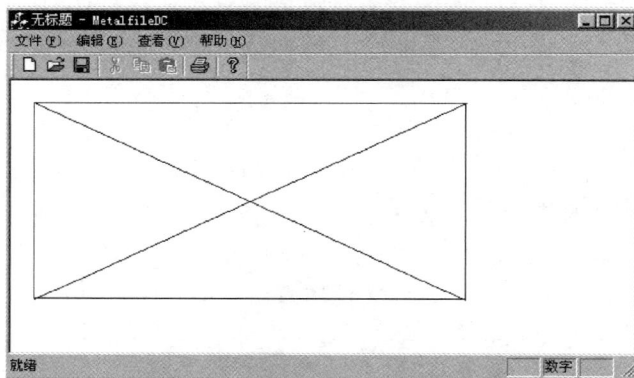

图 4-14   例 4-10 程序运行结果

本 章 小 结

- Windows 提供了图形用户接口使用户得以在窗口中绘图。
- 在 MFC 中使用 CDC 类的派生类向窗口和打印机等输出设备绘图。每个设备环境中都包含画笔、画刷、位图、调色板、字体等 GDI 对象。
- 可以通过创建 GDI 对象并将其选入设备环境来完成所需要的绘图操作。

习 题 4

4-1   为什么要使用 DC？

4-2   在 MFC 中 CDC 的派生类有哪几个？试说出它们的作用。

4-3   如何把绘图工具载入设备描述环境？

4-4   如何使用 CDC 类提供的绘图方法绘图？

4-5   编写一个应用程序，使用 CDC 类的 TextOut() 函数输出一字符串。

4-6   编写一个单文档应用程序，程序启动后在用户区显示一个方形，当单击用户区后，该方形会变为圆形,如果再单击则又变回方形。

4-7 编写一个应用程序,该程序运行后在用户区绘制一个圆形,每单击一次,圆的颜色会变化一次。

思考题:有人说,图形设备环境就是外面装了一个软件壳的图形显示设备,这个说法对不对?

第 5 章　MFC 的通用类

在 MFC 中,仍然可以使用 Windows 及 C 的所有数据类型。但是,为了把数据与对数据的操作方法封装到一起,MFC 定义了一些和数据相关的类,习惯上人们把这些类称为通用类。

本章主要内容:

- 简单数据类(CPoint、CSize、CRect)。
- 字符串类(CString)。
- 集合数据类的基本概念及 CArray 类。
- 文档类和视图类之间的数据传递。

5.1　简单数据类

5.1.1　点类 CPoint

MFC 用 CPoint 类的对象来描述一个平面上的点。这个类常用的两个构造函数如下:

```
CPoint(int initX, int initY);          //initX 为点的横坐标
                                        //initY 为点的纵坐标

CPoint( POINT initPt );                 //这是以 POINT 结构类型为参数的构造函数
```

POINT 结构的定义如下:

```
typedef struct tagPOINT
{
    LONG x;
    LONG y;
} POINT;
```

在 CPoint 类中有两个常用的成员函数:Offset(int xOffset,int yOffset)和 Offset(POINT point)。这两个函数的作用是把点对象进行移动,移动的距离分别为 xOffset 和 yOffset。

CPoint 类还重载了一些有用的运算符,如表 5-1 所示。

表 5-1　CPoint 类重载的运算符

运　算　符	说　　明	运　算　符	说　　明
operator＋＝	给点补偿一个偏移(增加)	operator！＝	检查两个点是否不相等
operator－＝	给点补偿一个偏移(减少)	operator＝＝	检查两个点是否相等

5.1.2　矩形类 CRect

在 MFC 中,CRect 类对象用来描述一个矩形,这个矩形的形状如图 5-1 所示。

CRect 类常用的两个构造函数如下：

```
CRect( int l, int t, int r, int b );
CRect( const RECT& srcRect );
```

其中，RECT 是 Windows 定义的一个结构。

```
typedef struct _RECT
{
    LONG left;
    LONG top;
    LONG right;
    LONG bottom;
} RECT;
```

CRect 类中常用的成员函数如表 5-2 所示。

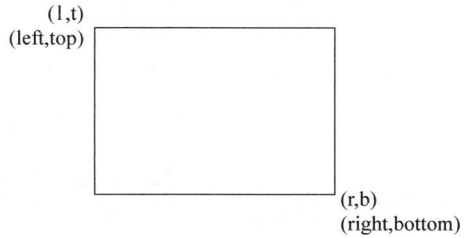

图 5-1　矩形的坐标

表 5-2　CRect 常用的操作

操 作	说 明	操 作	说 明
Width( )	返回矩形的宽度	BottomRight( )	返回矩形的右下角位置
Height( )	返回矩形的高度	CenterPoint( )	返回矩形的宽度中心位置
TopLeft( )	返回矩形的左上角位置		

CRect 类中常用的运算符如表 5-3 所示。

表 5-3　CRect 常用的运算符

运 算 符	说 明	运 算 符	说 明
operator＋＝	给 CRect 加入一个偏移量	operator!＝	检查两个矩形是否不相等
operator－＝	给 CRect 减去一个偏移量	operator＝＝	检查两个矩形是否相等

5.1.3　尺寸类 CSize

在 MFC 中，用 CSize 类来描述一个矩形区域的大小，如图 5-2 所示。

CSize 类常用的两个构造函数如下：

```
CSize( int initCX, int initCY );
CSize( SIZE initSize );
```

其中，SIZE 是 Windows 定义的一个结构。具体如下：

```
typedef struct tagSIZE
{
    LONG cx;
    LONG cy;
} SIZE;
```

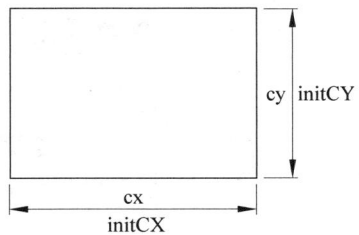

图 5-2　矩形的尺寸

5.1.4　字符串类 CString

MFC 把对字符串的处理方法封装在类 CString 中，从而对字符串提供了强有力的支持。

CString 常用的构造函数如下：

```
CString( );
CString( const unsigned char * psz );
```

CString 类提供的部分方法和运算符如表 5-4 所示。

表 5-4　CString 类提供的部分方法和运算符

方法和运算符	说　　明	
Empty( )	强制使字符串的长度为 0	
GetAt( )	返回给定位置的字符	
GetLength( )	返回字符串中字符的个数(不包含终止符)	
SetAt( )	在给定位置设置一个字符	
operator[ ]	返回给定位置的字符(其作用与 GetAt( )相同)	
operator=	给字符串赋一个新值	
operator+	连接两个字符串,形成一个新字符串	
operator+=	把一个字符串追加在一个原有字符串的尾部	

例 5-1　CString 类的应用实例。

(1) 用 MFC AppWizard 创建一个名称为 MFCexp5_1 的单文档应用程序框架。

(2) 在视图类的鼠标左键按下消息中输入如下代码：

```
void CMFCexp5_1View::OnLButtonDown( UINT nFlags, CPoint point)
{
    CString str1="This is an easy way to perform";
    CString str2="string concantenation!";
    CString str3=str1+" "+str2;
    AfxMessageBox(str3,MB_OK|MB_ICONINFORMATION);
    CView::OnLButtonDown(nFlags, point);
}
```

程序运行结果如图 5-3 所示。

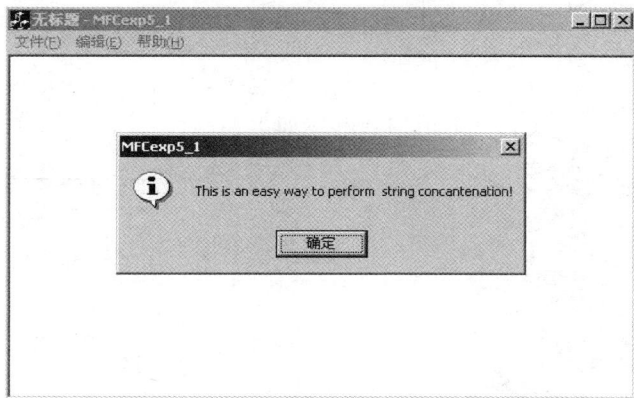

图 5-3　例 5-1 程序运行并响应单击鼠标左键后的结果

5.2 群体数据类

为了处理诸如数组、链表之类的群体数据,MFC 在头文件 afxtempl.h 中提供了基于模板的群体数据类和非基于模板的群体数据类。基于模板的群体数据类有 CArray、CList 和 CMap,它们在 MFC 类继承层次中的位置如图 5-4 所示。本章只介绍 CArray 类,关于其他群体数据类请读者参阅 Visual C++ 的帮助文档。

用 CArray 类对象可以创建数组,并提供很多对数组元素进行操作的成员函数。由于这是一个类模板,因此可以对任意数据类型的数据进行处理。CArray 类的声明如下:

图 5-4　群体类在 MFC 类继承层次中的位置

```
template<class TYPE, class ARG_TYPE>
class CArray : public CObject;
```

其中,TYPE 参数是数组元素的数据类型,而 ARG_TYPE 是类成员函数形参的数据类型。

定义 CArray 类对象的语法如下:

```
CArray<数组元素的数据类型,成员函数形参的数据类型> 对象名;
```

例如:

```
CArray<CPoint,CPoint&>m_P;
```

即定义了一个数组对象 m_P,数组元素的数据类型为 CPoint,而数组对象成员函数的形参数据类型为 CPoint&。

为了方便用户对 CArray 类对象的操作,类中提供了丰富的成员函数,其中部分函数如表 5-5 所示。

表 5-5　CArray 类的部分成员函数和重载的运算符

成 员 函 数	说　　明
int GetSize( ) const	返回数组的大小
void SetSize(int nNewSize)	设置数组的大小
void RemoveAll( )	清除数组的所有元素
TYPE GetAt(int nIndex)const	返回下标为 nIndex 元素的值
int Add(ARG_TYPE newElement)	在数组的尾部添加元素
int Append(const CArray& src)	在数组的尾部添加另一个数组
operator [](int nIndex) const	访问下标为 nIndex 的元素

例 5-2　编写一个应用程序,当按下鼠标左键时,在鼠标的光标位置会显示一个随机大小的矩形。

说明:首先定义一个用于存放矩形数据的数组 m_Rectag,然后用库函数rand( )和相应的辅助计算产生描述矩形尺寸的 CRect 类型数据,并将数据存入数组中,最后在OnDraw( )函数中显示该数组表示的矩形。

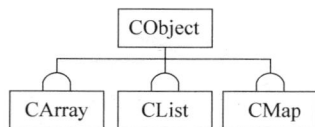

（1）用 MFC AppWizard 创建一个名为 MFCexp5_2 的单文档应用程序框架。

（2）在应用程序头文件 StdAfx.h 中加入包含命令：

```
#include <afxtempl.h>
```

（3）在视图类的声明中定义一个存放 CRect 类型元素的数组 m_Rectag：

```
class CMFCexp5_2View : public CView
{
    protected:
        CArray<CRect,CRect&>m_Rectag;
    ⋮
};
```

（4）在视图类的构造函数中定义 m_Rectag 数组的大小：

```
CMFCexp5_2View::CMFCexp5_2View()
{
    m_Rectag.SetSize(256,256);
}
```

（5）在视图类鼠标左键按下消息响应函数中，将每次单击鼠标产生的矩形数据存入
数组：

```
void CMFCexp5_2View::OnLButtonDown(UINT nFlags, CPoint point)
{
    int r=rand( )%50+5;
    CRect Ret(point.x-r,point.y-r,point.x+r,point.y+r);
    m_Rectag.Add(Ret);
    InvalidateRect(Ret,FALSE);                          //触发 OnDraw( )函数
    CView::OnLButtonDown(nFlags, point);
}
```

（6）在视图类的 WM_PAINT 消息响应函数中重画数组中的矩形：

```
void CMFCexp5_2View::OnDraw(CDC * pDC)
{
    for (int i=0;i<m_Rectag.GetSize( );i++)
        pDC->Rectangle(m_Rectag[i]);
}
```

程序运行结果如图 5-5 所示。

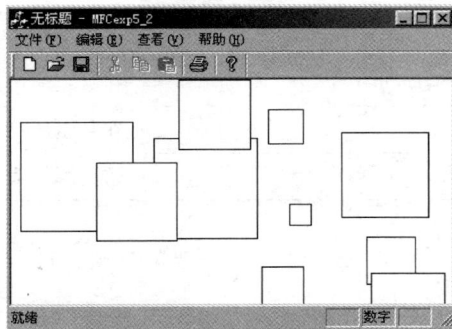

图 5-5　例 5-2 程序运行结果

5.3 数据在文档/视图结构程序中的位置

前面已经说过,用 Visual C++ 的 MFC AppWizard 生成的程序,一般是文档/视图结构的。在这种程序结构中,文档对象和视图对象分工是十分明确的,文档对象存储、管理和维护数据,而视图对象显示和操作数据。所以,在文档/视图结构的应用程序中,要在文档类的声明中定义数据对象以及对它们的操作函数,在文档类的构造函数中初始化数据对象,而数据对象的显示则在视图类对象中完成。

为了在视图对象中对文档对象的成员进行访问,视图类提供了一个成员函数 GetDocument( ),它的原型如下:

```
CDocument * GetDocument( ) const;
```

其返回值是文档对象的指针。

所以,对文档的数据操作之前,在视图对象中应该用视图类的成员函数 GetDocument( )先获取文档对象的指针,然后再通过该指针对文档的成员进行访问。

例 5-3 用文档/视图结构程序完成例 5-2。

(1) 用 MFC AppWizard 创建一个名称为 MFCexp5_3 的单文档应用程序框架。

(2) 在应用程序头文件 StdAfx.h 中加入包含命令:

```
#include <afxtempl.h>
```

(3) 在文档类声明中定义数组类对象 m_Rectag:

```
class CMFCexp5_3Doc : public CDocument
{
    ⋮
    public:
        CArray<CRect,CRect&>m_Rectag;
};
```

(4) 在文档类的构造函数中定义数组的大小:

```
CMFCexp5_3Doc::CMFCexp5_3Doc()
{
    m_Rectag.SetSize(256,256);
}
```

(5) 在视图类的 OnLButtonDown 函数中设置指向文档的指针并通过该指针获取文档的成员:

```
void CMFCexp5_3View::OnLButtonDown(UINT nFlags, CPoint point)
{
    CMFCexp5_3Doc * pDoc=GetDocument( );      //获取文档指针
    int r=rand( )%50+5;
    CRect Ret(point.x-r,point.y-r,point.x+r,point.y+r);
    pDoc->m_Rectag.Add(Ret);                  //向文档中数组添加元素
    InvalidateRect(Ret,FALSE);                //触发 OnDraw( )函数
    CView::OnLButtonDown(nFlags, point);
}
```

(6) 在 OnDraw( )函数中画出数组中的矩形:

```
void CMFCexp5_3View::OnDraw(CDC * pDC)
{
    CMFCexp5_3Doc * pDoc=GetDocument();        //获取文档指针
    ASSERT_VALID(pDoc);
    for (int i=0;i<pDoc->m_Rectag.GetSize();i++)
        pDC->Rectangle(pDoc->m_Rectag[i]);
}
```

本 章 小 结

- 本章重点介绍了几个 MFC 编程中经常使用的简单通用数据类。通过讲解通用类的操作,读者能够在编程过程中恰当地使用这些简单通用数据类。
- 本章还介绍了 MFC 中的群体数据类,群体数据类基本上都是通过模板类实现的。
- 视图类对象是用成员函数 GetDocument( )获得文档类对象指针的,然后视图对象就可以通过这个指针来访问文档对象中的数据。

习 题 5

5-1 解释下列语句的含义:

(1) CString s;

(2) CString s("Hello, Visual C ++ 6.0");

(3) CString s('A',100);

(4) CString s(buffer,100);

(5) CString s(anotherCString);

5-2 执行下列语句后,s 字符串中的内容是什么?

CString s(CString("Hello, world").Left(6)+CString("Visual C++").Right(3));

5-3 现有语句 CString s("My,name,is,C ++ ");若想将 s 字符串中的","全部更换成空格,将如何编写语句?

5-4 CString 创建时只分配 128B 的缓冲区,如何分配更大的缓冲区?

5-5 编写一个满足下面要求的单文档界面应用程序。

(1) 单击左键显示"您已经单击左键了"。

(2) 单击右键显示"您已经单击右键了"。

5-6 编写一个单文档界面应用程序,该程序可以测试在鼠标左键按下时鼠标光标的位置是否处在某规定的矩形框内,如果不在该矩形内则计算机的扬声器会发出"叮"的声音,反之则会在用户区显示光标的位置。

5-7 编写一个单文档界面应用程序,该程序在用户区能以在两个矩形的相交矩形为外接矩形画一个椭圆。

思考题:有人说,通用类就是自带操作方法的数据,对不对?

第6章 Windows 应用程序界面的设计

对 Windows 应用程序有一定了解的人都知道,Windows 应用程序界面具有大量的窗口和对话框。应用程序的窗口设计得好坏会直接影响应用程序的质量。

本章主要内容:

- SDI 界面和 MDI 界面。
- SDI 界面窗口的样式。
- 拆分窗口及其显示的同步更新。
- 带有滚动条窗口的创建。

6.1 SDI 和 MDI 界面

用户使用应用程序时,如果程序一次只能打开一个文档,那么这种程序就称为 SDI (单文档界面)程序,反之就称为 MDI(多文档界面)程序。

MDI 界面的应用程序具有一个主窗口,用户可以在这个主窗口中打开若干个显示不同文档的小窗口,这些小窗口称作 MDI 子窗口。

事实上,MDI 应用程序是 Visual C++ 应用程序向导 MFC AppWizard 的默认选项。选用该选项生成的应用程序在运行后会显示两个窗口:一个框架窗口(父窗口)和一个处在框架窗口内部的小窗口(子窗口),如图 6-1 所示。在程序运行时,选择菜单"窗口"|"新建"选项还可以在框架窗口中再生成若干个子窗口,如图 6-2 所示。

图 6-1 基本 MDI 程序界面

MDI 框架窗口是 MFC 的 CMDIFrameWnd 派生类对象,而框架窗口中的子窗口则是

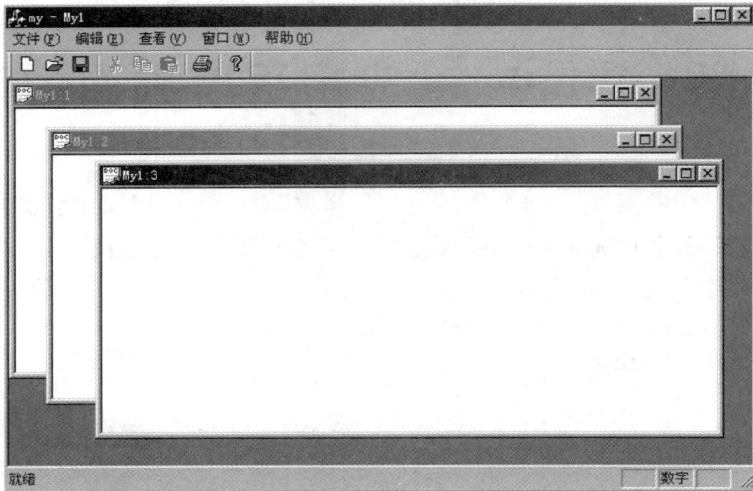

图 6-2 可以在框架窗口中打开多个子窗口

CChildFrame 派生类的对象。

6.2 SDI 界面窗口的样式

使用 MFC 可以设计多种样式的应用程序窗口。设计时，既可以在向导 MFC AppWizard 的各个对话框中以选项的方式确定程序的窗口样式，也可以在框架窗口类的成员函数 PreCreateWindow 中用代码来选择程序的窗口样式。

6.2.1 在 MFC AppWizard 中确定窗口样式

在使用 Visual C ++ 提供的应用程序向导 MFC AppWizard 生成程序框架时，有三个机会允许程序员选择应用程序窗口的样式。一是在 MFC AppWizard-Step 1（如图 6-3 所示）

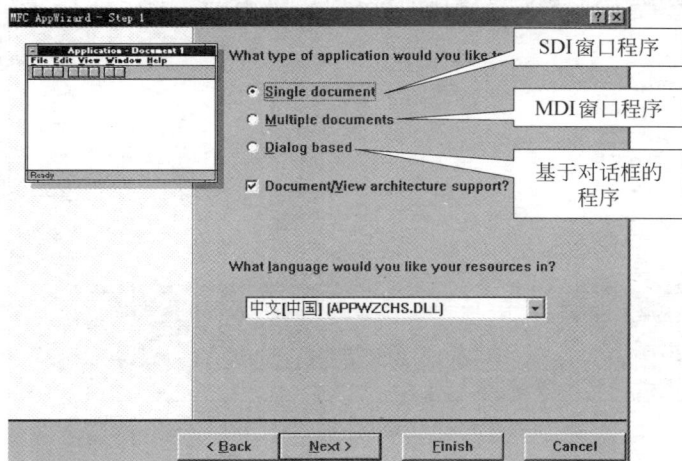

图 6-3 MFC AppWizard-Step 1 的选项

中，可以选择 SDI、MDI 还是以对话框为界面的窗口样式；二是在 MFC AppWizard-Step 4（如图 6-4 所示）中，可以通过选项来确定窗口上是否需要工具条、状态条以及何种外观等一些选择；三是在 MFC AppWizard-Step 4 中单击 Advanced 按钮后弹出的对话框中来选择窗口的样式，如图 6-5 所示。

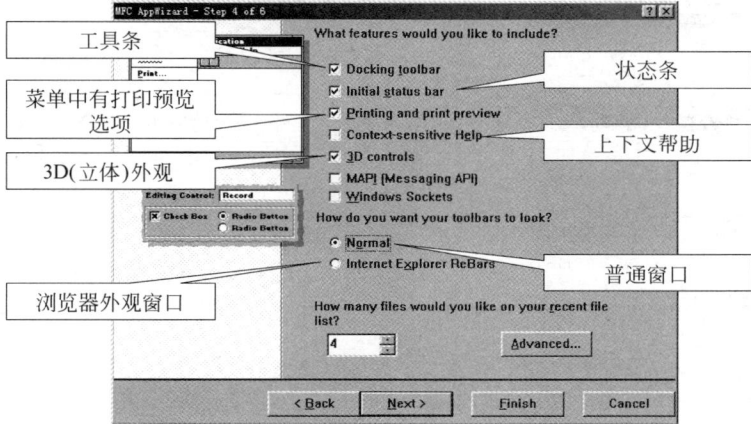

图 6-4　MFC AppWizard-Step 4 的选项

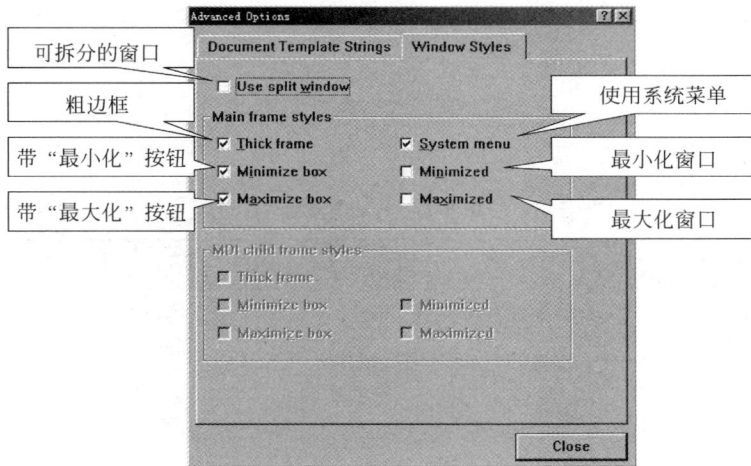

图 6-5　Advanced Options 中的选项

6.2.2　在函数 PreCreateWindow()中修改窗口的样式

在图 6-6 中可以看到，在由程序设计向导生成的程序的框架窗口类中，有一个成员函数 PreCreateWindow()。这是一个在创建窗口前一刻被调用，并且可以重写的虚函数，因此可以在这个成员函数中对程序的窗口样式进行设定。

PreCreateWindow()函数的原型如下：

```
virtual BOOL PreCreateWindow( CREATESTRUCT& cs );
```

其中，参数 cs 是一个结构变量，该结构的定义如下：

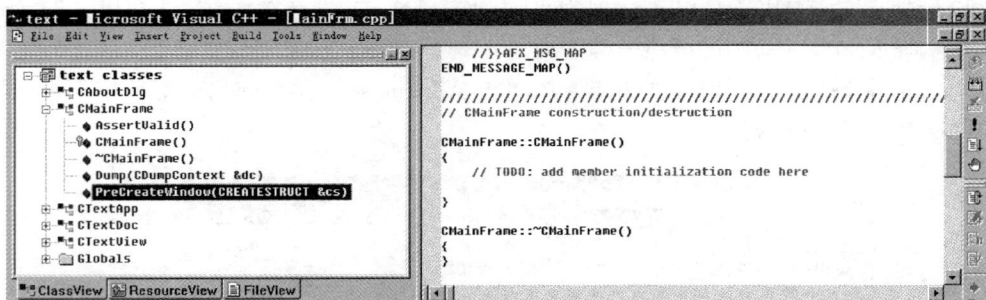

图 6-6　框架窗口类的成员函数 PreCreateWindow( )

```
typedef struct tagCREATESTRUCT {
    LPVOID lpCreateParams;
    HANDLE hInstance;
    HMENU hMenu;
    HWND hwndParent;
    int cy;                    //窗口的高度
    int cx;                    //窗口的宽度
    int y;                     //窗口左上角的 y 值
    int x;                     //窗口左上角的 x 值
    LONG style;                //窗口的样式
    LPCSTR lpszName;
    LPCSTR lpszClass;
    DWORD dwExStyle;
} CREATESTRUCT
```

其中,style 的可取值如表 6-1 所示。

表 6-1　style 的常数

style 的常数	说　　明	
WS_BORDER	创建带有边界线的窗口	
WS_CAPTION	创建带有标题栏的窗口	
WS_CHILD	创建一个子窗口	
WS_CLIPCHILDREN	在父窗口上绘图时,禁止程序在子窗口上绘图	
WS_CLIPSIBLINGS	在一个子窗口上绘图时,禁止程序在其他子窗口上绘图	
WS_DISABLED	创建一个没有功能的窗口	
WS_DLGFRAME	创建一个带有双线边界而没有标题栏的窗口	
WS_GROUP	指定控制组中的第一个控制	
WS_HSCROLL	创建带有水平滚动条的窗口	
WS_MAXIMIZE	创建最大化的窗口	
WS_MAXIMIZEBOX	创建带有"最大化"按钮的窗口	
WS_MINIMIZE	创建最小化的窗口	

style 的常数	说　　明
WS_MINIMIZEBOX	创建带有"最小化"按钮的窗口
WS_OVERLAPPED	创建带有标题栏和边界线的窗口
WS_OVERLAPPEDWINDOW	组合了 WS_OVERLAPPED、WS_SYSMENU、WS_CAPTION、WS_THICKFRAME、WS_MAXIMIZEBOX、WS_MINIMIZEBOX
WS_POPUP	创建一个弹出式窗口
WS_POPUPWINDOW	组合了 WS_POPUP、WS_BORDER 和 WS_SYSMENU 样式
WS_SYSMENU	创建带有控制菜单的窗口
WS_TABSTOP	指定可用制表键选择的控件
WS_THICKFRAME	创建带有可伸缩框架的窗口
WS_VISIBLE	创建可见的窗口
WS_VSCROLL	创建带有垂直滚动条的窗口

例 6-1　使用框架窗口类的 PreCreateWindow()函数修改程序窗口的实例。

（1）用 MFC AppWizard 创建一个名称为 MFCexp6_1 的单文档应用程序框架。

（2）在应用程序框架类的 PreCreateWindow()中填写如下代码：

```
cs.cx=600;
cs.cy=400;
cs.x=100;
cs.y=100;
cs.style=WS_OVERLAPPED;
```

例 6-1 应用程序的运行结果如图 6-7 所示。

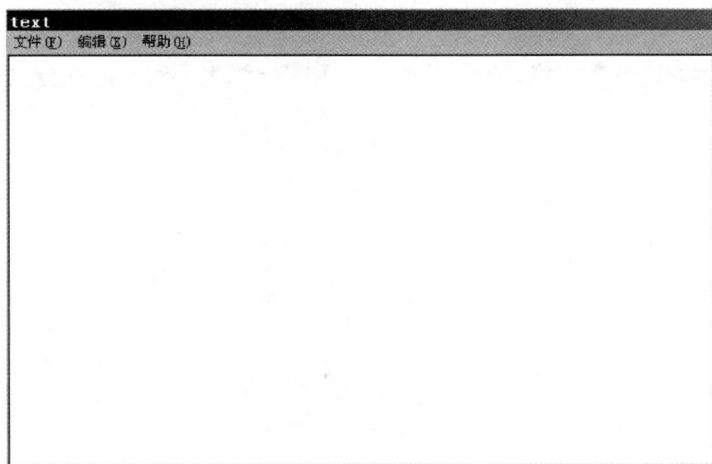

图 6-7　例 6-1 程序运行结果

从图 6-7 中可见，由于在结构 cs 的 style 中没有包括 WS_MINIMIZEBOX 和 WS_MAXIMIZEBOX 样式，所以生成的窗口没有"最大化""最小化""恢复"按钮。同样，由于没有包含 WS_SYSMENU 和 WS_THICKFRAME 样式,故该窗口也没有系统菜单和可以伸缩的边框线。

若把程序中窗口样式设定语句改为

```
cs.style=WS_OVERLAPPED|WS_VSCROLL;
```

则该程序的窗口上会出现一个垂直滚动条,如图 6-8 所示。

图 6-8　例 6-1 修改后的程序运行结果

6.2.3　可拆分为小窗口的 SDI 界面

在文档比较大时,为了能在不同的位置观察文档并能对其进行修改,常常需要程序能多建立几个窗口,即可以把一个大窗口拆分为几个小窗口。图 6-9 展示了可拆分窗口的程序界面,其中,图 6-9(a)是可拆分窗口界面拆分前的情况,图 6-9(b)是拉动或双击拆分棒将窗口拆分为两个小窗口的情况。

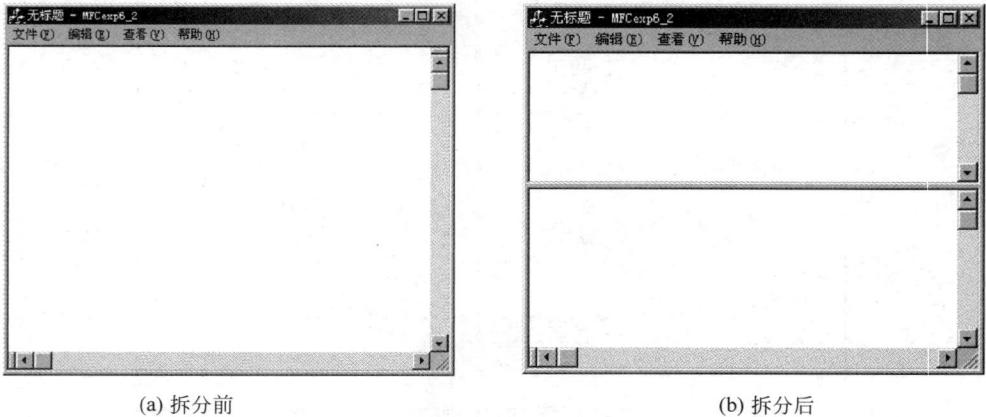

(a) 拆分前

(b) 拆分后

图 6-9　可拆分窗口的界面

在 MFC 中只有具有文档/视图结构的应用程序才可以设计可拆分窗口的界面,因为只有在这种结构中才能对同一个文档对象建立多个视图对象。

MFC 提供了多种方法来设计带有可拆分窗口界面程序,其中最简便的方法是在 MFC 提供的程序设计向导 MFC AppWizard 的第 4 步中,单击 Advanced 按钮,在随后打开的 Advanced Options 对话框中选择 Window Styles 选项卡,并在该选项卡中选择 Use split window 复选框,如图 6-10 所示。这样,由向导生成程序就会具有可拆分窗口的界面了。

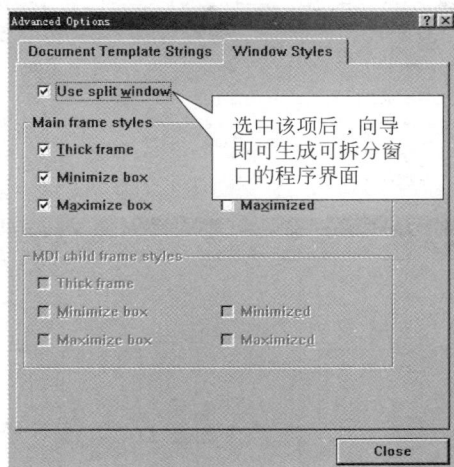

图 6-10　在向导的选项中选择可拆分窗口的界面

6.3　拆分窗口的同步更新及更新效率

6.3.1　拆分窗口的同步更新

通过拆分窗口,可以使同一个文档具有多个显示窗口,每个窗口都是一个可以独立对文档进行操作的界面。也就是说,不管是在哪个窗口对文档进行操作,被改变的一定是同一个文档。于是,就要求应用程序的所有拆分窗口应该具有同步更新显示的能力。也就是说,在某个窗口改变了文档数据之后,其他窗口都应能立即显示修改后数据的变化。

为了实现上述功能,MFC 在文档类中设计了一个可以通知该文档除了 pSender 之外的所属全部窗口(视图)进行更新显示的函数 UpdateAllViews,这个函数的作用就是调用拆分窗口的 OnDraw()函数,从而对视图进行重绘。这个函数的原型如下:

```
void UpdateAllViews(CView * pSender, LPARAM lHint=0L, CObject * pHint=NULL );
    //该函数的调用者
```

UpdateAllViews()函数中的第一个参数 pSender 是用来指定哪个视图对象不需要进行更新的。如果在调用这个函数时,把函数中的第一个参数 pSender 设置为 NULL,而其他参数使用默认值,这个函数会把文档对象所对应的所有视图对象都进行显示更新。

例 6-2　可以同步更新所有窗口的应用程序。

说明:本例仍然实现例 5-3 程序的功能。为了实现具有可拆分窗口的程序界面,在使用程序向导创建应用程序时,在第 4 步中选择 Use split window。为了实现文档对象对应的所有拆分窗口的显示同步进行更新,在视图对象中要调用文档类的成员函数 UpdateAllViews。

下面只列出了视图类 OnLButtonDown( )函数中的程序代码：

```
void CMFCexp6_2View::OnLButtonDown(UINT nFlags,
                                    CPoint point)
{
    CMFCexp6_2Doc * pDoc=GetDocument( );        //获取文档指针
    int r=rand( )%50+5;
    CRect Ret(point.x-r,point.y-r,point.x+r,point.y+r);
    pDoc->m_Rectag.Add(Ret);                    //向文档中数组添加元素
    pDoc->UpdateAllViews(NULL);                 //使用了更新所有视图的函数
    CView::OnLButtonDown(nFlags, point);
}
```

程序运行结果如图 6-11 所示。

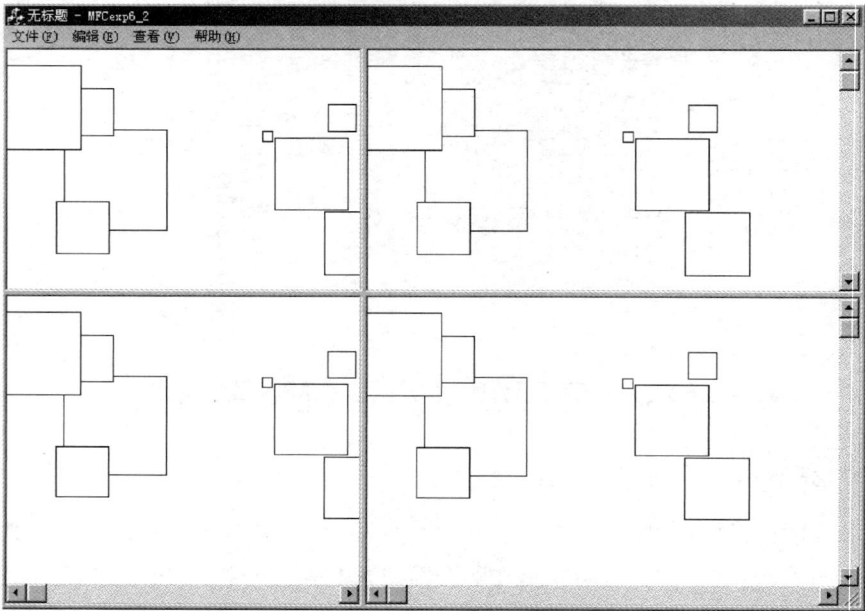

图 6-11　可同步更新的可拆分窗口

在程序运行时，如果在某个窗口单击鼠标就会出现一个矩形，同时其他窗口也会同时显示该矩形。

6.3.2　提高拆分窗口更新效率的方法

如果一个文档对应的视图比较多而且需要显示的数据量又比较大，那么每次修改文档都进行全部显示更新就会花费较多的时间，严重的时候会使显示器出现闪烁的现象。解决问题的办法就是在修改文档数据之后，只更新被修改的部分，而其余未被修改的部分就不更新了，这样就可以大大提高更新效率了。

1. 理解视图类的成员函数 InvalidateRect( )

有效提高拆分窗口显示更新效率的方法，是让程序只重绘必须重绘的部分，这样就可以大大地减少绘图所需的时间。这个需要重绘的区域也称为无效显示区。无效显示区一般定义为一个矩形区域,如图 6-12 所示。

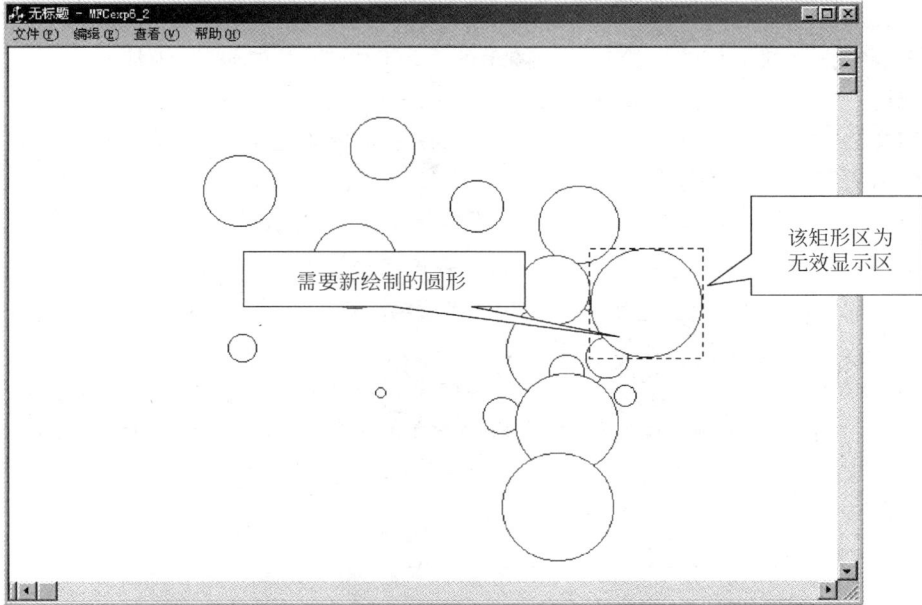

图 6-12　无效显示区域的概念

从图 6-12 中可以知道,当程序需要新绘制一个圆形时,只要重新绘制矩形内部的图形就可以了,而没有把窗口中所有的图形都重绘一遍的必要。

在前面几章的程序例子中,当在视图中完成绘图的操作之后,都是用视图类的成员函数 InvalidateRect( )来触发 OnDraw( )函数对显示屏幕进行重绘的。函数 InvalidateRect (LPCRECT lpRect,BOOL bErase＝TRUE)中的第一个参数 lpRect 就是用来指定无效区域的。因此对于本视图无效区域的重绘极为简单,只要在调用 InvalidateRect( )函数时,把计算出的无效区域矩形传递给函数的第一个参数就可以了。其实,在例 5-2 中已经这样做了。

2. 理解文档类的成员函数 UpdateAllViews( )

上面已经讲到,可以在完成绘图操作之后,通过调用 InvalidateRect( )函数对本视图的无效区域进行显示更新的方法来提高更新效率。但其余视图的更新还得由视图通过调用文档类的成员函数 UpdateAllViews( )来进行通知。但是要把 this 指针传递给 UpdateAllViews( )函数的第一个参数,这样函数 UpdateAllViews( )就不会向调用 UpdateAllViews( )函数的视图对象发出更新命令了。

如果按上面的意图来修改例 6-2,则应修改部分的代码如下:

```
void CMFCexp6_2View::OnLButtonDown(UINT nFlags, CPoint point)
{
    CMFCexp6_2Doc * pDoc=GetDocument( );        //获取文档指针
    int r=rand( )%50+5;
    CRect Ret(point.x-r,point.y-r,point.x+r,point.y+r);
    pDoc->m_Rectag.Add(Ret);                     //向文档中数组添加元素
    InvalidateRect(Ret,FALSE);                   //更新本视图对象的无效区域
```

```
        pDoc->UpdateAllViews(this);                    //更新其余视图
        CView::OnLButtonDown(nFlags, point);
}
```

那么能否把无效区域传递给其他视图上的 InvalidateRect() 函数,而使其他视图也只对无效区域进行重绘呢? 这是可以的,但过程就要复杂一些了。

其实文档类的成员函数 UpdateAllViews() 之所以能够通知与文档对象对应的所有视图进行显示更新,就是因为在 UpdateAllViews() 函数中又调用了各个视图的成员函数 OnUpdate(),这个函数是一个虚函数,它的原型为

```
void OnUpdate(CView * pSender, LPARAM lHint, CObject * pHint);
```

从函数的原型可以看到,这个函数的第 3 个参数 pHint 是一个 CObject 类的对象。再观察一下 UpdateAllViews() 函数的原型就会发现,它的第 3 个参数也是一个 CObject 类的对象,这样就给传递无效区域提供了机会。程序员可以改写视图类的虚函数 OnUpdate(),在 OnUpdate() 函数中再调用视图类的成员函数 InvalidateRect(),而把无效区域的信息通过 CObject 派生类对象依次传递到函数 InvalidateRect() 中来,如图 6-13 所示。

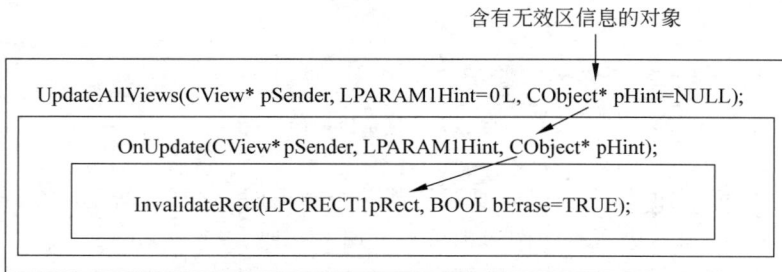

含有无效区信息的对象

```
UpdateAllViews(CView* pSender, LPARAM1Hint=0L, CObject* pHint=NULL);

    OnUpdate(CView* pSender, LPARAM1Hint, CObject* pHint);

        InvalidateRect(LPCRECT1pRect, BOOL bErase=TRUE);
```

图 6-13 无效显示区域信息的传递

为此,程序员应该设计一个以 CObject 为基类的类,在该类中封装无效区域的相关数据及算法,然后创建这个类的对象,并以这个对象作为实参调用函数 UpdateAllViews(),然后在函数 OnUpdate() 中计算出无效区域的矩形后,再调用 InvalidateRect() 函数来触发 OnDraw() 对无效区域进行重绘,这样就可以大大提高重绘效率了。

例 6-3 编写一个带有可拆分窗口的 SDI 应用程序,当鼠标单击窗口用户区时,可以在鼠标位置出现一个直径随机大小的圆。要求使用无效区进行窗口显示的同步更新。

(1) 用 MFC AppWizard 创建一个名称为 MFCexp6_3 的单文档应用程序框架。

(2) 在程序的头文件 StdAfx.h 中包含头文件:

```
#include <afxtempl.h>
```

(3) 由 CObject 派生一个描述重绘区的类:

```
class CDrawRect:public CObject
{
    public:
        CRect m_DrawRect;
};
```

(4) 在文档中定义数组:

```
class CMFCexp6_3Doc : public CDocument
```

```
{
    ⋮
public:
    CArray<CRect,CRect&>m_Rectag;
    ⋮
};
```

（5）在文档的构造函数中定义数组的大小：

```
CMFCexp6_3Doc::CMFCexp6_2Doc()
{
    m_Rectag.SetSize(256,256);
}
```

（6）在视图类中声明一个重绘区类的指针：

```
class CMFCexp6_3View : public CView
{
public:
    CDrawRect * m_ViewDrRect;
};
```

（7）在视图类中包含头文件：

```
#include"DrawRect.h"
```

（8）在视图类的构造函数中创建重绘区类的对象：

```
CMFCexp6_2View::CMFCexp6_2View()
{
    m_ViewDrRect=new CDrawRect;
}
void CMFCexp6_3View::OnLButtonDown(UINT nFlags, CPoint point)
{
    CMFCexp6_3Doc * pDoc=GetDocument();      //获取文档指针
    int r=rand()%50+5;
    CRect Ret(point.x-r,point.y-r,point.x+r,point.y+r);
    pDoc->m_Rectag.Add(Ret);                 //向文档中数组添加元素
    m_ViewDrRect->m_DrawRect=Ret;            //将矩形参数赋予重绘区类成员
    InvalidateRect(Ret,FALSE);               //触发 OnDraw()函数
    //传递无效区类对象
    pDoc->UpdateAllViews(this,0L,m_ViewDrRect);
    CView::OnLButtonDown(nFlags, point);
}
```

（9）改写视图类的虚函数 OnUpdate()并使用重绘区对象指定重绘区域：

```
void CMFCexp6_3View::OnUpdate(CView * pSender, LPARAM lHint, CObject * pHint)
{
    CDrawRect * pDrawRect=(CDrawRect * )pHint;
    InvalidateRect(pDrawRect->m_DrawRect,FALSE);
}
```

（10）在视图类的 OnDraw()函数中绘图：

```
void CMFCexp6_3View::OnDraw(CDC * pDC)
{
    CMFCexp6_3Doc * pDoc=GetDocument();      //获取文档指针
    ASSERT_VALID(pDoc);
    for (int i=0;i<pDoc->m_Rectag.GetSize();i++)
```

```
        pDC->Ellipse(pDoc->m_Rectag[i]);
}
```

6.4 创建带有滚动条的窗口

为了使程序员可以很方便地创建各种不同形式的程序界面,MFC 以 CView 类为基类派生了一些具有增强功能的派生类,关于这些派生类的说明如表 6-2 所示。

表 6-2　CView 派生类的说明

类	说　明	
CEditView	实现像便签式多行正文编辑器的视图	
CFormView	使用对话框控件模板资源来定义用户应用程序接口的滚动视图	
CListView	支持重点在列表控件的文档/视图结构的视图	
CRecordView	显示对话框控件中的数据库记录的视图	
CRichEditView	支持重点在多功能编辑控件的文档/视图结构的视图	
CScrollView	提供支持自动化滚动的视图	
CTreeView	支持重点在树控件的文档/视图结构的视图	

这些增强的视图类,都可以作为应用程序视图类的基类。以哪个增强类作为应用程序的视图基类,在程序设计时,需要在程序框架向导 MFC AppWizard 的第 6 个对话框中来选择,如图 6-14 所示。

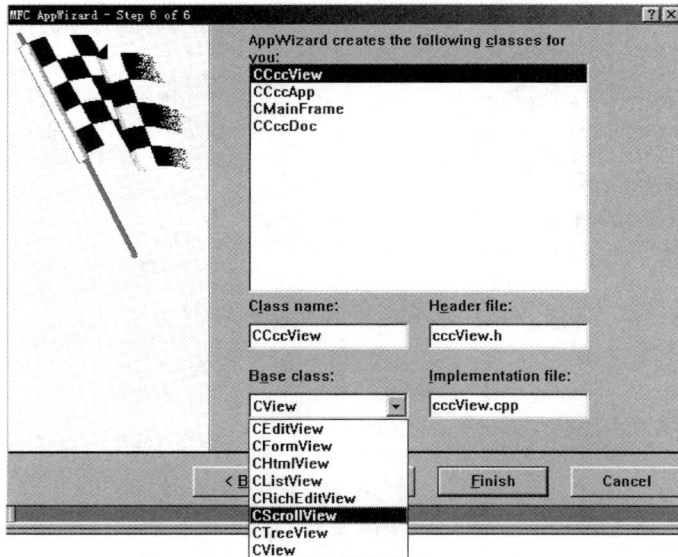

图 6-14　在 MFC AppWizard-Step 6 中选择视图类的基类

如果在 MFC AppWizard-Step 6 中选择 CScrollView 类为应用程序视图类的基类的话,那么这个视图类的对象就会自动带有滚动条,剩下的就是根据需要来设置滚动条参数的问题了。

在程序设计时,如果使用 MFC AppWizard 生成程序框架,并选择了增强类 CScrollView 作为应用程序视图类的基类。那么,在编程环境的 ClassView 窗口中就会看到,应用程序视图类中含有一个成员函数 OnInitialUpdate()。这个函数是一个虚函数,它只在生成视图对象且与文档结合时,被程序框架调用一次,因此这是初始化滚动条参数的地方。为了对滚动条进行初始化,在这个函数中调用了函数 SetScrollSizes()(如图 6-15 所示),该函数的原型如下:

```
void SetScrollSizes(
    int nMapMode,                              //映射模式,一般为 MM_TEXT
    SIZE sizeTotal,                            //文档的尺寸
    const SIZE& sizePage=sizeDefault,          //每滚动一页的尺寸
    const SIZE& sizeLine=sizeDefault );        //每滚动一行的尺寸
```

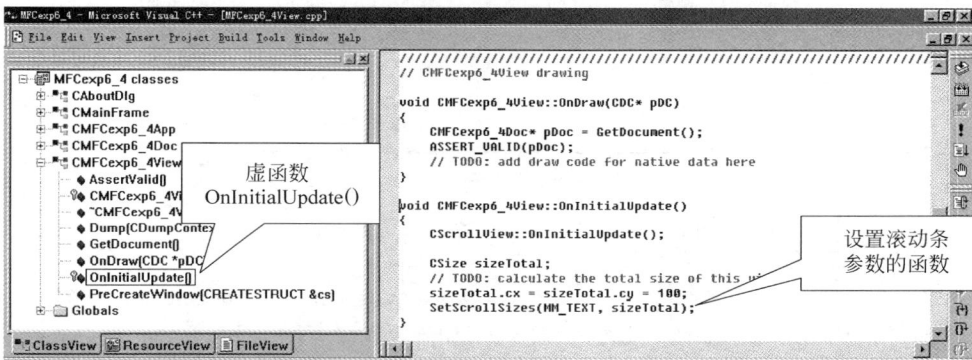

图 6-15 虚函数 OnInitialUpdate( )

使用滚动条可以使视图在文档上面上下左右地滚动(移动),从而使视图可以根据需要显示文档的各个部分。图 6-16 表达了函数 SetScrollSizes()中各参数的含义。

例 6-4 把例 6-3 的程序界面改为一个带有滚动条的窗口,文档的宽为 3000,高为 2000,滚动页为 50,滚动行为 10。

说明:用增强的 CScrollView 类派生应用程序的视图类 CMFCexp6_4View,并重写虚函数 OnInitialUpdate(),其代码如下:

```
void CMFCexp6_4View∷OnInitialUpdate( )
{
    CSize sizeTotal(3000,2000);
    CSize sizePage(50,50);
    CSize sizeLine(10,10);
    SetScrollSizes(MM_TEXT, sizeTotal, sizePage, sizeLine);
}
void CMFCexp6_4View∷OnLButtonDown(UINT nFlags, CPoint point)
{
    CMFCexp6_4Doc * pDoc=GetDocument( );      //获取文档指针
    int r=rand( )%50+5;
    CRect Ret(point.x-r,point.y-r,point.x+r,point.y+r);
    pDoc->m_Rectag.Add(Ret);                  //向文档中数组添加元素
    m_ViewDrRect->m_DrawRect=Ret;             //将矩形参数赋予重绘区类成员
```

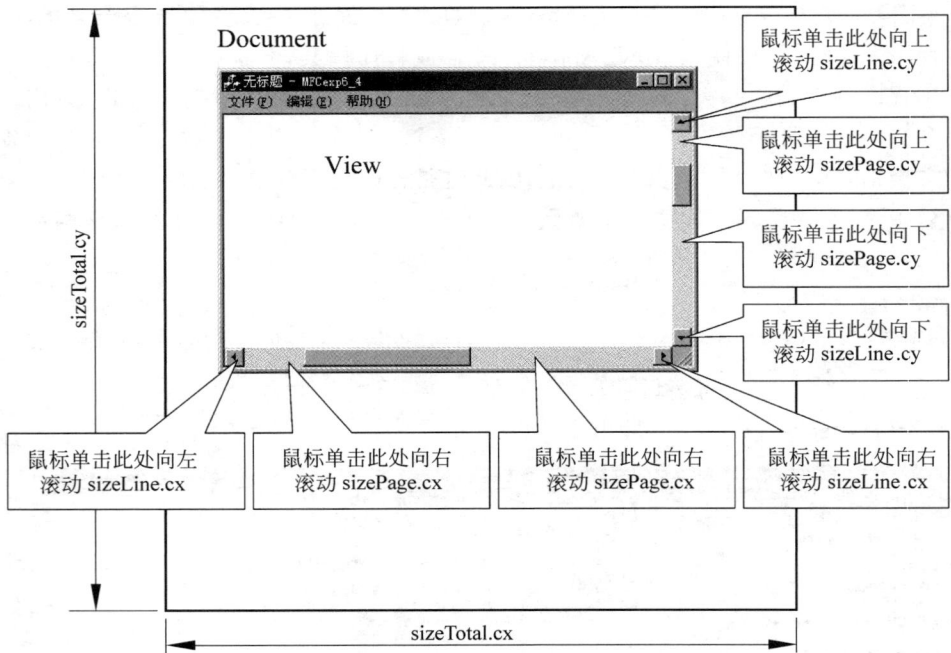

图 6-16　函数 SetScrollSizes( )参数的含义

```
    Invalidate( );                          //触发本视图对象的 OnDraw( )函数 Rect
    CScrollView::OnLButtonDown(nFlags, point);
}
```

程序的其他部分照抄例 6-3 的代码。程序运行结果如图 6-17 所示。

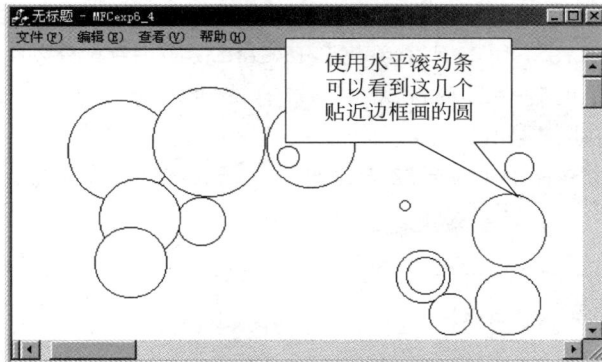

图 6-17　例 6-4 程序的运行结果

　　从图 6-17 中可以看到，在贴近窗口右侧的边框画几个出界的圆，然后使用水平滚动条使窗口向右侧滚动，则会完整地显示这些圆。

　　但是，如果只是简单地按上述方法编写处理滚动条的代码，还是会出现一些问题。如果先使用滚动条把窗口向右移动后，要在圆 1 的右上角 2 位置绘制一个圆 2，结果就会出现如图 6-18 所示的情况：在鼠标单击的位置什么都没有出现，而在圆 1 的左上角却出现了圆 2。这是为什么呢？原来使用滚动条后，窗口已经发生向右的移动，从而使文档的坐标原点与视图的原点实际已不再重合。但是由于视图类不能对此变化进行自动修正，因而在绘图时，程序仍然把文档的坐标原点与视图的原点视为重合，因此出现了错误。

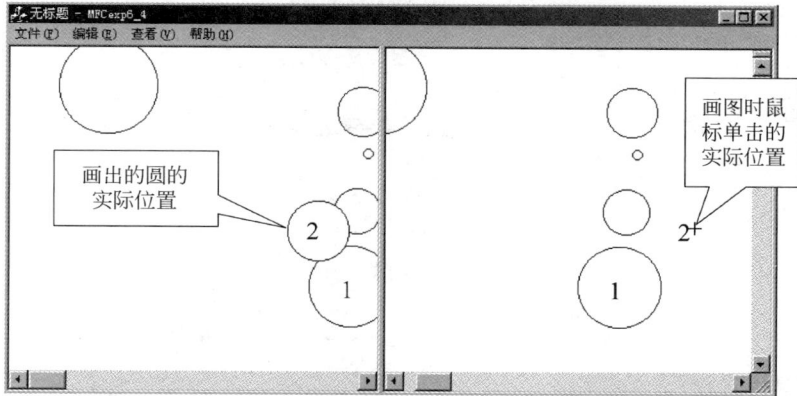

图 6-18　视图的坐标原点仍是文档的原点

为了解决这个问题，在绘图时就需要把视图的坐标转换为文档的坐标，而在显示文档数据时则需把文档的坐标再转换为视图的坐标。这时就需要使用 DC 类的成员函数 DPtoLP()和 LPtoDP()了。这两个函数的原型如下：

```
void DPtoLP( LPPOINT lpPoints, int nCount=1 ) const;
void DPtoLP( LPRECT lpRect ) const;
void DPtoLP( LPSIZE lpSize ) const;
```

或

```
void LPtoDP( LPPOINT lpPoints, int nCount=1 ) const;
void LPtoDP( LPRECT lpRect ) const;
void LPtoDP( LPSIZE lpSize ) const;
```

其中，函数 DPtoLP 能把设备坐标（视图坐标）转换为逻辑坐标（文档坐标），而函数 LPtoDP()则刚好相反，是把逻辑坐标转换为设备坐标。因此要对程序中 OnLButtonDown( )和 OnUpdate( )函数的代码做如下修改：

```
//鼠标按下消息的处理函数
void CMFCexp6_4View::OnLButtonDown(UINT nFlags, CPoint point)
{
    CClientDC dc(this);                 //获得视图的 DC
    OnPrepareDC(&dc);                   //这是一个和坐标映射相关的函数
    dc.DPtoLP(&point);                  //在绘图之前把鼠标位置坐标转换为逻辑坐标
    CMFCexp6_4Doc * pDoc=GetDocument(); //获取文档指针
    int r=rand()%50+5;
    CRect Ret(point.x-r,point.y-r,point.x+r,point.y+r);
    pDoc->m_Rectag.Add(Ret);            //向文档中数组添加元素
    m_ViewDrRect->m_DrawRect=Ret;       //将矩形参数赋予重绘区类成员
    dc.LPtoDP(&Ret);                    //显示数据之前把逻辑坐标转换为设备坐标
    InvalidateRect(Ret,FALSE);          //触发本视图的 OnDraw()函数
    pDoc->UpdateAllViews(this,0L,m_ViewDrRect);
    CScrollView::OnLButtonDown(nFlags, point);
}
// OnUpdate()函数的代码
```

```
void CMFCexp6_4View::OnUpdate(CView * pSender, LPARAM lHint, CObject * pHint)
{
    CDrawRect * pDrawRect=(CDrawRect * )pHint;
    CRect Ret;
    Ret=pDrawRect->m_DrawRect;
    CClientDC dc(this);                          //获得视图的 DC
    OnPrepareDC(&dc);
    dc.LPtoDP(&Ret);                             //显示数据之前把逻辑坐标转换为设备坐标
    InvalidateRect(Ret,FALSE);
}
```

本 章 小 结

- Windows 应用程序的界面有单文档界面和多文档界面的区别,目前多文档界面已不被人们所喜欢。
- 每次绘图操作结束后要调用视图类的成员函数 InvalidateRect( )启动 OnDraw( )函数以更新显示。
- 文档/视图类型的应用程序可以实现一个文档多个显示,但是在文档的内容发生改变的时候,要对所有的视图进行更新。
- 在需要时,应用程序的界面可以设计为带有滚动条的窗口形式。但在设计时要注意文档坐标与视图坐标之间的转换。

习　题　6

6-1　应用程序的界面有哪 3 种方式?

6-2　分别说明什么是 SDI 程序和什么是 MDI 程序?

6-3　在使用 Visual C++ 提供的应用程序向导 MFC AppWizard 生成程序框架时,有哪几个机会允许程序员选择应用程序窗口的样式?

6-4　使用框架窗口类 PreCreateWindow( )函数用坐标(200,200),(400,400)设计一个应用程序的窗口。

6-5　如何用 MFC 提供的程序设计向导实现具有可拆分窗口的界面程序?

6-6　文档类的成员函数 UpdateAllViews( )的作用是什么?

6-7　为什么拆分窗口的显示更新必须要同步?

6-8　什么是无效显示区?

6-9　如何提高拆分窗口同步更新的效率?

思考题:如何通过程序来关闭一个视图?

第7章　鼠标和键盘

鼠标和键盘是计算机最常用的输入设备。当用户按动鼠标的按键或者按键盘的按键时，在应用程序中都会产生相应的事件，如果应用程序中有该事件的响应程序，计算机就会执行该程序，从而完成用户所要求的任务。

本章主要内容：
- 鼠标的用户区消息和非用户区消息的处理。
- 鼠标消息的捕获。
- 处理键盘消息。

7.1　处理鼠标消息

无论任何时候，当用户移动鼠标或按动鼠标的按键时都会产生事件，系统在捕获这些事件后会向应用程序发送相应的消息，如果应用程序中存在着这个消息的响应函数，系统则会调用这个函数完成相应的任务，否则就把这个消息交给系统进行默认处理。

根据产生鼠标消息时光标所处的位置，鼠标消息分为用户区鼠标消息和非用户区鼠标消息两类。如图 7-1 所示，在应用程序窗口中，用户经常操作的部分称为用户区，而除此之外的区域称为非用户区。鼠标在用户区产生的消息称为用户区鼠标消息，在非用户区产生的消息称为非用户区鼠标消息。

图 7-1　用户区

7.1.1　用户区鼠标消息

用户在应用程序窗口的用户区移动鼠标或按动鼠标时，就会产生用户区鼠标消息。表 7-1 列举了常用的用户区鼠标消息。

表 7-1　常用的用户区鼠标消息

鼠 标 消 息	说　　　明	鼠 标 消 息	说　　　明
WM_LBUTTONDBCLK	双击鼠标左键	WM_RBUTTONDBCLK	双击鼠标右键
WM_LBUTTONDOWN	按下鼠标左键	WM_RBUTTONDOWN	按下鼠标右键
WM_LBUTTONUP	释放鼠标左键	WM_RBUTTONUP	释放鼠标右键
WM_MOUSEMOVE	在用户区移动鼠标		

在 MFC 中,鼠标消息响应函数的原型一般为

```
afx_msg void OnLButtonDown( UINT nFlags, CPoint point );
```

这是鼠标左键按下消息 WM_LBUTTONDOWN 的响应函数。其中,参数 point 传递了鼠标产生消息时鼠标光标在用户区上的位置;而 nFlags 参数与如表 7-2 所示的常数掩码进行按位与运算后,可以表达鼠标按键与键盘上的键同时按下的状态。

表 7-2　nFlags 参数可以使用的掩码

掩　　　码	nFlags 与掩码 AND 后,其值＝TRUE 的含义	
MK_CONTROL	鼠标按键被按下的同时,Ctrl 键也被按下	
MK_LBUTTON	鼠标按键被按下的同时,鼠标左键也被按下	
MK_MBUTTON	鼠标按键被按下的同时,鼠标中键也被按下	
MK_RBUTTON	鼠标按键被按下的同时,鼠标右键也被按下	
MK_SHIFT	鼠标按键被按下的同时,Shift 键也被按下	

例 7-1　编写可以在用户区中绘制一个矩形的应用程序,在按下鼠标左键后,这个矩形会把它的左上角移动到鼠标位置;而当按下 Shift 键的同时,按下鼠标左键,则矩形恢复原位置。

(1) 用 MFC AppWizard 创建一个名称为 CMFCexp7_1 的单文档应用程序框架。

(2) 在文档类的声明中添加一个数据成员 tagRec 来存储矩形:

```
class CMFCexp7_1Doc : public CDocument
{
    ⋮
    public:
        CRect m_tagRec;
};
```

(3) 在文档类的构造函数中,初始化数据成员:

```
CMFCexp7_1Doc::CMFCexp7_1Doc( )
{
    m_tagRec.left=30; m_tagRec.top=30;
    m_tagRec.right=350; m_tagRec.bottom=300;
}
```

(4) 在工程管理窗口的 Class Views 卡中,用鼠标右键单击 CMFCexp7_1View 类,在弹出的菜单中选择添加消息响应函数选项,如图 7-2 所示。在随后的对话框中的左窗格中选

择 WM_LBUTTONDOWN,然后单击 Add and Edit 按钮,如图 7-3 所示。

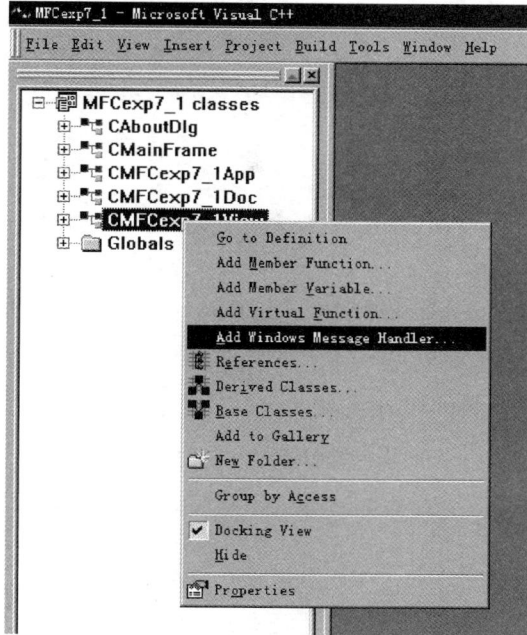

图 7-2　选择添加消息处理函数

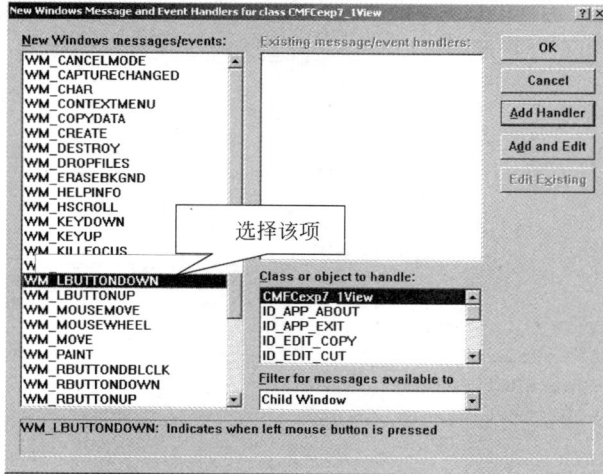

图 7-3　选择鼠标消息

这时,Visual C++ 自动设置了消息映射,同时也提供了这个消息的空函数。向这个空函数中添加代码:

```
void CMFCexp7_1View::OnLButtonDown( UINT nFlags, CPoint point)
{
    CMFCexp7_1Doc * pDoc=GetDocument( );
    if (nFlags&MK_SHIFT)     //鼠标左键按下的同时,Shift 键是否按下
    {
```

```
            pDoc->tagRec.left=30;
            pDoc->tagRec.top=30;
            pDoc->tagRec.right=350;
            pDoc->tagRec.bottom=300;
        }
        else
        {
            pDoc->tagRec.left=point.x;
            pDoc->tagRec.top=point.y;
            pDoc->tagRec.right=point.x+320;
            pDoc->tagRec.bottom=point.y+270;
        }
        InvalidateRect(NULL,TRUE);
        CView::OnLButtonDown(nFlags, point);
}
```

（5）编写 OnDraw()函数的代码：

```
void CMFCexp7_1View::OnDraw(CDC * pDC)
{
    CMFCexp7_1Doc * pDoc=GetDocument( );
    ASSERT_VALID(pDoc);
    pDC->Rectangle(pDoc->m_tagRec);
}
```

例 7-2　一个测试鼠标移动消息的程序。

（1）用 MFC AppWizard 创建一个名称为 CMFCexp7_2 的单文档应用程序框架。

（2）在文档类声明中，添加一个点类的数据成员 m_Point。代码如下：

```
class CMFCexp7_2Doc : public CDocument
{
    ⋮
    public:
        CPoint m_Point;
};
```

（3）在视图类中添加鼠标移动消息响应函数，并输入如下代码：

```
void CMFCexp7_2View::OnMouseMove( UINT nFlags, CPoint point)
{
    CMFCexp7_2Doc * pDoc=GetDocument( );
    pDoc->m_Point=point;
    InvalidateRect(NULL,FALSE);
    CView::OnMouseMove(nFlags, point);
}
```

（4）在视图类的 OnDraw()函数中添加如下代码：

```
void CMFCexp7_2View::OnDraw(CDC * pDC)
{
    CMFCexp7_2Doc * pDoc=GetDocument( );
    ASSERT_VALID(pDoc);
    CPoint point(30,30);
    pDC->MoveTo(point);
    pDC->LineTo(pDoc->m_Point);
}
```

程序运行后，在窗口的用户区移动鼠标将出现如图 7-4 所示的结果。

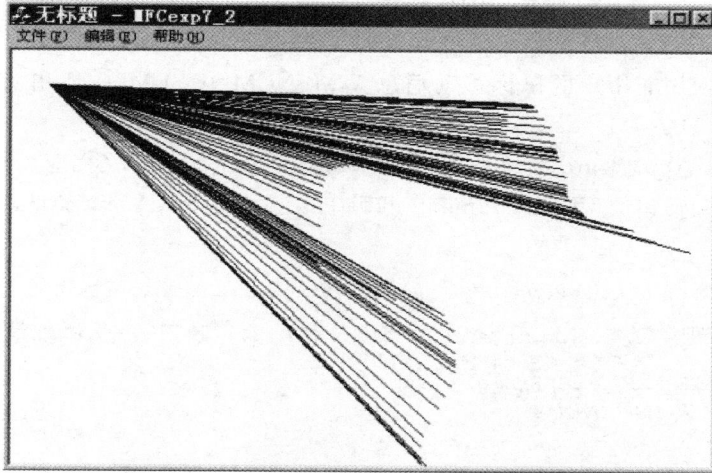

图 7-4　例 7-2 程序运行结果

从程序的运行结果中可以看到,在应用程序窗口的用户区移动鼠标时,将会在点(30,30)与鼠标当前位置之间绘制直线。但是,一旦鼠标移出了用户区就不会再绘制直线了,因为在这种情况下的鼠标消息是非用户区消息。

7.1.2　非用户区鼠标消息

当光标处在应用程序窗口的标题栏,或者它的控制按钮及窗口的边框时,应用程序也会接收到鼠标消息。这时光标虽然并未离开应用程序窗口,但是已经脱离了用户区,所以把这种消息称为非用户区鼠标消息。表 7-3 列出了一些非用户区鼠标消息。

表 7-3　非用户鼠标消息

消　　息	说　　明
WM_NCLBUTTONDBCLK	双击鼠标左键
WM_NCLBUTTONDOWN	按下鼠标左键
WM_NCLBUTTONUP	释放鼠标左键
WM_NCMOUSEMOVE	在用户区移动鼠标
WM_NCRBUTTONDBCLK	双击鼠标右键
WM_NCRBUTTONDOWN	按下鼠标右键
WM_NCRBUTTONUP	释放鼠标右键

因为 Windows 系统对这些非用户鼠标消息都预置了默认的处理,因此用户的应用程序最好不要干涉这些理应由系统来处理的消息。

尽管 Windows 不希望用户使用非用户区鼠标消息,但在应用程序确实希望用非用户区鼠标消息来完成一些特殊任务时,也可以拦截并使用非用户鼠标消息。

因为 Windows 并不希望用户使用非用户消息,所以 Visual C++ 没有提供使用非用户鼠标消息的编程工具。如果非要使用非用户鼠标消息,则程序员必须用手工方法在程序中添加非用户区鼠标消息的消息映射宏和对应的消息响应函数。

例 7-3   编写一个程序,使鼠标的光标在标题栏或窗口边框上移动时,在用户区显示鼠标光标的位置。

程序说明:使用非用户区鼠标移动消息 WM_NCMOUSEMOVE,并在其响应函数中编写显示代码。

(1) 用 MFC AppWizard 创建一个名称为 CMFCexp7_3 的单文档应用程序框架。

(2) 在主框架窗口类 CMainFrame 的声明中(注意,不是 CView 类的声明),手工添加消息响应函数的声明。

```
afx_msg void OnNcMouseMove(UINT nHitTest,CPoint point);
```

(3) 在主框架窗口类 CMainFrame 的实现文件的消息映射表中,添加消息映射:

```
BEGIN_MESSAGE_MAP(CMainFrame, CFrameWnd)
    ON_WM_NCMOUSEMOVE()
END_MESSAGE_MAP()
```

(4) 在主框架窗口类 CMainFrame 的实现文件中,添加鼠标响应函数的实现:

```
void CMainFrame::OnNcMouseMove( UINT nHitTest,CPoint point)
{
    CClientDC clientDC(this);
    char s[20];
    wsprintf(s, "X=%d   Y=%d  ", point.x, point.y);
    clientDC.TextOut(20, 20, s);
    CFrameWnd::OnNcMouseMove(nHitTest,point);
}
```

运行程序,并在应用程序窗口的标题栏或者边框上移动鼠标光标,于是在用户区就会见到表示鼠标光标位置的坐标值会随着鼠标的移动而变化,一旦鼠标移出非用户区,则坐标值就不会改变了,因为这时鼠标已不处在非用户区,应用程序自然也就不会接收到非用户区消息,如图 7-5 所示。

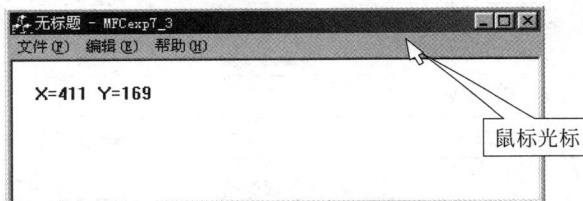

图 7-5   例 7-3 程序运行结果

7.1.3 鼠标消息的捕获

一般情况下,应用程序窗口是不会接收窗口之外的鼠标消息的。但在使用鼠标绘制图形尤其是绘制直线时,经常会出现鼠标移出应用程序窗口外的情况。如果这时应用程序不能接收鼠标消息,将会使绘图工作不能继续进行。如果鼠标处在应用程序窗口之外,还希望可以接收鼠标消息,则必须设法捕获鼠标消息。Windows 为了这个目的,声明了一个专门用来捕获鼠标消息的函数:

```
CWnd * SetCapture();
```

函数 SetCapture()一旦被调用,则应用程序窗口将是鼠标消息去向的唯一目的地。

在捕获鼠标消息并完成了所应该做的工作之后,应用程序应该及时释放鼠标,以使鼠标可以按系统预定的正常方式发送消息,否则将使鼠标的一些正常作用失效(例如,当用鼠标单击窗口的"关闭"按钮时,程序将不能被关闭)。释放鼠标要使用下面的函数:

```
BOOL ReleaseCapture();
```

例 7-4 当鼠标左键按下时,可以捕获鼠标消息的程序。

程序说明:在鼠标左键按下消息中使用 SetCapture()函数捕获鼠标消息,这样只要用户在程序窗口用户区按住鼠标左键,那么当鼠标移动到窗口外,该应用程序的窗口仍然会接收到鼠标移动消息。当用户释放鼠标左键后,因为在这个消息的函数中使用了 ReleaseCapture()函数,故这时鼠标将被释放:

```
void CMFCexp7_4View::OnMouseMove(UINT nFlags, CPoint point)
{
    char str[50];
    CClientDC dc(this);
    dc.TextOut(20, 20, "WM_MOUSEMOVE");
    wsprintf(str, "X: %d  Y: %d  ", point.x, point.y);
    dc.TextOut(200, 20, str);
    CView::OnMouseMove(nFlags, point);
}

void CMFCexp7_4View::OnLButtonDown(UINT nFlags, CPoint point)
{
    SetCapture();          //捕获鼠标消息
    CView::OnLButtonDown(nFlags, point);
}
void CMFCexp7_4View::OnLButtonUp(UINT nFlags, CPoint point)
{
    ReleaseCapture();    //释放鼠标捕获
    CView::OnLButtonUp(nFlags, point);
}
```

程序运行结果如图 7-6 所示。

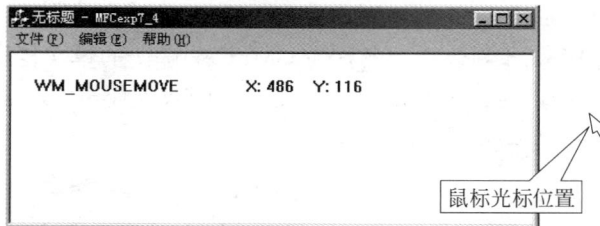

图 7-6 例 7-4 程序运行结果

7.2 处理键盘消息

当用户按键盘上的键时,也会向应用程序发送消息,从而在键盘消息响应函数中完成用户要求的工作。但是,与鼠标消息不同的是,当显示器上存在多个窗口时,应该确定由哪个窗口对应的应用程序接收键盘消息。Windows 规定,键盘消息总是传送给带有输入焦点的窗口,因为这个窗口代表的是正在活动的应用程序。这个窗口一般是屏幕上位置最靠前的窗口,它的特征是其标题栏是被点亮的,而不是灰色的。

7.2.1 按键的虚拟码

当按下键盘上的某个按键时,键盘的接口会产生与该键对应的编码,这个编码称为键的扫描码。由于扫描码是与设备相关的(即不同类型的键盘其扫描码有可能不相同),所以为了方便程序设计,Windows 对每个按键定义了与设备无关的编码,这种编码就称为虚拟码。有了这个虚拟码,Windows 程序员就可以不必理睬扫描码,而使用虚拟码来编写程序。键盘上部分按键的虚拟码如表 7-4 所示。

表 7-4　键盘上部分按键的虚拟码

虚　拟　码	虚拟码所对应的按键	虚　拟　码	虚拟码所对应的按键
VK_ADD	数字小键盘上的"＋"键	VK_HOME	Home
VK_BACK	BackSpace	VK_INSERT	Insert
VK_CANCEL	Ctrl＋Break	VK_LEFT	向左的箭头键
VK_CAPITAL	Caps Lock	VK_MENU	Alt
VK_CONTROL	Ctrl	VK_MULTIPLY	数字小键盘上的"＊"键
VK_DECIMAL	数字小键盘上的"."键	VK_NUMPAD0～9	数字小键盘上的 0～9 键
VK_DELETE	Delete	VK_RETURN	Enter
VK_DIVIDE	数字小键盘上的"/"键	VK_RIGHT	向右的箭头键
VK_DOWN	向下的箭头键	VK_SHIFT	Shift
VK_ESCAPE	Esc	VK_UP	向上的箭头键
VK_F1～VK_F12	F1～F12		

例 7-5　设计一个程序,在用户区显示一个圆形,当分别按下键盘上的左箭头键或者右箭头键时,可以使这个圆形向左或者向右移动。

(1) 用 MFC AppWizard 创建一个名称为 CMFCexp7_7 的单文档应用程序框架。

(2) 在文档类声明中声明一个存放圆形外接矩形的数据成员:

```
class CMFCexp7_5Doc : public CDocument
{
    ⋮
    public:
        CRect m_crlRect;
};
```

(3) 在文档类的构造函数中初始化 m_crlRect:

```
CMFCexp7_5Doc::CMFCexp7_5Doc()
{
    m_crlRect.left=30;  m_crlRect.top=30;
    m_crlRect.right=80;  m_crlRect.bottom=80;
}
```

（4）因为左箭头键和右箭头键都不是字符键，因此在程序中要用虚拟键码识别这两个键。具体做法为：在 CMFCexp7_5View 中添加 WM_KEYDOWN 消息响应函数，并在函数中写入如下代码：

```
void CMFCexp7_5View::OnKeyDown(UINT nChar, UINT nRepCnt, UINT nFlags)
{
    CMFCexp7_5Doc * pDoc=GetDocument( );
    CRect clientRec;
    GetClientRect(&clientRec);
    switch (nChar)
    {
    case VK_LEFT:
        if (pDoc->m_crlRect.left>0)
        {
            pDoc->m_crlRect.left-=5;
            pDoc->m_crlRect.right-=5;
        }
        break;
    case VK_RIGHT:
        if (pDoc->m_crlRect.right<=(clientRec.right-clientRec.left))
        {
            pDoc->m_crlRect.left+=5;
            pDoc->m_crlRect.right+=5;
        }
        break;
    }
    InvalidateRect(NULL,TRUE);
    CView::OnKeyDown(nChar, nRepCnt, nFlags);
}
```

（5）在 OnDraw( )函数中写入如下代码：

```
void CMFCexp7_5View::OnDraw(CDC * pDC)
{
    CMFCexp7_5Doc * pDoc=GetDocument( );
    ASSERT_VALID(pDoc);
    pDC->Ellipse (pDoc->m_crlRect);
}
```

程序运行后，使用左箭头键可以使圆形向左移动，而使用右箭头键可以使圆形向右移动，如图 7-7 所示。

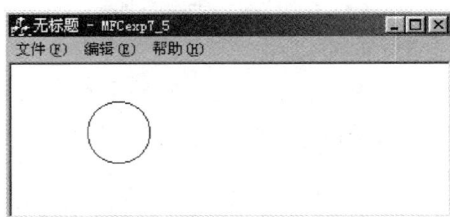

图 7-7　例 7-5 程序运行结果

7.2.2　一般按键消息

Windows 系统的一般按键消息如表 7-5 所示。

表 7-5　Windows 系统的一般按键消息

键盘消息	说　　明
WM_CHAR	当按键盘上的字符键时，产生该消息
WM_KEYDOWN	任何键（包括字符键）被按下时都产生该消息。如果被按下的是字符键，在产生 WM_KEYDOWN 消息的同时还产生字符消息

键 盘 消 息	说　　　明	
WM_KEYUP	任何键(包括字符键)被释放时都产生该消息	

在每一种按键消息中,还含有一些附加的按键信息,它们都被作为消息响应函数中的参数来传递。

对应表 7-5 中的三种消息,MFC 定义了如下三个消息响应函数:

```
void OnChar(UINT nChar,UINT nRepCnt,UINT nFlags);
void OnKeyDown(UINT nChar,UINT nRepCnt,UINT nFlags);
void OnKeyUp(UINT nChar,UINT nRepCnt,UINT nFlags);
```

在上面的函数中,如果被按的键是字符键,则参数 nChar 是字符所对应的 ASCII 码,否则是键所对应的虚拟键码;参数 nRepCnt 为重复按键的次数;参数 nFlags 是一个 32 位的数,其中每一位所表达的含义如表 7-6 所示。

表 7-6　参数 nFlags 中各位的含义

位	含　　　义	
0～15	按键的重复次数	
16～23	按键的扫描码	
24	扩展键标志(0:无扩展键;1:有扩展键,例如,一个功能键或者一个数字小键盘上的键)	
25～28	由 Windows 内部使用	
29	Alt 键标志(0:没有按下 Alt 键;1:按下 Alt 键)	
30	前面的按键状态标志(0:一次按键;1:重复按键)	
31	键被按下或松开的标志(0:键被按下;1:键被松开)	

例 7-6　给例 7-5 程序增加一个功能,当分别按下 R 键或者 L 键时,可以使用户区的圆形向右或向左移动。

程序说明:由于使用的是字符键,因此要使用键盘的字符消息。于是把例 7-5 程序代码全部改为例 7-6 的代码,并在视图类中添加键盘的字符消息响应函数,在函数中输入如下代码:

```
void CMFCexp7_6View::OnChar(UINT nChar, UINT nRepCnt, UINT nFlags)
{
    CMFCexp7_6Doc * pDoc=GetDocument( );
    CRect clientRec;
    GetClientRect(&clientRec);    //获得窗口用户区的尺寸
    switch(nChar)
    {
    case 'L':
        if (pDoc->m_crlRect.left>0)
        {
            pDoc->m_crlRect.left-=50;
            pDoc->m_crlRect.right-=50;
        }
```

```
        break;
    case 'R':
        if (pDoc->m_crlRect.right<=(clientRec.right-clientRec.left))
        {
            pDoc->m_crlRect.left+=50;
            pDoc->m_crlRect.right+=50;
        }
        break;
    }
    InvalidateRect(NULL,TRUE);
    CView::OnChar(nChar, nRepCnt, nFlags);
}
```

运行这个程序就会看到，按下 L 键时，显示的圆形会快速向左移动；而按下 R 键时，圆形会快速向右移动。

7.2.3 系统按键消息

系统按键消息是用户按下 Alt 键的同时，又按下了其他相关按键时产生的消息。系统按键消息一般不由应用程序来处理，而由系统直接处理。如果应用程序处理了这些系统按键消息，则需在消息处理函数中调用 DefWindowsProc() 函数，以便不影响 Windows 系统对它们的处理。系统按键消息如表 7-7 所示。

表 7-7　系统按键消息

消　　息	说　　明
WM_SYSKEYDOWN	按下系统键时产生的消息
WM_SYSKEYUP	释放系统键时产生的消息
WM_SYSCHAR	系统字符消息
WM_SYSDEADCHAR	系统死字符消息

7.3　应用程序窗口的焦点

前面已经讲过，不论显示器的屏幕存在着几个窗口，在某个具体时刻只有一个窗口才能接收键盘消息，这样的窗口称为具有输入焦点的窗口。把一个没有输入焦点的窗口变为有输入焦点的窗口非常容易，只要用鼠标单击一下该窗口就可以了，如果用鼠标单击一下窗口以外的任何位置，则这个窗口就会失去输入焦点。

当应用程序的窗口获得输入焦点时，会发出 WM_SETFOCUS 消息；而当窗口失去输入焦点时，会发出 WM_KILLFOCUS 消息。

例 7-7　编写一个应用程序，当应用程序的窗口获得输入焦点时，按下键盘上的任意键，程序会发出"叮"的声音；而当应用程序的窗口失去输入焦点后，按下键将不会发出任何声音。

（1）用 MFC AppWizard 创建一个名称为 CMFCexp7_7 的单文档应用程序框架。

（2）为了清楚地知道窗口是否获得了输入焦点，在用户区显示相应的信息。为此，在文档类声明中声明一个字符指针 str：

```
class CMFCexp7_7Doc : public CDocument
{
    ⋮
    public:
        char * m_pStr;
};
```

（3）在视图类的 OnSetFocus()函数、OnKillFocus()函数和 OnDraw()函数中添加如下代码：

```
void CMFCexp7_7View::OnSetFocus(CWnd * pOldWnd)
{
    CView::OnSetFocus(pOldWnd);
    CMFCexp7_7Doc * pDoc=GetDocument( );
    pDoc->m_pStr="获得了输入焦点。";
    InvalidateRect(NULL,TRUE);
}
void CMFCexp7_7View::OnKillFocus(CWnd * pNewWnd)
{
    CView::OnKillFocus(pNewWnd);
    CMFCexp7_7Doc * pDoc=GetDocument( );
    pDoc->m_pStr ="失去了输入焦点。";
    InvalidateRect(NULL,TRUE);
}
void CMFCexp7_7View::OnDraw(CDC * pDC)
{
    CMFCexp7_7Doc * pDoc=GetDocument( );
    ASSERT_VALID(pDoc);
    pDC->TextOut(20,20,pDoc->m_pStr);
}
```

（4）在按键按下消息响应函数 OnKeyDown()中添加如下代码：

```
void CMFCexp7_7View::OnKeyDown(UINT nChar, UINT nRepCnt, UINT nFlags)
{
    MessageBeep(1);        //此函数可以使计算机发出"叮"的响声
    CView::OnKeyDown(nChar, nRepCnt, nFlags);
}
```

程序运行后，即出现如图 7-8(a)所示的窗口，在其用户区中显示字符串"获得了输入焦点。"。如果用鼠标单击窗口以外区域，在窗口的标题栏变为灰色的同时，窗口的用户区会显示字符串"失去了输入焦点。"，如图 7-8(b)所示。

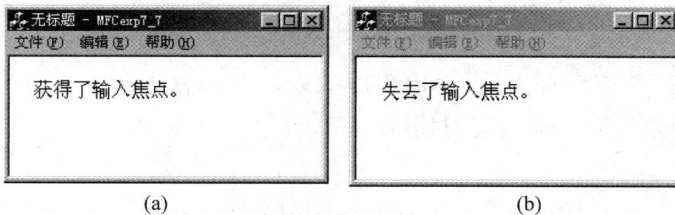

(a)   (b)

图 7-8 例 7-7 程序运行结果

在窗口获得焦点后,如果按下键盘上的任意键,计算机会发出"叮"的声音。

本 章 小 结

- 在应用程序的界面上,可以通过对鼠标左击、右击、移动等事件的处理来响应用户的鼠标输入。
- 鼠标消息有用户区鼠标消息和非用户区鼠标消息两种,在应用程序中主要使用用户区鼠标消息。
- 可以用消息捕获函数来捕获窗口外的鼠标消息,以完成某些特殊的操作。
- 可以通过处理字符消息、按键等键盘消息对用户的键盘操作进行响应。
- 在计算机的显示器屏幕上,如果有多个窗口存在的话,则具有焦点的窗口所对应的应用程序是具有接收用户消息能力的程序,这个程序称为"正在活动状态的应用程序"。
- 可以用鼠标单击窗口使它具有焦点,当应用程序的窗口获得输入焦点时,会发出WM_SETFOCUS 消息;而当窗口失去输入焦点时,会发出 WM_KILLFOCUS消息。

习 题 7

7-1 鼠标消息分为哪两类?它们之间有什么区别?

7-2 常用的用户区鼠标消息有哪些?

7-3 在程序设计中,如何使用非用户区鼠标消息?

7-4 如何安全地接收应用程序窗口以外的鼠标消息?

7-5 什么样的窗口才能接收键盘消息?

7-6 为什么在 Windows 应用程序中不直接使用键盘的扫描码,而使用与键盘无关的虚拟码?怎样理解 Windows 中设备无关性这个概念?设备无关性对编写应用程序有什么作用?

7-7 键盘消息分为哪几类?哪些键只产生按键消息,不产生字符消息?

7-8 在程序中如何确定窗口何时具有输入焦点,何时失去输入焦点?

7-9 编写一个 Windows 应用程序,要求在窗口的用户区中绘制一个圆,当单击时,该圆放大;当右击时,该圆缩小;当按下 Ctrl 键的同时移动鼠标,则该圆会随鼠标的移动而移动。

7-10 编写一个 Windows 应用程序,将应用程序窗口的用户区均分为 16 个不同的区域,当光标移动到不同的区域中会出现不同的形状。

7-11 试编写一个能满足如下要求的 Windows 应用程序。

(1) 在窗口中绘制一个像 OICQ 中的表情符号那样的小人脸,当用户在窗口用户区中按下鼠标左键时,小人的脸会变为黑色的哭泣的脸;而当释放鼠标左键时,小人的脸又变为红色的笑脸。

(2) 当在窗口用户区中按下鼠标左键并拖动鼠标将其移出窗口以外时,释放鼠标左键,小人的脸又会变为红色的笑脸。

7-12　编写一个 Windows 应用程序,在窗口用户区中绘制一个矩形,用键盘上的上、下、左、右光标键可以使该矩形分别向这 4 个方向移动,当按 Home 键时该矩形会从左上角方向增大,当按 End 键时该矩形会从右下角方向缩小,当单击时该矩形会恢复到原始尺寸。

7-13　编写一个可以实现下述功能的 Windows 应用程序。

(1) 按 Ctrl 键时,在窗口中输出"你按了 Ctrl 键,该键只产生按键消息不产生字符消息!"。

(2) 按 Shift 键时,在窗口中输出"你按了 Shift 键,该键只产生按键消息不产生字符消息!"。

(3) 按小写 r 键时,弹出对话框,内容为"你按了一个字符键 r,该键既产生按键消息又产生字符消息!"。

(4) 按 Esc 键时,弹出对话框,内容为"你按了 Esc 键,该键既产生按键消息又产生字符消息!"。

(5) 按 Ctrl＋A 组合键时,弹出对话框,内容为"你按了 Ctrl＋A 组合键,Ctrl 键只产生按键消息,A 键产生字符消息!"。

(6) 按 Shift＋B 组合键时,弹出对话框,内容为"你按了 Shift＋B 组合键,Shift 键只产生按键消息,B 键产生字符消息!"。

思考题:从硬件来看,鼠标与键盘都是按键设备,但它们产生的消息却不同,主要区别在何处?

第 8 章　资　　源

在 Windows 应用程序中,除了文档中的数据之外,还需要一些用户界面(User Interface,UI)所使用的特殊数据。这些数据具有一定程度的独立性,而且不是所有的应用程序在任何时候都用得到,所以它们一般驻留在磁盘上,只有当应用程序需要时,才会载入内存,这种数据就称为资源。

本章主要内容:
- 资源和资源描述文件。
- 资源标识和资源头文件。
- 菜单资源的描述和使用。
- 图标资源的描述和使用。
- 位图资源的描述和使用。

8.1　资源和资源文件

8.1.1　什么是资源

几乎所有 Windows 应用程序的用户界面(UI)都需要菜单、图标、位图、光标、对话框、加速键、字符串、工具条和状态条等数据,但同一个应用程序在不同的应用场合对这些数据的要求却是不相同的。例如,需要在世界范围内发布的软件,它们的这些 UI 数据就应该有各种不同的版本,以适应不同的国家、民族对不同的语言、图标、光标和风格的需要。这就是说,一个完善的应用程序应该准备若干套 UI 数据,以备用户根据需要选用。

显然,把这些 UI 数据统统编写在应用程序中是不合适的,因为应用程序运行时可能只用到多套数据中的某一套,甚至是部分数据。言外之意,就是说应用程序应该只把需要的数据载入程序,而那些不用或者暂时不用的就让它们仍然驻留在磁盘中备用。所以,对于这种数据就应该用不同的方式制作和保存,以使它们具有上述特点。Windows 把这种类型的数据称为资源。

简单地说,资源就是一种可供 Windows 应用程序利用、可单独编辑,并可动态加载的数据。

为产生资源数据,资源编译器要求程序员提供两种文本,即资源头文件和资源描述文件(资源脚本文件)。

资源头文件定义了各个资源在应用程序中的标识,在 MFC 工程中它的文件名为 Resource.h。

8.1.2　资源头文件

为了对不同的资源加以区别,所有的资源必须有一个标识符,这些标识符其实就是用一些符号表示的编号,它们定义在资源头文件 Resource.h 中。因此,凡是需要使用资源的应用程序都必须包含这个头文件。

为提高可读性,资源的标识符应该遵守一定的命名规则。例如,IDR_MAINFRAME 代表主框架窗口所使用的资源,IDD_ABOUTBOX 代表"关于"对话框,等等。表 8-1 列出了一些 Windows 使用的资源标识符前缀。

表 8-1 MFC 使用的资源标识符的前缀

标识符前缀	说 明	标识符前缀	说 明
IDR_	主菜单、工具栏、加速键表和应用程序图标	IDS_	字符串
IDD_	对话框	IDP_	消息框提示字符串
IDC_	控件和光标	ID_	菜单命令

下面是一个资源文件的示例(部分):

```
#define IDR_MAINFRAME 128
#define IDM_ABOUTBOX 0x0010
#define IDD_ABOUTBOX 100
#define IDS_ABOUTBOX 101
#define IDD_MFCEXP13_2TEST_DIALOG 102
```

为了便于在应用程序中使用资源,MFC 允许在资源描述文件中,以一个统一的标识符来标识主框架窗口所需的各种资源。这样,使用一个标识符就可以把应用程序主框架窗口所需要的资源一起装载到应用程序中。例如,以文档/视图为程序框架的 MFC 程序在创建文档模板对象时,就要求传递一个统一的标识符来加载资源。代码如下:

```
pDocTemplate=new CSingleDocTemplate(
    IDR_MAINFRAME,                                    //程序资源标识
    RUNTIME_CLASS(CMFCexp8_2Doc),
    RUNTIME_CLASS(CMainFrame),
    RUNTIME_CLASS(CMFCexp8_2View));
```

函数参数中的第一个参数就是要把所有标识符为 IDR_MAINFRAME 的各种资源统统加载到应用程序中。

8.1.3 资源描述文件

资源描述文件描述了每种资源的属性,它的文件名为工程名加扩展名 rc。对于一般资源数据来说,只用资源描述文件来描述就可以了,但是对于位图、图标、鼠标光标等这类图形数据,则需要用另外的工具进行制作成单独的文件并保存在工程的 res 文件夹中,在资源描述文件中只说明它们的名称和存储位置(路径)。

对工程进行编译时,Visual C++ 的内置资源编译器将依据上述两个文件编译生成二进制形式的资源文件,其扩展名为 res。然后由连接器把 res 文件与应用程序的目标文件(一般还应该有库文件)连接起来,形成可执行文件(.exe 文件)。

图 8-1 给出了资源与应用程序之间的关系。

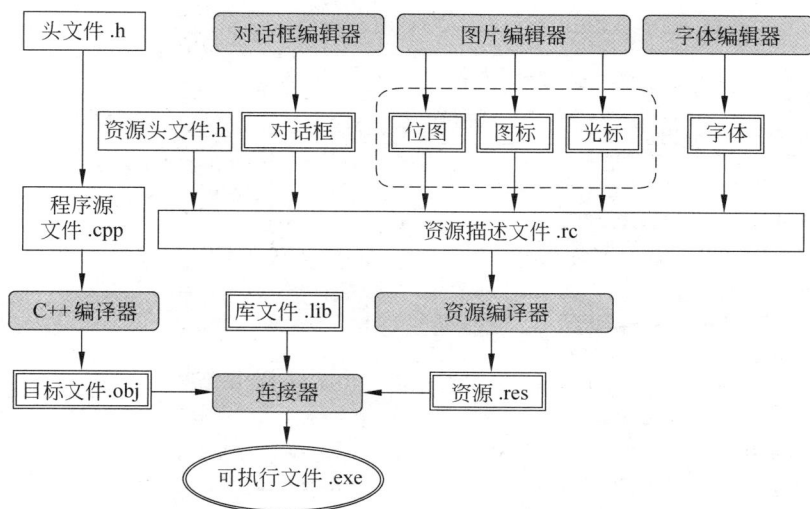

图 8-1 资源文件与程序文件的关系

8.2 菜 单

菜单是 Windows 程序界面的重要组成部分。菜单可以使用户直观地了解和使用应用程序所提供的各项功能。因此,一个菜单设计得如何,将直接影响一个应用程序的质量。

8.2.1 资源描述文件的菜单部分

一个菜单一般由菜单、子菜单和菜单命令选项三个层次组成。其中,菜单命令选项能产生命令消息并激活程序某种功能。

一个菜单资源描述文件的概貌如图 8-2 所示。

1. 菜单的定义

菜单描述文件的开头为菜单的定义语句,其格式如下:

标识符 MEMU[,载入特性选项]

其中,MEMU 是定义菜单的关键字。为满足应用程序的不同需要,在定义菜单时,可以在关键字MEMU 后面使用不同的选项来声明菜单被载入时的特性。菜单的加载特性选项如表 8-2 所示。

表 8-2　菜单可选的加载特性

加载特性选项	说　　明
DISCARDABLE	当应用程序不再需要时,应用程序可丢弃该菜单
FIXEDP	把菜单保存在内存的固定位置
LOADONCALL	只有在应用程序需要时才加载菜单
MOVEABLE	菜单在内存中可以移动位置
PRELOAD	立即加载菜单

```
IDR_MAINFRAME MENU PRELOAD DISCARDABLE          菜单的名称及其标识 ID
BEGIN
    POPUP "文件(&F)"                    子菜单标题
        BEGIN                      菜单命令选项
            MENUITEM "新建(&N)\tCtrl+N",        ID_FILE_NEW
            MENUITEM "打开(&O)...\tCtrl+O",      ID_FILE_OPEN       子菜单1
            MENUITEM SEPARATOR
            MENUITEM "退出(&X)",              ID_APP_EXIT
        END
    POPUP "编辑(&E)"                    子菜单标题
        BEGIN
            MENUITEM "撤销(&U)\tCtrl+Z",        ID_EDIT_UNDO       子菜单2
            MENUITEM SEPARATOR
            MENUITEM "剪切(&T)\tCtrl+X",        ID_EDIT_CUT
            MENUITEM "复制(&C)\tCtrl+C",        ID_EDIT_COPY
        END
    POPUP "帮助(&H)"                    子菜单标题
        BEGIN
            MENUITEM "关于 MFCexp7_7(&A)...",    ID_APP_ABOUT      子菜单3
        END
END
```

菜单

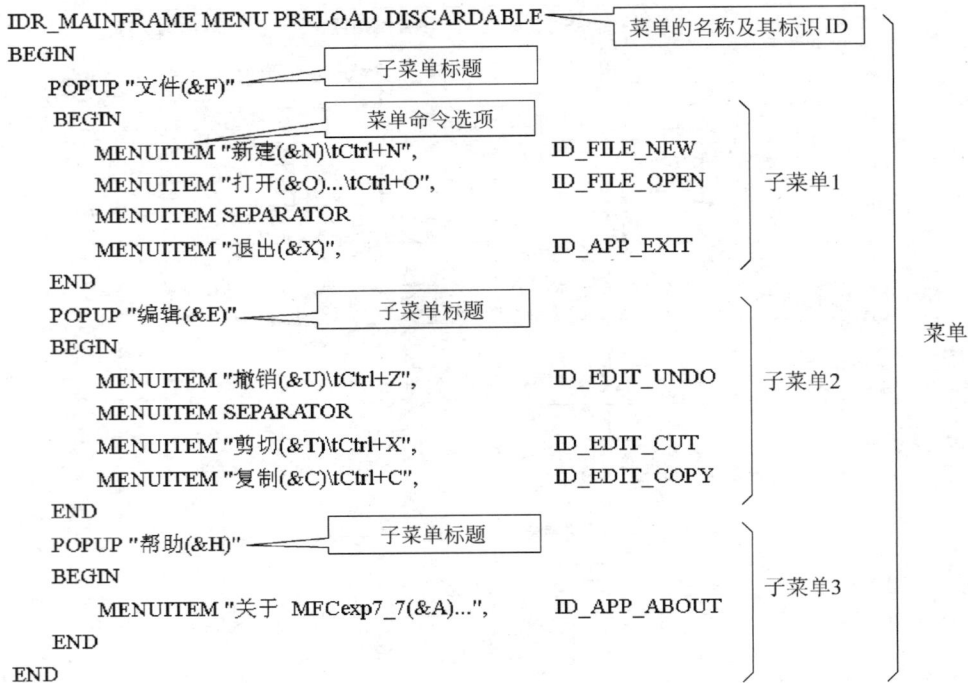

图 8-2　一个两级菜单的文本文件

在菜单定义语句的后面,是一系列用 BEGIN 开头、用 END 结束的语句块,每个语句块代表一个菜单(子菜单)。菜单中各个操作选项的描述语句就书写在这些 BEGIN-END 语句块中。

最外层的 BEGIN-END 语句块所描述的是总菜单,它对应于应用程序窗口上的菜单栏,其中的每个项目都对应于菜单栏上的一项。一般来说,这些项是一个子菜单。

程序员可以在菜单项的名称中使用"&"符号定义该菜单项的热键,见图 8-2 中的各菜单项的定义。

2. 子菜单

一个子菜单是总菜单的一个选项。子菜单为弹出式菜单,所以定义子菜单时要在子菜单标题之前使用关键字 POPUP,其格式如下:

POPUP"子菜单标题"[,选项]

在定义子菜单时,也可以设置一些选项,常用的选项如表 8-3 所示。

表 8-3　子菜单常用的选项

选　　项	说　　明	
MENUBARBREAK	菜单项纵向分隔标志	
CHECKED	菜单项带有选中标志	
INACTIVE	使一个菜单项无效	
GRAYED	使一个菜单项无效,并使其文字变为灰色	

3. 菜单命令选项及其消息映射

菜单中可以向应用程序发出消息的选项称为命令选项,每个菜单命令选项都必须定义一个唯一的标识。

使用关键字 MEUITEM 来定义一个菜单命令选项,其格式如下:

MEUITEM "菜单命令选项名称",菜单命令选项标识符(ID) [,选项]

在应用程序运行中,当程序用户选中菜单上任何一个菜单命令选项时,都会发出一个命令消息 WM_COMMAND,但由于这个命令消息对于所有菜单命令选项来说都是相同的,所以应用程序在收到这个消息后,还得根据菜单命令选项的标识符(ID)来识别该命令消息来自哪一个菜单项。因此,在定义菜单命令选项消息映射时,其参数中要包含菜单命令选项的 ID 和该选项的消息响应函数两项内容。所以,菜单选项消息映射宏的格式如下:

ON_COMMAND(菜单命令选项的 ID,消息响应函数名)

在子菜单中,还可以使用一个特殊的菜单项 SEPARATOR。这个菜单项不产生任何消息,它的作用只是在菜单上形成一条横向的分隔线,以便于对菜单项进行分类,如图 8-3 所示。

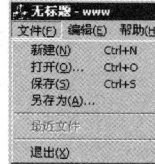

图 8-3　菜单脚本与实际菜单的对照

8.2.2　编辑现有的菜单

在使用 MFC AppWizard 生成应用程序框架时,MFC AppWizard 会自动为应用程序提供一个菜单,这个菜单提供了大多数应用程序所需的菜单命令选项。因此,程序员常常不是从头到尾自己来编写菜单资源描述文件,而是在这个现有的菜单资源描述文件基础上进行修改,以形成满足自己要求的菜单。下面用一个实例来介绍编辑现有菜单的方法。

例 8-1　用 MFC AppWizard 新建一个应用程序,在这个程序的"文件"菜单的子菜单中添加一个选项"打印字符"。程序运行后,当用户选中这个选项后,程序会在窗口的用户区显示一个字符串:"添加了一个选项。"。

(1) 用 MFC AppWizard 向导创建一个名称为 MFCexp8_1 的单文档应用程序框架。

(2) 选择菜单 File|Open 选项,在出现的"打开"对话框中(如图 8-4 所示),以 Text(文本)方式打开本工程的资源描述文件 MFCexp8_1.rc。然后在文件中添加菜单命令选项。

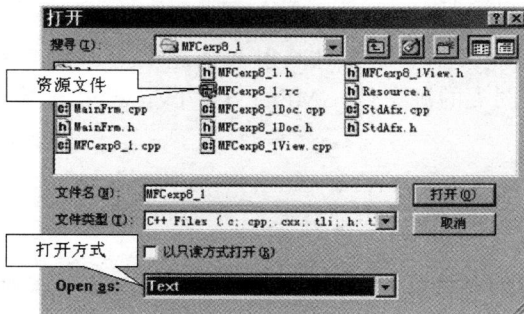

图 8-4　以文本方式打开资源文件

```
MENUITEM "打印字符(&P)\tCtrl+P", ID_FILE_PRT
```

（3）在开发环境的工程管理窗口中选择 FileView 卡，用鼠标双击文件 Resource.h 以打开资源头文件，并在其中定义新添加的菜单命令选项的标识 ID。代码如下：

```
#define ID_FILE_PRT 130
```

至此，菜单资源文件的修改编辑即告完成，如图 8-5 所示。

```
IDR_MAINFRAME MENU PRELOAD DISCARDABLE
BEGIN
        POPUP "文件(&F)"
        BEGIN
                MENUITEM "新建(&N)\tCtrl+N",          ID_FILE_NEW
                MENUITEM "打开(&O)...\tCtrl+O",        ID_FILE_OPEN
                MENUITEM "保存(&S)\tCtrl+S",           ID_FILE_SAVE
                MENUITEM "另存为(&A)...",              ID_FILE_SAVE_AS
                MENUITEM SEPARATOR
添加的菜单命令选项    MENUITEM "最近文件",              ID_FILE_MRU_FILE1,GRAYED
                MENUITEM "打印字符(&P)\tCtrl+P",       ID_FILE_PRT
                MENUITEM SEPARATOR
                MENUITEM "退出(&X)",                   ID_APP_EXIT
        END
        POPUP "编辑(&E)"
        BEGIN
                MENUITEM "撤销(&U)\tCtrl+Z",           ID_EDIT_UNDO
                MENUITEM SEPARATOR
                MENUITEM "剪切(&T)\tCtrl+X",           ID_EDIT_CUT
                MENUITEM "复制(&C)\tCtrl+C",           ID_EDIT_COPY
                MENUITEM "粘贴(&P)\tCtrl+V",           ID_EDIT_PASTE
        END
        POPUP "帮助(&H)"
        BEGIN
                MENUITEM "关于 www(&A)...",            ID_APP_ABOUT
        END
END
```

图 8-5　添加菜单命令选项

（4）为了在视图类的 OnDraw( ) 函数中显示题目所要求的字符串，在文档类的声明中声明一个字符指针：

```
class CMFCexp8_1Doc : public CDocument
{
    ⋮
    public:
        char * m_str;
}
```

然后在文档类的构造函数中将其初始化为空串：

```
CMFCexp8_1Doc::CMFCexp8_1Doc( )
{
    m_str="";
}
```

（5）在视图类中添加该菜单项的消息映射和消息响应函数。用开发环境左窗口中的 FileView 选项卡，打开视图类的源文件（CMFCexp8_1View.cpp），在消息映射中添加新增菜单选项的消息映射：

```
BEGIN_MESSAGE_MAP(CMFCexp8_1View, CView)
    ON_COMMAND(ID_FILE_PRT, OnPrt)     //新添加的消息映射
END_MESSAGE_MAP( )
```

（6）打开视图类的声明文件（CMFCexp8_1View.h），在其中添加消息响应函数的声明：

```
CMFCexp8_1View:public CView
{
```

⋮

```
protected:
    afx_msg void OnPrt();
};
```

（7）再打开视图类的源文件，在成员函数的实现中添加如下代码：

```
void CMFCexp8_1View::OnPrt()
{
    CMFCexp8_1Doc * pDoc=GetDocument();
    pDoc-> m_str="添加了一个选项。";
    InvalidateRect(NULL,TRUE);
}
```

（8）在视图类的 OnDraw( )函数中编写如下代码：

```
void CMFCexp8_1View::OnDraw(CDC * pDC)
{
    CMFCexp8_1Doc * pDoc=GetDocument();
    ASSERT_VALID(pDoc);
    pDC->TextOut(30,30,pDoc->m_str);
}
```

例 8-1 程序运行结果如图 8-6 所示。

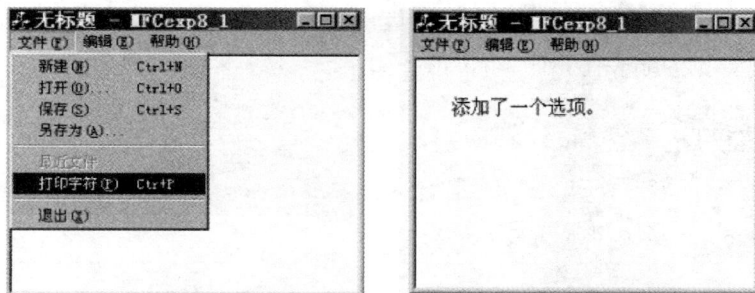

图 8-6   例 8-1 程序运行结果

8.2.3   自定义菜单

用户也可以完全定义自己的菜单，在 MFC 中创建自定义菜单也十分简单，例 8-2 说明了它的创建和使用方法。

例 8-2   编写一个程序，该程序在用户区绘制了一个圆形。使用菜单"图形/放大"命令选项可以把图形放大；使用菜单"图形/复原"命令选项可以把图形复原为原来的尺寸。

（1）以 MFCexp8_2 为工程名，用 MFC AppWizard 创建一个单文档应用程序框架。

（2）打开资源头文件 Resource.h，并在文件中定义如下标识：

```
#define IDR_MAINFRAME1 130        //本程序资源的标识
#define ID_ZOOM 131               //菜单命令选项"放大"的标识
#define ID_RE 132                 //菜单命令选项"复原"的标识
```

（3）打开工程的资源文件 MFCexp8_2.rc，删除原来的代码，输入如下代码：

```
#include "resource.h"
IDR_MAINFRAME1 MENU PRELOAD DISCARDABLE        //资源名称
```

```
BEGIN
    POPUP "图形(&F)"
    BEGIN
        MENUITEM "放大(&Z)\tCtrl+Z", ID_ZOOM
        MENUITEM "复原(&R)...\tCtrl+R", ID_RE
    END
END
```

至此,程序的菜单资源文件编写完毕。

(4)修改应用程序类的 InitInstance( )函数,加载上面的资源:

```
BOOL CMFCexp8_2App::InitInstance()
{
    ⋮
    pDocTemplate=new CSingleDocTemplate(
            IDR_MAINFRAME1,                                  //加载资源
            RUNTIME_CLASS(CMFCexp8_2Doc),
            RUNTIME_CLASS(CMainFrame),
            RUNTIME_CLASS(CMFCexp8_2View));
    ⋮
}
```

运行程序后,就会看到程序使用的是新设计的菜单。

为完成题目所要求的任务,在程序中还应该在相应的类中添加如下代码:

```
class CMFCexp8_2Doc : public CDocument
{
    ⋮
    public:
        CRect m_crlRect;
};
CMFCexp8_2Doc::CMFCexp8_2Doc()
{
    m_crlRect.left=30; m_crlRect.top=30;
    m_crlRect.right=130; m_crlRect.bottom=130;
}
class CMFCexp8_2View : public CView
{
    ⋮
protected:
    afx_msg void OnZoom();
    afx_msg void OnRe();
    ⋮
};
BEGIN_MESSAGE_MAP(CMFCexp8_2View, CView)
    ON_COMMAND(ID_ZOOM,OnZoom)
    ON_COMMAND(ID_RE,OnRe)
END_MESSAGE_MAP()
void CMFCexp8_2View::OnZoom()
{
    CRect rect(0,0,100,100);
    CMFCexp8_2Doc * pDoc=GetDocument();
    pDoc->m_crlRect+=rect;
    InvalidateRect(NULL,TRUE);
}
```

```
void CMFCexp8_2View∷OnRe()
{
    CMFCexp8_2Doc * pDoc=GetDocument();
    pDoc->m_crlRect.left=30;pDoc->m_crlRect.top=30;
    pDoc->m_crlRect.right=130;pDoc->m_crlRect.bottom=130;
    InvalidateRect(NULL,TRUE);
}
void CMFCexp8_2View∷OnDraw(CDC * pDC)
{
    CMFCexp8_2Doc * pDoc=GetDocument();
    ASSERT_VALID(pDoc);
    pDC->Ellipse(pDoc->m_crlRect);
}
```

8.2.4 用菜单编辑器编辑菜单

为了直观地编辑菜单,Visual C++ 提供了一个可视化的菜单编辑工具,这个工具称为菜单编辑器。在开发环境的左窗口中选择 ResourceView 选项卡,然后双击菜单图标,即可打开菜单编辑器,接下来就可以进行菜单的编辑了,如图 8-7 所示。

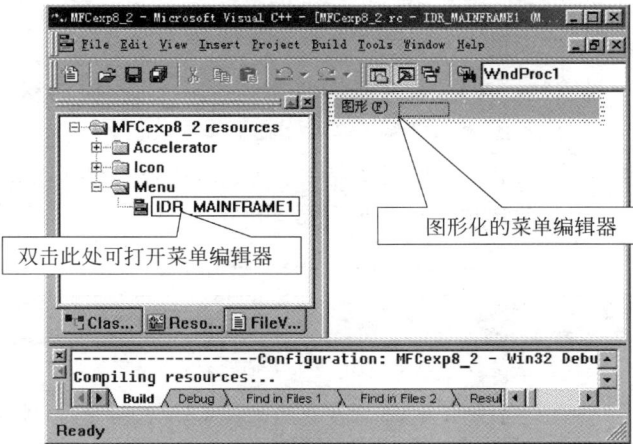

图 8-7　菜单编辑器

在菜单编辑器中,双击菜单的某个选项,则可在打开该选项的属性编辑窗口中很方便地在这个窗口中对菜单选项的属性进行编辑,如图 8-8 所示。

8.2.5 菜单命令选项的动态修改

有时,常常希望菜单命令选项可以根据实际应用情况进行一些变化。例如,在用户选择了菜单的某个选项后,希望在这个选项之前设置一个标记,而当用户不使用该选项功能后,该标记可以被删除;再例如,希望菜单命令选项的文本会根据用户的实际工作环境而发生变化;等等。

为了实现菜单的上述功能,程序在显示菜单之前,会发出一个消息并调用该消息的响应函数,在这个函数中,程序员可以为菜单的选项设置一些在程序运行中可添加也可删除的标记以及对菜单的文本进行动态修改。

图 8-8 使用菜单编辑器编辑菜单项

为了使应用程序响应这个消息,应该按如下形式在程序中书写消息映射宏。

```
ON_UPDATE_COMMAND_UI(ID_FILE_OPEN, OnUpdateFileOpen)
```

其中,第一个参数为菜单选项的 ID,第二个参数为消息响应函数的名称。对应消息映射,在程序中还要定义该消息的响应函数,这个函数称为菜单选项的 UI 函数。

```
void CMFCexp8_1View::OnUpdateFileOpen(CCmdUI * pCmdUI)
```

这个函数的参数是 CCmdUI 类的对象指针,CCmdUI 类提供了如表 8-4 所示的 4 种方法,用这 4 种方法可以使菜单选项产生不同的效果。

表 8-4 CCmdUI 类提供的方法

方　　法	说　　明	
Enable(BOOL bOn＝TRUE)	参数值为 TRUE 使菜单选项有效,反之使其失效	
SetCheck(int nCheck＝1)	参数值为 1 使菜单选项前面出现选中标记,否则不出现	
SetRadio(BOOL bOn＝TRUE)	参数值为 TRUE 使菜单选项前面出现选中标记,而使其余项不出现	
SetText(LPCTSTR lpszText)	设置菜单选项的文本	

例 8-3　给程序的菜单命令选项添加选择标记的程序实例。

(1) 以 MFCexp8_3 为工程名,用 MFC AppWizard 创建一个单文档应用程序框架。

(2) 在 Resource.h 头文件中定义如下标识:

```
#define ID_XUANX1 130
#define ID_XUANX2 131
#define ID_XUANX3 132
```

(3) 在程序的资源文件中对 IDR_MAINFRAME 的菜单内容进行如下修改:

```
MENU PRELOAD DISCARDABLE
BEGIN
    POPUP "选项(&F)"
    BEGIN
```

```
            MENUITEM "选项 1",           ID_XUANX1
            MENUITEM "选项 2",           ID_XUANX2
            MENUITEM "选项 3",           ID_XUANX3
        END
END
```

（4）在视图类的声明中添加如下代码：

```
class CMFCexp8_3View : public CView
{
    ⋮
    public:
        BOOL m_nOption1;
        BOOL m_nOption2;
        BOOL m_nOption3;                //定义数据成员,存储菜单选项的状态
    protected:
        afx_msg void OnXuanx1();    //选项 1 的消息响应函数
    //选项 1 的 UI 函数
        afx_msg void OnUpdateXuanx1(CCmdUI * pCmdUI);
        afx_msg void OnXuanx2();    //选项 2 的消息响应函数
    //选项 2 的 UI 函数
        afx_msg void OnUpdateXuanx2(CCmdUI * pCmdUI);
    afx_msg void OnXuanx3();              //选项 3 的消息响应函数
    //选项 3 的 UI 函数
        afx_msg void OnUpdateXuanx3(CCmdUI * pCmdUI);
    ⋮
};
```

（5）在视图类的构造函数中对数据成员进行初始化：

```
CMFCexp8_3View::CMFCexp8_3View()
{
    m_nOption1=0; m_nOption2=0; m_nOption3=0;
}
```

（6）定义消息映射宏：

```
BEGIN_MESSAGE_MAP(CMFCexp8_3View, CView)
    ON_COMMAND(ID_XUANX1,OnXuanx1)
    ON_UPDATE_COMMAND_UI(ID_XUANX1, OnUpdateXuanx1)
    ON_COMMAND(ID_XUANX2,OnXuanx2)
    ON_UPDATE_COMMAND_UI(ID_XUANX2, OnUpdateXuanx2)
    ON_COMMAND(ID_XUANX3,OnXuanx3)
    ON_UPDATE_COMMAND_UI(ID_XUANX3, OnUpdateXuanx3)
END_MESSAGE_MAP()
```

（7）视图类消息响应函数和菜单 UI 函数的实现：

```
void CMFCexp8_3View::OnXuanx1()
{
    m_nOption1=! m_nOption1;
}
void CMFCexp8_3View::OnUpdateXuanx1(CCmdUI * pCmdUI)
{
    pCmdUI->SetCheck(m_nOption1);
}
void CMFCexp8_3View::OnXuanx2()
{
```

```
        m_nOption2=! m_nOption2;
    }
    void CMFCexp8_3View∷OnUpdateXuanx2(CCmdUI * pCmdUI)
    {
        pCmdUI->SetCheck(m_nOption2);
    }

    void CMFCexp8_3View∷OnXuanx3( )
    {
        m_nOption3=! m_nOption3;
    }
    void CMFCexp8_3View∷OnUpdateXuanx3(CCmdUI
        * pCmdUI)
    {
        pCmdUI->SetCheck(m_nOption3);
    }
```

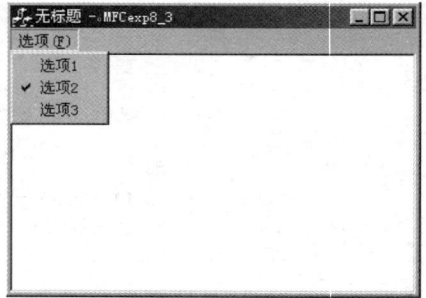

如图 8-9 所示,在例 8-3 的应用程序运行后,当
用户用鼠标选择了菜单命令"选项 2"后,再打开菜
单,则会看到在菜单命令"选项 2"的前面出现了一个
选择标记。

图 8-9 例 8-3 应用程序运行结果

8.3 快捷键表

8.3.1 资源描述文件的快捷键表部分

快捷键总是和菜单命令选项配合使用的。在资源描述文件中,用快捷键表来描述菜单
命令选项的快捷键。其语句格式为

资源标识符 ACCELERATORS [载入选项]

其中,ACCELERATORS 定义快捷键表的关键字。在这个定义语句后是一个 BEGIN-
END 语句块,这个语句块中定义了各个菜单命令选项的快捷键。定义快捷键的格式为

键的字符或虚拟码　　　对应菜单命令选项的标识,　VIRTKEY,其他键

例如,例 8-2 程序的菜单命令选项的快捷键在资源描述文件中的描述如下:

```
IDR_MAINFRAME1 ACCELERATORS PRELOAD MOVEABLE PURE
BEGIN
    "Z", ID_ZOOM, VIRTKEY,CONTROL        //按 Ctrl 键同时按 Z 键
    "R", ID_RE, VIRTKEY,CONTROL          //按 Ctrl 键同时按 R 键
END
```

8.3.2 使用快捷键编辑器编辑快捷键表

为了方便程序设计,Visual C ++ 6.0 也提供了称为快捷键编辑器的可视化工具,其使用
方法与菜单编辑器的使用方法基本相同,如图 8-10 所示。

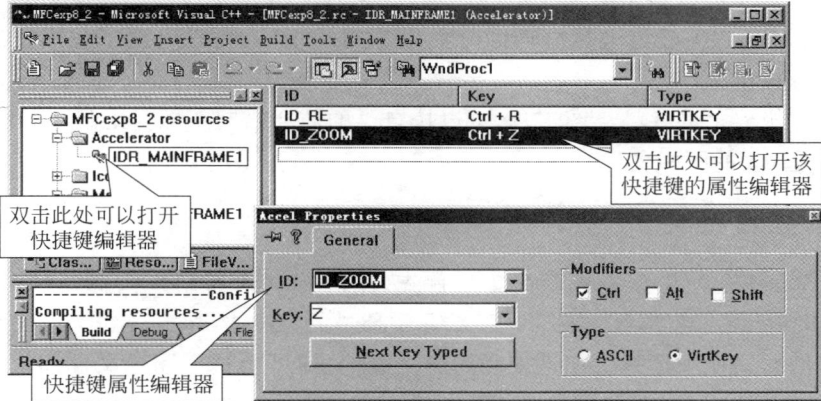

图 8-10　使用快捷键编辑器编辑快捷键表

8.4　图　标

一个完善的 Windows 程序,每个文件均应有一个图标,用鼠标左键双击该图标可以打开该文件。如果程序员不提供自己的图标,MFC 将为应用程序提供一个默认的图标。如果希望应用程序具有自己的特色,程序员应该为程序提供自己的图标。

8.4.1　制作图标

前面已经提到,图标这种资源的数据部分是与资源描述文件分开的,因此图标文件需要单独制作,在资源文件中只保存图标文件的名称和路径。为了方便程序设计,Visual C ++ 6.0 提供了一个专门制作图标的工具,称为图标编辑器,如图 8-11 所示。

图 8-11　图标编辑器

用图标编辑器可以制作两种规格的图标,一种称为大图标(32×32 位),另一种称为小图标(16×16 位),程序设计人员应该同时提供这两种规格的图标,至于应用程序使用哪种图标是由系统决定的。

用图标编辑器上的各种绘图工具,可以按自己的需要绘制图标。绘制完图标之后,要存储为扩展名是 ico 的图标文件。

8.4.2　资源描述文件的图标部分

在 MFC 程序中使用图标极其简单。首先,用图标编辑器制作图标,然后以扩展名为 .ico 把图标文件保存。选择 Visual C++ 6.0 开发环境的菜单 Project | Add To Project | Files,在随后打开的对话框中选择要加入工程的图标文件,即可把这个图标文件加入到工程的资源文件夹中,如图 8-12 所示。最后,在资源描述文件中添加如下描述语句来说明图标文件所在的位置:

程序资源的标识 ICON [选项] "资源文件路径"

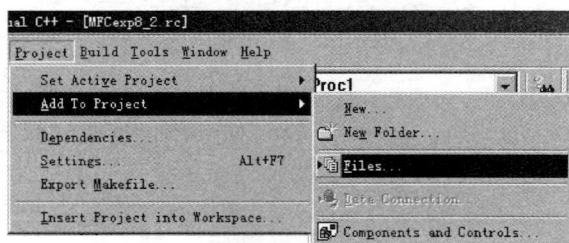

图 8-12　添加文件到工程

其中,ICON 是定义图标资源的关键字,在关键字后面可以使用资源的载入选项,在选项后面的双引号中描述的是图标文件的名称和路径。例如:

IDR_MAINFRAME1 ICON DISCARDABLE "res\\MFCexp8_2_1.ico"

8.5　位　　图

位图(bitmap)是一种点阵式图像数据。Visual C++ 6.0 可以把位图文件作为资源加入工程项目。

制作位图文件,可以用 Visual C++ 6.0 提供的位图编辑器,但由于用这种编辑器制作的位图尺寸小且颜色种类少,所以人们通常还是用其他专门的图像工具来制作位图文件。

8.5.1　资源描述文件的位图部分

使用图像制作工具设计出位图之后,如果要把它作为工程项目的位图资源,则需要把该文件放置在工程文件中的 res 文件夹中,然后在工程项目的资源文件中添加如下描述:

标识符 BITMAP　DISCARDABLE　"res\\位图名.bmp"

其中,BITMAP 是定义位图资源的关键字,在这个描述的最后在双引号中说明了位图文件的位置和名称。如此定义之后,在程序中就可以用定义中的标识符来装载位图了。

8.5.2 位图资源的使用

位图资源的使用,需要经过下面几个步骤。

1. 把位图资源载入位图对象

为了保存位图信息及对位图进行处理,MFC 提供了一个位图类 CBitmap,CBitmap 类有两个向 CBitmap 类对象装载位图文件信息的成员函数:

```
BOOL LoadBitmap(LPCTSTR lpszResourceName);
BOOL LoadBitmap(UINT nIDResource);
```

其中,参数 lpszResourceName 为资源名称,而 nIDResource 为资源的标识。在资源装载成功后,函数的返回值为非零值,否则返回零值。

这样,为了使用位图,则需要先定义一个位图类的对象,然后用上面的任意一个成员函数把位图装载到对象中。例如,下面的代码:

```
CBitmap m_Bmp;                    //定义位图对象
m_Bmp.LoadBitmap(IDB_BITMAP);     //把标识为 IDB_BITMAP 的位图装入对象
```

2. 获得位图信息

为了处理位图,CBitmap 类对象可以用成员函数

```
int GetBitmap(BITMAP * pBitMap);
```

获得位图的各种信息。在调用了上述函数之后,位图的信息保存在 BITMAP 结构类型的变量 pBitMap 中。BITMAP 是 Windows 定义的一个专门存放位图信息的结构:

```
typedef struct tagBITMAP{
    int bmType;               //位图类型
    int bmWidth;              //位图宽
    int bmHeight;             //位图高
    int bmWidthBytes;         //位图每行的字节数目
    BYTE bmPlanes;            //位平面数
    BYTE bmBitsPixel;         //每点字节数
    LPVOID  bmBits;           //位图数据指针
}BITMAP;
```

3. 把位图选入内存设备环境

为了便于在内存中对位图进行一些绘图操作,位图不是直接被选入显示设备的 DC,而是要先选入内存设备 DC。即先要用函数 CreateCompatibleDC( )创建一个合适的内存设备环境:

```
CDC MemDC;                        //定义设备环境对象
MemDC.CreateCompatibleDC(NULL);   //创建内存设备环境
```

然后,把位图对象选入内存设备环境:

```
MemDC.SelectObject(&m_Bmp);
```

4. 显示位图

为了在显示设备上显示位图,需要调用 CDC 类的成员函数 BitBlt( ),把位图从内存设备环境复制到指定的设备环境(如显示器)中。BitBlt( )函数的原型为如下:

```
BOOL BitBlt(int x, int y, int nWidth, int nHeight, CDC * pScrDC, int xSrc, int ySrc,
    DWORD dwRop);
```

函数各参数的意义如图 8-13 所示。

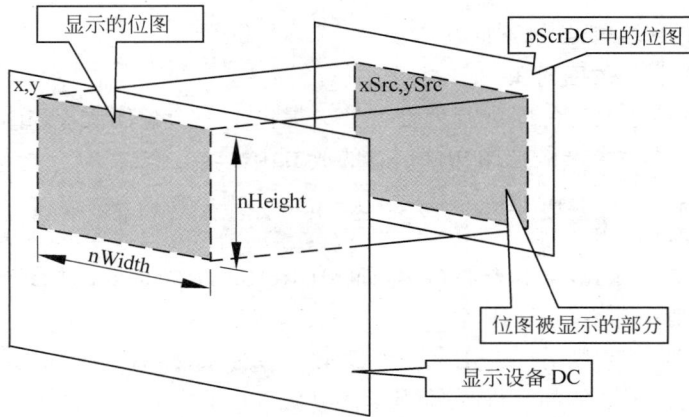

图 8-13　BitBlt()函数中各参数的意义

例 8-4　使用位图资源的实例。

（1）用 MFC AppWizard 创建一个名称为 MFCexp8_4 的工程。

（2）用任何一种图像制作软件制作一个位图文件并命名为 qiche，然后把它保存在工程的 res 文件夹中。

（3）在 Resource.h 文件中添加如下标识符的定义：

```
#define IDB_MY_BITMAP 130
```

（4）打开工程的资源描述文件，并添加如下位图资源描述：

```
IDB_MY_BITMAP BITMAP DISCARDABLE "res\\qiche.bmp"
```

（5）在文档类声明中，声明如下对象和数据成员：

```
class CMFCexp8_4Doc : public CDocument
{
    ⋮
    public:
        CBitmap m_Bitmap;          //位图对象
        int m_nWidth;              //存储位图宽的数据成员
        int m_nHeight;             //存储位图高的数据成员
    ⋮
};
```

（6）在文档类的构造函数中装载位图并获得位图尺寸：

```
CMFCexp8_4Doc::CMFCexp8_4Doc( )
{
    BITMAP BM;
    m_Bitmap.LoadBitmap(IDB_MY_BITMAP);
    m_Bitmap.GetBitmap(&BM);
    m_nWidth=BM.bmWidth;
    m_nHeight=BM.bmHeight;
}
```

（7）在视图类的 OnDraw()函数中，显示位图：

```
void CMFCexp8_4View::OnDraw(CDC * pDC)
{
    CMFCexp8_4Doc * pDoc=GetDocument( );
    ASSERT_VALID(pDoc);
    CDC MemDC;
    MemDC.CreateCompatibleDC(NULL);
    MemDC.SelectObject(pDoc->m_Bitmap);
    pDC->BitBlt(0,0,pDoc->m_nWidth,pDoc->m_nHeight, &MemDC,0,0,SRCCOPY);
}
```

程序运行结果如图 8-14 所示。

图 8-14　例 8-4 程序运行结果

本 章 小 结

- 资源是与应用程序逻辑数据相隔离，用资源描述文件说明，由资源编译器生成，可以动态加载方式供 Windows 应用程序使用的数据。资源是程序用户界面的重要组成部分。常用的资源有菜单、加速键、图标、位图等。
- 程序所需的资源使用资源描述文件来说明，并在资源头文件中用标识符唯一地进行标识。
- 资源可以使用 Visual C++ 的资源编辑器来创建和编辑，也可以使用文本编辑器来编辑。
- 菜单的使用与 Windows 的命令消息 WM_COMMAND 相关。
- 菜单项消息映射宏的格式如下：
  ON_COMMAND(菜单项 ID,消息响应函数名)
- 菜单项动态修改的消息映射宏的格式如下：
  ON_UPDATE_COMMAND_UI(菜单项 ID,消息响应函数名)
- 在文档/视图结构的程序中，资源的加载是由应用程序类的 InitInstance( )函数中通过构造 CDocTemplate(包括其派生类)对象来完成的。
- 热键在资源描述文件中与所对应的菜单项关联。

- 图标使用 Visual C++ 开发环境的菜单 Project|Add To Project|Files 添加。
- 在应用程序中,位图用 CBitmap 对象来保存,由成员函数 LoadBitmap() 来加载,在显示时需先选入内存 DC 中,然后再用 BitBlt() 函数把它由内存 DC 复制到显示设备的 DC。

习 题 8

8-1 在 Windows 应用程序中,什么样的数据称为资源? 常用资源有哪些?

8-2 在 Visual C++ 中,编辑资源数据可以使用哪两种方法?

8-3 程序运行时,用户选中一个菜单项,会发出哪种消息? 根据什么判断消息源?

8-4 在程序中如何使用图标资源?

8-5 简述在 MFC 中使用位图资源的步骤。

8-6 创建一个具有菜单的 Windows 应用程序,用编辑 MFC AppWizard 提供现有菜单的方法创建应用程序的菜单。其中,主菜单包括"文件"、"编辑""帮助"3 个选项。"文件"菜单的子菜单有"新建""打开""退出"等菜单项,"编辑"菜单的子菜单中有"剪切""粘贴""复制"等菜单项,"帮助"菜单的子菜单中有"帮助目录""关于"等菜单项。试编写该资源的文本文件。

8-7 创建一个单文档应用程序,试用 Visual C++ 的资源编辑器修改原菜单,在主菜单中添加一个选项"标记"。"标记"的子菜单中有"标记 1"、"标记 2"和"标记 3"这 3 个菜单选项。要求在这 3 个菜单选项前面设置一个标记,当选项被选中后会显示该标记,而再次选中时则去掉标记。

8-8 创建一个单文档应用程序,再创建一个新图标替换应用程序原来的图标。

8-9 为单文档程序添加一个"绘图"菜单项,在该项的子菜单中有"正方形""椭圆""三角形""平行四边形"等菜单选项。选中一个菜单项会在应用程序窗口的用户区中画出相应的图形,同时清除原有图形。

8-10 阅读 Visual C++ 的帮助文档,了解一个名为 StretchBlt 的函数,该函数与 BitBlt() 函数一样可以把内存中的位图显示在显示器的屏幕上,但它与 BitBlt() 不同的是可以把位图拉伸或缩小。试用这个函数编制一个可以对位图放大和缩小的应用程序。

思考题:用资源来组织应用程序界面的数据有什么好处?

第9章 MFC 的文件处理机制

一个完善的应用程序应该具有良好的文件处理机制,从而能把应用程序中的数据制作成文件保存在永久性存储介质(一般为计算机的磁盘)中,并在将来从永久性存储介质中把文件读入应用程序时,能在内存将其恢复成原来的状态。即文件处理机制能实现数据的持久性(persisitance)。

MFC 主要有两种文件处理机制:一是通过 CFile 类对象处理文件的机制,二是对象的序列化(serialization)机制。

本章主要内容:
- MFC 的 CFile 类。
- MFC 的 CArchive 类。
- 对象的序列化机制。
- MFC 的序列化函数 Serialize( )。
- MFC 的序列化宏。

9.1 CFile 类

MFC 把系统的大多数文件操作函数都封装在 CFile 类中,用户可以通过 CFile 类及其派生类的对象对文件进行读、写、添加、删除等操作。由于这种做法对文件的操作比较直接、自由,因此至今为止仍是某些程序员非常喜欢使用的一种方法。

9.1.1 CFile 类常用成员函数

CFile 类的常用成员函数如表 9-1 所示。

表 9-1 CFile 类的常用成员函数

函　　数	说　　明
Abort( )	不考虑文件是否有错,关闭文件
Close( )	关闭文件
Duplicate( )	创建文件对象副本
Flush( )	清除尚未写入的数据
GetFileName( )	获得文件名
GetFilePath( )	获得文件的完整路径
GetFileTitle( )	获得文件标题
GetPosition( )	获得文件指针

函　数	说　明	
GetLength( )	获得文件长度	
GetStatus( )	获得文件状态	
LockRange( )	锁定文件的一部分	
Open( )	打开文件	
Read( )	从文件中读取数据	
ReadHuge( )	使用 DWORD 读取计数,从文件中读取数据	
Remove( )	删除文件	
Rename( )	更改文件名	
Seek( )	文件指针定位	
SeekToBegin( )	把文件指针定位于文件头	
SeekToEnd( )	把文件指针定位于文件尾	
SetFilePath( )	设置文件路径	
SetLength( )	改变文件长度	
SetStatus( )	设置文件状态	
UnlockRange( )	解除对文件一部分的锁定	
Write( )	把数据写入一个文件	
WriteHuge( )	使用 DWORD 写计数,把数据写入文件	

9.1.2　文件的创建与打开

无论是新建文件还是打开文件,在 MFC 看来,实质上都是要创建一个文件对象(CFile 类的对象)。为不同应用目的,CFile 类提供了几个不同的构造函数,下面是 CFile 类的一个常用构造函数原型:

```
CFile(
    LPCTSTR lpszFileName,        //文件名称(路径)
    UINT nOpenFlags              //文件打开方式
    ); throw( CFileException );  //可抛出异常
```

参数 nOpenFlags 用来确定文件的创建或打开方式,几种常用的 nOpenFlags 的取值如表 9-2 所示。

表 9-2　几种常用的文件创建及打开方式

打开方式	说　明	
CFile::modeCreate	构造一个新文件,如果文件已存在,则长度变成 0	
CFile::modeNoTruncate	与 modeCreate 组合使用,如果文件已存在则其长度不变为 0	

打 开 方 式	说　明
CFile∷modeRead	以只读方式打开文件
CFile∷modeReadWrite	以读写方式打开文件
CFile∷modeWrite	以只写方式打开文件
CFile∷ShareExclusive	以独占模式打开文件,禁止其他进程对文件的读写

例 9-1　编写一个单文档界面程序,当用户用鼠标左键单击程序窗口用户区时,能在当前目录下以只写方式创建一个名称为"test.txt"的文件。

用 MFC AppWizard 创建一个工程,在鼠标左键按下消息处理函数 OnLButtonDown( )中加入如下代码:

```
void CMFCexp9_1View∷OnLButtonDown(UINT nFlags, CPoint point)
{
    char * pFileName="test.txt";
    TRY
    {
        CFile file( pFileName,          //文件名
            CFile∷modeCreate |          //创建文件
            CFile∷modeWrite             //只写方式
            );
    }
    CATCH( CFileException, e )
    {
        #ifdef _DEBUG
        afxDump <<"File could not be opened " <<e->m_cause <<"\n";
        #endif
    }
    END_CATCH
    CView∷OnLButtonDown(nFlags, point);
}
```

程序运行后,在窗口用户区用鼠标左键单击一次,然后查看当前目录,就会发现文件夹中多出了一个文件 test.txt,这就是程序创建的文件,如图 9-1 所示。当然,因为只是建立了一个文件,程序并没有向这个文件写任何内容,所以用 Windows 记事本程序打开这个文件时会发现这是一个空文件。

9.1.3　文件的读写

1. 文件读写的定位

进行文件的读写操作时需要指定对文件的操作位置,为此 CFile 类提供了成员函数 Seek( ),用来对操作位置进行定位,它的原型如下:

```
LONG Seek(
    LONG lOff,          //指针移动的字节数
    UINT nFrom          //指针移动的起始位置
    );throw(CFileException);
```

当要求指针移动的字节数为合法数值时,Seek( )函数返回从文件起始处起的字节偏移

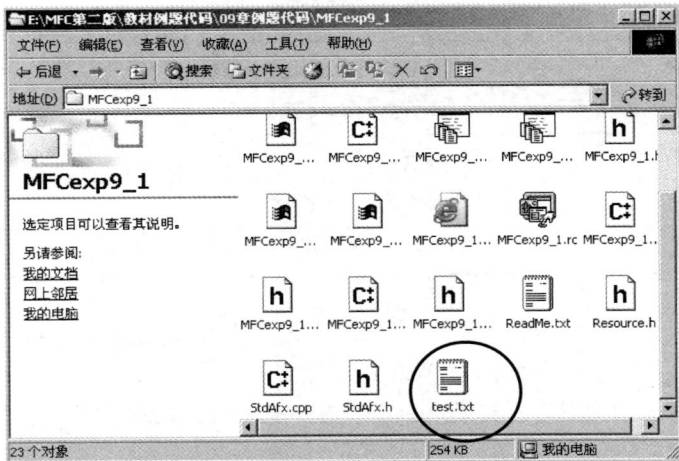

图 9-1　例 9-1 程序运行后会在当前目录中创建一个文件

量。参数 nFrom 的取值如表 9-3 所示。

表 9-3　nFrom 的取值

nFrom 的取值	说　　　明	
CFile∷begin	以文件首为指针移动的起始位置	
CFile∷current	以指针的当前位置为指针移动的起始位置	
CFile∷end	以文件尾为指针移动的起始位置	

还有两个与文件指针相关的 CFile 成员函数如下：

```
void SeekToBegin( );            //使指针移动到文件的起始处
```

和

```
DWORD SeekToEnd( );            //返回文件长度(字节数)
```

2. 文件的写操作

常用的用于写文件的 CFile 成员函数如下：

```
void Write(
    const void * lpBuf,                //用户提供的数据缓冲区指针
    UINT nCount                        //写入文件的字节数
    );
```

例 9-2　编写一个单文档界面程序,当用户用鼠标单击程序窗口用户区时,在当前目录下,以只写方式创建一个名称为"myfile.txt"的文件,并向其写入字符："Hello! This is a file."。

创建一个单文档界面应用程序,在鼠标左键按下消息处理函数中填写如下代码：

```
void CMFCexp9_2View∷OnLButtonDown(UINT nFlags, CPoint point)
{
    char * pFileName="myfile.txt";
    CFile file( pFileName,                        //文件名
        CFile∷modeCreate |                        //创建文件
```

```
        CFile::modeWrite                              //只写方式
        );
    try
    {
        file.SeekToBegin();                           //置文件指针到文件头
        char Data[ ]=" Hello! \nThis is a file.";     //定义数据缓冲区并赋值
        file.Write(Data,sizeof(Data));                //写文件
        file.Flush();
        file.Close();
    }
    catch(CFileException * e)
    {
        CString str;
        str.Format("读取数据失败的原因是:%d",e->m_cause);
        MessageBox("str");
        file.Abort();
        e->Delete();
    }
    CView::OnLButtonDown(nFlags, point);
}
```

在程序运行后,用鼠标在用户区单击一下,将会在当前目录中创建一个文件并写入相应的数据,结果如图 9-2 所示。

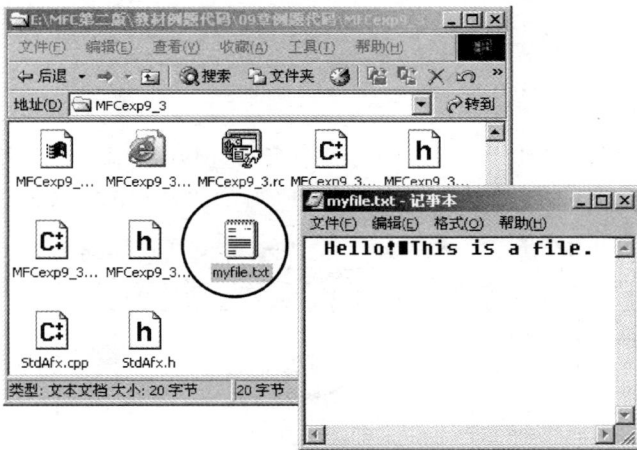

图 9-2　例 9-2 程序运行后会在当前目录中创建一个文件

3. 文件的读操作

常用的用于读文件的 CFile 成员函数如下:

```
UINT Read (
    void * lpBuf,        //读缓冲区指针
    UINT nCount          //读取的字节数
    );
```

函数调用成功后,其返回值为读取到缓冲区的字节数。

例 9-3　编写一个单文档界面程序,当用户用鼠标单击程序窗口用户区时在当前目录下,以只读方式打开一个名称为"MyBmp.bmp"的位图文件,试用 CFile 类的成员函数 file.

Read( )读取该位图的相关信息。

在鼠标左键按下消息处理函数中填写如下代码:

```
void CMFCexp9_3View::OnLButtonDown(UINT nFlags, CPoint point)
{
    // TODO: Add your message handler code here and/or call default
    CFile file;                          //创建文件对象
    BITMAPINFOHEADER bmpinfo;            //定义 BITMAPINFOHEADER 结构变量
    try
    {
        file.Open("MyBmp.bmp",CFile::modeRead);          //打开文件
        file.Seek(sizeof(BITMAPFILEHEADER),CFile::begin); //移动文件指针
        file.Read(&bmpinfo,sizeof(BITMAPINFOHEADER));    //读取文件信息
        CString str;
        str.Format("位图文件的长是%d,高是%d",bmpinfo.biWidth,bmpinfo.biHeight);
        MessageBox(str);                                 //用信息框输出文件信息
        file.Close( );
    }
    catch(CFileException * e)
    {
        CString str;
        str.Format("读取数据失败的原因是:%d",e->m_cause);
        MessageBox("str");
        file.Abort( );
        e->Delete( );
    }
    CView::OnLButtonDown(nFlags, point);
}
```

在当前目录下存放一个位图文件,并将其命名为“MyBmp.bmp”。然后运行程序,并在窗口用户区单击鼠标左键,于是就会出现如图 9-3 所示的显示位图文件信息的信息框。

图 9-3　例 9-3 程序运行后单击鼠标左键会得到位图文件信息

9.1.4　CFile 的派生类 CMemFile

CFile 有 CStdioFile、CMemFile 和 CSocketFile 等多个派生类,下面简要介绍 CMemFile。

CMemFile 称为内存文件类,该类对象代表了一块内存区域,是一个可以像读写文件一样来操作的内存区域,用它可以很方便地在独立程序模块之间进行大块数据的交换(通信)。

CMemFile 类的常用成员函数为 Read( )和 Write( ),前者用来读文件,后者用来写文

件。例如,下面的代码段:

```
//在文档类中定义一个内存文件对象
CMemFile memfile;                              //定义内存文件对象

//在同一个应用程序的一个模块中使用如下代码
CXt9Doc * pDoc=GetDocument( );
CString str;
str="This is a MemFile.";
pDoc->memfile.Write(str.GetBuffer(0),str.GetLength( ));

//在同一个应用程序的另一个模块中使用如下代码
CXt9Doc * pDoc=GetDocument( );
CString str="";
pDoc->memfile.SeekToBegin( );
pDoc->memfile.Read(str.GetBuffer(0),16);
```

这样就可以借助内存文件,进行两个程序模块的数据通信。

9.1.5　CFileFind 类

在应用程序中经常需要对文件进行一些查找工作。为了方便,MFC 把相关功能函数封装成一个类 CFileFind,它提供了许多用来获取文件的状态或者属性的成员函数。CFileFind 派生于 CObject 类。其部分代码如下:

```
class CFileFind : public CObject
{
    public:
        CFileFind( );
        virtual~CFileFind( );
    public:
        DWORD GetLength( ) const;
            ⋮
        virtual CString GetFileName( ) const;
        virtual CString GetFilePath( ) const;
        virtual CString GetFileTitle( ) const;
            ⋮
        BOOL IsReadOnly( ) const;
        BOOL IsDirectory( ) const;
            ⋮
        void Close( );
        virtual BOOL FindFile(LPCTSTR pstrName=NULL, DWORD dwUnused=0);
        virtual BOOL FindNextFile( );
    protected:
        virtual void CloseContext( );
    protected:
        void * m_pFoundInfo;
        void * m_pNextInfo;
            ⋮
        DECLARE_DYNAMIC(CFileFind )
};
```

例如,用如下代码可以遍历当前文件夹下的所有文件:

```
CFileFind finder;
```

```
BOOL bWorking=finder.FindFile( " * . * " );
while (bWorking)
{
    bWorking=finder.FindNextFile( );
}
```

当需要了解一个特定文件的属性时,也可以使用 CFile 的成员函数 GetStatus( )。这时需要使用 MFC 定义的 CFileStatus 结构与之相配合。CFileStatus 结构的定义如下:

```
struct CFileStatus
{
    CTime m_ctime;                              //文件创建时间
    CTime m_mtime;                              //文件最近一次修改时间
    CTime m_atime;                              //文件最近一次访问时间
    LONG m_size;                                //文件大小
    BYTE m_attribute;                           //文件属性
    BYTE _m_padding;                            //没有实际含义,用来增加 1 字节
    TCHAR m_szFullName[_MAX_PATH];              //绝对路径
    #ifdef _DEBUG
    //实现 Dump 虚拟函数,输出文件属性
    void Dump(CDumpContext& dc) const;
    #endif
};
```

例如,下面的代码段:

```
CFile Myfile;                                   //创建文件对象
Myfile.Open("MyBmp.bmp",CFile::modeRead);      //打开文件
CFileStatus status;                             //定义 CFileStatus 结构变量
Myfile.GetStatus(status);                       //获得文件的属性
#ifdef _DEBUG
    status.dump(afxDump);
#endif
```

9.2   CArchive 类

众所周知,C++ 使用插入符"<<"和提取符">>"进行数据输入输出。MFC 为了与 C++ 的语法格式相一致,并配合对象的序列化,MFC 构建了一个文件档案类 CArchive。

9.2.1   插入符和提取符的重载

文件档案类 CArchive 的第一个任务就是重载插入符"<<"和提取符">>"。从类 CArchive 的代码中可以看到如下代码片段:

```
CArchive& operator<<(BYTE by);
CArchive& operator<<(WORD w);
CArchive& operator<<(LONG l);
CArchive& operator<<(DWORD dw);
⋮
CArchive& operator>>(BYTE& by);
CArchive& operator>>(WORD& w);
CArchive& operator>>(DWORD& dw);
CArchive& operator>>(LONG& l);
```

```
CArchive& operator>>(float& f);
CArchive& operator>>(double& d);
```

也就是说,CArchive 重载了各种基本数据类型的插入和提取运算符,从而使用户可以用"<<"和">>"向 CArchive 类对象进行基本数据类型数据的读写操作。

9.2.2　CArchive 类对象与 CFile 类对象的关联

因为毕竟是对文件进行操作,因此 CArchive 类对象必须与一个文件对象相关联,也就是说,用户在创建一个 CArchive 类对象之前,必须先创建一个 CFile 对象,并保证 CArchive 类对象的读写状态与文件的打开模式兼容。

CArchive 类的构造函数如下:

```
CArchive(CFile * pFile,              //与 CArchive 类对象相关联的 CFile 类对象
    UINT nMode,                      //模式
    int nBufSize=4096,
    void * lpBuf=NULL
    );
```

其中,nMode 的取值如下:

```
enum Mode
{
    store=0,                         //写档
    load=1,                          //读档
    bNoFlushOnDelete=2,
    bNoByteSwap=4
};
```

应用程序并不直接与 CFile 对象打交道,而是通过 CArchive 类中的一个数据缓冲区与 CFile 类对象打交道。CArchive 类对象与 CFile 类对象之间的关系如图 9-4 所示。

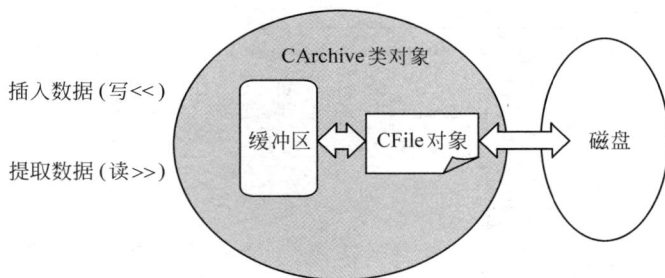

图 9-4　CArchive 类对象与 CFile 类对象之间的关系

CArchive 类中还有两个用户可以用来判断 CArchive 类对象当前工作模式的函数:

```
BOOL IsLoading() const;
BOOL IsStoring() const;
```

当 CArchive 类对象处于写档状态时,函数 IsStoring( )返回值为 TRUE;而 CArchive 类对象处于读档状态时,函数 IsLoading( )返回值为 TRUE。

在使用了 CArchive 类对象后,要调用其成员函数 Close( )清除未写入的数据并与 CFile 对象断开。

例 9-4　编写一个单文档界面程序,当用户用鼠标单击程序窗口用户区时,在当前目录

下,可以通过 CArchive 类对象创建一个名称为"myfile.txt"的文件,并以字符输入方式输入"Hello,Archive!"。

鼠标左键按下消息处理函数代码如下:

```
void CMFCexp9_4View::OnLButtonDown(UINT nFlags, CPoint point)
    {
    CFile * pFileName=new CFile(
        "myfile.txt",                   //文件名
        CFile::modeCreate |             //创建文件
        CFile::modeWrite                //只写方式
        );

    CArchive SaveArchive(pFileName,     //定义 CArchive 类对象
        CArchive::store |               //写模式
        CArchive::bNoFlushOnDelete
        );

    SaveArchive<<'H'<<'e'<<'l'<<'l'<<'o'<<','<<'A'<<'c'<<'h'<<'i'<<'v'<<
        'e'<<'!';
    SaveArchive.Close();
    pFileName->Close();
    delete pFileName;
    CView::OnLButtonDown(nFlags, point);
}
```

该程序运行后,用户在程序窗口用户区按下鼠标左键程序就会在当前目录创建文件 myfile.txt,如果用户在当前目录中用 Windows 的记事本程序打开该文件就会出现如图 9-5 所示结果。

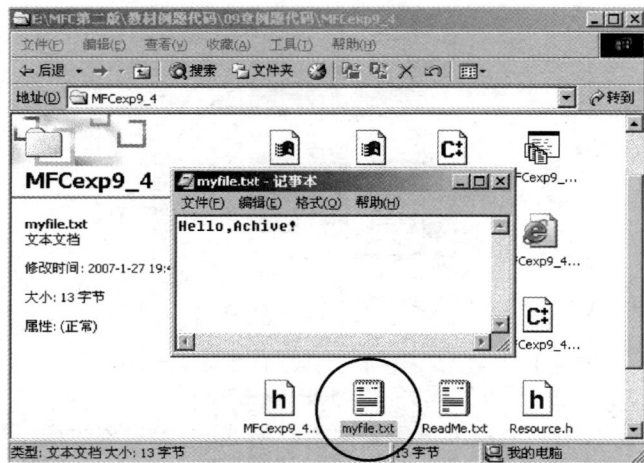

图 9-5   例 9-4 程序运行结果

其实,MFC 创建 CArchive 的真正目的是配合后面介绍的对象序列化工作,所以 CArchive 类除了重载了各种基本数据类型的插入和提取运算符之外,还包含如下代码:

```
friend CArchive& AFXAPI operator<<(CArchive& ar, const CObject * pOb);
friend CArchive& AFXAPI operator>>(CArchive& ar, CObject * & pOb);
friend CArchive& AFXAPI operator>>(CArchive& ar, const CObject * & pOb);
```

即 CArchive 类还定义了三个对于 CObject 类及其派生类对象进行读写操作的运算符，从而使程序可以用"<<"和">>"向 CArchive 类的对象进行 CObject 类及其派生类对象读写操作，并在这些操作中包含对象类信息的读写工作，为对象的动态创建提供了基础。

9.3 对象的序列化

类的对象作为一种特殊的数据类型与普通类型数据相比，在读写操作时有其特殊的问题需要解决。在面向对象程序设计中，普遍采用一种称为序列化的机制来实现对象的读写。

9.3.1 序列化的基本概念

序列化（也称为串行化）一词由英文单词 serialize 而来，是面向对象程序设计中应对象这种数据的存储和恢复的要求而产生的一种文件读写机制。

在面向对象的应用程序中，许多数据是以对象形式存在的，这种数据形式不仅规模巨大，而且对象中常常又有内嵌对象，从而形成了如图 9-6 所示的多层嵌套结构（图中的三角形表示是标准类型的数据成员）。特别是内嵌对象常常含有私有或保护成员，所以对象的永久性存储就具有其特殊的复杂性。为了解决这个问题，人们构建了对象序列化存储机制。

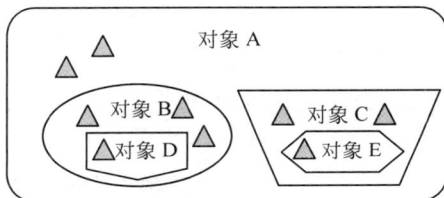

图 9-6 一个带有内嵌对象的复杂对象的示意图

鉴于目前对于标准数据类型数据已经有了成熟的存储办法，所以解决对象这种大型非标准类型数据的存储问题时，人们首先想到的是把一个大对象拆分成小的可存储单元（标准数据类型数据），从而可以利用已有的办法把它们存储到文件中，而在读取文件时，则从文件中提取这些小数据并按原结构在程序中重构原对象。即如果把类的对象想象成一个包裹的话，那么一个嵌有小对象的大对象就是大包裹里有小包裹的层层嵌套结构。这样，在存储时，就可以从大包裹到小包裹，让每个包裹只负责存储自己的基本类型数据，而在读取时，则按同样顺序让每个包裹也只负责读取自己的基本类型数据。

具体做法为：利用对象具有行为能力（具有成员函数）的特点，在每个需要存储数据的类中定义一个专门承担本类对象数据读写工作的函数。这样就可以通过外层对象数据读写函数调用内嵌对象的数据读写函数的方法，来使各个对象能够逐次进行数据的读写工作。例如，对如图 9-6 所示的对象来说，程序可以像图 9-7 那样进行数据的存储和读取工作。

显然，在数据存储时这是一个递次拆包的过程，而在读文件的时候是一个递次打包组装的过程，并在这个过程中完成了对象向字节流，以及字节流向对象的转换，从而实现了对象的永久化。面向对象技术的这种存储和读取机制，就称为序列化。

9.3.2 MFC 的 Serialize() 函数

前面谈到，为了实现对象数据的读写，类中必须定义一个专司本类对象数据读写的函数。为了方便，MFC 在基类 CObject 中为用户定义了这个函数，而且是个虚函数，其名称为 Serialize()，也称为序列化函数。于是，凡是以 CObject 派生的用户自定义类就会自然含有

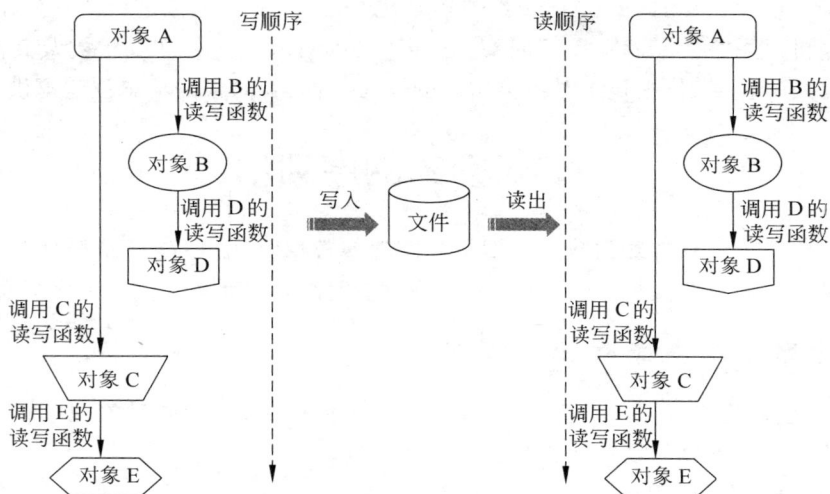

图 9-7 对象序列化示意图

这个虚函数。如果打开类浏览器，读者在 CObject 类中可以清楚地看到这个称为 Serialize() 的虚函数，如图 9-8 所示。

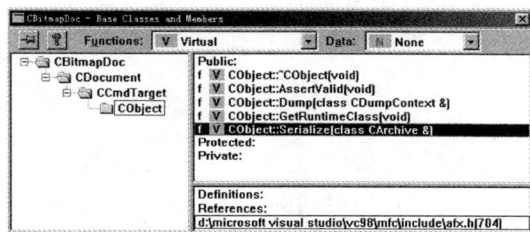

图 9-8 CObject 类的虚函数成员

当用 MFC AppWizard 生成应用程序框架时，系统会为文档类的派生类自动提供自 CObject 继承来的虚函数 Serialize() 的框架，言外之意是通知用户，序列化工作总是从文档类对象开始的，因为文档类对象是应用程序的数据库，是最大的那个包裹。

用户如果要用序列化的方法进行文件操作，就必须重写这个虚函数。其框架代码如下：

```
void CMFCexp9_1Doc::Serialize(CArchive& ar)
{
    if (ar.IsStoring())      //判断是否为写操作
    {
        //在此编写写入数据代码
    }
    else
    {
        //在此编写读取数据代码
    }
}
```

尽管这个函数只是一个框架，但它提供了 MFC 序列化函数的标准格式。

在标准 MFC 应用程序的读写过程中，程序会首先调用文档类的序列化函数 Serialize()。

如图 9-6 所示对象用函数 Serialize( )进行序列化的过程见图 9-9(图中未画出对象 E 的部分,读者可以补齐)。

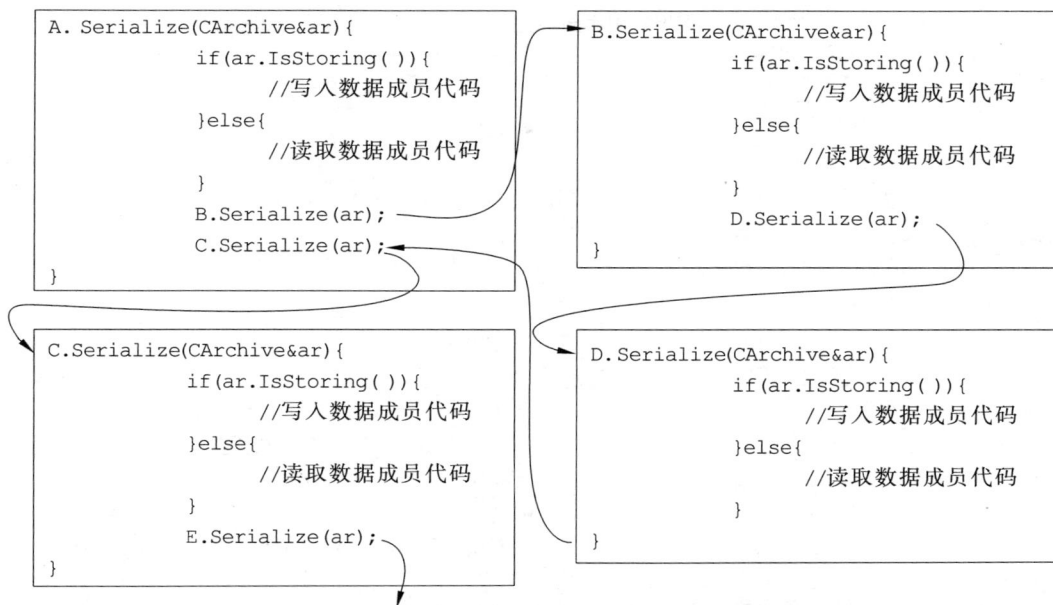

```
A. Serialize(CArchive&ar){
        if(ar.IsStoring( )){
            //写入数据成员代码
        }else{
            //读取数据成员代码
        }
        B.Serialize(ar);
        C.Serialize(ar);
}
```

```
B.Serialize(CArchive&ar){
        if(ar.IsStoring( )){
            //写入数据成员代码
        }else{
            //读取数据成员代码
        }
        D.Serialize(ar);
}
```

```
C.Serialize(CArchive&ar){
        if(ar.IsStoring( )){
            //写入数据成员代码
        }else{
            //读取数据成员代码
        }
        E.Serialize(ar);
}
```

```
D.Serialize(CArchive&ar){
        if(ar.IsStoring( )){
            //写入数据成员代码
        }else{
            //读取数据成员代码
        }
}
```

图 9-9 用 Serialize( )函数实现序列化

9.3.3 MFC 应用程序的序列化过程

如果应用程序是由 MFC AppWizard 自动生成的,序列化的启动代码就由向导自动生成。当用户选择程序菜单选项"文件"|"打开"时,该事件会激活文档对象的消息处理函数 OnFileOpen( ),然后在这个函数中调用文档对象的序列化函数 Serialize( );而当用户选择菜单选项"文件"|"保存"或"文件"|"另存为"时,则该事件会激活文档对象的消息处理函数 OnFileSave( )或 OnFileSaveAs( ),然后在函数中调用文档对象的序列化函数 Serialize( )。图 9-10 给出了 MFC 应用程序文件操作及其对象数据的序列化过程。

为使读者有一个基本概念,这里仅把文档类的"文件"|"打开"命令响应函数 OnOpenDocument( )的主要代码列举如下:

```
BOOL CDocument::OnOpenDocument(LPCTSTR lpszPathName)    //待打开文件的路径
{
    ⋮
    CFile * pFile=GetFile(                              //创建或打开文件对象
        lpszPathName,                                   //待打开文件的路径
        CFile::modeRead                                 //读模式
        | CFile::shareDenyWrite,
        &fe);
    ⋮
    CArchive loadArchive(                               //创建 CArchive 类对象
        pFile,                                          //将文件对象嵌入 CArchive 对象中
        CArchive::load                                  //读模式
        | CArchive::bNoFlushOnDelete);
```

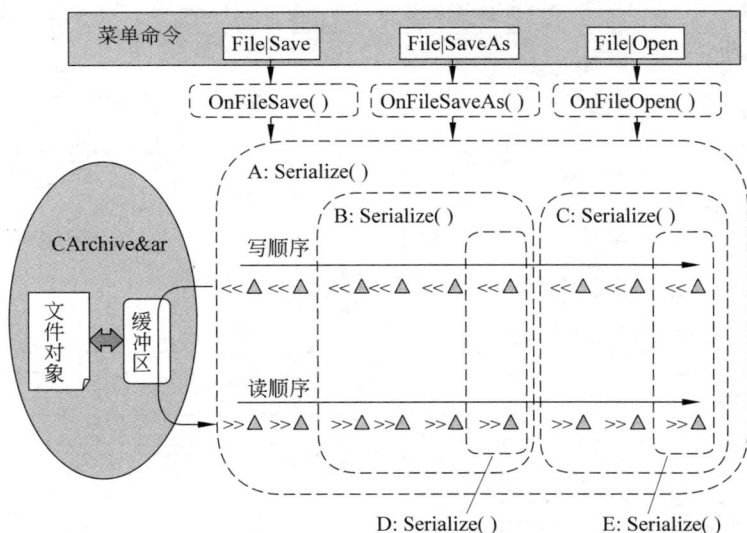

图 9-10　图 9-6 对象按图 9-9 用 Serialize( )函数实现序列化的过程

```
loadArchive.m_pDocument=this;      //使 CArchive 对象文档对象指针指向当前文档
    ⋮
Serialize(loadArchive);            //调用文档对象的 Serialize( )
loadArchive.Close( );              //关闭 CArchive 对象
ReleaseFile(pFile, FALSE);         //释放文件对象
    ⋮
}
```

9.3.4　序列化的顺序

为了保证数据的正确读写,在序列化时必须遵照下面的规定。

- 对于嵌套对象来说,必须由外到内调用各个对象的序列化函数。
- 对于对象中的数据成员来说,写入顺序与读取顺序必须相同。

为使读者对序列化有一个基本的概念,这里举了一个简单的实例。

例 9-5　设计一个应用程序。要求定义一个全局类 CLetter,该类有一个字符变量成员 m_sLetter 及其相关的成员函数,并且要求该类继承自 CObject,以继承虚函数 Serialize( )。在文档中定义一个字符变量 m_lLetter 和一个内嵌 CLetter 类对象 m_eLetter。当鼠标左键在程序窗口的用户区被按下时,将字符变量 m_lLetter 赋值"M"并在用户区显示它;当鼠标右键在程序窗口的用户区被按下时,将类 CLetter 对象中的字符数据成员 m_sLetter 赋值"m"并在用户区显示它。把结果作为文件存入磁盘,并在关闭文件后再打开该文件,观察序列化是否成功。

（1）用 MFC AppWizard 以 MFCexp9_5 为名称创建一个多文档应用程序框架。

（2）在程序中以 CObject 为基类设计一个类 CLetter。代码如下：

```
//CLetter 类的声明文件 CLetter.h-----------------------------------------------------------
class CLetter : public CObject
```

```
{
    private:
        char m_sLetter;                                    //字符成员变量
    public:
        CLetter( );
        virtual void Serialize(CArchive& ar);              //重载序列化函数
    public:
        void SetLetter(char ch);                           //为字符变量赋值的函数
        char GetLetter( );                                 //获得字符变量的函数
        virtual~CLetter( );
};

// CLetter 类的实现文件 CLetter.cpp------------------------------------------------------
#include "stdafx.h"
#include "MFCexp9_5.h"
#include "Letter.h"
CLetter::CLetter( ){ m_sLetter=' '; }
CLetter::~CLetter( ){ }
char CLetter::GetLetter( )
{
    return m_sLetter;
}

void CLetter::SetLetter(char ch)
{
    m_sLetter=ch;
}
void CLetter::Serialize(CArchive& ar)
{
    if (ar.IsStoring( ))
    {
        ar<<m_sLetter;
    }
    else
    {
        ar>>m_sLetter;
    }
}
```

（3）在文档类文件中包含头文件 Letter.h 并在文档类声明中定义一个字符变量和一个
CLetter 类对象：

```
//文档类声明文件所添加的代码------------------------------------------------------
#include "Letter.h"
class CMFCexp9_5Doc : public CDocument
{
    ⋮
    public:
        char m_lLetter;                //定义字符变量
        CLetter m_Letters;             //定义字符类对象 public:
        ⋮
```

```
};
//文档类实现文件-----------------------------------------------------------
CMFCexp9_5Doc::CMFCexp9_5Doc()
{
    m_lLetter=' ';                        //初始化字符变量
}
//重写文档的序列化函数
void CMFCexp9_5Doc::Serialize(CArchive& ar)
{
    if (ar.IsStoring())
    {
        ar<<m_lLetter;              //保存文档类的数据成员
    }
    else
    {
        ar>>m_lLetter;              //读取文档类的数据成员
    }
    m_Letters.Serialize(ar);        //调用 CLetter 对象的序列化函数

}
```

在视图类中编写鼠标左键按下消息处理函数、鼠标右键按下消息处理函数和 OnDraw( ) 消息处理函数：

```
//鼠标左键按下消息处理函数-----------------------------------------------
void CMFCexp9_5View::OnLButtonDown(UINT nFlags, CPoint point)
{
    CMFCexp9_5Doc * pDoc=GetDocument();
    pDoc->m_lLetter='M';
    Invalidate();
    CView::OnLButtonDown(nFlags, point);
}

//鼠标右键按下消息处理函数-----------------------------------------------
void CMFCexp9_5View::OnRButtonDown(UINT nFlags, CPoint point)
{
    CMFCexp9_5Doc * pDoc=GetDocument();
    pDoc->m_Letters.SetLetter('m');
    Invalidate();
    CView::OnRButtonDown(nFlags, point);
}
//OnDraw()消息处理函数---------------------------------------------------
void CMFCexp9_5View::OnDraw(CDC * pDC)
{
    CMFCexp9_5Doc * pDoc=GetDocument();
    pDC->TextOut(30,6,pDoc->m_lLetter);
    pDC->TextOut(30,26,pDoc->m_Letters.GetLetter());
}
```

例 9-5 程序运行后，按下鼠标左键和右键的结果如图 9-11 所示。

选择菜单"文件"|"保存"选项，以文件名为"MFCexp9_5"保存后，关闭该窗口。选择菜单"文件"|"打开"选项，将前面保存的文件打开后结果如图 9-12 所示。

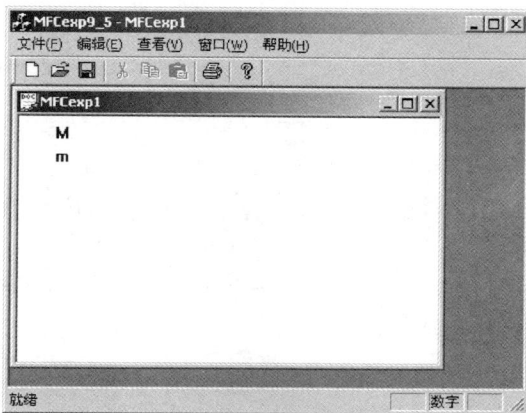

图 9-11　分别按下鼠标左键和右键显示大写字母 M 和小写字母 m

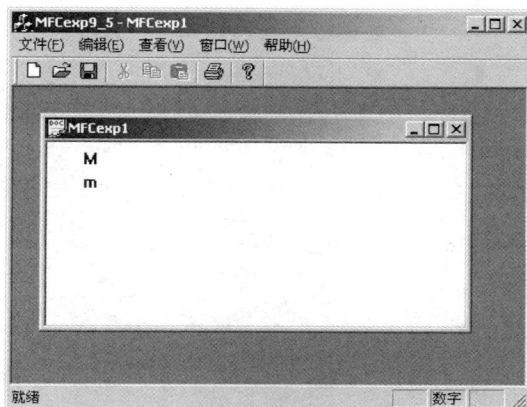

图 9-12　打开文件后的结果

9.4　宏 DECLARE_SERIAL 和 IMPLEMENT_SERIAL

例 9-5 只是为了说明序列化过程的一个简单例子,因此它不具备普遍性。因为例 9-5 的程序不能解决应用程序中含有动态对象(用 new 创建的对象)的序列化问题,所以 MFC 要求,凡是具有序列化能力的类应该含有 MFC 提供的对象动态创建宏。并且为了从文件读取一个对象时能读取对象动态创建所需的类信息,还应该重载本类对象的提取运算符"＞＞"。

基于上述原因,MFC 制作了宏 DECLARE_SERIAL 和 IMPLEMENT_SERIAL,宏分别封装了对象动态创建声明宏和实现宏以及本类对象提取运算符"＞＞"的重载。

序列化声明宏的代码如下:

```
#define DECLARE_SERIAL(class_name) \
    _DECLARE_DYNCREATE(class_name) \        //对象动态创建声明宏
    AFX_API friend CArchive& \              //重载">>"的声明
    AFXAPI operator>>(CArchive& ar, class_name * &pOb);
```

序列化实现宏的代码如下:

```
#define IMPLEMENT_SERIAL(class_name, base_class_name, wSchema) \
    对象动态创建的实现部分 \
CArchive& AFXAPI operator>>(CArchive& ar, class_name * &pOb) \//重载">>"实现
    { pOb=(class_name *) ar.ReadObject(RUNTIME_CLASS(class_name)); \
        return ar; } \
```

其中,参数 wSchema 为类的版本号,它必须为非 0xFFFF 的值。

综上所述可以知道,欲使一个类的对象具有序列化能力,从而使其成为一个可永久化的对象,则该类必须满足以下三个条件。

(1) 从 CObject 类或其派生类派生,以继承并重写 Serialize( )函数。

(2) 必须在类声明文件中使用序列化声明宏 DECLARE_SERIAL( ),在类实现文件中使用序列化实现宏 IMPLEMENT_SERIAL( )。

(3) 必须定义一个无参数的构造函数,以满足动态创建对象的需要。

一个永久性类的示意图如图 9-13 所示。

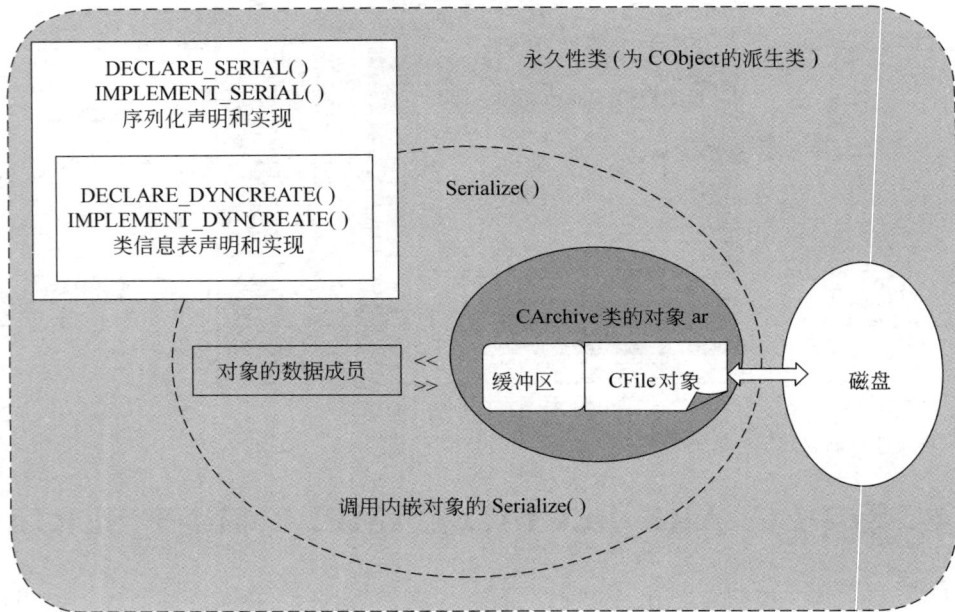

图 9-13 具有永久性能力类的示意图

另外需要注意的是,由于序列化是从文档类开始的,所以应用程序中凡是需要永久保存的数据都应该定义在文档类或其内嵌对象中。

例 9-6 设计一个应用程序,当用户每用鼠标左键单击程序窗口用户区时,都会在鼠标光标当前位置显示一个小写字母"m",并且该程序中的数据以序列化的方式存盘。

(1) 用 MFC AppWizard 以 MFCexp9_6 为名称创建一个多文档应用程序框架。

(2) 创建一个 CLetter 类来描述小写字母"m"和鼠标左键单击时光标的当前位置,即用户在程序用户区每按下鼠标左键一次,则会动态创建一个 CLetter 类对象。为使类具有序列化能力,CLetter 类声明了一个无参数的构造函数,使用了序列化声明和实现宏,并从 CObject 类来派生。CLetter 类声明及实现代码如下:

```
//CLetter 类声明----------------------------------------------------------------------------
class CLetter : public CObject
{
    DECLARE_SERIAL(CLetter)                          //序列化声明
    public:
        char m_sLetter;                              //字符成员变量
        int m_X,m_Y ;                                //鼠标位置
    public:
        CLetter( );                                  //无参数的构造函数
        CLetter(char ch,int x,int y);                //构造函数
        virtual void Serialize(CArchive& ar);        //重载序列化函数
    public:
        virtual~CLetter( );
};


//CLetter 类实现-----------------------------------------------------------------------------
IMPLEMENT_SERIAL(CLetter,CObject,1)                  //CLetter 类序列化实现宏
CLetter::CLetter( ) { }
CLetter::CLetter(char ch,int x,int y)
{
    m_sLetter=ch;   m_X=x;   m_Y=y;
}
CLetter::~CLetter( ) { }

//重写的序列化函数
void CLetter::Serialize(CArchive& ar)
{
    if (ar.IsStoring( ))
    {
        ar<<m_sLetter<<m_X<<m_Y;                     //写类数据成员
    }
    else
    {
        ar>>m_sLetter>>m_X>>m_Y;                     //读类数据成员
    }
}
```

（3）在文档类中定义了一个 MFC 提供的 CTypedPtrList 类型的指针链表，用以存放用户按下鼠标左键时创建的 CLetter 类对象，为此包含头文件 afxtempl.h。除此之外，文档类还声明并实现了两个函数：NewLetter( ) 和 DrawLetter( )。前者可将新创建的 CLetter 对象加入链表，后者可根据链表中对象的数据进行显示。下面列出了文档类声明和实现的部分代码：

```
//文档类声明的部分代码----------------------------------------------------------------------
#include <afxtempl.h>                                //必须包含此文件
#include "Letter.h"
class CMFCexp9_6Doc : public CDocument
{
    ⋮
    public:
        CTypedPtrList<CObList,CLetter * >m_LetterList ;  //链表
        void * NewLetter(int x,int y) ;              //向链表加入新对象的函数
        void DrawLetter(CDC * pDC);                  //显示链表内数据的函数
```

```
            ⋮
        virtual void Serialize(CArchive& ar);                    //序列化函数
            ⋮
        DECLARE_MESSAGE_MAP( )
};
//文档类实现的部分代码------------------------------------------------------
//向链表加入新对象的成员函数
void CMFCexp9_6Doc::NewLetter(int x,int y)
{
    CLetter * pLetterItem=new CLetter('m',x,y);                  //创建新对象
    m_LetterList.AddTail(pLetterItem);                           //将新对象加入链表尾部
    SetModifiedFlag( );                                          //设置文档修改标志
}
//根据链表中对象数据进行显示的成员函数
void CMFCexp9_6Doc::DrawLetter(CDC * pDC )
{
    POSITION pos=m_LetterList.GetHeadPosition( );                //获得链表头位置
    while (pos! =NULL)
    {
        CLetter * Letter=m_LetterList.GetNext(pos);              //获得链表元素
        pDC->TextOut(Letter->m_X-5, Letter->m_Y-12, Letter->m_sLetter);
                                                                 //显示
    }
}

//序列化函数
void CMFCexp9_6Doc::Serialize(CArchive& ar)
{
    m_LetterList.Serialize(ar);
}
```

（4）视图类比较简单，该类声明并实现了鼠标左键按下消息处理函数和视图更新函数。前者调用了文档类的 NewLetter( )以创建新的对象并把鼠标光标当前位置传递到对象中，后者调用了文档类的 DrawLetter( )进行数据的显示：

```
//视图类声明的部分代码------------------------------------------------------
class CMFCexp9_6View : public CView
{
    ⋮
    CMFCexp9_6Doc * GetDocument( );
    public:
        virtual void OnDraw(CDC * pDC);      //overridden to draw this view
        ⋮
    protected:
        afx_msg void OnLButtonDown(UINT nFlags, CPoint point);  //鼠标消息处理函数
        DECLARE_MESSAGE_MAP( )
};
//视图类实现的部分代码------------------------------------------------------
//鼠标消息处理函数
void CMFCexp9_6View::OnLButtonDown(UINT nFlags, CPoint point)
{
    CMFCexp9_6Doc * pDoc=GetDocument( );
    pDoc->NewLetter(point.x,point.y);                           //创建新对象
    Invalidate( );                                             //更新显示
```

```
        CView::OnLButtonDown(nFlags, point);
}
//更新显示函数
void CMFCexp9_6View::OnDraw(CDC * pDC)
{
    CMFCexp9_6Doc * pDoc=GetDocument();
    pDoc->DrawLetter(pDC);                          //调用文档类的显示函数更新显示
}
//------------------------------------------------------------------------
```

程序运行后,可以用鼠标单击在程序窗口用户区形成如图 9-14 所示的图形。

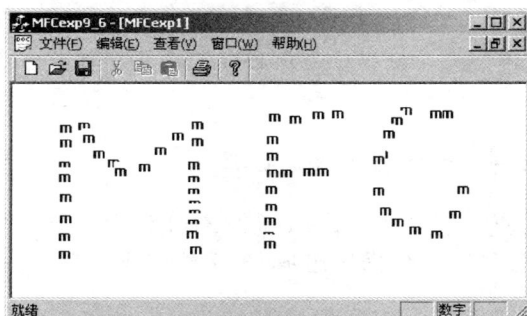

图 9-14　例 9-6 运行后用鼠标单击产生的图形

当试图关闭文件时,应用程序会弹出一个信息框提示文件内容有变化(如图 9-15 所示)提醒用户保存文件,如果将该文件保存,则再次打开该文件后的显示会与如图 9-14 所示的结果相同。

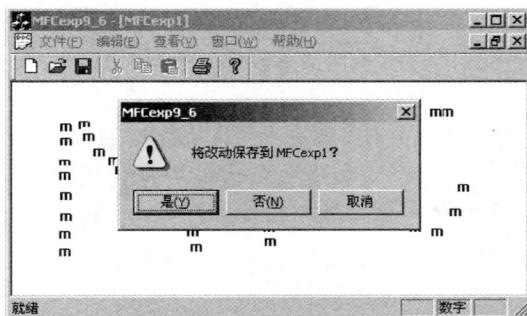

图 9-15　当用户试图关闭该文件时程序会给出保存的提示

9.5　MFC 文件命令的默认处理流程

9.5.1　应用程序启动后文档的初始化流程

当单文档程序初始化时,应用程序对象的 InitInstance( )函数调用 ParseCommandLine( )来分析命令行参数,如果没有参数,ParseCommandLine( )就认为用户想新建一个文档,于是设置一个 FileNew 命令;如果命令行参数中有一个文件名,ParseCommandLine( )就认为用户想打开该文件,于是设置一个 FileOpen 命令。接下来,InitInstance( )调用 CWinApp 类的 ProcessShellCommand( )函数处理分析出来的命令,当遇到 FileNew 命令时,就调用 CWinApp 的 OnFileNew( )来建立一个新文档,这个 OnFileNew( )便是"新建"菜单命令的消息处理函数;类似地,如果遇到的是 FileOpen 命令,则调用 CWinApp 的 OnFileOpen( )来打开一个指定的文档,这个 OnFileOpen( )也便是"打开"菜单命令的消息处理函数。

另外,CWinApp 类的 OnFileNew( )在内部还调用了 CDocManager 的 OnFileNew( ),在程序支持多种文档类型的情况下,该函数要负责显示一个对话框让用户选择一种文档类型,并调用选中的文档类型所对应的文档模板类的 OpenDocumentFile( )创建一个文档对象以及相应的框架窗口对象。当文档对象创建完毕后,它会调用文档类的 OnNewDocument( ),如果应用程序设计人员想在新建文档时做一些初始化工作,就可以在这个函数中完成。

9.5.2 应用程序菜单命令的默认处理

一般情况下,由 AppWizard 生成的文档/视图程序框架都有一个文件菜单,其中有"新建""打开""保存""另存为"4 个文件操作选项,多文档程序还有一个"关闭"命令选项,这些菜单命令属于命令消息。

命令发送之初,作为 WM_COMMAND 消息的参数传给当前窗口。如果没有打开文件,则 WM_COMMAND 发送给父窗口(CMDIFrameWnd);如果有文件打开过,则 WM_COMMAND 发送给激活的子框架窗口(CMDIChildWnd)。然后由 CMDIFrameWnd 对象或 CMDIChildWnd 对象中的 OnCmdMsg( )函数在 CWinApp、CView 或 CDocument 的派生类对象中查找消息处理函数。

本 章 小 结

- 文件是存储在永久性存储介质(如硬盘)上的数据的集合。在面向对象的应用程序中也涉及对象存盘的问题。对象存盘可以使用序列化的机制实现。
- MFC 把文件的打开、关闭、读写操作封装在类 CFile 中。CFile 对象代表一个磁盘文件,使用 CFile 对象可以直接对文件进行操作。该类有一个很有用的派生类:CMemFile。
- CArchive 是对 CFile 的再封装,它重载了插入符"<<"和提取符">>",它是一种 I/O 流,它借助 CFile 类对象完成磁盘文件数据的存取操作。
- 对象序列化是指将类对象转换成 byte/bit 流,以便于对象通过网络传输或保存在磁盘上;对象反序列化是将 byte/bit 流化的对象转换成内存中的类对象的过程。MFC 使用 CArchive 对象来完成对象的序列化。
- 具有读写自身能力的对象称为永久性对象。MFC 通过宏 DECLARE_SERIAL 和 IMPLEMENT_SERIAL 给类添加动态创建对象和序列化操作所需的代码。宏 DECLARE_SERIAL 用在类声明中,宏 IMPLEMENT_SERIAL 用在类实现中。同时,该类必须从 CObject 类或其派生类派生,并重载 Serialize( )函数。Serialize( )函数借助类 CArchive 对象实现对象的序列化。

习　题　9

9-1　设计一个应用程序,当单击窗口用户区时,可以只写方式创建一个文件(要求用 CFile 类的成员函数 Open( )),并向其中写入一个字符串。

9-2　设计一个应用程序,当单击窗口用户区时,可以创建一个内存文件,并向其中写入一个字符串。当右击窗口用户区时,可以从内存文件中得到文件中的字符串,并在信息框中显示它。

9-3　观察 CArchive 类的代码,并简述 CArchive 类的功能。

9-4　什么是序列化? 什么是永久性对象?

9-5　设计永久性类的时候必须使用哪两个宏?

9-6　简述序列化的工作过程。

9-7　如何使类具有序列化能力?

思考题: 网络传递来的数据能否看作文件? 如果能的话,CArchive 类对象能派上什么用途?

第 10 章 控 件

为了实现应用程序与用户之间的交互,Windows 允许在应用程序的界面上放置诸如命令按钮、文本框、滚动条、列表框、下拉列表框等一些图形部件,因为这些部件可以用来处理用户事件,并使应用程序做出相应反应,所以这些图形部件通常称为控件。可以想象,如果没有这些控件的帮助,Windows 应用程序几乎就不能做什么工作。

本章主要内容:

- 控件和 MFC 控件类。
- 标准控件的创建和使用。
- 通用控件的创建和使用。
- 控件颜色的设置。

10.1 标准控件及其使用

Windows 程序的最大特点就是它具有一个漂亮的图形界面,用户可以用鼠标在这个界面通过单击、双击、拖放等操作对程序的运行进行相应的控制。为了实现程序的不同功能,Windows 设计了一些具有图形外观的程序实体,这些程序实体在鼠标或键盘的作用下会使程序出现不同的响应,这些可以接收或者产生事件的程序实体就称为控件。大多数控件具有图形外观,当然,为了实现程序的一些其他功能,也有一些不具有图形外观的控件,这样的控件称为不可见控件。

从 MFC 的类族谱中可以看到,控件类都派生自 CWnd 类,因此它们具有窗口的一切特性。实际上控件是作为应用程序窗口的子窗口出现在程序界面上的,因此凡是可以控制应用程序窗口的样式都可以用来控制控件的样式。表 10-1 列出一些控件中常用的窗口样式。

表 10-1 控件中常用的窗口样式

样 式	说 明	样 式	说 明
WS_BORDER	创建带有边界线的窗口	WS_DISABLED	创建一个没有功能的窗口
WS_CHILD	创建一个子窗口	WS_VISIBLE	创建可见的窗口

10.1.1 标准控件

标准控件是交互式对象,一般被用在对话框中,但也可以应用在主窗口或者工具条中。标准控件可以接收用户信息,也可以向用户表达信息。表 10-2 是常用标准控件的说明。

使用控件的基本技术都是类似的,首先要选择控件所属的类,并创建该类的对象。例如,如果在应用程序的窗口中使用一个列表框,则应该创建 CListBox 类的对象:

表 10-2　常用的 Windows 标准控件

控　件	说　明
StaticText	用来显示文本的控件,其中的文本用户不能编辑,通常作为其他控件的标记
EditBox	可编辑的文本框控件,可以输入并可以进行编辑的显示文本的控件
PushButton	按下式按钮控件,当单击时可以发出一个命令
RadioButton	单选按钮控件,该按钮一般为一组,任何时候该组中的按钮只有一个被选中
CheckBox	复选框控件,一般也成组使用,该组中的按钮是否被选中,没有限制
ListBox	列表框控件,该框列出了全部可选项目,用户用鼠标可以选择其中的选项
ComboBox	组合框控件,该控件是编辑文本框和列表框的结合
GroupBox	成组框控件,该控件主要用来给其他控件分组

```
CListBox listBox;
listBox.Create();
```
然后向应用程序的消息映射表中添加对应的消息映射项,最后实现消息响应函数。

创建控件的最佳时机是窗口建立之后,但尚未显示之前,这时应用程序会发出 WM_CREATE 消息。因此,创建控件的代码应该编写在该消息的响应函数 OnCreate( )中。

下面以几个常用的控件为例,介绍使用控件的一般性问题。

10.1.2　静态文本控件

静态文本控件是 CStatic 类对象。CStatic 类在 MFC 类族中的位置如图 10-1 所示。从图中可以看到,静态文本控件是一种窗口。静态文本控件的作用就是用来显示文本或者图片,它一般不接收用户事件消息,因此它是最简单的控件。创建静态文本控件对象需使用该类提供的 Create( )成员函数,它的原型为

```
BOOL Create( LPCTSTR lpszText,    //文本字符串的指针
    DWORD dwStyle,                //静态控件的样式
    const RECT& rect,             //静态控件的大小及位置
    CWnd * pParentWnd,            //静态控件所在窗口的指针
    UINT nID=0xffff );            //静态控件的标识(ID)
```

Create( )函数中的第二个参数 dwStyle 用来控制静态文本控件样式,可以使用表 10-3 中 Windows 定义的一些常数来作为 dwStyle 的值。

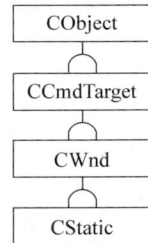

图 10-1　CStatic 类的继承关系

表 10-3　静态控件样式 dwStyle 的取值

样　式　值	说　明
SS_BLACKFRAME	控件框架的颜色与窗口框架的颜色相同,通常为黑色
SS_BLACKRECT	控件的填充色与窗口框架的颜色相同,通常为黑色
SS_CENTER	控件上的文本居中显示
SS_GRAYFRAME	控件框架的颜色与桌面颜色相同,通常为灰色

样　式　值	说　　明	
SS_GRAYRECT	控件的填充色与桌面颜色相同,通常为灰色	
SS_ICON	指定控件有一个图标	
SS_LEFT	控件中的文本左对齐	
SS_LEFTNOWORDWRAP	使控件中文本行无效	
SS_NOPREFIX	禁止系统把控件文本中的 & 符号翻译成热键指示符	
SS_RIGHT	控件中的文本右对齐	
SS_SIMPLE	指定简单的单行控件	
SS_USERITEM	指定用户定义的控件	
SS_WHITEFRAME	控件框架的颜色与窗口背景的颜色相同,通常为白色	
SS_WHITERECT	控件的填充色与窗口背景的颜色相同,通常为白色	

注:在使用多个常数指定控件样式时,应该用符号"|"将其进行连接。

为了使控件成为应用程序窗口的子窗口并且在应用程序窗口中可见,有两个样式是所有控件都必须使用的,一个是 **WS_CHILD**,另一个是 **WS_VISIBLE**,前者使控件成为应用程序窗口的子窗口,后者使控件可见。

例 10-1　创建 6 个静态文本控件的程序实例。

(1) 用 MFC AppWizard 创建一个名称为 MFCexp10_1 的单文档应用程序框架。

(2) 在视图类中声明 6 个 CStatic 类的对象:

```
class CMFCexp10_1View : public CView

{
    ⋮
    public:
        CStatic m_Static1;
        CStatic m_Static2;
        CStatic m_Static3;
        CStatic m_Static4;
        CStatic m_Static5;
        CStatic m_Static6;
    ⋮
};
```

(3) 在 OnCreate( )函数中创建静态文本控件对象:

```
int CMFCexp10_1View::OnCreate(LPCREATESTRUCT lpCreateStruct)
{
    if (CView::OnCreate(lpCreateStruct)==-1)
        return-1;
    m_Static1.Create("Static1",WS_CHILD|WS_VISIBLE|SS_CENTER, CRect(20,20,100,
        40),this,0);
    m_Static2.Create("Static2",WS_CHILD|WS_VISIBLE, CRect(20,60,100,80),this,0);
    m_Static3.Create("Static3",WS_CHILD|WS_VISIBLE|SS_RIGHT, CRect(20,100,100,
        120),this,0);
```

```
m_Static4.Create("Static4", WS_CHILD|WS_VISIBLE|SS_CENTER|SS_SIMPLE,CRect
    (120,20,200,40),this,0);
m_Static5.Create("Static5",WS_CHILD|WS_VISIBLE|SS_BLACKRECT, CRect(120,60,
    200,80),this,0);
m_Static6.Create("Static6&S",WS_CHILD|WS_VISIBLE|SS_NOPREFIX , CRect(120,
    100,200,120),this,0);
return 0;
}
```

程序运行后的结果如图 10-2 所示。

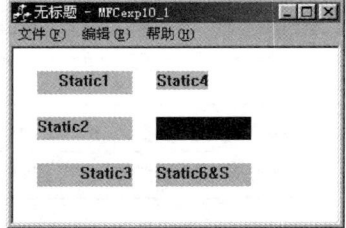

10.1.3 按钮控件

按钮是最常用的控件之一。按钮控件都是 CButton 类
对象,CButton 类在 MFC 类族中的位置如图 10-3 所示。按
钮作为一种子窗口,也具有窗口的一些样式,如 WS_
CHILD、WS_VISIBLE 等。除此之外,按钮控件还有一些独
特的样式。表 10-4 为常用的按钮样式及说明。

图 10-2 例 10-1 程序运行结果

表 10-4 常用按钮样式

样　　　式	说　　明	样　　　式	说　　明
BS_PUSHBUTTON	普通按下式按钮	BS_ICON	表示按钮上带有图标
BS_DEFPUSHBUTTON	窗口上的默认按钮	BS_BITMAP	表示按钮上带有位图
BS_RADIOBUTTON	单选按钮	BS_CENTER	按钮上的文本居中显示
BS_CHECKBOX	复选按钮	BS_LEFT	按钮上的文本左对齐
BS_OWNERDRAW	自绘按钮	BS_RIGHT	按钮上的文本右对齐
BS_TEXT	按钮上存在文本的按钮	BS_USERBUTTON	用户自定义按钮

创建按钮控件的方法与创建静态控件的方法类似,也要在定义了 CButton 类对象之后,使
用类的成员函数 Create( )创建按钮控件,这个函数的原型如下:

```
BOOL Create( LPCTSTR lpszCaption,      //按钮控件上的文本
    DWORD dwStyle,                     //按钮控件的样式
    const RECT& rect,                  //按钮控件的位置及大小
    CWnd * pParentWnd,                 //父窗口的指针
    UINT nID );                        //按钮控件的标识
```

按钮控件的主要作用是向其父窗口发送消息,以使应用程序能在
消息响应函数中完成用户所要求的操作。由于要使用按钮控件消息,
故在创建按钮控件时要定义控件的标识,以便用宏来定义消息映射。
例如,为响应鼠标单击按钮控件消息,则应该使用宏 ON _ BN _
CLICKED 来定义消息映射,即

图 10-3 CButton 类
的继承关系

```
ON_BN_CLICKED(按钮控件标识,消息响应函数)
```

此外,还要在类中声明消息响应函数及定义消息响应函数。

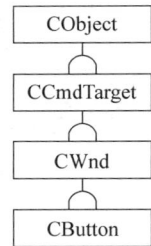

CButton 类还有一些很有用的成员函数，使用这些函数可以获取或设置按钮控件的形态。这些成员函数如表 10-5 所示。

表 10-5　CButton 类的成员函数

成　员　函　数	说　　明	成　员　函　数	说　　明
GetBitmap( )	获得指向按钮的位图的句柄	SetBitmap( )	设置按钮的位图
GetButtonStyle( )	获得按钮的样式	SetButtonStyle( )	设置按钮的样式
GetCheck( )	获得控件的选择状态	SetCheck( )	设置按钮的选择状态
GetCursor( )	获得指向按钮的光标的句柄	SetCursor( )	设置按钮的光标
GetIcon( )	获得指向按钮的图标的句柄	SetIcon( )	设置按钮的图标
GetState( )	获得控件的状态信息	SetState( )	设置按钮的高亮显示状态

例 10-2　创建按钮控件的实例。

（1）用 MFC AppWizard 创建一个名称为 MFCexp10_2 的单文档应用程序框架。

（2）在资源头文件 Resource.h 中添加如下定义：

```
#define IDB_BUTTON1 101
#define IDB_BUTTON2 102
#define IDB_RADIOBUTTON1 103
#define IDB_RADIOBUTTON2 104
#define IDB_RADIOBUTTON3 105
```

（3）在视图类中声明所需的控件成员及消息响应函数：

```
class CMFCexp10_2View : public CView
{
    ⋮
    public:
        CButton m_Button1;
        CButton m_Button2;
        CButton m_GroupBox;
        CButton m_radioButton1;
        CButton m_radioButton2;
        CButton m_radioButton3;
    ⋮
    protected:
        afx_msg int OnCreate(LPCREATESTRUCT lpCreateStruct);
        afx_msg void OnButton1Clicked( );
        afx_msg void OnButton2Clicked( );
    ⋮
};
```

（4）定义消息映射：

```
BEGIN_MESSAGE_MAP(CMFCexp10_2View, CView)
    ON_WM_CREATE( )
    ON_BN_CLICKED(IDB_BUTTON1,OnButton1Clicked)
    ON_BN_CLICKED(IDB_BUTTON2,OnButton2Clicked)
END_MESSAGE_MAP( )
```

（5）创建按钮控件：

```cpp
int CMFCexp10_2View::OnCreate(LPCREATESTRUCT lpCreateStruct)
{
    if (CView::OnCreate(lpCreateStruct)==-1)
        return-1;
    m_Button1.Create("Button1",                          //普通按钮
        WS_CHILD|BS_PUSHBUTTON|WS_VISIBLE|WS_BORDER,
        CRect(20,20,100,60),this,IDB_BUTTON1);
    m_Button2.Create("Button2",                          //复选框
        WS_CHILD|BS_CHECKBOX|WS_VISIBLE,
        CRect(120,20,200,60),this,IDB_BUTTON2);
    m_GroupBox.Create("Radio Buttons",                   //成组框
        BS_GROUPBOX|WS_CHILD|WS_VISIBLE,
        CRect(20,80,200,220),this,0);
    m_radioButton1.Create("Radio1",                      //单选按钮 1
        BS_AUTORADIOBUTTON|WS_CHILD|WS_VISIBLE|WS_GROUP,
        CRect(55,100,150,120),this,IDB_RADIOBUTTON1);
    m_radioButton2.Create("Radio2",                      //单选按钮 2
        BS_AUTORADIOBUTTON|WS_CHILD|WS_VISIBLE,
        CRect(55,140,150,160),this,IDB_RADIOBUTTON2);
    m_radioButton3.Create("Radio3",                      //单选按钮 3
        BS_AUTORADIOBUTTON|WS_CHILD|WS_VISIBLE,
        CRect(55,180,150,200),this,IDB_RADIOBUTTON3);
    return 0;
}
```

（6）普通按钮的消息响应函数：

```cpp
void CMFCexp10_2View::OnButton1Clicked()
{
    MessageBox("This is a PushButton!");
}
```

（7）复选框的消息响应函数：

```cpp
void CMFCexp10_2View::OnButton2Clicked()
{
    int checked=m_Button2.GetCheck();
    if (checked==BST_CHECKED)
    {
        m_Button2.SetCheck(!checked);
        MessageBox("Button2 unchecked!");
    }
    else if (checked==BST_UNCHECKED)
    {
        m_Button2.SetCheck(!checked);
        MessageBox("Button2 checked!");
    }
}
```

从程序实例中可以看出，复选框按钮需要在其响应函数中设置和取消选中标志。为保证单选按钮能够实现自动添加及撤销选中标志，应把它的样式设置为 BS_AUTORADIOBUTTON。再就是为了使在同一个成组框中的单选按钮成为一个互相制约的组，该组中的头一个单选按钮在创建时应使用 WS_GROUP 进行设置，以通知其后的各单选按钮为同一组。

例 10-2 程序运行结果如图 10-4 所示。

10.1.4 编辑控件

编辑控件是 CEdit 类的对象,CEdit 类在 MFC 类族中的位置如图 10-5 所示。用户可以使用编辑控件来输入和编辑文本,它是应用程序从用户处得到文本的主要对象。

图 10-4 例 10-2 程序运行结果

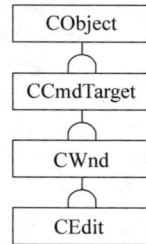

图 10-5 CEdit 类的继承关系

一般情况下,编辑控件是单行文本框,如果需要则通过指定样式的方法使之为多行文本框。编辑控件的样式如表 10-6 所示。

表 10-6 编辑控件的样式

样　式	说　明
ES_AUTOHSCROLL	带有自动水平滚动条的编辑控件
ES_AUTOVSCROLL	带有自动垂直滚动条的编辑控件
ES_CENTER	文本中间对齐的多行编辑控件
ES_LEFT	文本左对齐
ES_LOWERCASE	强制文本为小写字母
ES_MULTILINE	控件允许多行文本
ES_NOHIDESEL	即使控件不再具有输入焦点,所选文本仍为高亮显示
ES_OEMCONVERT	把输入的 ANSI 字符转换为 OEM 字符,或将 OEM 字符转换为 ANSI 字符
ES_PASSWORD	把输入的字符用当前的密码字符来替换,通常为星号(＊)
ES_RIGHT	文本右对齐
ES_UPPERCASE	强制所有字符为大写字符
ES_READONLY	锁定控件为只读控件,以及不允许用户对控件中的文本进行编辑
ES_WANTRETURN	当用户按下 Enter 键时,指定控件应该插入回车字符

在程序中创建编辑控件,与使用其他控件的方法一样,首先要定义 CEdit 类的对象,然后再使用 CEdit 类的成员函数 Create( )创建它,Create( )函数的原型如下:

```
BOOL Create(DWORD dwStyle,            //编辑控件的样式
    const RECT& rect,                 //编辑控件的位置和大小
    CWnd * pParentWnd,                //父窗口的指针
    UINT nID);                        //控件的标识 ID
```

当应用程序的用户在编辑控件中输入文本或者编辑文本时,编辑控件会产生多种消息,编辑控件的消息如表 10-7 所示。

表 10-7　编辑控件的消息

消　息	说　明
EN_CHANGE	当控件中的文本发生变化时,产生该消息
EN_ERRSPACE	当内存不足时,产生该消息
EN_HSCROLL	当用户操作水平滚动条时,产生该消息
EN_KILLFOCUS	当控件失去输入焦点时,产生该消息
EN_MAXTEXT	当用户试图输入超出控件容量的文本时,产生该消息
EN_SETFOCUS	当控件获得输入焦点时,产生该消息
EN_UPDATE	当控件显示改变后的文本时,产生该消息
EN_VSCROLL	当用户操作垂直滚动条时,产生该消息

例 10-3　编辑控件的实例。

(1) 用 MFC AppWizard 创建一个名称为 MFCexp10_3 的单文档应用程序框架。

(2) 在资源头文件 Resource.h 中添加如下代码:

```
#define IDC_EDIT1 130
```

(3) 在视图类的声明中添加如下代码:

```
class CMFCexp10_3View : public CView
{
    ⋮
    public:
        CEdit m_Edit1;                //定义一个编辑控件
    ⋮
        afx_msg int OnCreate(LPCREATESTRUCT lpCreateStruct);
        afx_msg void OnMaxText();     //定义编辑控件的消息响应函数
    ⋮
};
```

(4) 定义消息映射:

```
BEGIN_MESSAGE_MAP(CMFCexp10_3View, CView)
    ON_WM_CREATE()
    ON_EN_MAXTEXT(IDC_EDIT1,OnMaxText)
END_MESSAGE_MAP()
```

(5) WM_CREATE 消息响应函数:

```
int CMFCexp10_3View::OnCreate(LPCREATESTRUCT lpCreateStruct)
{
    if (CView::OnCreate(lpCreateStruct)==-1)
```

```
        return-1;
    m_Edit1.Create(WS_CHILD|WS_VISIBLE|WS_BORDER|ES_LEFT|
        ES_WANTRETURN|ES_MULTILINE,
        CRect(20,20,100,80),this,IDC_EDIT1);
    return 0;
}
```

（6）编辑控件的消息响应函数：

```
void CMFCexp10_3View::OnMaxText()
{
    MessageBox("字符数超了!");
}
```

程序运行结果如图 10-6 所示。

图 10-6　例 10-3 程序运行结果

10.2　通 用 控 件

前面介绍的标准控件是 Windows 程序界面上常用的构件。除此之外，为了丰富界面的元素，Windows 还提供一些富有特色的通用控件。这些通用控件有进度条、滑动条、微调器、图像列表、列表视图、树状视图、工具栏和状态栏等。

10.2.1　进度条控件

进度条控件是 CProgessCtrl 类对象。它的外观如图 10-7 所示，进度条控件的主要作用是在应用程序界面上显示某操作过程的进度。在操作进行过程中，进度条矩形中的高亮显示将随着操作的进程自左向右（或自下向上）逐渐增长，当操作完成时，高亮显示将会充满整个矩形。

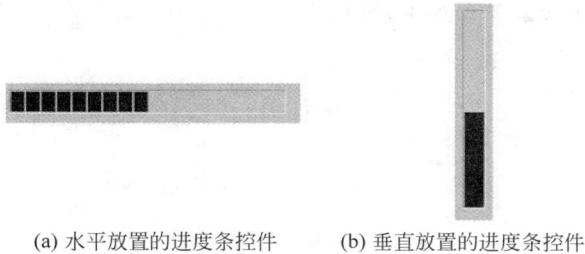

(a) 水平放置的进度条控件　　　　(b) 垂直放置的进度条控件

图 10-7　进度条控件

创建进度条控件时，要用到 CProgessCtrl 类的成员函数 Create()，该函数的原型为

```
BOOL Create( DWORD dwStyle,          //控件的样式
    const RECT& rect,                //控件的位置和大小
    CWnd * pParentWnd,               //控件父窗口的指针
    UINT nID );                      //控件的标识 ID
```

进度条控件在应用程序界面上的默认放置方式为水平方式，如果需要垂直放置，可选样式为 PBS_VERTICAL。进度条中指示进度的高亮显示部分的增加方式在默认情况下为跳跃方式，如果选择样式 PBS_SMOOTH 则进度条中指示进度的高亮显示会随着操作进度平滑增长。

CProgessCtrl 类的常用成员函数如表 10-8 所示。

表 10-8　CProgessCtrl 类的常用成员函数

成　员　函　数	说　　　明
void SetRange(short nLower，short nUpper)	设定显示进度的范围
int SetPos(int nPos)	将高亮显示的前端置于 nPos 处
int SetStep(int nStep)	设置进程显示的步长
void GetRange(int& nLower，int& nUpper)	获得进度范围
int GetPos( )	获得进度位置

10.2.2　微调器控件

微调器控件是 CSpinButtonCtrl 类的对象，微调器控件经常与编辑控件一起作为配对控件，它在应用程序界面上的外观如图 10-8 所示。使用微调器控件的箭头键可以使应用程序的数据按事先设计的步长进行变化，而且可以限定数据的输入范围。

在声明了 CSpinButtonCtrl 类的对象之后，如果要创建该对象，就要调用该类的成员函数 Create( )，它的原型如下：

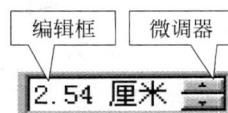

```
BOOL Create(DWORD dwStyle,       //微调器控件的样式
    const RECT& rect,            //微调器在界面上的位置和大小
    CWnd * pParentWnd,           //微调器的父窗口指针
    UINT nID );                  //微调器控件的标识 ID
```

图 10-8　微调器的外观

微调器控件的样式如表 10-9 所示。

表 10-9　微调器控件的样式

样　式	说　　　明
UDS_ALIGNLEFT	把微调器控件放置在配对控件的左边
UDS_ALIGNRIGHT	把微调器控件放置在配对控件的右边
UDS_ARROWKEYS	使微调器控件可以用键盘的上、下箭头键来操作
UDS_AUTOBUDDY	自动地把前面的控件指定为配对控件
UDS_HORZ	使控件水平放置
UDS_NOTHOUSANDS	不允许控件显示分隔符(通常为逗号)
UDS_SETBUDDYINT	在用户操作微调器控件时，设置配对控件的文本
UDS_WRAP	设置从最高值到最低值循环的微调器

在创建了微调器控件之后，可以使用成员函数 SetBuddy( )来指定它的配对控件，该函数的原型如下：

```
CWnd * SetBuddy(CWnd * pWndBuddy);
```

其中，参数 pWndBuddy 为配对控件的指针。

CSpinButtonCtrl 类的成员函数如表 10-10 所示。

表 10-10 CSpinButtonCtrl 类的成员函数

函　数	说　明	函　数	说　明
GetAccel( )	获得微调器的加速信息	SetAccel( )	设置微调器的加速信息
GetBase( )	获得微调器的当前基准值	SetBase( )	设置微调器的当前基准值
GetBuddy( )	获得与微调器配对控件的指针	SetBuddy( )	设置与微调器配对控件的指针
GetPos( )	获得微调器的当前位置	SetPos( )	设置微调器的当前位置
GetRange( )	获得微调器的上下限	SetRange( )	设置微调器的上下限

例 10-4 进度条控件和微调器控件的应用实例。

程序说明：该程序运行后，在其界面上将出现一个水平进度条、一个垂直进度条和一个与编辑框配对的微调器控件。当用户使用微调器控件改变微调器的值时，配对的文本框的文本和两个进度条控件的显示都会发生相应的变化。

（1）用 MFC AppWizard 创建一个名称为 MFCexp10_4 的单文档应用程序框架。

（2）在头文件 Resource.h 中添加如下标识：

```
#define IDC_PROGBAR1 101                          //水平进度条控件
#define IDC_PROGBAR2 102                          //垂直进度条控件
#define IDC_SPINNER 103                           //与微调控件配对的编辑控件
```

（3）在视图类中添加如下代码：

```
class CMFCexp10_4View : public CView
{
    ⋮
    protected:
    CFont m_spinEditFont;                         //字体对象
    CSpinButtonCtrl m_spin;                       //微调控件对象
    CEdit m_spinEdit;                             //编辑控件对象
    void InitSpinner();                           //微调器的初始化函数
    CProgressCtrl m_progBar1,m_progBar2;          //进度条控件
    void InitProgressBar();                       //进度条控件的初始化函数
    protected:
    afx_msg int OnCreate(LPCREATESTRUCT lpCreateStruct);
    afx_msg void OnTimer(UINT nIDEvent);          //定时器响应函数
    ⋮
};
```

（4）定义消息映射：

```
BEGIN_MESSAGE_MAP(CMFCexp10_4View, CView)
    ON_WM_CREATE()
    ON_WM_TIMER()
END_MESSAGE_MAP()
```

（5）创建各个控件及启动定时器：

```
int CMFCexp10_4View::OnCreate(LPCREATESTRUCT lpCreateStruct)
{
```

```
    if (CView::OnCreate(lpCreateStruct)==-1)
        return-1;
    InitProgressBar( );
    InitSpinner( );
    SetTimer(1, 250, NULL);                          //启动定时器
    return 0;
}
```

（6）进度条初始化函数：

```
void CMFCexp10_4View::InitProgressBar( )
{
    m_progBar1.Create(WS_CHILD | WS_BORDER | WS_VISIBLE, CRect(20, 40, 360, 80),
        this, IDC_PROGBAR1);
    m_progBar1.SetRange(0, 100);
    m_progBar1.SetStep(10);
    m_progBar1.SetPos(0);
        m_progBar2.Create(WS_CHILD | WS_BORDER | WS_VISIBLE | PBS_VERTICAL | PBS_
            SMOOTH, CRect(400, 40, 440, 380), this, IDC_PROGBAR2);
    m_progBar2.SetRange(0, 100);
    m_progBar2.SetStep(10);
    m_progBar2.SetPos(0);
}
```

（7）微调器初始化函数：

```
void CMFCexp10_4View::InitSpinner( )
{
    //创建与微调器配对的编辑控件
    m_spinEdit.Create(WS_CHILD | WS_VISIBLE | WS_BORDER, CRect(20, 200, 160, 240),
        this, IDC_SPINNER);
    //设置字体
    LOGFONT logFont;
    logFont.lfHeight=36;
    logFont.lfWidth=0;
    logFont.lfEscapement=0;
    logFont.lfOrientation=0;
    logFont.lfWeight=FW_NORMAL;
    logFont.lfItalic=0;
    logFont.lfUnderline=0;
    logFont.lfStrikeOut=0;
    logFont.lfCharSet=ANSI_CHARSET;
    logFont.lfOutPrecision=OUT_DEFAULT_PRECIS;
    logFont.lfClipPrecision=CLIP_DEFAULT_PRECIS;
    logFont.lfQuality=PROOF_QUALITY;
    logFont.lfPitchAndFamily=VARIABLE_PITCH | FF_ROMAN;
    strcpy(logFont.lfFaceName, "Times New Roman");
    m_spinEditFont.CreateFontIndirect(&logFont);
    m_spinEdit.SetFont(&m_spinEditFont);
    //创建微调器控件
    m_spin.Create(WS_CHILD | WS_VISIBLE | WS_BORDER | UDS_SETBUDDYINT | UDS_
        ALIGNRIGHT | UDS_ARROWKEYS, CRect(0, 0, 0, 0), this, 104);
    m_spin.SetBuddy(&m_spinEdit);
    m_spin.SetRange(0, 100);
    m_spin.SetPos(0);
}
```

（8）定时器响应函数：

```
void CMFCexp10_4View::OnTimer(UINT nIDEvent)
{
    m_progBar1.SetPos(m_spin.GetPos());            //更改水平进度条的显示
    m_progBar2.SetPos(m_spin.GetPos());            //更改垂直进度条的显示
    CView::OnTimer(nIDEvent);
}
```

程序运行结果如图 10-9 所示。

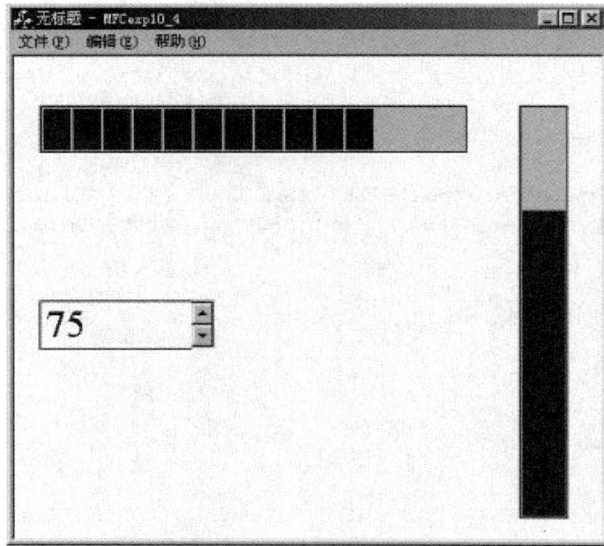

图 10-9　例 10-4 程序运行结果

10.2.3　图像列表控件

图像列表控件是 CImageList 类的对象，是一种不可见的控件，因此在程序运行时用户不能对它进行操作。它的主要作用是为其他类型的控件管理图片。

为了创建图像列表控件，首先定义 CImageList 类的对象，例如：

```
CImageList m_imageList;
```

然后，调用 CImageList 类的成员函数 Create( )创建该对象，Create( )函数的原型为

```
BOOL Create(int cx,                  //列表中每个图像的宽度
    int cy,                          //列表中每个图像的高度
    UINT nFlags,                     //列表中图像的颜色标志
    int nInitial,                    //列表中图像数量的初始值
    int nGrow);                      //列表中图像数量的可增加值
```

例如代码：

```
m_imageList.Create(16,16,ILC_COLOR4,3,4);
```

创建了一个图像列表控件。在控件中可以存放大小为 16px×16px 的 4 位（16 色）位图图像，图像的最初数量为 3，需要时可以再增加 4 个。

创建了图像列表控件之后，就可以向其添加图标或者位图了。如果要向控件添加图标，

应该使用该对象的 Add( )函数：

```
int Add(HICON hIcon);
```

函数的参数为图标的句柄。获得图标句柄要使用 API 函数：

```
HICON LoadIcon(
    HINSTANCE hInstance,          //应用实例句柄
    LPCTSTR lpIconName            //图标的资源名
);
```

其中，第一个参数是当前应用程序实例资源句柄，为了获得这个句柄，还应调用 MFC 的函数 AfxGetResourceHandle( )，该函数的原型如下：

```
HINSTANCE AfxGetResourceHandle( );
```

10.2.4 列表视图控件

列表视图控件是 CListCtrl 类的对象。列表视图控件有报告视图、小图标视图、大图标视图和列表视图 4 种类型，如图 10-10 所示。

1. 列表视图控件的创建

在定义了列表视图控件之后，要使用该对象的 Create( )函数创建控件，Create( )函数的原型如下：

```
BOOL Create( DWORD dwStyle,       //控件的样式
    const RECT& rect,             //控件在界面上的位置和大小
    CWnd * pParentWnd,            //控件的父窗口指针
    UINT nID );                   //控件的标识 ID
```

列表控件的样式如表 10-11 所示。

表 10-11 列表控件的样式

样　　式	说　　明
LVS_ALIGNLEFT	在大图标和小图标视图中使项目左对齐
LVS_ALIGNTOP	在大图标和小图标视图中使项目上对齐
LVS_AUTOARRANGE	在大图标和小图标视图中自动排列图标
LVS_EDITLABELS	激活项目的文本编辑
LVS_ICON	以大图标视图创建列表
LVS_LIST	以列表视图创建列表
LVS_NOCOLUMNHEADER	在报告视图中隐藏列标题
LVS_NOLABELWRAP	使项目文本折行失效
LVS_NOSCROLL	使列表滚动失效
LVS_NOSORTHEADER	使列标题头按钮失效
LVS_OWNERDRAWFIXED	创建由拥有者绘制的列表视图控件
LVS_REPORT	创建以报告视图显示的列表
LVS_SHAREIMAGELISTS	使多个部件都能够共享列表视图控件中的图像

样　式	说　明
LVS_SHOWSELALWAYS	显示当前的选择是否具有输入焦点
LVS_SINGLESEL	使用户一次只能选择一个项目
LVS_SMALLICON	创建以小图标视图显示的列表
LVS_SORTASCENDING	以升序排列项目
LVS_SORTDESCENDING	以降序排列项目

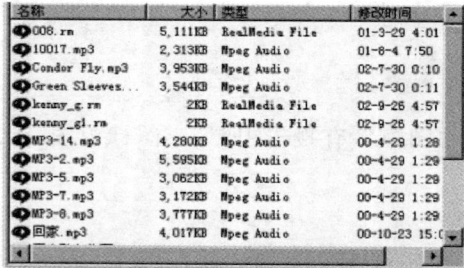

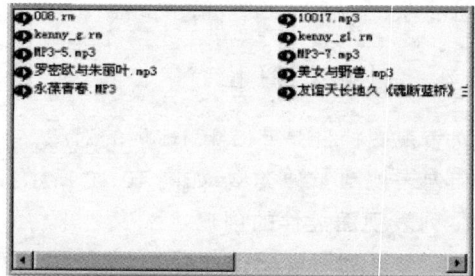

(a) 报告视图形式　　　　　　　　　　(b) 小图标视图形式

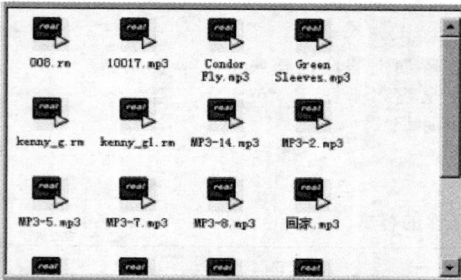

(c) 大图标视图形式　　　　　　　　　　(d) 列表视图形式

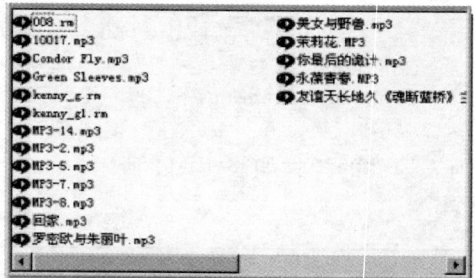

图 10-10　列表视图控件的外观

2. 设置控件的图像列表

在创建控件之后,还应该用对象的成员函数 SetImageList( )为该控件设置它的图像列表,SetImageList( )函数的原型如下:

```
CImageList * SetImageList(CImageList * pImageList, int nImageList);
```

其中,pImageList 为图像列表的指针;nImageList 为表明在列表中如何使用图像的标志,nImageList 的值可以为 LVSIL_SMALL(小图标)、LVSIL_NORMAL(大图标)和LVSIL_STATE(状态图标)。如果使用状态图标,那么在应用程序运行时,若用户选中该项,该项的图标会改变其外观。

3. 创建控件的列

如果要使用控件的报告视图方式(见图 10-10(a)),则在设计程序时要定义在报告视图中列表要显示的列。为了对列进行描述,Windows 定义了一个结构 LV_COLUMN:

```
typedef struct _LV_COLUMN
```

```
{
    UINT mask;
    Int fmt;
    Int cx;
    LPTSTR pszText;
    Int cchTextMax;
    Int iSubItem;
}LV_COLUMN;
```

该结构中各个成员的含义如表 10-12 所示。

表 10-12 结构中各个成员的含义

成　员	含　义
mask	用来指定结构中的哪个成员包含信息,其可取的值为 LVCF_FMT、LVCF_SUBITEM、LVCF_TEXT、LVCF_WIDTH
fmt	列文本的对齐方式,可以为 LVCFMT_CENTER、LVCFMT_LEFT、LVCFMT_RIGHT
cx	列的宽度
pszText	列标题字符串的指针
cchTextMax	pszText 缓冲区的大小(设置列时不用)
iSubItem	项目的索引

根据实际需要定义 LV_COLUMN 的结构之后,要使用控件对象的成员函数 InsertColumn( ) 把列加入控件中。InsertColumn( ) 函数的原型如下:

```
int InsertColumn(int nCol, const LV_COLUMN * pColumn);
int InsertColumn(int nCol, LPCTSTR lpszColumnHeading, int nFormat=LVCFMT_LEFT,
    int nWidth=-1, int nSubItem=-1);
```

4. 向控件添加项目

有了列,还要在列中添加要显示的项目。在列表视图控件中,第一列中的项目称为主项目,其他列中的项目称为子项目。主项目一般为文件的名称,而子项目一般用来表达对应主项目文件的一些附加信息。

为了对项目进行描述,Windows 定义了结构 LV_ITEM:

```
typedef struct _LV_ITEM
{
    UINT mask;
    Int iItem;
    Int iSubItem;
    UINT state;
    UINT stateMask;
    LPTSTR pszText;
    Int cchTextMax;
    LPARAM lParam;
}LV_ITEM;
```

其中各成员的含义如表 10-13 所示。

表 10-13　LV_ITEM 各成员的含义

成　员	含　　义
mask	用来指定结构中的哪个成员包含信息,其可取的值为 LVIF_IMAGE、LVIF_STATE、LVIF_TEXT、LVIF_PARAM
iItem	主项目的索引
iSubItem	子项目的索引
state	项目的状态,其值可为其中一个或多个：LVIS_CUT(为剪切和粘贴做标记)、LVIS_DROPHILITED(作为拖放目标高亮显示)、LVIS_FOUCUSED(拥有焦点)、LVIS_SELECTED(已选择)
stateMask	用来指定状态成员中哪些位包含信息
pszText	项目文本的指针
cchTextMax	pszText 的缓冲区的大小
iImage	图标在图像列表中的索引
lParam	与消息有关的 32 位值

　　在定义项目之后,需要用成员函数 InsertItem( )向列中添加项目,InsertItem( )函数的原型如下：

```
int InsertItem(const LV_ITEM * pItem);
```

参数 pItem 为项目结构 LV_ITEM 的指针。

　　在创建列的主项目之后,就可以用成员函数 SetItemText( )添加文本形式的子项目了,函数 SetItemText( )的原型如下：

```
BOOL SetItemText(int nItem, int nSubItem, LPTSTR lpszText);
```

其中,参数 nItem 为主项目的索引,参数 nSubItem 为子项目的索引,参数 lpszText 为文本字符串的指针。

5. 响应用户消息

　　在列表控件中,人们最常用的是鼠标双击消息 NM_DBLCLK。该消息的消息映射应为

```
ON_NOTIFY(NM_DBLCLK,控件的标识,消息响应函数)
```

例 10-5　图像列表控件和列表视图控件的应用实例。

(1) 使用 MFC AppWizard 创建一个名称为 MFCexp10_5 的单文档应用程序框架。

(2) 在头文件 Resource.h 中添加如下标识：

```
#define IDI_ICON1 130
#define IDI_ICON2 131
#define IDC_LISTVIEW 132
#define ID_BIGICON 133
#define ID_SMLICON 134
#define ID_LIST 135
#define ID_REPORT 136
```

(3) 在视图类声明中添加如下代码：

```
class CMFCexp10_5View : public CView
{
```

```
          ⋮
    protected:
        CImageList m_lrgImageList;              //声明大图标列表控件
        CImageList m_smlImageList;              //声明小图标列表控件
        void InitListView( );                   //声明列表控件的初始化函数
        CListCtrl m_listView;                   //声明列表视图控件
        void CreateListColumns( );              //声明向列表视图控件添加列的函数
        void AddListItems( );                   //声明向列表视图控件添加项目的函数
        afx_msg void OnBigIcon( );              //菜单"大图标"选项的消息处理函数
        afx_msg void OnSmlIcon( );              //菜单"小图标"选项的消息处理函数
        afx_msg void OnList( );                 //菜单"列表"选项的消息处理函数
        afx_msg void OnReport( );               //菜单"报告"选项的消息处理函数
                                                //双击列表控件中项目图标的消息处理函数
        afx_msg void OnListViewDblClk(NMHDR * pNMHDR, LRESULT * pResult);
        afx_msg int OnCreate(LPCREATESTRUCT lpCreateStruct);
          ⋮
}
```

（4）在视图类的实现文件中添加如下消息映射：

```
BEGIN_MESSAGE_MAP(CMFCexp10_5View, CView)
    ON_WM_CREATE( )
    ON_COMMAND(ID_BIGICON,OnBigIcon)
    ON_COMMAND(ID_SMLICON,OnSmlIcon)
    ON_COMMAND(ID_LIST,OnList)
    ON_COMMAND(ID_REPORT,OnReport)
    ON_NOTIFY(NM_DBLCLK, IDC_LISTVIEW, OnListViewDblClk)
END_MESSAGE_MAP( )
```

（5）在下面的消息处理函数中创建各个控件：

```
int CMFCexp10_5View::OnCreate(LPCREATESTRUCT lpCreateStruct)
{
    if (CView::OnCreate(lpCreateStruct)==-1)
        return-1;
    InitListView( );                            //调用初始化列表视图控件的函数
    return 0;
}
```

（6）初始化列表视图控件的函数：

```
void CMFCexp10_5View::InitListView( )
{
    //创建图像列表控件
    m_lrgImageList.Create(32, 32, ILC_COLOR4, 1, 0); //大图标列表
    m_smlImageList.Create(16, 16, ILC_COLOR4, 1, 0); //小图标列表
    HICON hIcon=::LoadIcon (AfxGetResourceHandle( ),
        MAKEINTRESOURCE(IDI_ICON1));                 //获得大图标句柄
    m_lrgImageList.Add(hIcon);                       //将图标加入列表控件
    hIcon=::LoadIcon (AfxGetResourceHandle( ),
        MAKEINTRESOURCE(IDI_ICON2));                 //获得小图标句柄
    m_smlImageList.Add(hIcon);                       //将图标加入列表控件
    m_listView.Create(WS_VISIBLE | WS_CHILD | WS_BORDER |
        LVS_ICON | LVS_NOSORTHEADER,
        CRect(20, 40, 250, 220),
        this, IDC_LISTVIEW);                         //创建列表视图控件
    m_listView.SetImageList(&m_smlImageList, LVSIL_SMALL);
```

```
                                                          //设置列表视图控件选项的小图标
    m_listView.SetImageList(&m_lrgImageList, LVSIL_NORMAL);
                                                          //设置列表视图控件选项的大图标
    CreateListColumns();                                  //调用函数创建列表视图控件的列
    AddListItems();                                       //调用函数在列表视图中添加项目
}
```

（7）定义创建列表视图控件列的函数：

```
void CMFCexp10_5View::CreateListColumns()
{
    LV_COLUMN lvColumn; lvColumn.mask=LVCF_WIDTH | LVCF_TEXT | LVCF_FMT | LVCF_SUBITEM;
    lvColumn.fmt=LVCFMT_CENTER;
    lvColumn.cx=75;
    lvColumn.iSubItem=0;
    lvColumn.pszText="Column 0";
    m_listView.InsertColumn(0, &lvColumn);        //插入列 0

    lvColumn.iSubItem=1;
    lvColumn.pszText="Column 1";
    m_listView.InsertColumn(1, &lvColumn);        //插入列 1

    lvColumn.iSubItem=2;
    lvColumn.pszText="Column 2";
    m_listView.InsertColumn(2, &lvColumn);        //插入列 2
}
```

（8）定义添加项目的函数：

```
void CMFCexp10_5View::AddListItems()
{
    LV_ITEM lvItem;
    lvItem.mask=LVIF_TEXT | LVIF_IMAGE | LVIF_STATE;
    lvItem.state=0;
    lvItem.stateMask=0;
    lvItem.iImage=0;

    lvItem.iItem=0;
    lvItem.iSubItem=0;
    lvItem.pszText="Main Item 1";
    m_listView.InsertItem(&lvItem);
    m_listView.SetItemText(0, 1, "SubItem");
    m_listView.SetItemText(0, 2, "SubItem");

    lvItem.iItem=1;
    lvItem.iSubItem=0;
    lvItem.pszText="Main Item 2";
    m_listView.InsertItem(&lvItem);
    m_listView.SetItemText(1, 1, "SubItem");
    m_listView.SetItemText(1, 2, "SubItem");

    lvItem.iItem=2;
    lvItem.iSubItem=0;
```

```
    lvItem.pszText="Main Item 3";
    m_listView.InsertItem(&lvItem);
    m_listView.SetItemText(2, 1, "SubItem");
    m_listView.SetItemText(2, 2, "SubItem");

    lvItem.iItem=3;
    lvItem.iSubItem=0;
    lvItem.pszText="Main Item 4";
    m_listView.InsertItem(&lvItem);
    m_listView.SetItemText(3, 1, "SubItem");
    m_listView.SetItemText(3, 2, "SubItem");

    lvItem.iItem=4;
    lvItem.iSubItem=0;
    lvItem.pszText="Main Item 5";
    m_listView.InsertItem(&lvItem);
    m_listView.SetItemText(4, 1, "SubItem");
    m_listView.SetItemText(4, 2, "SubItem");

    lvItem.iItem=5;
    lvItem.iSubItem=0;
    lvItem.pszText="Main Item 6";
    m_listView.InsertItem(&lvItem);
    m_listView.SetItemText(5, 1, "SubItem");
    m_listView.SetItemText(5, 2, "SubItem");
}
```

（9）定义菜单选项"大图标"的消息响应函数：

```
void CMFCexp10_5View::OnBigIcon()
{
    SetWindowLong(m_listView.m_hWnd, GWL_STYLE, WS_VISIBLE | WS_CHILD |
        WS_BORDER | LVS_ICON);
}
```

（10）定义菜单选项"小图标"的消息响应函数：

```
void CMFCexp10_5View::OnSmlIcon()
{
    SetWindowLong(m_listView.m_hWnd, GWL_STYLE, WS_CHILD | WS_VISIBLE |
        WS_BORDER | LVS_SMALLICON);
}
```

（11）定义菜单选项"列表"的消息响应函数：

```
void CMFCexp10_5View::OnList()
{
    SetWindowLong(m_listView.m_hWnd, GWL_STYLE, WS_CHILD | WS_VISIBLE |
        WS_BORDER | LVS_LIST);
}
```

（12）定义菜单选项"报告"的消息响应函数：

```
void CMFCexp10_5View::OnReport()
{
```

```
    SetWindowLong(m_listView.m_hWnd, GWL_STYLE, WS_CHILD | WS_VISIBLE |
        WS_BORDER | LVS_REPORT);
}
```

（13）定义双击选项图标的消息响应函数：

```
void CMFCexp10_5View::OnListViewDblClk
    (NMHDR * pNMHDR, LRESULT * pResult)
{
    int index=m_listView.GetNextItem(-1, LVNI_SELECTED);
    if (index !=-1)
    {
        CString str="NAME:\t"+m_listView.GetItemText(index,0);
        str+="\nID:\t"+m_listView.GetItemText(index,1);
        str+="\nAGE:\t"+m_listView.GetItemText(index,2);
        str+="\nGENDER: "+m_listView.GetItemText(index,3);
        MessageBox(str);
    }
}
```

程序运行结果如图 10-11 所示。

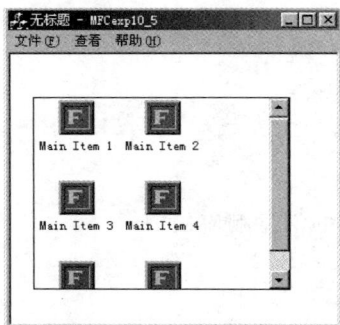

图 10-11　例 10-5 程序运行结果

10.3　控件的背景颜色

在前面的例子中，窗口中控件的背景颜色都是灰色的（默认的颜色），与窗口的白色背景极不协调，所以希望可以按自己的需要定义控件的背景颜色。为了达到这个目的就要利用 WM_CTLCOLOR 消息，为了使用该消息，在类声明时需要用宏

```
ON_WM_CTLCOLOR( )
```

来声明消息映射。这个宏固定地对应消息响应函数 OnCtlColor，它的原型如下：

```
afx_msg HBRUSH OnCtlColor(
    CDC * pDC,                    //绘制控件的设备环境指针
    CWnd * pWnd,                  //控件的指针
    UINT nCtlColor                //控件类型
    );
```

其中，参数 nCtlColor 的可选值如表 10-14 所示。OnCtlColor 返回的是绘制控件的画刷，因

此程序员可以用这个消息响应函数来设置绘制控件背景颜色的画刷。

表 10-14　nCtlColor 的值

值	说　明
CTLCOLOR_BTN	由按钮控件产生了 WM_CTLCOLOR 消息
CTLCOLOR_DLG	由对话框控件产生了 WM_CTLCOLOR 消息
CTLCOLOR_EDIT	由编辑控件产生了 WM_CTLCOLOR 消息
CTLCOLOR_LISTBOX	由列表框控件产生了 WM_CTLCOLOR 消息
CTLCOLOR_MSGBOX	由消息框控件产生了 WM_CTLCOLOR 消息
CTLCOLOR_SCROLLBAR	由滚动条控件产生了 WM_CTLCOLOR 消息
CTLCOLOR_STATIC	由静态控件、复选框、单选按钮、成组框和失效的编辑框产生了 WM_CTLCOLOR 消息

在程序设计时，如果要改变控件文本的颜色或者文本背景的颜色，可以使用 CDC 的 SetTextColor() 和 SetBkColor() 函数。

例 10-6　改变控件颜色和控件文本颜色的实例。

（1）使用 MFC AppWizard 创建一个名称为 MFCexp10_6 的单文档应用程序框架。

（2）按例 10-2 的代码设计程序。

（3）然后，在视图类声明中增加如下代码：

```
class CMFCexp10_6View : public CView
{
    ⋮
    protected:
        CBrush m_WhiteBrush;
    ⋮
    protected:
        afx_msg HBRUSH OnCtlColor(CDC * pDC, CWnd * pWnd, UINT nCtlColor);
};
```

（4）视图类的构造函数中初始化画刷：

```
CMFCexp10_6View::CMFCexp10_6View( ):m_WhiteBrush(RGB(255,255,255))
{
}
```

（5）在消息映射中增加如下代码：

```
BEGIN_MESSAGE_MAP(CMFCexp10_6View, CView)
    ⋮
    ON_WM_CTLCOLOR( )
END_MESSAGE_MAP( )
```

（6）在视图类的实现中增加如下代码：

```
HBRUSH CMFCexp10_6View::OnCtlColor(CDC * pDC, CWnd * pWnd, UINT nCtlColor)
{
    if (nCtlColor==CTLCOLOR_STATIC)
    {
```

```
            pDC->SetTextColor(RGB(255,0,255));
                    //文本为粉红色
            pDC->SetBkColor(RGB(0,200,255));
                    //文本背景为浅蓝色
            return (HBRUSH)m_WhiteBrush;
                    //控件白色
        }
        return CView::OnCtlColor(pDC, pWnd, nCtlColor);
}
```

程序运行结果如图 10-12 所示。

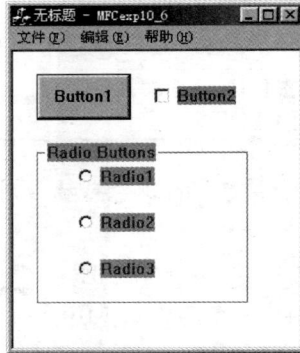

图 10-12   例 10-6 程序运行结果

本 章 小 结

- 控件是应用程序窗口的子窗口。MFC 的控件类封装了 Windows 的标准控件和通用控件,这些控件类都派生于类 CWnd。
- 静态文本控件由类 CStatic 封装,按钮控件由类 CButton 封装,编辑控件由类 CEdit 封装,进度条控件由类 CProgessCtrl 封装,微调器控件由类 CSpinButtonCtrl 封装,图像列表控件由类 CImageList 封装,列表视图控件由类 CListCtrl 封装。控件类的使用与窗口类 CWnd 的使用基本相同。
- 首先选择控件所属的类,创建该类对象。如在应用程序的窗口中添加静态文本控件:
```
CStatic static;
static.Create("Static",WS_CHILD|WS_VISIBLE|SS_CENTER, CRect(20,20,100,40),
this,0);
```
然后向应用程序的消息映射中添加需要的消息。

最后实现消息响应函数。创建控件的代码应该编写在该消息的响应函数 OnCreate 中。
- 控件自己特有的行为特点,在各自的类中由相应的成员函数实现。
- 控件颜色的设置在 Windows 消息 WM_CTLCOLOR 的消息响应函数 OnCtlColor()中完成。其消息映射宏如下:
```
ON_WM_CTLCOLOR()
```

习　题　10

10-1　简述在应用程序的窗口中使用控件的步骤。

10-2　怎样才能使控件成为窗口的子窗口并且在窗口中可见？

10-3　为何在创建控件时一般都要传递 this 参数给 Create()函数？

10-4　标准控件和通用控件有什么不同？

10-5　控件的标识有什么用途？一般在应用程序的什么位置创建控件？

10-6　按钮控件能创建哪 3 种不同的形式？

第 11 章 对 话 框

对话框是 Windows 应用程序与用户进行交互的重要手段。对话框是 CDialog 类对象，CDialog 类是 CWnd 的派生类。

从程序设计的角度来看，设计一个对话框要做两项工作，即编写对话框模板资源描述文件和派生对话框类。

本章主要内容：

- 对话框模板资源描述文件。
- 对话框类的定义及使用。
- 对话框的数据交换和检验。
- 对话框应用程序。
- 通用对话框。
- 非模态对话框。
- 属性页。

11.1　对话框模板资源描述文件

对话框模板资源描述文件描述了对话框的外观以及控件的安装，该文件的格式如下：

```
对话框名 DIALOG [载入特性选项] X, Y, Width, Height
[设置选项]
BEGIN
    对话框上控件的定义
END
```

其中，设置选项一般包括 CAPTION（对话框标题）、FONT（字体）和 STYLE（样式）等。

对话框样式选项 STYLE 决定了对话框的外貌，除了可以选用窗口的一般样式之外，系统还定义了对话框所特有的样式，如表 11-1 所示。

表 11-1　对话框常用样式

样　　式	说　　明	样　　式	说　　明
DS_3DLOOK	使用三维边框	DS_SHADOW	带阴影的对话框
DS_FIXEDSYS	使用 SYSTEM _FIXED 字体	DS_CENTER	使对话框位置居中
DS_MODALFRAME	使用细实线边框	DS_SETFOREGROUND	使对话框置于前台
DS_SYSMODAL	系统模式对话框		

通常在对话框上需要放置各种各样的控件，来实现用户和应用程序的交互。因此，在对话框的资源描述文件中应有定义控件的语句，这些语句放置在 BEGIN 和 END 之间。

对话框中经常使用的控件及其说明如表 11-2 所示。

表 11-2　对话框中经常使用的控件及其说明

控　　件	说　　明	控　　件	说　　明
CHECKBOX	复选框控件	LISTBOX	列表框控件
COMBOBOX	组合框控件	LTEXT	文本左对齐的静态控件
CTEXT	文本居中的静态控件	PUSHBUTTON	按钮控件
DEFPUSHBUTTON	默认按钮控件	RADIOBUTTON	单选按钮控件
EDITTEXT	编辑控件	RTEXT	文本右对齐的静态控件
GROUPBOX	成组框控件	SCROLLBAR	滚动条控件
ICON	图标		

下面是一个对话框模板资源描述文件的实例：

```
IDD_DIALOG1 DIALOG DISCARDABLE  0,  0,  187,  53
STYLE DS_MODALFRAME | WS_POPUP | WS_CAPTION | WS_SYSMENU
CAPTION "添加的对话框"
FONT 10, "System"
BEGIN
    DEFPUSHBUTTON "OK", IDOK, 40, 28, 50, 14
    PUSHBUTTON "Cancel", IDCANCEL, 104, 28, 50, 14
    LTEXT "添加了一个对话框", IDC_STATIC, 45, 14, 106, 13
END
```

在 Visual C++ 6.0 开发环境中，人们经常使用系统提供的可视化工具来创建对话框模板资源。具体做法是：首先，在工程管理窗口中选择 Resource View 选项卡，在该选项卡中的 Dialog 文件夹上单击鼠标右键，在随后出现的弹出式菜单中，选择 Insert Dialog 选项（如图 11-1 所示），这样开发环境就会以可视化的形式提供一个默认的对话框，同时在 Resource

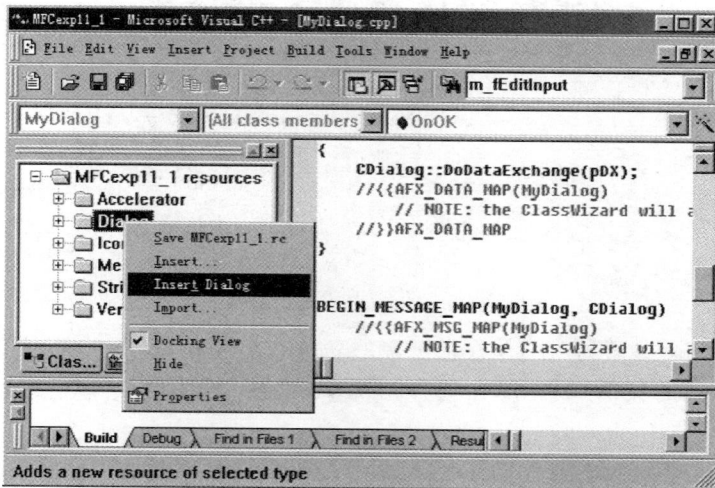

图 11-1　插入对话框资源

View 选项卡的 Dialog 文件夹中增加了一个资源文件 IDD_DIALOG1,如图 11-2 所示。开发环境提供的这个对话框还预置了两个常用的按钮控件 OK 和 Cancel,并为它们设计了与其功能相对应的代码。当然,如果不想使用它们,程序员可以把它们删掉。接下来,就可以把开发环境提供的控件箱中的控件,根据程序的需要,添加到这个默认的对话框上。经调整认为满意之后,进行保存,于是创建对话框模板资源的工作即告结束。

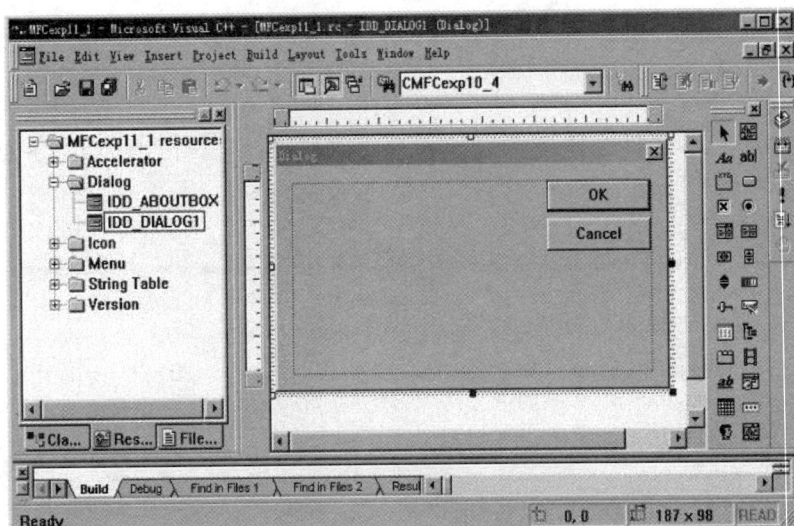

图 11-2　开发环境提供的对话框

11.2　自定义对话框类

也可以用 MFC 提供的对话框类 CDialog 派生自己的对话框。

11.2.1　MFC 的对话框类及用户自定义对话框类

为方便用户自定义对话框类,MFC 提供了类 CDialog,用户的自定义对话框类要由它来派生。类 CDialog 在 MFC 类族中的位置如图 11-3 所示。

CDialog 类有两个构造函数,分别如下:

```
CDialog(LPCTSTR lpszTemplateName, CWnd * pParentWnd
    =NULL);
```

和

```
CDialog(UINT nIDTemplate, CWnd * pParentWnd=NULL);
```

函数中的第一个参数为对话框模板资源的名称或 ID;第二个参数为对话框的父窗口指针,在通常情况下,可使用其默认值 NULL。

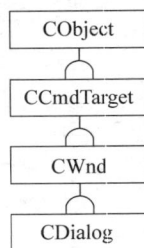

图 11-3　CDialog 类在 MFC
类族中的位置

由于 CDialog 类的构造函数带有参数,故自定义的对话框派生类必须声明构造函数,且在构造函数中引用基类 CDialog 类的构造函数,以便传递对话框的模板指针或 ID 值。

例如：

```
class CMyDialog:public CDialog
{
    public:
        CMyDialog(int tmpID);
        ⋮
};
```

```
inline CMyDialog::CMyDialog(int tmpID):CDialog(tmpID){}
```

如果对话框资源的标识为 IDD_DIALOG1，则在创建对话框对象时的代码应该为

```
CMyDialog m_dlg(IDD_DIALOG1);
```

在实际程序设计工作中，更经常的是使用 Visual C++ 6.0 提供的编程工具来派生对话框类。具体做法为：打开对话框资源（如图 11-2 所示），用鼠标双击对话框，在随后出现的 New Class 对话框中填写各项的内容，单击 OK 按钮，即可生成自定义类的代码。New Class 对话框的外观如图 11-4 所示，自动生成的类代码的主要部分为

```
//CMyDialog 类的声明
class CMyDialog : public CDialog
{
    public:
        CMyDialog(CWnd * pParent=NULL);
        enum { IDD=IDD_DIALOG1 };
        ⋮
};
//构造函数
CMyDialog::CMyDialog(CWnd * pParent /* =NULL */) : CDialog(CMyDialog::IDD, pParent)
{
}
```

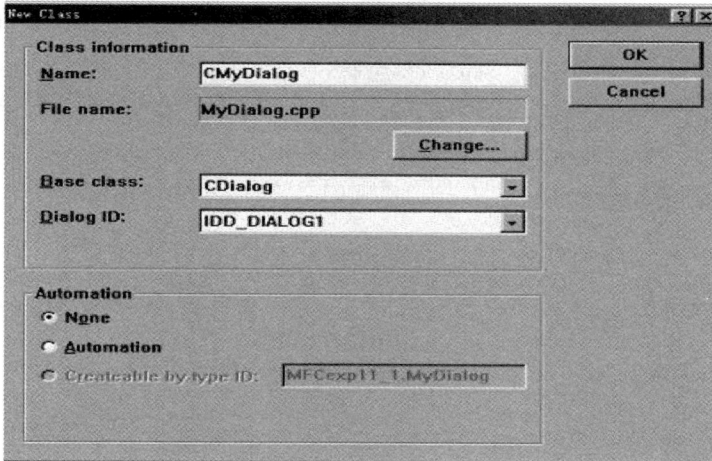

图 11-4　声明对话框类

11.2.2　模态对话框

1. 模态对话框的创建

在创建自定义对话框类后,就可以在需要使用对话框的地方使用它了。如果使用 CDialog 类的成员函数 DoModal( )来创建对话框,则该对话框就是一个模态对话框。 DoModal( )函数的原型如下:

```
virtual int DoModal();
```

DoModal( )函数首先载入对话框模板资源,接下来调用 OnInitDialog( )函数,并在该函数中调用函数 UpdateData( )初始化对话框上的控件。然后,该函数将启动一个消息循环,以响应用户的输入。该消息循环截获了几乎所有的用户输入消息,从而使应用程序的主消息循环收不到用户消息,致使用户只能对对话框进行交互,这就是模态对话框的特点。

当用户单击 OK 或 Cancel 按钮时,函数 DoModal()将被结束,并在函数 DoModal( )结束之前,将对话框对象销毁。下面是创建并运行模态对话框的代码:

```
CMyDialog dlg;                 //定义对话框对象
int result=dlg.DoModal();      //显示并运行对话框
```

2. OK 按钮和 Cancel 按钮

在系统提供的对话框模板上,系统预置了 OK 和 Cancel 两个按钮,并为这两个按钮编写了相应的代码。

当用户按下 OK 按钮时,会调用消息响应函数 CDialog::OnOK( )。OnOK( )首先调用 UpdateData( )函数读取控件上的数据(例如,用户在对话框上的编辑框中输入的数据), 并把它传递给对话框类中与该控件对应的成员变量,然后调用 CDialog::EndDialog( )函数关闭对话框,并以 OK 按钮的标识值 IDOK 为 DoModal( )函数的返回值。

而当按下 Cancel 按钮时,会调用 CDialog::OnCancel ( )函数,而它只调用函数 CDialog:: EndDialog( )来关闭对话框,并以 Cancel 按钮的标识值 IDCANCEL 为 DoModal( )函数的返回值。DoModal( )函数的执行过程如图 11-5 所示。

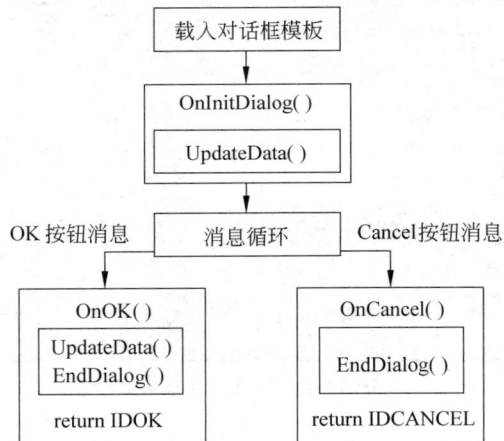

图 11-5　DoModal( )函数的执行过程

如果程序员需要在 OK 和 Cancel 按钮的响应函数中做一些事情,可以重写 OnOK( )函数和 OnCancel( )函数。但需要注意的是,在重写的时候函数中一定要调用 CDialog 类的成员函数 CDialog::OnOK( )和 CDialog::OnCancel( ),以便系统做相应的默认处理。

例 11-1 创建一个应用程序,在运行时如果在窗口用户区单击鼠标左键则会出现如图 11-6 所示外观的模态对话框。

(1)用 MFC AppWizard 创建一个名称为 MFCexp11_1 的单文档界面应用程序。

(2)按 11.1 节所讲的做法用 VC++ 提供的可视化设计工具创建对话框模板资源,得到系统默认的对话框,如图 11-7 所示。

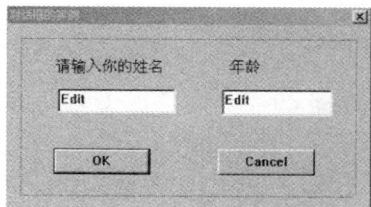

图 11-6 对话框的外观

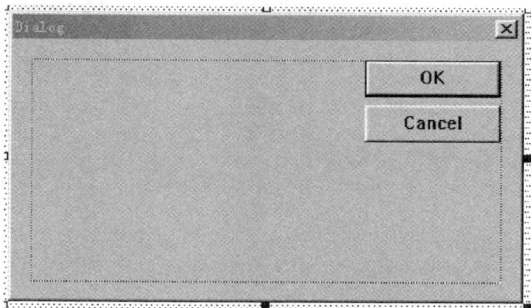

图 11-7 系统提供的对话框外观

(3)使用工具箱向对话框上添加需要的控件并调整 OK 按钮和 Cancel 按钮的位置使对话框符合如图 11-6 所示的要求。

(4)用鼠标左键双击对话框,系统打开一个如图 11-8 所示的 Adding a Class 对话框,询问是否要创建一个新对话框类,选择对话框的默认选项并单击 OK 按钮。在随后出现的 New Class 对话框中的 Name 文本框中添入类的名称(例如 MyDialog),其余使用默认选项,然后单击 OK 按钮(如图 11-9 所示)。于是在工程管理窗口的 Class View 选项卡上可以看到 MyDialog 类,在 Resource View 选项卡上可以看到资源 IDD_DIALOG1。

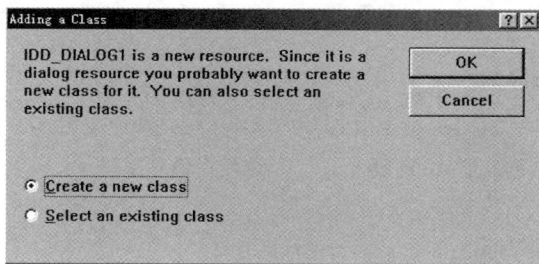

图 11-8 Adding a Class 对话框

(5)以文本方式打开工程的资源文件 MFCexp11_1.rc 并找到 IDD_DIALOG1 部分,然后用以下定义覆盖它:

```
IDD_DIALOG1 DIALOG DISCARDABLE  0, 0, 187, 98
STYLE DS_MODALFRAME | WS_POPUP | WS_CAPTION | WS_SYSMENU
CAPTION "对话框的实例"
FONT 10, "System"
```

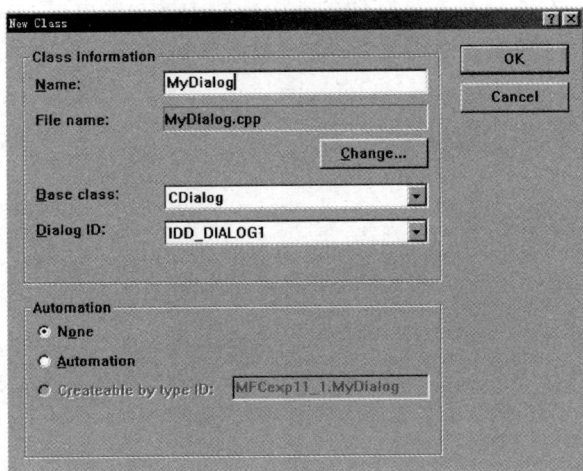

图 11-9　New Class 对话框

```
BEGIN
    DEFPUSHBUTTON "OK",IDOK,24,66,50,14
    PUSHBUTTON "Cancel",IDCANCEL,109,66,50,14
    LTEXT "请输入你的姓名",IDC_STATIC,25,18,69,12
    EDITTEXT IDC_EDIT1,26,34,61,13,ES_AUTOHSCROLL
    EDITTEXT IDC_EDIT2,111,34,57,14,ES_AUTOHSCROLL
    LTEXT "年龄",IDC_STATIC,115,18,53,12
END
```

（6）编写代码：

```
//首先在 CMyDialog 类的声明中声明重写 OnOK( )函数
class MyDialog : public CDialog
{
    ⋮
    protected:
    void afx_msg OnOK( );                  //重写 OnOK( )函数的声明
    ⋮
};
//重写函数 OnOK( )的实现
void MyDialog::OnOK( )
{
    MessageBox("你单击了 OK 按钮");        //显示消息框
    CDialog::OnOK( );
}
//在视图类的源文件中添加包含对话框头文件的指令

#include "MyDialog.h"

//视图类的单击鼠标左键的消息处理函数
void CMFCexp11_1View::OnLButtonDown(UINT nFlags, CPoint point)
{
    CString m_info;
    MyDialog dlg;                          //定义对话框对象
    dlg.DoModal( );                        //显示并运行模态对话框
    CView::OnLButtonDown(nFlags, point);
```

}

例 11-1 程序运行结果如图 11-10 所示,当用户在程序的窗口单击后,在窗口上会出现一个对话框,如果再单击 OK 按钮则会出现一个消息框。

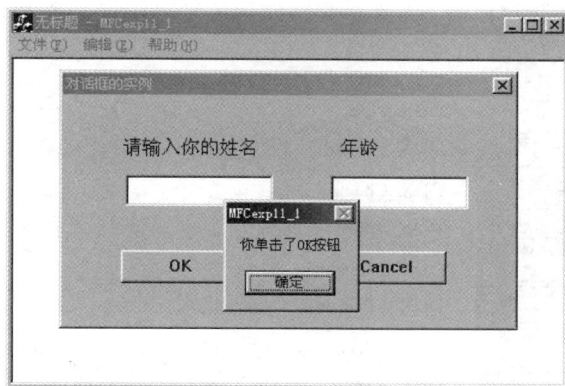

图 11-10　在单击 OK 按钮后会出现一个消息框

11.3　对话框的数据交换和数据检验

之所以在应用程序中使用对话框,就是要通过对话框上的控件(如编辑框、列表框等)向应用程序中的变量传递数据,或者是把程序中变量的数据送到控件上进行显示,从而达到人机交互的目的,这就是所谓的数据交换(DDX)问题。在某些时候,应用程序还要检验用户通过控件所输入的数据是否合乎规格,所以还有所谓的数据检验(DDV)问题。

数据的交换和数据的检验都是在对话框类的成员函数 DoDataExchange( )中进行的。

11.3.1　数据交换

1. DDX 函数

为了存储控件上的数据,在声明对话框类时,要声明一些成员变量。同时,还要把这些成员变量与对应的控件关联起来,这样才能实现控件与成员变量进行数据交换的目的。为此,MFC 定义了大量的以 DDX_ 为前缀的函数,来实现成员变量与控件关联和数据交换。其中,比较常用的如 DDX_Text( )、DDX_Radio( )、DDX_Check( )、DDX_LBIndex( )等。例如,DDX_Text( )函数的原型如下:

```
void DDX_Text( CDataExchange * pDX,
    int nIDC,                    //控件 ID
    CString& value );            //与控件相关联的变量
```

在所有这些函数的参数中都有一个 CDataExchange 类对象的指针 pDX,MFC 在 CDataExchange 类中封装了实现成员变量与控件关联和进行数据交换的操作。

在这里,value 是 CString& 类型,为了可以适应各种数据类型的成员变量,MFC 重载了多个 DDX_Text( )函数使得参数 value 类型还可以是 BYTE&、short&、int&、UINT&、long&、DWORD&、float&、double&、COleCurrency&、COleDateTime& 类型。

部分 DDX 函数如图 11-11 所示。从图中可以看到,不同的控件具有不同的 DDX 函数,但所有的控件都可以使用一个如下形式的 DDX 函数:

```
void DDX_Control( CDataExchange * pDX, int nIDC, CWnd& rControl );
```

从函数的第三个参数可以看到,该实参必须是该控件类的一个对象。

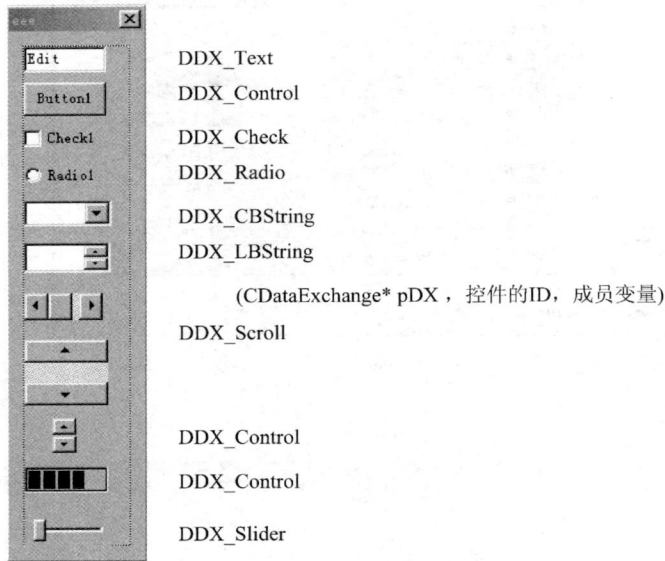

图 11-11   部分控件与对应成员变量的数据交换函数

2. DoDataExchange( )函数和 UpdateData( )函数

对话框 CDialog 类从 CWnd 类继承了一个函数 DoDataExchange( )来统一管理对话框的数据交换,这个函数的原型如下:

```
virtual void DoDataExchange( CDataExchange * pDX );
```

为了实现控件与对话框成员变量的数据交换,必须在这个函数中调用 DDX 函数,例如:

```
void CDTestDlg::DoDataExchange(CDataExchange * pDX)
{
    CDialog::DoDataExchange(pDX);
    DDX_Text(pDX,IDC_EDIT1,m_szFileName);
}
```

而函数 DoDataExchange( )是在 UpdateData( )中被调用的,UpdateData( )函数的原型如下:

```
BOOL UpdateData( BOOL bSaveAndValidate=TRUE);
```

当其参数 bSaveAndValidate 为 TRUE 时,控件将向对应成员变量写入数据;而当参数 bSaveAndValidate 为 FALSE 时,控件将从对应成员变量读取数据。

从图 11-5 中已经看到,对话框在 OnInitDialog( )函数和 OnOK( )函数中调用 UpdateData( )函数进行数据交换。根据程序需要,UpdateData( )函数也可以在程序的任何位置调用。

11.3.2 使用 Class Wizard 为对话框添加成员变量

为了管理控件上的数据,对话框类必须定义一些与控件相关联的成员变量,这个工作最好使用开发环境的设计工具——Class Wizard。

如果要给对话框上的某个控件提供一个与其相关联的成员变量,则用鼠标单击该控件,在出现的弹出式菜单中选择 Class Wizard 选项即可打开 MFC ClassWizard 对话框(如图 11-12 所示)。在该对话框上共有 5 个选项卡,其中最常用的两个选项卡为 Message Maps 选项卡和 Member Variables 选项卡。

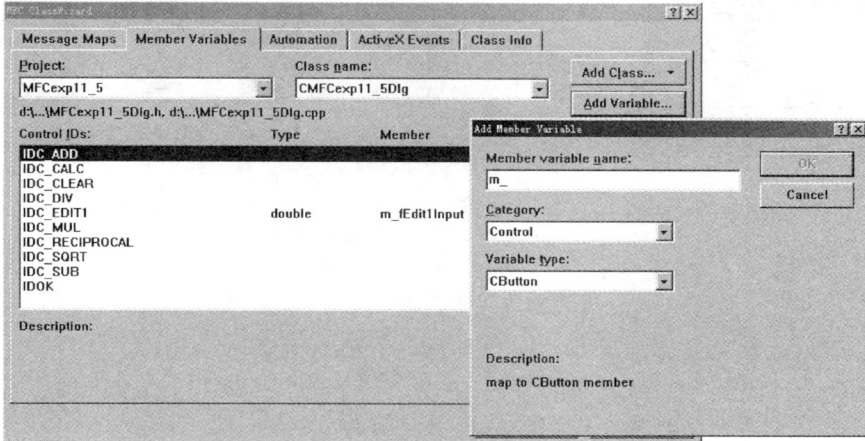

图 11-12 ClassWizard 的类成员变量选项卡

在类中声明对象的数据成员变量时,要使用 Member Variables 选项卡(见图 11-12)。在这个选项卡的 Control IDs 窗口中列出了所有可以声明变量的对象(以控件的 ID 值方式)。如果选中某个对象,并单击 Add Variable 按钮,则会打开 Add Member Variable 对话框。在 Add Member Variable 对话框中,程序员可以定义变量的名称、类型等,单击 OK 按钮,ClassWizard 就会在类中自动添加该成员变量,并在对话框类的 DoDataExchange( )函数中自动添加相应的数据交换函数 DDX,从而把控件与成员变量关联起来。

在使用类成员变量选项卡添加类的成员变量时,对于一般的控件在 Category 下拉窗口中的选项只有一个 Control,在下拉窗口 Variable type 中,选项也是一个,为该控件所属的类,即成员变量是控件类的对象。而对于编辑框、下拉列表这类可以由用户输入数据的控件,它们的 Category 选项则有 Control 和 Value 两种。如果选择了 Control,则成员变量为类的对象,因而在程序中可以使用该对象来引用控件的成员函数;而如果选择了 Value,则该成员变量用来存放控件上的数据。

例 11-2 设计一个应用程序,当用户在程序窗口上单击鼠标左键时,会出现一个如图 11-13 所示的对话框。用户可在输入编辑框中输入文字,当单击"输入"按钮时,该输入可以存入对话框与输入编辑框对应成员变量;当单击"显示"按钮时,该数据将复制在与"显示"编辑框对应的成员变量中,并会在"显示"编辑框中出现;当用户单击 OK 按钮后,对话框将被关闭,并且把两个成员变量的数据显示在应用程序的窗口上。

(1)用 MFC AppWizard 创建一个名称为 MFCexp11_2 的单文档应用程序。

（2）按图 11-13 的要求定义对话框模板资源，并用 New Class 工具派生 CDialog 的对话框类 MyDlg。

（3）用鼠标右键单击控件在弹出的菜单中选择 Properties 选项，在随后弹出的对话框中修改控件属性，如图 11-14 所示。

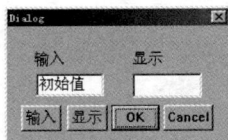

图 11-13　例 11-2 应用程序的对话框　　　图 11-14　在 Properties 对话框中修改控件属性

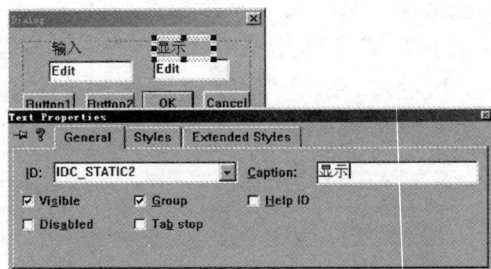

（4）用 MFC ClassWizard 给 CMyDlg 类定义两个与编辑控件相关联的成员变量和两个按钮的消息响应函数：

```
CString m_Edit1;                  //与控件 Edit1 对应的成员变量
CString m_Edit2;                  //与控件 Edit2 对应的成员变量
afx_msg void OnButton1();         //声明"输入"按钮的消息响应函数
afx_msg void OnButton2();         //声明"显示"按钮的消息响应函数
```

（5）在对话框类中实现两个按钮的消息响应函数：

```
//"输入"按钮的消息响应函数
void CMyDlg::OnButton1()
{
    UpdateData(TRUE);             //把控件上的数据写入成员变量
}
//"显示"按钮的消息响应函数
void CMyDlg::OnButton2()
{
    m_Edit2=m_Edit1;
    UpdateData(FALSE);            //成员变量的数据传送到控件上
}
```

（6）在视图类声明中添加成员变量：

```
CString m_outEdit2;
CString m_outEdit1;
```

（7）在视图类声明中添加鼠标左键按下消息响应函数的声明：

```
afx_msg void OnLButtonDown(UINT nFlags, CPoint point);
```

（8）在视图实现中包含头文件 MyDlg.h：

```
#include"MyDlg.h"
```

（9）在视图实现中添加消息映射：

```
ON_WM_LBUTTONDOWN()
```

（10）在程序类视图鼠标左键按下消息响应函数中填写如下代码：

```
MyDlg dlg;
int result=dlg.DoModal( );
if (result==IDOK)
{
    m_outEdit1=dlg.m_Edit1;
    m_outEdit2=dlg.m_Edit2;
    Invalidate( );
}
```

（11）在视图类的 OnDraw( )函数中填写如下代码：

```
pDC->TextOut(10,10,m_outEdit1);
pDC->TextOut(100,10,m_outEdit2);
```

11.3.3　数据检验

为了对用户输入数据的合法性进行必要的检验，MFC 提供了多个名称带有 DDV_前缀的函数来与 DDX 函数配合使用，其目的就是对用户的输入数据进行检验并进行一定的限制。如函数：

```
void DDV_MaxChars(CDataExchange * pDX,CString const& value, int nChars);
```

其中，第三个参数 nChars 用来限制第二个参数 value 的字符个数。

当然，数据检验也是在 DoDataExchange( )函数中完成的。

11.4　以对话框为主界面的应用程序

由于模态对话框有自己的消息循环和对应的窗口函数，所以对话框不仅可以作为应用程序的一个部件，还能以对话框为主界面设计应用程序，这种程序称为基于对话框的应用程序。

这种基于对话框的应用程序适合比较简单的应用，例如，磁盘清理程序、杀毒软件等。

11.4.1　应用程序框架的设计

使用 AppWizard 设计基于对话框的应用程序非常简单：在 AppWizard 向导的第一步中，选择创建 Dialog Based 应用程序的选项即可。在选择了 Dialog Based 选项之后，如果单击 Finish 按钮，则程序设计向导将会在 Visual C++ 6.0 的开发环境中提供一个预置了两个常用的按钮控件和一个静态控件对话框，如果程序员不喜欢它们，可以把它们删掉。

在开发环境中，系统还打开了控件工具箱，程序员可以用鼠标向对话框上按照自己的需要放置控件以形成应用程序的界面。

11.4.2　应用程序代码的设计

设计基于对话框应用程序的主要工作，是为界面上的各个控件的消息响应函数填写代码。为此，开发环境为程序员提供了一个很方便的工具——ClassWizard。选中要进行编写代码的控件，用鼠标右键单击该控件，在出现的菜单中选择 ClassWizard 选项即可以打开 ClassWizard 对话框（如图 11-15 所示）。关于 Member Variables 选项卡的使用在前面已经做了相关介绍,下面主要介绍 Message Maps 选项卡的使用。

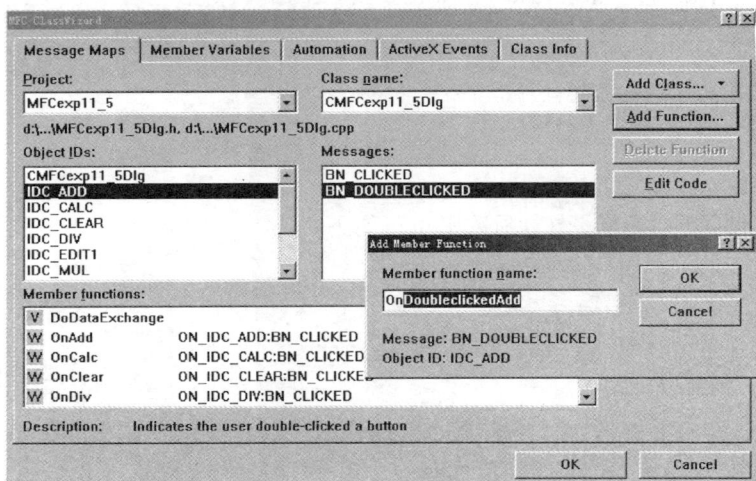

图 11-15 ClassWizard 的消息映射选项卡

Message Maps 选项卡用来声明消息映射和对应的消息响应函数,如图 11-15 所示。程序员可以使用 Project 下拉选择框来选择当前的工程;用 Class Name 下拉选择框来选择要操纵的类;而 Object IDs 滚动窗口,以 ID 值的方式列举了当前类中能够产生消息的对象,当程序员选中了某个对象后,则在 Message 窗口显示该对象可使用的消息。如果选中了某个消息,并单击 Add Function 按钮,就会打开 Add Member Function 对话框,并在对话框中提供一个默认的消息响应函数名;如果程序员不喜欢这个名称,可以修改它,然后单击 OK 按钮,则 ClassWizard 会自动在程序中添加消息映射、消息响应函数的声明等相应的代码。

例 11-3 设计一个其界面如图 11-16 所示的应用程序。当用户单击 Read 按钮后,在上面的编辑框中显示该编辑框对应的成员变量 m_Edit1Val 的值;而当用户单击 Copy 按钮时,上面编辑框中的数据会出现在下面的编辑框中。

(1) 用 AppWizard 生成一个基于对话框界面的应用程序框架,在删除了对话框的预置控件后,按图 11-16 的要求添加两个编辑框控件和两个按钮控件。

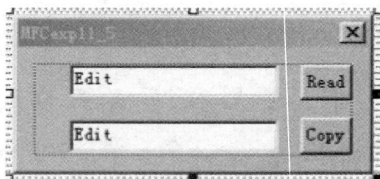

图 11-16 例 11-3 应用程序的界面

(2) 如图 11-17 所示,使用 ClassWizard 设置两个与编辑控件相关联的成员变量。

(3) 如图 11-18 所示,先给两个按钮分别声明一个鼠标单击消息响应函数,然后在两个按钮鼠标单击响应函数中写入如下代码:

```
void CMFCexp11_5Dlg::OnCopy()
{
    UpdateData(TRUE);
    m_Edit2Val=m_Edit1Val;
    UpdateData(FALSE);
}

void CMFCexp11_5Dlg::OnRead()
```

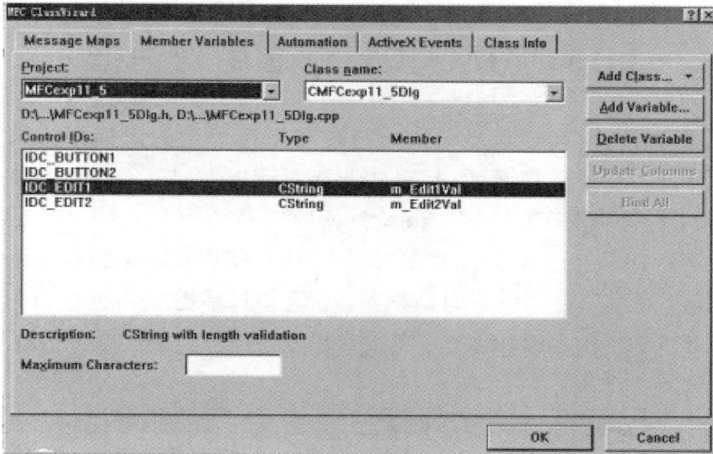

图 11-17　例 11-3 的两个成员变量

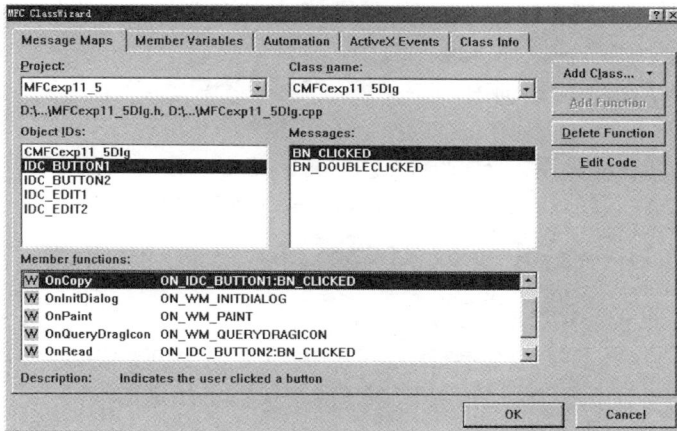

图 11-18　声明例 11-3 的两个按钮单击消息响应函数

```
{
    UpdateData(FALSE);
}
```

最后，在对话框类的初始化函数 OnInitDialog() 中添加代码：

```
m_Edit1Val="初始值";
```

于是程序即告完成。

程序运行结果如图 11-19 所示。

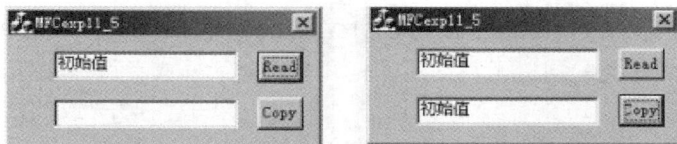

(a) 单击 Read 按钮的结果　　　　　(b) 单击 Copy 按钮的结果

图 11-19　例 11-3 程序的运行结果

11.5　MFC 预置的通用对话框

在 Windows 程序设计中,经常要用到一些具有专门用途的对话框。例如,打开文件对话框、保存文件对话框、颜色选择对话框、字体选择对话框。MFC 专门为用户设计了能创建这类对话框的类,它们分别是 CColorDialog(颜色选择对话框类)、CFileDialog(文件选择对话框类)、CFindReplaceDialog(正文搜索和替换对话框类)、CFontDialog(字体选择对话框类)和 CPrintDialog(打印和打印设置对话框类)。这些对话框类均继承自 CDialog 类,而且这些类的声明均在头文件 afxdlgs.h 中,在设计具有通用对话框的应用程序时,要包含该文件。

下面以文件对话框和字体选择对话框为例,介绍通用对话框的使用方法。

11.5.1　文件对话框

一般的 Windows 应用程序都应该有打开和保存文件的功能,为此 MFC 提供了文件对话框类 CFileDialog。

CFileDialog 类的构造函数如下:

```
CFileDialog(
    BOOL bOpenFileDialog,                                //指定是 Open 还是 Save as 对话框
    LPCTSTR lpszDefExt=NULL,                             //添加到没有扩展名文件上的扩展名
    PCTSTR lpszFileName=NULL,                            //初始选定的文件名
    DWORD dwFlags=OFN_HIDEREADONLY | OFN_OVERWRITEPROMPT,          //自定义标志
    LPCTSTR lpszFilter=NULL,                             // Files of Type 中的过滤参数
    CWnd * pParentWnd=NULL );                            //对话框父窗口的指针
```

其中,最重要的是该函数的第一个参数 bOpenFileDialog,当其值为 TRUE 时,创建的是打开文件对话框。如果该参数为 FALSE 则创建的是保存文件对话框。

第五个参数用来指明对话框文件类型框中所使用的过滤参数,每一个过滤参数由两项组成:第一项指明在文件类型框中需要显示的文本,第二项指明文件的类型。一个完整的文件过滤参数如下:

Word文档(＊.doc)|＊.doc

可以使用多个过滤参数,这些参数要用 OR 符号(|)连接起来,例如:

Word文档(＊.doc)|＊.doc|位图(＊.bmp)|＊.bmp|全部文件(＊.＊)|＊.＊

在这个例子中一共有三个过滤参数,分别是 Word 文档(＊.doc)|＊.doc、位图(＊.bmp)|＊.bmp 和全部文件(＊.＊)|＊.＊。

如果要创建带有提示消息框的保存文件对话框,如图 11-20 所示,构造函数的第四个参数 dwFlags 应该设为 OFN_HIDEREADONLY|OFN_OVERWRITEPROMPT。

使用 CFileDialog 类的构造函数创建了打开文件对话框或者保存文件对话框后,就可以使用成员函数 DoModal( )来显示对话框了。当用户单击"打开"或"保存"按钮后,函数 DoModal( )的返回值为 IDOK;而单击"取消"按钮后返回值为 IDCANCEL。

例 11-4　下面的应用程序在运行后,用鼠标左键单击窗口出现一个打开文件对话框;而用鼠标右键单击窗口出现一个保存文件对话框。

图 11-20　带有提示信息框的保存文件对话框

（1）用 MFC AppWizard 创建一个名称为 MFCexp11_4 的单文档界面应用程序。

（2）在视图类的源文件中添加如下包含指令：

```
#include "afxdlgs.h"
```

（3）在视图类的声明文件中添加如下声明：

```
protected:
    CString m_openfileName,m_saveFileName;
    afx_msg void OnLButtonDown(UINT nFlags, CPoint point);
    afx_msg void OnRButtonDown(UINT nFlags, CPoint point);
```

（4）在视图类的源文件中添加消息映射：

```
ON_WM_LBUTTONDOWN();
ON_WM_RBUTTONDOWN();
```

（5）在视图类的源文件中添加消息响应函数：

```
void CMFCexp11_4View::OnLButtonDown(UINT nFlags, CPoint point)
{
    char * filters="Word 文档(*.doc)|*.doc|位图(*.bmp)|*.bmp|全部文件(*.*)|*.*";
    CFileDialog fileDlg(TRUE,NULL,"*.doc",NULL,filters);
    int result=fileDlg.DoModal();
    if (result=IDOK)
        m_openfileName=fileDlg.GetFileName();
    CView::OnLButtonDown(nFlags, point);
}

void CMFCexp11_4View::OnRButtonDown(UINT nFlags, CPoint point)
{
    char * filters="Word 文档(*.doc)|*.doc|位图(*.bmp)|*.bmp|全部文件(*.*)|*.*";
    CFileDialog fileDlg(FALSE,NULL,"*.doc", OFN_HIDEREADONLY|OFN_
        OVERWRITEPROMPT,filters);
    int result=fileDlg.DoModal();
    if (result=IDOK)
        m_saveFileName=fileDlg.GetFileName();
    CView::OnRButtonDown(nFlags, point);
}
```

11.5.2　字体选择对话框

在基于文本的程序中，经常碰到选择字体、字体的属性等问题，这时就要用到字体对话框。在 MFC 中，CFontDialog 的对象就是字体对话框。CFontDialog 类的构造函数的原型如下：

```
CFontDialog(
    LPLOGFONT lplfInitial=NULL,           //一个 LOGFONT 结构的指针
    DWORD dwFlags=CF_EFFECTS | CF_SCREENFONTS,
    CDC * pdcPrinter=NULL,
    CWnd * pParentWnd=NULL );
```

一般情况下，定义字体对话框只使用构造函数的第一个参数即可，例如：

```
LOGFONT m_logFont;
CFontDialog fontDialog(&m_logFont);
```

在创建了 CFontDialog 的对象之后，通过调用 DoModal( )成员函数可以显示这个对话框：

```
int result=fontDialog.DoModal();
```

如果用户单击 OK 按钮退出字体对话框，函数 DoModal( )将返回 IDOK。在这种情况下，可以通过调用成员函数 GetCurrentFont( )获得所选字体。GetCurrentFont( )函数的原型如下：

```
void GetCurrentFont( LPLOGFONT lplf );
```

其中，参数 lplf 为 LOGFONT 结构的一个指针，GetCurrentFont( )函数向其中保存了所选字体的值。

在获取了 LOGFONT 结构之后，应该创建一个类 CFont 的对象并调用该对象的成员函数 CreateFontIndirect( )来创建该字体，例如：

```
LOGFONT logFont;                        //定义 LOGFONT 结构
fontDialog.GetCurrentFont(&logFont); //获取选中的字体
CFont font;                             //创建字体对象
Font.CreateFontIndirect(&logFont);    //创建字体
```

创建了字体之后就可以把字体选入设备描述环境使用该字体了。

例 11-5　设计一个字体对话框的应用程序，当用户单击鼠标左键时会出现一个字体选择对话框，如果用户选择了某种字体，当单击对话框的"确定"按钮后，窗口上的文本的字体会发生相应的变化。

（1）用 MFC AppWizard 创建一个名称为 MFCexp11_5 的单文档应用程序框架。

（2）在视图的源文件中添加如下包含指令：

```
#include "afxdlgs.h"
```

（3）在视图类声明中添加如下声明：

```
protected:
    LOGFONT m_logFont;                  //定义一个 LOGFONT 类型的数据成员
    CFont * m_pFont;                    //定义一个字体对象指针
    COLORREF m_fontColor;               //定义存放字体颜色的成员变量
    afx_msg void OnLButtonDown(UINT nFlags, CPoint point);   //鼠标消息函数
```

（4）添加消息映射：

```
BEGIN_MESSAGE_MAP(CMFCexp11_5View, CView)
    ON_WM_LBUTTONDOWN()
END_MESSAGE_MAP()
```

（5）在视图类的构造函数中添加如下代码：

```
CMFCexp11_5View::CMFCexp11_5View()
{
    m_fontColor=RGB(0,0,0);                            //设置字体颜色
    //给结构 m_logFont 各成员赋值,以描述默认字体
    m_logFont.lfHeight=48;
    m_logFont.lfWidth=0;
    m_logFont.lfEscapement=0;
    m_logFont.lfOrientation=0;
    m_logFont.lfWeight=FW_NORMAL;
    m_logFont.lfItalic=0;
    m_logFont.lfUnderline=0;
    m_logFont.lfStrikeOut=0;
    m_logFont.lfCharSet=16;
    m_logFont.lfOutPrecision=OUT_DEFAULT_PRECIS;
    m_logFont.lfClipPrecision=CLIP_DEFAULT_PRECIS;
    m_logFont.lfQuality=PROOF_QUALITY;
    m_logFont.lfPitchAndFamily=VARIABLE_PITCH | FF_ROMAN;
    strcpy(m_logFont.lfFaceName, "Times New Roman");
    m_pFont=new CFont;
    m_pFont->CreateFontIndirect(&m_logFont);           //创建字体对象
}
```

（6）在视图类的 OnDraw()函数中添加代码：

```
void CMFCexp11_5View::OnDraw(CDC * pDC)
{
    CMFCexp11_5Doc * pDoc=GetDocument();
    ASSERT_VALID(pDoc);
    CFont * oldFont=(CFont *)pDC->SelectObject(m_pFont); //将字体选入环境
    pDC->SetTextColor(m_fontColor);                      //设置字体颜色
    pDC->TextOut(20, 60, "这是一个字体对话框的测试程序");
    pDC->SelectObject(oldFont);                          //从环境中删除字体
}
```

（7）在鼠标消息响应函数中添加如下代码：

```
void CMFCexp11_5View::OnLButtonDown(UINT nFlags, CPoint point)
{
    CFontDialog fontDialog(&m_logFont);                  //定义字体对话框对象
    int result=fontDialog.DoModal();                     //显示字体对话框
    if (result==IDOK)
    {
        delete m_pFont;                                  //删除旧字体对象
        m_pFont=new CFont;                               //创建新字体对象
        m_pFont->CreateFontIndirect(&m_logFont);         //获取用户选择的字体颜色
        m_fontColor=fontDialog.GetColor();
        Invalidate();                                    //更新显示
    }
    CView::OnLButtonDown(nFlags, point);
}
```

程序运行结果如图 11-21 所示。

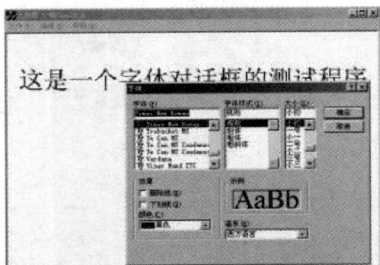

图 11-21　例 11-5 程序运行结果

11.6　非模态对话框

模态对话框可以垄断所有的用户消息,因此只有在关闭该对话框之后,用户才能进行其他工作。而非模态对话框则不同,由于非模态对话框没有自己的、独立的消息循环,而是与应用程序使用同一个消息循环,从而使它不能垄断用户消息,因此,用户在打开这种对话框的情况之下,仍然可以在应用程序的其他窗口中工作,然后根据需要再返回该对话框。

设计非模态对话框与设计模态对话框的方法基本一样,也要设计对话框模板资源和设计 CDialog 类的派生类。设计非模态对话框与设计模态对话框的主要区别如下。

(1) 非模态对话框是使用 CDialog 类的成员函数 Create( )来创建和显示的。因为 Create( )函数不会启动新的消息循环,从而确保对话框与应用程序共同使用一个消息循环,这样就使得对话框处在打开状态的时候,应用程序的其他窗口可以响应用户消息。

(2) 非模态对话框是使用 DestroyWindow( )函数来关闭的。因此,如果需要使用系统预置的 OK 按钮和 Cancel 按钮,则一定要重写 OnOK( )和 OnCancel( )函数,以确保在 OnOK( )和 OnCancel( )函数中用 DestroyWindow( )函数关闭对话框。

(3) 非模态对话框应该用 new 运算符来动态创建,因此在不需要该对话框时,应该用 delete 运算符删除它。

(4) 为防止多次打开同一个对话框,应该设置一个标志以使应用程序可以判断是打开一个新对话框还是只把原来已打开的对话框激活。

(5) 为使对话框可见,其模板资源必须具有 Visible 风格。

例 11-6　设计一个应用程序,在该程序的主窗口上右击鼠标会出现一个对话框。用户在对话框上的编辑框内输入文字后,如果用户用鼠标左键单击应用程序的主窗口,则会在单击位置显示用户在编辑框内输入的文字。程序的运行结果如图 11-22 所示。

(1) 用 MFC AppWizard 创建一个名称为 MFCexp11_6 的单文档应用程序框架。

(2) 按如图 11-22 所示的外观来设计对话框模板资源描述文件,并设置其为 Visible 风格。

(3) 用类设计工具 MFC ClassWizard 派生对话框类,名称为 CnonMdlDlg,并在类声明文件中添加如下代码:

```
public:
    void OnCancel();                    //声明 OnCancel( )函数
```

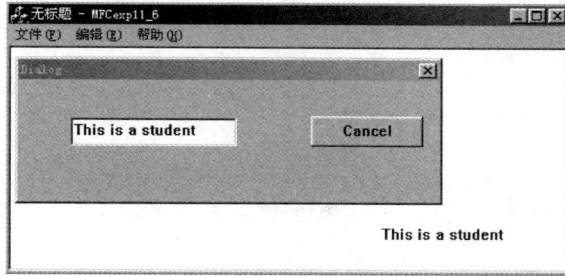

图 11-22　例 11-6 程序运行结果

```
BOOL Create( );                    //声明 Create( )函数
BOOL m_bActive;                    //声明一个成员变量作为打开标志
CString m_iputEdit;                //声明一个与编辑框相关联的成员变量
```

（4）在对话框类构造函数中添加如下代码：

```
m_bActive=FALSE;                   //对话框打开标志处值为 FALSE
```

（5）在对话框类实现文件中添加如下代码：

```
BOOL CNonMdlDlg::Create ( )
{
    m_bActive=TRUE;                //创建对话框时把打开标志置为 TRUE
    return CDialog::Create(CNonMdlDlg::IDD);
}
```

（6）重写 OnCancel( )函数：

```
void CNonMdlDlg::OnCancel( )
{
    m_bActive=FALSE;
    DestroyWindow( );
}
```

（7）在应用程序视图类声明中添加如下代码：

```
public:
    int m_pX;                      //声明存储鼠标 x 值的变量
    int m_pY;                      //声明存储鼠标 y 值的变量
    CNonMdlDlg * m_pNameDlg;       //声明对话框的指针
```

（8）在应用程序视图类构造函数中添加如下代码：

```
m_pNameDlg=new CNonMdlDlg;         //定义对话框对象
```

（9）在应用程序视图类实现函数中添加如下代码：

```
void CMFCexp11_6View::OnRButtonDown(UINT nFlags, CPoint point)
{
    if (m_pNameDlg->m_bActive)
        m_pNameDlg->SetActiveWindow( );    //激活对话框
    else
        m_pNameDlg->Create( );             //创建对话框
    CView::OnRButtonDown(nFlags, point);
}
void CMFCexp11_6View::OnLButtonDown(UINT nFlags, CPoint point)
{
```

```
    m_pX=point.x;
    m_pY=point.y;
    if (m_pNameDlg->m_bActive)
    {
        m_pNameDlg->UpdateData(TRUE);          //把控件数据传递到变量
        Invalidate();
    }
    CView::OnLButtonDown(nFlags, point);
}
void CMFCexp11_6View::OnDraw(CDC * pDC)
{
    //显示字符串
    pDC->TextOut(m_pX,m_pY,m_pNameDlg->m_iputEdit);
}
```

11.7 属 性 页

　　属性页是一种特殊的对话框,在它的上面有多张选项卡式的页面,用户可以用鼠标选择不同的选项卡,并利用选项卡上的控件与应用程序进行交互。例如,Visual C++ 6.0 提供的 ClassWizard 对话框就是属性页的一个典型应用,如图 11-23 所示。

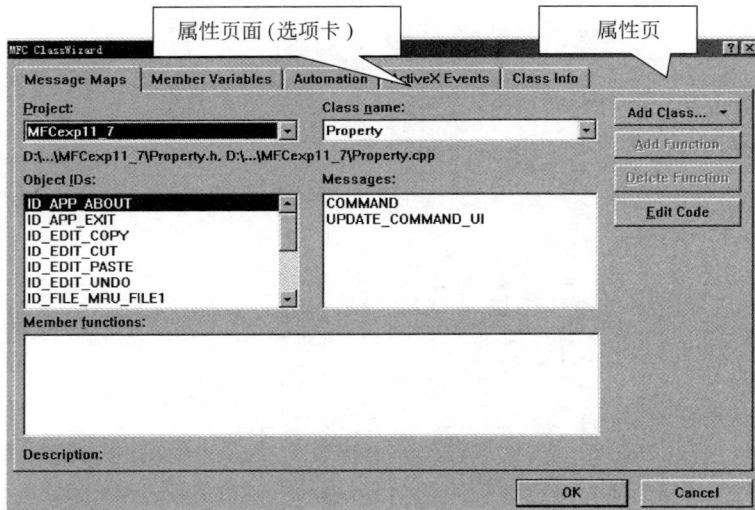

图 11-23　属性页的外观

　　其实,属性页中的每一个属性页面(选项卡)都是一个对话框,只不过是使用了一个特殊的对话框(属性页)把它们集中地放在一起管理。每一个属性页面(选项卡)都是 CPropertyPage 类的派生类的对象,而属性页是 CPropertySheet 类的派生类的对象。

　　设计属性页的方法非常简单。首先,按设计一般对话框模板资源的方法,设计每一个属性页面的模板资源,并在资源中把它的 Style(样式)设置为 Child,Border(边框)设置为 Thin,同时要关闭 System menu 选项,从而使其具有属性页面(选项卡)的外观,当然还要添加应该使用的控件;然后,以 MFC 的 CPropertyPage 类为基类派生对话框类,如图 11-24 所示。于是这个派生自 CPropertyPage 类的对话框类的对象就是一个属性页面了。

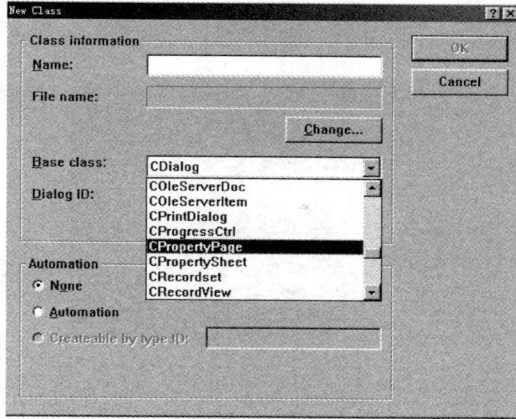

图 11-24 自 CPropertyPage 派生属性页面类

按上述方法设计了全部属性页面类之后,就可以设计装载和管理属性页面的属性页类。首先,仍然是设计作为属性页的对话框的模板资源文件;然后以该资源文件声明属性页类,这个类的基类应该是 MFC 的 CPropertySheet 类(如图 11-25 所示)。于是,这个派生自 CPropertySheet 类的对话框类的对象就是一个装载和管理属性页面的属性页对象。

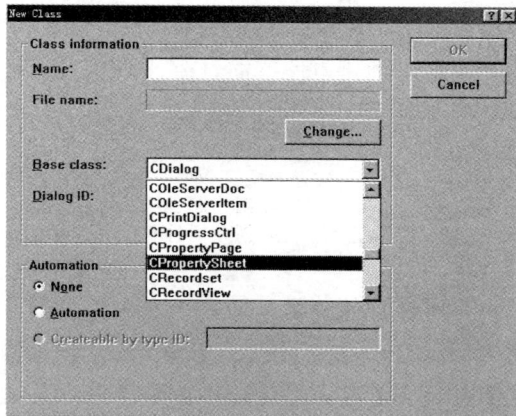

图 11-25 自 CPropertySheet 派生属性页类

在应用程序中创建属性页时,首先应该创建各个属性页面对象(一般使其为属性页类的成员变量);然后在属性页的构造函数中,用 CPropertySheet 类的成员函数 AddPage( )向属性页添加属性页面。该函数的原型如下:

```
void AddPage(CPropertyPage * pPage);
```

其参数为要添加到属性页上的属性页面的指针。

例 11-7　设计一个应用程序,当用户用鼠标左键单击程序窗口时,应用程序会打开一个如图 11-26 所示的属性页。

(1)用 MFC AppWizard 创建一个名称为 MFCexp11_7 的单文档应用程序框架。

(2)按如图 11-26 所示的要求分别设计各个属性页面和属性页的模板资源,然后再派生出每个属性页面类(CBitmapOptions 和 CTextOptions)和属性页类 CProperty。

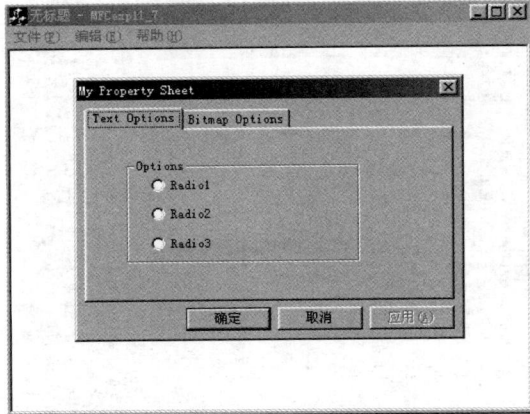

图 11-26　例 11-7 的属性页

（3）在属性页类的头文件中包含属性页面头文件：

```
#include "BitmapOptions.h"
#include "TextOptions.h"
```

（4）在属性页类中以成员变量的形式创建属性页面对象：

```
CBitmapOptions m_bitmapOptions;
CTextOptions m_textOptions;
```

（5）在属性页类的构造函数中创建属性页面对象：

```
Property:: Property(LPCTSTR pszCaption, CWnd * pParentWnd, UINT iSelectPage) :
    CPropertySheet(pszCaption, pParentWnd, iSelectPage)
{
    AddPage(&m_textOptions);        //创建属性页面 Text Options
    AddPage(&m_bitmapOptions);      //创建属性页面 Bitmap Options
}
```

（6）在视图类文件中包含属性页类的头文件：

```
#include "Property.h"
```

（7）在鼠标左键按下消息响应函数中显示属性页的代码：

```
void CMFCexp11_7View:: OnLButtonDown(UINT nFlags, CPoint point)
{
    CProperty pPrt("My Property Sheet");
    int result=pPrt.DoModal();
    CView:: OnLButtonDown(nFlags, point);
}
```

本 章 小 结

* 对话框是 Windows 应用程序与用户交互的重要手段，分为模态对话框和非模态对话框。对话框的基本行为由类 CDialog 封装，对话框的外观由模板资源定义。
* 对话框模板资源可以使用 Visual C++ 的资源编辑器来创建和编辑。
* 调用 CDialog 的成员函数 DoModal( )可以创建并打开模态对话框。按钮 OK 和

Cancel 是对话框中系统预置的两个按钮,分别对应关闭对话框时的确定状态和取消状态。

- 对话框使用数据交换(DDX)机制实现控件与变量之间的数据交换,使用数据检验(DDV)机制检验通过控件录入的数据是否合乎规格。
- 使用 MFC ClassWizard 为对话框类添加 Member Varaible 并与相应的控件绑定。DDX 函数具体完成控件和变量的绑定和数据交换。一对控件和变量由一个 DDX 函数绑定,并由 MFC ClassWizard 自动添加到对话框成员函数 DoDataExchange 中。DoDataExchange 被对话框成员函数 UpdateData( )调用,并由其参数控制数据的交换方向。
- MFC 还对 Windows 打开文件对话框、打印对话框、颜色选择对话框、字体选择对话框等通用对话框进行了封装,例如,CFileDialog、CPrintDialog、CColorDialog 和 CFontDialog。
- 非模态对话框使用 CDialog 类的 Create( )成员函数来创建和显示,使用 DestroyWindow( )函数来关闭。
- 属性页是 CPropertySheet 类派生类的对象,它包含若干属性页面。属性页面是 CPropertyPage 类派生类的对象,它是一个对话框。

习 题 11

11-1 什么是对话框模板资源文件?

11-2 用户定义的对话框类派生自哪个类?

11-3 通常在什么地方进行对话框的初始化?

11-4 MFC 有哪些通用对话框类?

11-5 Windows 有哪两类对话框? 它们的区别是什么?

11-6 编写一个可以完成计算器功能的基于对话框的应用程序,该应用程序具有"加""减""乘""除""求平方根""求倒数"的功能。

11-7 编写一个通过菜单命令调用颜色选择对话框改变图形填充色的应用程序。

思考题:为什么对话框模板需要资源描述文件,其他控件是否也需要资源描述文件?

第 12 章　进程与线程的管理

Windows 是一个多任务系统，它采用完善的进程与线程管理技术，使同时运行的多个应用程序可以无冲突、协调地进行工作。

本章主要内容：

- 进程、线程及其优先权。
- 工作线程和用户界面线程。
- 线程同步。
- 线程通信。

12.1　进程、线程及其优先权

12.1.1　进程、线程的基本概念

在计算机系统中，一个正在运行的应用程序就称为一个进程，一个进程可以有多个线程，进程的任务是由这个进程的所有线程共同配合来完成的。一个进程至少需要有一个线程，这个线程称为主线程。根据需要，一个进程可以创建任意数目的从线程，这些从线程与主线程一道以并发的方式完成程序的任务。

从程序代码的角度来看，一个进程就是一个程序，线程是进程中以函数形式出现的代码模块，它具有相对独立的功能，用来完成程序的一个子任务。进程是拥有系统资源（CPU、存储器等）的基本单位，线程则不单独享有系统资源，而是以某种规则轮流使用进程资源完成各自任务的基本单位。如果进程中的所有线程都完成了各自的任务，那么整个进程的任务也就完成了。

一个采用某种规则轮流执行线程的进程工作方式如图 12-1 所示。

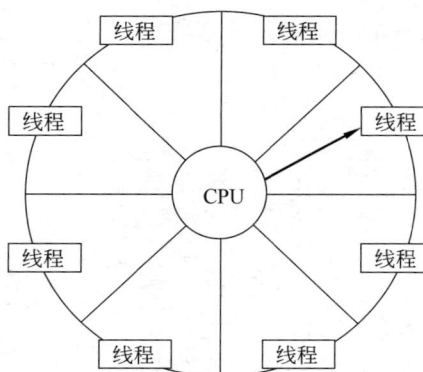

图 12-1　在单 CPU 计算机上按某种规则轮流运行各个线程

12.1.2 进程和线程的优先级

Windows 是一个多任务系统,它可以并发方式运行多个进程,每个进程又可以有多个线程,而 CPU 却只有一个,因此如何分配 CPU 的时间就是一个很重要的问题。

由于每个进程和线程所承担任务的重要程度不同,因此让每个进程和线程以相同的机会和时间占用 CPU 是不合理的。因此,Windows 允许为进程和线程根据其重要程度赋予不同的优先级别,来使线程和进程在占用 CPU 时具有不同优先权。

Windows 用两步来确定线程的优先级:第一步先确定进程的优先级,然后在进程所具有的级别基础上,再确定该进程中线程的相对优先级。

1. 进程的优先级

进程可以使用的优先级别如表 12-1 所示。从表中可以看到,Windows 把进程的优先权分成实时(REALTIME)、高级(HIGH)、普通(NORMAL)以及空闲(IDLE)4 个基本级别,其中,实时级别最高,空闲级别最低。

表 12-1　进程的优先级别

优 先 级 别	说　　明
REALTIME _PRIORITY_CLASS HIGH_PRIORITY_CLASS ABOVE_NORMAL_PRIORITY_CLASS NORMAL_PRIORITY_CLASS BELOW_NORMAL_PRIORITY_CLASS IDLE_PRIORITY_CLASS	最高级 ↓ 最低级

2. 线程的优先级

一个进程可以由若干个线程组成,在创建线程时,要按表 12-2 指定线程的优先级。线程的这些级别不表示线程的绝对优先级,而只是表明线程的绝对优先级与该线程所在的进程的优先级之间的偏移量。

CPU 是一个由各个进程竞争使用的共享资源,通常情况下,高优先级的进程或线程首先获得 CPU 时间,然后这个线程一直运行,直到没有信息需要处理时,Windows 才会调度其他线程。因此不要把进程和线程的优先级别设置得过高,致使其他进程运行得非常缓慢。在大多数情况下,进程和线程分别设置为 NORMAL_PRIORITY_CLASS 和 THREAD_PRIORITY_NORMAL 的优先级即可。

表 12-2　线程的优先级别

级　　别	说　　明
THREAD_PRIORITY_IDLE	当线程包含在具有 HIGH_PRIORITY_CLASS 或者更低级别优先级的进程中时,线程的基础优先级为 1;如果包含在 REALTIME_PRIORITY_CLASS 优先级的进程中,则线程的优先级为 16
THREAD_PRIORITY_LOWEST	线程的基础优先级比包含该线程的进程的优先级低两级
THREAD_PRIORITY_BELOW_NORMAL	线程的基础优先级比包含该线程的进程的优先级低一级

级　别	说　明
THREAD_PRIORITY_NORMAL	线程的基础优先级与包含该线程的进程的优先级相同
THREAD_PRIORITY_ABOVE_NORMAL	线程的基础优先级比包含该线程的进程的优先级高一级
THREAD_PRIORITY_HIGHEST	线程的基础优先级比包含该线程的进程的优先级高两级
THREAD_PRIORITY_CRITICAL	如果线程位于 HIGH_PRIORITY_CLASS 或者更低优先级的进程中,线程的基础优先级为 15;如果线程位于 REALTIME_PRIORITY_CLASS 优先级的进程中,则线程的基础优先级为 31

12.2　工作线程和用户界面线程

　　Windows 按线程是否拥有用户界面,把线程分为用户界面线程和工作线程两种。用户界面线程在运行时会有一个窗口界面和与其相对应的窗口函数,所以它可以通过响应消息来和用户进行交互;而工作线程则不能处理用户消息,通常是用来执行一些后台任务,例如,数据的计算、后台杀毒等。

12.2.1　工作线程的创建

　　从程序代码的角度来看,线程只不过就是可以独立运行的函数而已。由于工作线程不需要创建窗口和处理用户消息,因此编写起来相当容易,在程序中只要调用 AfxBeginThread( )函数就可以创建并启动一个工作线程了。AfxBeginThread( )的原型如下:

```
CWinThread * AfxBeginThread (
    AFX_THREADPROC pfnThreadProc,
    LPVOID pParam,
    int nPriority=THREAD_PRIORITY_NORMAL,
    UINT nStackSize=0,
    DWORD dwCreateFlags=0,
    LPSECURITY_ATTRIBUTES lpSecurityAttrs=NULL
    );
```

　　从函数的参数中可以看到,只有前两个参数是必须传递的,第一个参数 pfnThreadProc 用来指明被作为线程的函数的地址;而第二个参数是需要传递给线程函数的一个 32 位参数指针,通过该指针可以向线程传递任何需要的参数。

　　如果其余参数都使用参数的默认值,该函数就创建了一个具有普通优先级别的线程。

　　例 12-1　编写一个应用程序,当在程序窗口中按下鼠标左键时,启动一个线程,该线程可以在屏幕上显示一个消息框。

　　(1) 用 MFC AppWizard 创建一个名称为 MFCexp12_1 应用程序框架。

　　(2) 在视图类实现文件中编写一个准备作为线程的函数:

```
UINT MessageThread(LPVOID pParam)
{
    char * pMessage=(char * ) pParam;
```

```
CWnd * pMainWnd=AfxGetMainWnd( );
::MessageBox(pMainWnd->m_hWnd,
    pMessage, "Thread Message", MB_OK);
return 0;
}
```

（3）在视图类的鼠标左键消息响应函数中创建和启动线程：

```
void CMFCexp12_1View::OnLButtonDown(UINT nFlags, CPoint point)
{
    AfxBeginThread (
        MessageThread,
                        //作为线程的函数
        "Greetings from your thread! "
                        //向线程传递的参数
    );
    CView::OnLButtonDown(nFlags, point);
}
```

当程序运行时，按下鼠标左键，程序启动线程，在程
序的窗口上出现一个信息框，如图 12-2 所示。

图 12-2　例 12-1 程序运行结果

12.2.2　用户界面线程的创建

用户界面线程必须包含消息循环，以便处理用户消息。

前面提到过，MFC 把程序处理消息的窗口函数封装在 CCmdTarget 类中，而在这个
CCmdTarget 类的基础上，又封装了创建线程的一些操作，从而派生出 CWinThread 类。因
此，为了创建可以响应消息的用户界面线程，在程序设计时，必须要以 MFC 的 CWinThread
类为基类派生一个线程类，而且一般重写类的 InitInstance( )和 ExitInstance( )函数，在
InitInstance( )中编写线程的初始化代码（主要是创建窗口），而在 ExitInstance( )中编写撤
销线程对象的代码。

在创建用户界面线程时，程序员应该使用系统的另一个适合创建用户界面线程的函数
AfxBeginThread( )，其原型如下：

```
CWinThread * AfxBeginThread(
    CRuntimeClass * pThreadClass,
    int nPriority=THREAD_PRIORITY_NORMAL,
    UINT nStackSize=0,
    DWORD dwCreateFlags=0,
    LPSECURITY_ATTRIBUTES lpSecurityAttrs=NULL
    );
```

例 12-2　编写一个应用程序，当用户在程序主窗口中按下鼠标左键时，会启动一个用
户界面线程。当用户在线程窗口界面按下鼠标左键时，会弹出一个信息框。

（1）用 MFC AppWizard 创建一个名称为 MFCexp12_2 的应用程序框架。

（2）使用类向导 Class Wizard 以 CWinThread 类为基类派生 CMyThread 类，同时以
CFrameWnd 类为基类派生 CMyWnd 类。

（3）在应用程序视图类实现文件中包含头文件：

`#include "MyThread.h"`

（4）在 CMyThread 类实现文件中包含头文件：

```
#include "MyWnd.h"
```

（5）在 CMyThread∷InitInstance 中创建线程中的窗体。

```
BOOL CMyThread∷InitInstance( )
{
    CMyWnd * pFrameWnd=new CMyWnd( );
    pFrameWnd->Create(NULL,"Thread Window");
    pFrameWnd->ShowWindow(SW_SHOW);
    pFrameWnd->UpdateWindow( );
    return TRUE;
}
```

（6）在 CMyWnd 类中声明鼠标消息响应函数，并加以实现：

```
void CMyWnd∷OnLButtonDown(UINT nFlags, CPoint point)
{
    char * pMessage=" This is a window thread ";
    CWnd * pMainWnd=AfxGetMainWnd( );
    ∷MessageBox(NULL,pMessage, "Thread Message", MB_OK);
    CFrameWnd∷OnLButtonDown(nFlags, point);
}
```

（7）在应用程序视图类中实现鼠标响应函数：

```
void CMFCexp12_2View∷OnLButtonDown(UINT nFlags, CPoint point)
{
    AfxBeginThread(RUNTIME_CLASS(CMyThread));
    CView∷OnLButtonDown(nFlags, point);
}
```

运行结果如图 12-3 所示。

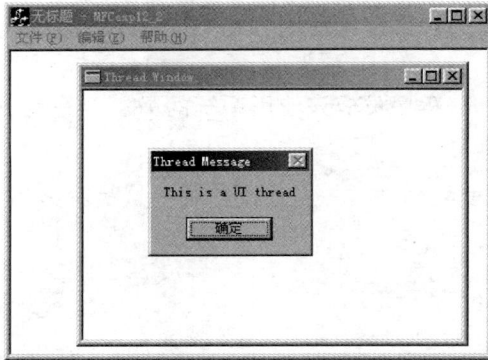

图 12-3　例 12-2 应用程序运行结果

12.3　线 程 同 步

12.3.1　线程同步的基本概念

在多线程的情况下，如果存在多个线程要使用同一个资源的情况时，则需要在线程之间进行协调（同步）才能使程序完成预定的工作，而不会出现灾难性的冲突。

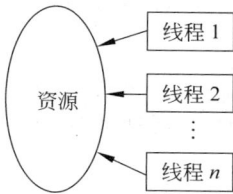

图 12-4　多个线程需要访问
同一个资源的情况

例如,某应用程序定义了一个电子表格数据结构来存储数据,在这个程序中有一个读取电子表格数据的线程和一个可以对电子表格数据进行编辑的线程,如图 12-4 所示。如果对这两个线程的运行不做任何协调和控制的话,就会出现这两个线程同时对数据进行访问的情况,即当数据正在被用户编辑时,读取数据的线程被启动,读取了一个正在编辑的数据,而发生错误,严重时会出现灾难性的结果。为了不出现上面所说的问题,应用程序对线程的启动运行要进行相应的限制。例如,在编辑数据的线程正在运行时,应该能够禁止读取数据线程的启动,而当数据编辑线程结束后,则应该能通知读取数据线程可以启动运行。也就是说,为了在使用共享资源的线程之间不发生冲突,必须在使用共享资源的线程之间进行某种同步(协调),如图 12-5 所示。

为了解决多线程之间的同步问题,MFC 把对线程之间进行同步的一些基本操作封装在类 CSyncObject 中。为了适应在各种不同情况下同步的需要,MFC 又以类 CSyncObject 为基类派生了 4 种同步类,即事件、临界段、互斥体和信号计数器。这 4 种同步类如表 12-3 所示。

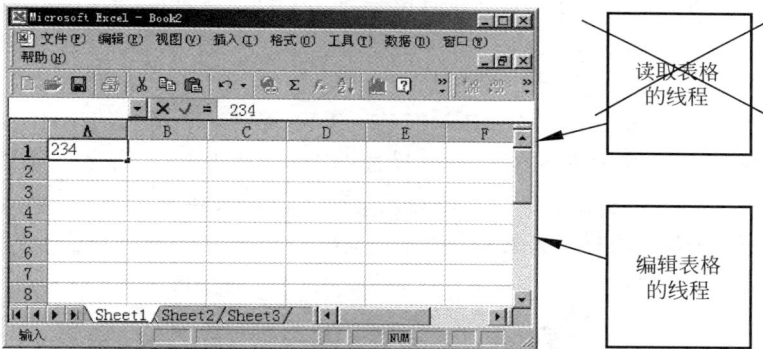

图 12-5　在运行编辑表格线程时不能允许读取表格线程运行

表 12-3　4 种同步类

同　步　类	说　　　明
CEvent(事件)	可以使用该类对象发出通知信号,系统是否可以运行等待线程
CCriticalSection(临界段)	使同一个进程中的某一个线程获取或失去访问共享资源的权力
CMutex(互斥体)	在多进程中实现线程的同步,其作用与 CCriticalSection 类似
CSemphore(信号量)	在受到限制之前,确保多线程能够访问共享资源

12.3.2　事　件

当线程正在占用一个共享资源运行时,线程必须能发出一个信息来通知系统:该资源现已被占用,为防止发生冲突,系统应将其他需要使用这个资源的线程置于等待状态。而当占用资源的线程工作完毕后,应再发出一个信息来通知系统:资源已释放,可以启动其他正在等待本资源的线程运行。

实现上述目的最简单的办法就是设立一个标志,并且让这个标志为正在占用共享资源的线程所操控,这样这个线程就可以用这个标志来通知系统是否可以启动那些正在等待运行的线程了。

所谓事件对象就是上述的标志,这个标志有 TRUE 和 FALSE 两种状态,当该标志为TRUE(发信)时,就允许系统可以启动运行正在等待的线程;而当标志为 FALSE(未发信)时,则禁止系统启动运行那些线程。用 MFC 中提供的 CEvent 类(声明在头文件 afxmt.h中),就可以创建这样的事件对象。CEvent 类的构造函数原型如下:

```
CEvent(
    BOOL bInitiallyOwn=FALSE,
    BOOL bManualReset=FALSE,
    LPCTSTR lpszName=NULL,
    LPSECURITY_ATTRIBUTES lpsaAttribute=NULL
);
```

其中参数说明如下。

bInitiallyOwn 用于指定事件对象初始状态是否为发信状态(其默认值为未发信)。

bManualReset 用于指定创建的事件对象是自动事件对象还是手工事件对象(默认值为自动事件对象)。

lpszName 用于定义事件对象的名称。

lpsaAttribute 为指向一个 LPSECURITY_ATTRIBUTES 结构的指针。

CEvent 类提供了 3 种对事件对象进行操控的方法,如表 12-4 所示。除了表 12-4 列出的三种方法之外,CEvent 类还有一个从其基类 CSyncObject 继承来的函数 Lock( ),它一般用在线程内部,可以强制线程进入等待状态,一旦事件对象变为发信状态,等待的线程可以再恢复运行。

表 12-4　CEvent 类提供的 3 种方法

方　　法	说　　明
SetEvent( )	设置事件为发信状态,并释放其他正在等待的线程
PulseEvent( )	设置事件为发信状态,并释放其他正在等待的线程,然后把事件设置为未发信状态
ResetEvent( )	设置事件为未发信状态

根据事件对象在发信之后是否可以自动恢复为未发信状态,事件对象分为自动事件对象和手工事件对象两种。

1. 自动事件对象

在定义事件对象时,如果使用 CEvent 类构造函数的默认参数值,则定义的对象为自动事件对象。自动事件对象的初始状态为未发信状态,如果需要,可以使用对象的成员函数SetEvent( )使它变为发信状态,从而使处于等待线程中的第一个线程恢复运行,但事件对象会随即自动把其状态变为未发信状态,从而使其他处于等待状态的线程仍然被阻塞。也就是说,自动事件对象一次只能启动一个处于等待状态的线程。

例 12-3　设计一个应用程序,当用户在程序窗口上按下鼠标左键时,会创建和启动两个线程,这两个线程被启动后,各自显示一个信息框,表明线程已被启动,随即被事件对象的 Lock( )函数把线程挂起。当用户在程序窗口上按下鼠标右键时,启动另一个线程,在该线程中把事件对象置为"发信"状态,从而启动了第一个被挂起的线程。

(1) 用 MFC AppWizard 创建一个名称为 MFCexp12_3 的应用程序框架。

(2) 为了使用事件对象,在应用程序的头文件中包含 afxmt.h:

```
#include <afxmt.h>
```

(3) 在程序的视图类实现文件中定义一个全局事件对象:

```
CEvent eventObj;
```

(4) 在程序的视图实现文件中编写如下线程函数:

```
UINT MessageThread1(LPVOID pParam)
{
    char * pMessage="Thread1 is started";
    CWnd * pMainWnd=AfxGetMainWnd( );
    ::MessageBox(pMainWnd->m_hWnd, pMessage, "Thread message", MB_OK);
                                                //显示一个信息框
    eventObj.Lock( );                          //使线程 1 处于等待状态
    pMessage="Thread1 is unblocked";
    ::MessageBox(pMainWnd->m_hWnd, pMessage, "Thread1 message", MB_OK);
                                                //显示线程 1 解锁后的信息框
    eventObj.Lock( );                          //使线程 1 再次处于等待状态
    pMessage="Thread1 is unblocked again";
    ::MessageBox(pMainWnd->m_hWnd, pMessage, "Thread1 message", MB_OK);
                                                //显示线程 1 解锁后的信息框
    return 0;
}
UINT MessageThread2(LPVOID pParam)
{
    char * pMessage="Thread2 is started";
    CWnd * pMainWnd=AfxGetMainWnd( );
    ::MessageBox(pMainWnd->m_hWnd, pMessage, "Thread message", MB_OK);
                                                //显示一个信息框
    eventObj.Lock( );                          //使线程 2 处于等待状态
    pMessage="Thread2 is unblocked";
    ::MessageBox(pMainWnd->m_hWnd, pMessage, "Thread2 message", MB_OK);
                                                //显示线程 2 解锁后的信息框
    return 0;
}

UINT MessageThread3(LPVOID pParam)
{
    eventObj.SetEvent( );                      //把事件对象置为发信状态
    return 0;
}
```

(5) 鼠标消息响应函数如下:

```
void CMFCexp12_3View::OnLButtonDown(UINT nFlags, CPoint point)
{
    AfxBeginThread (MessageThread1, "Thread is started");      //启动线程 1
```

```
    AfxBeginThread (MessageThread2, "Thread is started");        //启动线程 2
    CView::OnLButtonDown(nFlags, point);
}

void CMFCexp12_3View::OnRButtonDown(UINT nFlags, CPoint point)
{
    AfxBeginThread (MessageThread3, "Thread is unblocked");      //启动线程 3
    CView::OnRButtonDown(nFlags, point);
}
```

程序的运行结果如图 12-6 所示。

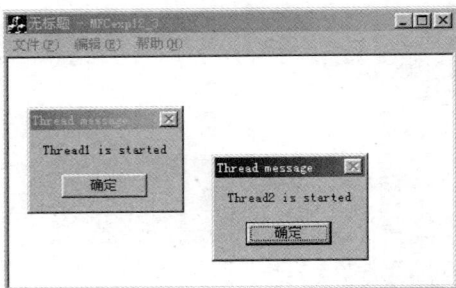

(a) 按下鼠标左键启动两个线程

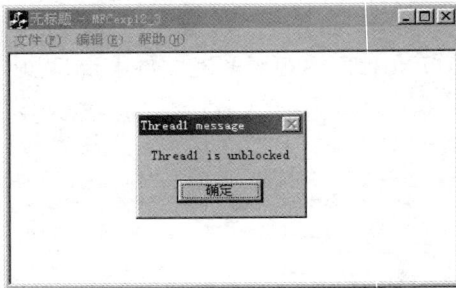

(b) 关闭信息框后,再按下鼠标右键
使第一个被挂起的线程运行

(c) 关闭信息框后,再按下鼠标右键
使线程 2 恢复运行

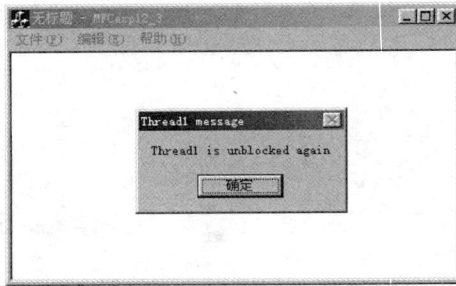

(d) 关闭信息框后,再按下鼠标右键
重新使线程 1 运行

图 12-6 例 12-3 程序运行结果

在程序运行后,当用户在应用程序窗口按下鼠标左键,即在鼠标左键按下消息响应函数中创建并启动了两个线程 MessageThread1 和 MessageThread2,在这两个线程中都显示了一个信息框以使用户知道线程已经启动,然后又都使用了事件对象 eventObj 的成员函数 Lock( )把线程挂起(见图 12-6(a))。当用户把两个信息框都关闭后,如果在程序窗口中按下鼠标左键,则启动线程 MessageThread3,在该线程中使用事件对象 eventObj 的成员函数 SetEvent( )函数,把事件对象 eventObj 由初始的"未发信"状态置为"发信"状态,通知系统运行第一个被挂起的线程 MessageThread1,该线程继续运行后显示一个信息框,表示线程已经继续运行,如图 12-6(b)所示。由于自动事件对象自动把状态恢复为"未发信"状态,故线程 MessageThread2 仍然处在被阻塞状态而不能继续运行。在关闭信息框后,如果用户又按下鼠标右键,则启动 MessageThread2 继续运行,如图 12-6(c)所示。

2. 手工事件对象

手工事件对象一旦用函数 SetEvent( )设置为"发信"状态,就一直处于有效状态,除非又使用对象的成员函数 PulseEvent( )或 ResetEvent() 把它重新设置为"未发信"状态。所以手工事件对象被用来恢复多个处在等待状态线程的运行。

例 12-4 在例 12-3 的例子中把事件对象定义为手工事件对象,然后运行该程序:

```
//把定义事件对象的代码改为
CEvent eventObj(FALSE,TRUE);
```

程序的运行结果如图 12-7 所示。

(a) 按下鼠标左键启动两个线程   (b) 关闭信息框后,再按下鼠标右键
                                         使所有被挂起的线程恢复运行

图 12-7   例 12-4 程序运行结果

12.3.3 临界段

类 CCriticalSection 的对象称为临界段,它只允许一个线程占有某个共享资源,因此这个类的对象是用来保护独占式共享资源的。它就像一把钥匙,哪个线程获得了它就获得了运行线程的权力,而把其他线程统统阻塞。

由于这个 CCriticalSection 类的构造函数没有参数,所以创建一个 CCriticalSection 类的对象非常简单:

```
CCriticalSection criticalSection;
```

如果一个线程希望获得临界段,则要使用临界段对象的成员函数 Lock( )把临界段锁定在线程中。线程在调用这个函数时会出现两种结果:当没有其他线程锁定这个临界段对象时,调用 Lock( )函数的线程将获得临界段对象,取得占用资源继续运行线程的权力;而当有其他线程锁定这个临界段对象且没有释放它时,线程将会被系统置于等待状态而阻塞。

当线程不再需要临界段对象时,要用临界段对象的成员函数 UnLock( )交出(解锁)临界段对象,以便其他线程使用它。

例 12-5   使用临界段编写一个有两个线程的应用程序。

(1)用 MFC AppWizard 创建一个名称为 MFCexp12_5 的应用程序框架。

(2)在应用程序的头文件中包含 afxmt.h 头文件:

```
#include <afxmt.h>
```

(3)在视图类的实现文件中定义一个临界段对象:

```
CCriticalSection criticalSection;
```

(4)在视图类实现文件中定义两个线程函数:

```
UINT MessageThread1(LPVOID pParam)
{
    criticalSection.Lock( );
    char * pMessage="Thread1 is started";
    CWnd * pMainWnd=AfxGetMainWnd( );
    ::MessageBox(pMainWnd->m_hWnd, pMessage, "Thread message", MB_OK);
    criticalSection.Unlock( );
    return 0;
}

UINT MessageThread2(LPVOID pParam)
{
    criticalSection.Lock( );
    char * pMessage="Thread2 is started";
    CWnd * pMainWnd=AfxGetMainWnd( );
    ::MessageBox(pMainWnd->m_hWnd, pMessage, "Thread message", MB_OK);
    criticalSection.Unlock( );
    return 0;
}
```

（5）在视图类鼠标消息响应函数中编写如下代码：

```
void CMFCexp12_5View::OnLButtonDown(UINT nFlags, CPoint point)
{
    AfxBeginThread (MessageThread1,"Thread is started");
    AfxBeginThread (MessageThread2,"Thread is started");
    CView::OnLButtonDown(nFlags, point);
}
```

程序运行结果如图 12-8 所示。

(a) 线程 1 先获得临界段   (b) 关闭信息框后,线程 2 获得临界段

图 12-8 例 12-5 程序运行结果

12.3.4 互斥体

互斥体是 CMutex 类的对象,也只允许一个线程占有某个共享资源,以保护独占式共享资源。因此,互斥体的使用方法与临界段的使用方法极为相似,所不同的是临界段只能在同一个进程中对线程进行同步,而互斥体可以用在不同的进程中进行线程同步控制。

CMutex 类的构造函数如下：

```
CMutex(
    BOOL bInitiallyOwn=FALSE,
    LPCTSTR lpszName=NULL,
    LPSECURITY_ATTRIBUTES lpsaAttribute=NULL
```

```
);
```

其中参数说明如下：

bInitiallyOwn 用来指定互斥体对象初始状态是锁定(TRUE)还是非锁定(FALSE)。

lpszName 用来指定互斥体的名称。

lpsaAttribute 为一个指向 SECURITY_ATTRIBUTES 结构的指针。

该对象的使用方法与临界段对象的使用方法相似，在线程中获得互斥体对象可以调用成员函数 Lock( )，需要交出互斥体对象时，调用成员对象 UnLock( )。

例 12-6 编写一个应用程序，实现进程间线程的同步。

（1）用 MFC AppWizard 创建一个名称为 MFCexp12_6 的应用程序框架。

（2）在应用程序的头文件中包含 afxmt.h 头文件：

```
#include <afxmt.h>
```

（3）在视图类的实现文件中定义一个互斥体对象：

```
CMutex mutexObj(FALSE, "mutex1");
```

（4）在视图类的实现文件中定义线程函数：

```
UINT MessageThread1(LPVOID pParam)
{
    mutexObj.Lock( );
    char * pMessage="Thread1 is started";
    CWnd * pMainWnd=AfxGetMainWnd( );
    ::MessageBox(pMainWnd->m_hWnd, pMessage, "Thread message", MB_OK);
    mutexObj.Unlock( );
    return 0;
}
```

（5）在鼠标左键按下事件响应函数中添加如下代码：

```
void CMFCexp12_6View::OnLButtonDown(UINT nFlags, CPoint point)
{
    AfxBeginThread (MessageThread1,"Thread is started");
    CView::OnLButtonDown(nFlags, point);
}
```

启动程序的两个实例(进程)，单击第一个实例的窗口，即启动了线程并在线程中锁定了互斥体，因此在用鼠标单击第二个实例的窗口时，会没有任何反应，因为第二个实例的线程在第一个实例线程未释放互斥体之前，不能获得互斥体。程序运行结果如图 12-9 所示。

(a) 第一个进程的线程 1 先获得互斥体　　(b) 在未关闭第一个进程的信息框前，
　　　　　　　　　　　　　　　　　　　　　　　第二个进程的线程 1 不能获得互斥体

图 12-9　例 12-6 程序运行结果

12.3.5　信号量

信号量是 CSemaphore 的对象,该对象的作用是对访问某个共享资源的线程的数目进行控制。

信号量对象中有一个可以设置初值的计数器,每当一个线程使用资源时,在该线程中就调用信号计数器对象的成员函数 Lock( ) 将该计数器的值减 1,当计数值为 0 时,就不再允许其他线程访问该资源;而当一个线程使用信号量对象的成员函数 UnLock( ) 释放资源时,可以将计数器的值加 1。因此,信号量对象允许多个线程访问同一个资源,但同时访问该资源的线程总数不能超过信号量对象的最大计数值。为此,在定义信号量对象时,要设定可以使用同一个资源的线程的最大数目及初始计数值。

CSemaphore 类的构造函数如下:

```
CSemaphore(
    LONG lInitialCount=1,
    LONG lMaxCount=1,
    LPCTSTR pstrName=NULL,
    LPSECURITY_ATTRIBUTES lpsaAttributes=NULL
    );
```

其中,参数说明如下。

lInitialCount 用来设定计数器的初始值。

lMaxCount 用来设定计数器的最大计数值。

例如:

```
CSemaphore semaphorObj(3,3);
```

即定义了一个最多允许 3 个线程访问共享资源,计数器的初值为 3 的信号计数器对象。

例 12-7　设计一个有 4 个线程的应用程序,理解信号量对象的使用。

(1) 用 MFC AppWizard 创建一个名称为 MFCexp12_7 的应用程序框架。

(2) 在应用程序的头文件中包含 afxmt.h 头文件:

```
#include <afxmt.h>
```

(3) 在视图类的实现文件中定义一个信号量对象:

```
CSemaphore semaphorObj(2,3);
```

(4) 在视图类的实现文件中定义 4 个线程函数:

```
UINT MessageThread1(LPVOID pParam)
{
    semaphorObj.Lock( );
    char * pMessage="Thread1 is started";
    CWnd * pMainWnd=AfxGetMainWnd();
    ::MessageBox(pMainWnd->m_hWnd, pMessage, "Thread message", MB_OK);
    semaphorObj.Unlock( );
    return 0;
}

UINT MessageThread2(LPVOID pParam)
{
    semaphorObj.Lock( );
    char * pMessage="Thread2 is started";
```

```
    CWnd * pMainWnd=AfxGetMainWnd( );
    ::MessageBox(pMainWnd->m_hWnd, pMessage, "Thread message", MB_OK);
    semaphorObj.Unlock( );
    return 0;
}

UINT MessageThread3(LPVOID pParam)
{
    semaphorObj.Lock( );
    char * pMessage="Thread3 is started";
    CWnd * pMainWnd=AfxGetMainWnd( );
    ::MessageBox(pMainWnd->m_hWnd, pMessage, "Thread message", MB_OK);
    semaphorObj.Unlock( );
    return 0;
}

UINT MessageThread4(LPVOID pParam)
{
    semaphorObj.Lock( );
    char * pMessage="Thread4 is started";
    CWnd * pMainWnd=AfxGetMainWnd( );
    ::MessageBox(pMainWnd->m_hWnd, pMessage, "Thread message", MB_OK);
    semaphorObj.Unlock( );
    return 0;
}
```

（5）在鼠标左键按下消息响应函数中书写如下代码：

```
void CMFCexp12_7View::OnLButtonDown(UINT nFlags, CPoint point)
{
    AfxBeginThread (MessageThread1,"Thread is started");
    AfxBeginThread (MessageThread2,"Thread is started");
    AfxBeginThread (MessageThread3,"Thread is started");
    AfxBeginThread (MessageThread4,"Thread is started");
    CView::OnLButtonDown(nFlags, point);
}
```

例 12-7 程序运行结果如图 12-10 所示。

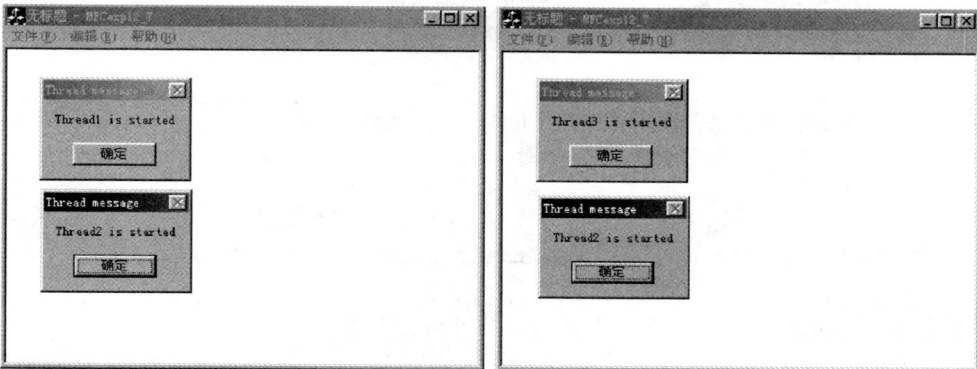

(a) 线程 1 和线程 2 先获得信号　　　　(b) 关闭线程 1 的信息框后，线程 3 获得信号

图 12-10　例 12-7 程序运行结果

12.4 线 程 通 信

通常,一个线程为了完成主线程交给的一些任务,就需要在线程与线程之间进行必要的数据联系(通信)。一般可以用两种方法来进行通信:使用全局变量和使用自定义消息。

12.4.1 使用全局变量进行通信

以前,曾经用过通过全局变量在不同的函数间进行通信的方法,当然使用这种方法也可以在线程间进行通信。下面就用一个例子来说明它的使用方法。

例 12-8 设计一个以对话框为主界面的应用程序,当按下一个按钮时,启动一个从线程,该线程将显示一个表示正在运行的对话框(在对话框的标题上显示一个随时间增加的数字),而当按下另一个按钮时从线程结束运行。

(1) 用 MFC AppWizard 创建一个名称为 MFCexp12_8 基于对话框的应用程序框架。并按题目要求,在对话框上把 OK 按钮的标题改为"结束程序",把 Cancel 按钮的标题改为"线程结束",再增加一个标题为"线程开始"的按钮,设计后的对话框外观如图 12-11 所示。

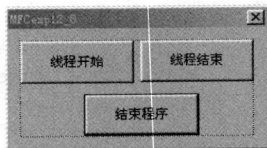

图 12-11 程序界面

(2) 在对话框实现文件中定义一个全局变量:

```
BOOL bThreadExit;
```

(3) 在对话框的实现文件中定义一个线程函数:

```
UINT ThreadProc(LPVOID pParam)
{
    int i=0;
    CString str;
    while (bThreadExit!=TRUE)
    {
        str.Format("Wait Exit times=% d",i++);
        ::SetWindowText((HWND)pParam,str);
    }
    return 0;
}
```

(4) 在添加按钮的消息函数中添加如下代码,启动线程:

```
void CMFCexp12_8Dlg::OnButton1( )
{
    HWND hwnd=GetSafeHwnd( );
    AfxBeginThread(ThreadProc, hwnd,THREAD_PRIORITY_NORMAL);
}
```

(5) 重写 Cancel 按钮的消息响应函数以停止线程函数的运行:

```
void CMFCexp12_8Dlg::OnCancel( )
{
    bThreadExit=TRUE;
}
```

程序运行结果如图 12-12 所示。

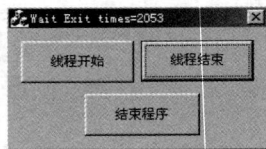

图 12-12 例 12-8 程序运行结果

12.4.2 使用自定义的消息进行通信

使用自定义消息来实现线程之间的通信也是一种行之有效的方法。使用自定义消息来进行线程之间的通信,首先要由用户定义一个消息,即

```
const WM_USRMSG=WM_USER+100;
```

其中,WM_USER 是由 Windows 系统定义的一个用户可以使用的消息号。

定义了用户自定义消息后,在程序需要的地方可以使用函数 PostMessage( )发送消息。

例 12-9　设计一个工程名称为 MFCexp12_9 的基于对话框的应用程序,程序的界面与例 12-8 相同,如图 12-11 所示。

(1) 用 MFC AppWizard 创建一个名称为 MFCexp12_9 基于对话框的应用程序框架,并按例 12-8 设计程序界面。

(2) 在 MFCexp12_9Dlg.cpp 文件中定义一个全局变量:

```
BOOL bThreadExit;
```

(3) 在 MFCexp12_9Dlg.h 文件中定义自定义消息:

```
const WM_USRMSG=WM_USER+100;
```

(4) 在 MFCexp12_9Dlg.h 的类文件中声明自定义消息响应函数:

```
afx_msg void OnThreadEnd(WPARAM wParam,LPARAM lParam);
```

(5) 在 MFCexp12_9Dlg.cpp 文件中自定义消息映射:

```
ON_MESSAGE(WM_USRMSG,OnThreadEnd)
```

(6) 在 MFCexp12_9Dlg.cpp 文件中实现自定义消息响应函数:

```
void CMFCexp12_9Dlg::OnThreadEnd(WPARAM wParam,LPARAM lParam)
{
    AfxMessageBox("线程结束");
}
```

(7) 在 MFCexp12_9Dlg.cpp 文件中定义线程函数:

```
UINT ThreadProc(LPVOID pParam)
{
    int i=0;
    CString str;
    while (bThreadExit!=TRUE)
    {
        str.Format("Wait Exit times=% d",i++);
        ::SetWindowText((HWND)pParam,str);
    }
    ::PostMessage((HWND)pParam,WM_USRMSG,0,0);
    return 0;
}
```

(8) 定义"线程开始"按钮的消息响应函数:

```
void CMFCexp12_9Dlg::OnButton1( )
{
    HWND hwnd=GetSafeHwnd( );
    AfxBeginThread( ThreadProc, hwnd, THREAD_PRIORITY_NORMAL);
```

```
}
```

(9) 定义"线程结束"按钮的消息响应函数。

```
void CMFCexp12_9Dlg::OnCancel()
{
    bThreadExit=TRUE;
}
```

程序运行结果如图 12-13 所示。

图 12-13　例 12-9 程序运行结果

本 章 小 结

- 进程是一个正在运行的应用程序的实例,拥有应用程序的所有资源,进程由一个或多个线程组成。线程是进程中一个独立的执行路径。Windows 按照一定的规则,如优先级和先后次序,给线程分配 CPU 时间。

- MFC 按线程是否拥有用户界面,把线程分为工作线程和用户界面线程两种。用户界面线程有窗口和窗口函数,能响应用户消息;工作线程没有窗口,不处理用户消息,通常用来执行一些后台任务。

- 使用 AfxBeginThread() 函数来创建并启动一个工作线程,函数的第一个参数是包含线程代码的函数的地址。

- 创建用户界面线程也使用 AfxBeginThread() 函数,函数的第一个参数是类 CWinThread 的派生类,在类成员函数 InitInstance() 中编写线程的初始化代码(主要是创建窗口),在 ExitInstance() 中编写撤销线程对象的代码。

- 在多线程系统中,要解决多个线程的线程同步问题。线程同步分为进程内线程同步,进程间线程同步。

- 如果线程必须等待某个事件的发生才能访问资源,则使用 CEvent。

- 如果要控制访问资源的线程数目,则使用 CSemaphore。

- 为防止多个线程同时对独占式资源的访问,使用 CCriticalSection 和 CMutex。CCriticalSection 只能用于同一进程内线程间的同步控制,CMutex 可用于进程间线程同步控制。

- 线程间的通信可以使用全局变量和自定义消息的方法实现,也可以用 CMemFile 对象来实现。

习 题 12

12-1 什么是进程和线程?

12-2 什么是进程和线程的优先级?

12-3 工作线程和用户界面线程有什么区别?

12-4 怎样创建工作线程?

12-5 什么是线程同步?

12-6 MFC 提供的同步对象有哪几种?

12-7 手工事件和自动事件有什么区别?

12-8 临界段和互斥量有什么区别?

12-9 互斥量和信号量有什么区别?

第 13 章　动态连接库及其使用

在 Windows 中可以设计一种称为动态连接库（Dynamic Linkable Library，DLL）的文件，这种文件实质上是一种软件模块，它提供一些应用程序可以导入的数据、函数和类以及资源。DLL 平时驻留在磁盘中，只有当正在运行的应用程序确实要调用这些 DLL 的情况下，系统才会将它们装载到内存空间。这种方式不仅可以减少应用程序 EXE 文件的大小和对内存空间的需求，而且这些 DLL 可以同时被多个应用程序所共享，从而极大地方便了应用程序的设计。

本章主要内容：
- 动态连接库的概念及其组成。
- 动态连接库的创建。
- 动态连接库的使用。

13.1　连　接　库

连接库是一种软件模块，它通常是一个向应用程序提供某一特定功能的函数和类的集合。对于用户来讲，它是一个可以提供相应服务功能的黑匣子，从而可以免去用户管理源代码的麻烦和烦恼；对于库的开发者来说，库可以隐藏源代码，保护自己的知识产权。

根据库与应用程序的连接方式，连接库可分为静态连接库和动态连接库两类。

13.1.1　静态连接库

如果库与应用程序的连接是在编译连接时完成的，那么这种库就称为静态连接库。由于连接器把要使用的库函数代码复制到应用程序的可执行文件中，所以在连接后，库文件是程序最终文件不可分割的一部分。

使用 Visual C++ 创建一个静态连接库的方法非常简单。

例 13-1　创建一个静态连接库，在库中定义一个求阶乘的函数 Factorial( )。

（1）选中 File|New 菜单，弹出 New 对话框。选中 Projects 标签，在项目类型列表框中选择 Win32 Static Library，在 Name 中输入"mySll"，表明要创建一个 mySll.lib 的静态连接库文件。

（2）用 Project|Add to Project|Files 菜单向工程中加入头文件 mySll.h：

```
#ifndef MYSLL_H
#define MYSLL_H
extern "C"                          //表明下面的函数是 C 风格的外部可引用函数
{
    int Factorial(int n);           //声明函数原型
}
#endif
```

（3）用 Project ｜ Add to Project ｜ Files 菜单项向工程加入源文件 mySll.cpp。

```
#include "mySll.h"
int Factorial(int n)
{
    int Fact=1;
    int i;
    for (i=1; i<=n; i++)
    {
        Fact=Fact * i;
    }
    return Fact;
}
```

在 Build 菜单下选择 Build mySll.lib 选项后，Visual C++ 会编译该工程，并在工程的 mySll\debug 目录下生成静态连接库文件 mySll.lib。

开发者在向用户交付时，只需要提供静态连接库文件 mySll.lib 和头文件 mySll.h 即可，而不需要再提供任何源代码。

（4）下面用一个小程序 test 来测试这个静态连接库。由于要使用 mySll.lib 中的函数，首先要将 mySll.lib 和 mySll.h 两个文件复制到 test 目录下。然后用 Project ｜ Add to Project ｜ Files 菜单命令，将 mySll.lib 加入工程中，并在 test.cpp 文件头部包含头文件 mySll.h。

测试程序 test.cpp 的代码如下：

```
#include <iostream.h>
#include "mySll.h"
void main()
{
    int f;
    f=Factorial(10);
    cout <<f <<endl;
}
```

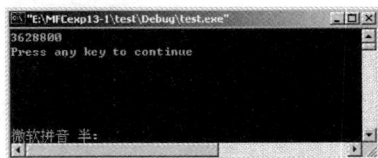

测试运行结果如图 13-1 所示。

图 13-1　例 13-1 测试运行结果

13.1.2　动态连接库

采用上面的静态连接库虽然可以达到代码共享的目的，但这需要把库静态复制到用户的应用程序的最终执行文件中，从而也就产生一些缺点：一是在多个应用程序同时使用同一静态连接库时，由于每个应用程序中都有它的复件，因此会占用较大的内存空间，从而造成了系统资源的浪费；二是当库代码发生变化时，必须重新编译应用程序，增加了编译的工作量和复杂性。

为解决上述问题，Windows 允许程序员把独立的程序模块创建为 DLL 文件。这种文件有 3 个为人们所欢迎的特点：一是动态连接的，即平时它驻留在计算机的硬盘中，只有当某应用程序确实要调用这些模块的情况下，系统才会将它们从磁盘装载到内存中，因此它不会使应用程序的代码量加大；二是公用的，即在内存中它占用的是共享内存区，可以被任何应用程序所调用，所以在内存中只有一份文件，节省内存空间；三是当确信没有应用程序再需要使用它时，它会自动卸载以释放所占用的内存。

1. 动态连接库的入口函数

每个动态连接库必须有一个入口函数。在使用 MFC AppWizard 编写动态连接库时，MFC AppWizard 会自动提供一个默认的入口函数。例如，如图 13-2 所示选择选项时，MFC AppWizard 提供的入口函数如下：

```
BOOL APIENTRY DllMain(
    HANDLE hModule,                 //动态连接库本身的句柄
    DWORD ul_reason_for_call,       //调用动态连接库的原因
    LPVOID lpReserved               //系统保留参数
    )
{
    //可以在这里编写 DLL 的初始化代码
    return TRUE;
}
```

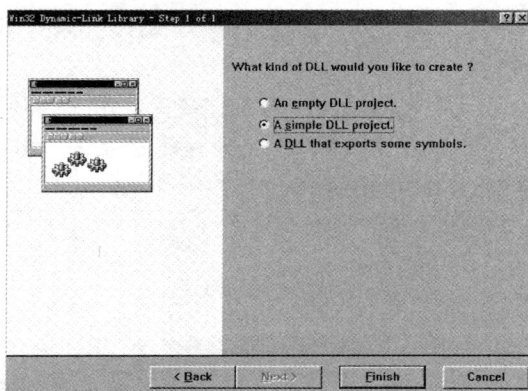

图 13-2　一般选择 A simple DLL project 选项

当应用程序调用动态连接库时，会首先执行这个入口函数，因此这个函数的主要作用就是为动态连接库进行初始化工作。

为使动态连接库在不同的调用时刻有不同的初始化过程，入口函数可根据参数 ul_reason_for_call 的值来执行不同的代码。

所以，MFC AppWizard 也会提供如下形式的入口函数框架：

```
BOOL APIENTRY DllMain( HANDLE hModule, DWORD  ul_reason_for_call, LPVOID
    lpReserved )
{
    switch(ul_reason_for_call)
    {
        case DLL_PROCESS_ATTACH:
        case DLL_THREAD_ATTACH:
        case DLL_THREAD_DETACH:
        case DLL_PROCESS_DETACH:
            break;
    }
    return TRUE;
}
```

参数 ul_reason_for_call 的可取值如表 13-1 所示。

表 13-1　ul_reason_for_call 参数的可取值

常　　数	说　　明	常　　数	说　　明
DLL_PROCESS_ATTACH	进程被调用时	DLL_PROCESS_DETACH	进程被停止时
DLL_THREAD_ATTACH	线程被调用时	DLL_THREAD_DETACH	线程被停止时

2. 导出函数和内部函数

除了入口函数之外,动态连接库中的所有其他项目都可以声明为可导出的,即外部应用程序可以调用的。

如果被声明为可导出的项目是函数,那么这种函数就称为导出函数(export function);相反,函数如果只是供库内使用,那么就称为内部函数(internal function)。当然,这里所说的导出函数是站在动态连接库的角度来看的,如果站在调用动态连接库的客户端角度来看,动态连接库的导出函数就称为导入函数。

13.2　动态连接库的创建

编写动态连接库函数的方法与编写一般函数的方法基本相同,只不过要对库中的可导出函数进行必要的声明。声明导出函数的方法有两种:一种是在模块定义文件(扩展名为DEF)中声明,另一种是在导出项前面使用关键字_declspec(dllexport)声明。

13.2.1　导出函数的声明

1. 使用 DEF 文件声明导出函数

Windows 有一种称为模块定义文件的 DEF 文件,这是一个用于描述一个程序模块属性的文本文件。每个 DEF 文件一般要包括以下模块定义语句。

- LIBRARY 语句,用来指定模块名称。
- EXPORTS 语句,列出模块中可为外部使用的对象名称及序号(可选)。
- DISCRIPTION 语句,该语句用来说明模块的用途、特点等信息。

为了帮助对文件的理解,可以在";"的后面书写注释语句。例如,某 DEF 文件如下:

```
;Sample.def
;下面的语句指出模块的名字为 Sample
LIBRARY Sample
;下面的语句定义了模块中名称为 ShowMe 的对象为模块导出对象
EXPORTS
    ShowMe
;DEF 文件结束
```

在 Visual C++ 环境中创建 DEF 文件的方法很简单,如图 13-3 所示的方法创建一个文本文件,再按上面的方法书写 DEF 文件的内容后,以扩展名 def 将文件存盘即可。

至于编写一个 DLL 的源文件,那就更简单了,只要使用应用程序向导生成一个 DLL 源程序框架,在入口函数中填写必要的初始化代码,然后再按编写普通函数的方法编写其他函数就可以了。

编译器在创建一个 DLL 文件时,会根据 DEF 文件和动态链接库源文件创建两个文件:

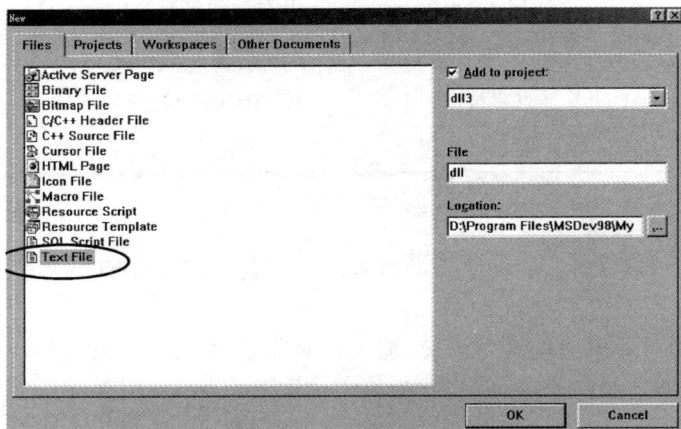

图 13-3　建立 DEF 文件的方法

一个导入库文件(扩展名为 lib)和一个经中间文件(扩展名为 exp)所创建的动态连接库(扩展名为 dll)文件。导入库文件存放了外部应用程序可导入的 DLL 导出函数名称列表,而 DLL 文件则存放了函数的代码。

由于导入库文件相当于 DLL 所提供的服务项目表,因此需要采取某种方法把它连接在需要使用 DLL 的应用程序中,这样应用程序才能以它为索引,到 DLL 文件中找要调用的函数。

例 13-2　创建一个 DLL 文件,在应用程序中调用它提供的 ShowHello( )函数时,将弹出一个信息框,该信息框的信息为"Hello World!"。

(1) 使用 MFC AppWizard 创建一个空的 Win32 Dynamic-Link Library 工程,工程名称为 MFCexp13_2。

(2) 在工程中新建一个文本文件,命名为 MFCexp13_2. def,打开该文件并输入如下代码:

```
;DLL模块的名称
LIBRARY MFCexp13_2
;声明 ShowHello 为导出对象
EXPORTS ShowHello
;def 文件结束
```

(3) 新建一个源文件 MFCexp13_2.cpp,并在文件中书写如下代码:

```
#include <windows.h>
BOOL APIENTRY DllMain( HANDLE hModule, DWORD ul_reason_for_call, LPVOID
    lpReserved )
{
//本 DLL 模块无须初始化,故在此未填写任何代码
    return TRUE;
}
int ShowHello(void)                    //需要导出的函数
{
    MessageBox(NULL,"Hello World! ","",MB_YESNO);
    return TRUE;
}
```

（4）在 Visual C++ 6.0 环境中，选用菜单项 Build|Build MFCexp13_2.DLL 或者按 F7 键，即会编译产生 MFCexp13_2.dll 文件和 MFCexp13_2.lib 文件。

（5）为了对上面编写的 DLL 文件进行测试，用 AppWizard 创建一个名称为 MFCexp13 _2test 基于对话框的应用程序。生成应用程序框架后，选择 VC++ 环境的菜单项 Project| Settings 打开工程设置对话框，并在 Link 选项卡的 Object/library modules 编辑框中添加 MFCexp13_2.lib，把前面设计的 DLL 的导入文件 MFCexp13_2.lib 连接到项目中。最后把 MFCexp13_2dll.dll 和 MFCexp13_2dll.lib 文件复制到应用程序所在的目录中。

（6）在对话框类实现文件 MFCexp13_2testDlg.cpp 中声明要使用的 DLL 函数：

```
int ShowHello(void);
```

（7）覆盖 OK 按钮的消息响应函数 OnOK( )，在这个函数中调用 ShowHello( )：

```
void CMFCexp13_2testDlg::OnOK()
{
    ShowHello();
    CDialog::OnOK();
}
```

（8）编译运行 MFCexp13_2test 程序，其运行结果如图 13-4 所示。

图 13-4　例 13-2 程序运行并单击"确定"按钮后的结果

2. 使用关键字_declspec(dllexport)声明导出函数

使用 Visual C++ 6.0 环境开发 DLL 时，可以不使用 DEF 文件而在源文件中使用关键字_declspec(dllexport)直接声明导出项。例如，声明函数 ShowMsg( )为导出函数的语句如下：

```
_declspec(dllexport) int ShowMsg(int s);
```

为了使一个用 C++ 语言编写的 DLL 函数可以在 C 语言编写的应用程序中使用，则需要在关键字_declspec(dllexport)之前附加另一个关键字 extern "C"，以通知编译器采用 C 链接方式。例如：

```
extern"C" _declspec(dllexport) int ShowMsg(int s);
```

例 13-3　重做例 13-2，用_declspec(dllexport)来声明导出函数。

（1）使用 MFC AppWizard 创建一个空的 Win32 Dynamic-Link Library 工程，工程名称为 MFCexp13_3dll。

（2）新建一个源文件 MFCexp13_3dll.cpp，并在文件中书写如下代码：

```
#include <windows.h>
BOOL APIENTRY DllMain( HANDLE hModule, DWORD ul_reason_for_call, LPVOID
    lpReserved )
```

```
    {
        return TRUE;
    }
    int _declspec(dllexport)  ShowHello(void)              //导出函数
    {
        MessageBox(NULL,"Hello World! ","",MB_YESNO);
        return TRUE;

    }
```

（3）在 Visual C++ 6.0 环境中，选用菜单项 Build|Build MFCexp13_3dll.dll 或者按 F7
键，即会编译产生 MFCexp13_3dll.dll 文件和 MFCexp13_3dll.lib 文件。

13.2.2 用 MFC 编写 DLL 文件

在 Visual C++ 中还可以使用 MFC 来编写 DLL。MFC 支持两种形式的 DLL：常规型
DLL 和扩展型 DLL。

1. MFC 常规型 DLL

常规型 DLL 又分为与 MFC 静态连接的 DLL 和与 MFC 动态连接的 DLL 两种。不管
是哪种常规型的 DLL，都可以应用于 MFC 应用程序和非 MFC 应用程序。

使用 MFC AppWizard 创建 MFC DLL 框架时，要在 New 对话框中的 Projects 选项卡
中选择 MFC AppWizard(dll)选项，并在确认后出现的对话框中选择是否创建常规型
的 DLL。

MFC 把动态连接库的入口函数 DLLMain 封装在类 CWinApp 中，且在使用 MFC
AppWizard(dll)创建 DLL 时自动生成了 CWinApp 派生类，因此无须程序员进行定义。

与一般的 DLL 一样，所有的导出项都要使用关键字_declspec(dllexport)来进行说明。

例 13-4 创建一个常规型 DLL，它可以提供一个导出函数 ShowMsg()，当应用程序调
用它时，将会显示一个信息框，该信息框上显示了字符串"MFC"。

（1）使用 MFC AppWizard 创建一个名称为 MFCexp13_4dll 的常规型 DLL。在头文件
MFCexp13_4dll.h 中添加导出函数原型声明代码：

```
_declspec(dllexport) int ShowMsg(void);
```

（2）在源文件 CMFCexp13_4DLLApp 中添加导出函数的实现代码：

```
_declspec(dllexport) int ShowMsg(void)
{
    char * msg="MFC";
    ::MessageBox(NULL,msg,"",MB_OK);
    return 1;

}
```

（3）修改 MFCexp13_4dll.def 文件：

```
; MFCexp13_4dll.def : Declares the module parameters for
; the DLL.
LIBRARY "MFCexp13_4dll"
DESCRIPTION 'MFCexp13_4dll Windows Dynamic Link Library'
EXPORTS
; Explicit exports can go here
    ShowMsg
```

（4）在 Visual C++ 6.0 环境中,选用菜单项 Build|Build MFCexp13_4dll.dll 或者按 F7 键,即会编译产生 MFCexp13_4dll.dll 文件和 MFCexp13_4dll.lib 文件。

（5）为了创建一个测试 MFCexp13_4dll.dll 文件的程序,用 MFC App Wizard 创建一个名为 MFCexp13_4test 的应用程序。

（6）生成应用程序框架后,选择 Visual C++ 环境的菜单项 Project|Settings 打开工程设置对话框,并在 Link 选项卡的 Object/library modules 编辑框中添加 MFCexp13_4dll.lib,把前面设计的 DLL 的导入文件连接到项目中。

（7）把 MFCexp13_4dll.lib 和 MFCexp13_4dll.dll 文件复制到应用程序所在的路径上去。

（8）在视图类的实现文件中声明要使用的 DLL 函数:

```
int ShowMsg( );
```

（9）并在视图类的鼠标左键按下消息响应函数中添加代码:

```
void CMFCexp13_4testView::OnLButtonDown(UINT nFlags, CPoint point)
{
    ShowMsg( );
    CView::OnLButtonDown(nFlags, point);
}
```

应用程序运行后,在用户窗口上按下鼠标左键,即会出现如图 13-5 所示的结果。

图 13-5   例 13-4 程序运行并按下鼠标左键后的结果

2. MFC 扩展型 DLL

使用 MFC 设计应用程序的优势就在于可以继承 MFC 类库中的类来派生所需要的类,从而使程序的设计工作变得更加快捷。为了使 DLL 也可以导出 MFC 的继承类,MFC 提供了扩展型 DLL。

在扩展型 DLL 中,只要在类的名称前面增加宏 AFX_EXT_CLASS,就可以把一个MFC 继承类声明为导出类。例如:

```
calss AFX_EXT_CLASS CMyDllClass : public CObject
{
    public:
        CMyDllClass( );
        Virtual ~CMyDllClass( );
        ⋮
};
```

例 13-5 创建一个 MFC 扩展 DLL,使它可以输出一个自定义的对话框。

(1) 用 MFC AppWizard(dll)创建一个名称为 MFCexp13_5dll 的扩展 DLL 工程。

(2) 在工程中按图 13-6 定义一个对话框资源(假设标识为 IDD_DIALOG1),并以 CDialog 为基类派生一个自定义的对话框类 CMyDllDlg。

(3) 打开资源头文件 Resource.h,把其中的

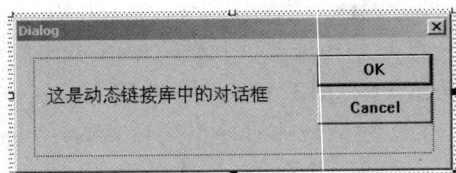

图 13-6 对话框的外观

```
#define IDD_DIALOG1 20000
```

复制到对话框头文件 MyDllDlg.h 中。即

```
#ifndef IDD_DIALOG1
#define IDD_DIALOG1 20000
#endif
```

(4) 在对话框头文件 MyDllDlg.h 中把自定义的对话框类名称前加上前缀 AFX_EXT_CLASS:

```
class AFX_EXT_CLASS CMyDllDlg : public CDialog
```

(5) 打开对话框实现文件 MyDllDlg.cpp 包含下列文件:

```
#include "stdafx.h"
#include "resource.h"
#include "MyDllDlg.h"
```

(6) 在 Visual C++ 环境中,选用菜单项 Build|Build MFCexp13_5dll.dll 或者按 F7 键,即会编译产生 MFCexp13_5dll.dll 文件和 MFCexp13_5dll.lib 文件。

(7) 为了创建一个测试 MFCexp13_5dll.dll 文件的程序,用 MFC App Wizard 创建一个名称为 MFCexp13_5test 的应用程序。

(8) 生成应用程序框架后,选择 Visual C++ 环境的菜单项 Project|Settings 打开工程设置对话框,并在 Link 选项卡的 Object/library modules 编辑框中添加 MFCexp13_5dll.lib,把前面设计的 DLL 的导入文件链接到项目中。

(9) 把 MFCexp13_5dll.lib、MFCexp13_5dll.dll 和 MyDllDlg.h 文件复制到应用程序所在的路径上去。

(10) 在 MFCexp13_5test 应用程序的视图实现文件中包含文件 MyDllDlg.h。

(11) 鼠标左键按下消息响应函数的代码如下:

```
void CMFCexp13_5testView::OnLButtonDown(UINT nFlags, CPoint point)
{
    CMyDllDlg myDllDlg;
    myDllDlg.DoModal( );
    CView::OnLButtonDown(nFlags, point);
}
```

程序运行后的结果如图 13-7 所示。

需要注意的是,一个扩展 DLL 只能与 MFC 采用动态联编方式连接并且只能被 MFC 应用程序使用。

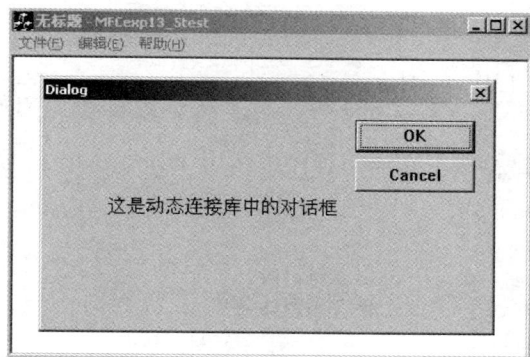

图 13-7　例 13-5 应用程序运行结果

13.3　动态连接库的使用

一个应用程序要想使用 DLL 中的函数或对象，它必须先与 DLL 连接起来，这个连接有隐式连接和显式连接两种方式。

13.3.1　隐式连接方式

前面说过，在建立一个 DLL 文件时，编译器会自动生成一个与该文件对应的导入库文件(扩展名为 lib)。该文件包含 DLL 文件及其所有导出函数的名称，如果一个应用程序拥有了这个导入库文件，那么这个应用程序在需要调用 DLL 中的可导出对象时，就可以根据这个文件来寻找并加载 DLL。

把导入文件与应用程序连接起来的最简单方法就是在对应用程序进行编译时，把所需要的导入文件编译到项目中，如前面例子的做法。由于在程序中没有出现加载到入库文件的代码，所以把这种链接方式称为隐式连接。

Windows 系统根据入库文件在系统中搜索对应 DLL 的顺序如下。

(1) 包含应用程序 EXE 文件的目录。

(2) 进程的当前工作目录。

(3) Windows 系统目录。

(4) Windows 目录。

(5) 列在 Path 环境变量中的一系列目录。

13.3.2　显式连接方式

如果在应用程序中使用 Windows API 函数来完成 DLL 的连接及函数的调用，那么这种做法就称为显式连接方式，当然这时就不必再使用导入库文件了。具体步骤如下。

1. 获得 DLL 库

通过调用 Win32 的 LoadLibary( )函数，并以要使用的 DLL 文件所在的路径为参数取得 DLL。LoadLibary( )函数的原型如下：

```
HINSTANCE LoadLibrary(
```

```
    LPCTSTR lpLibFileName        //DLL 的路径
    );
```

函数的返回值为 DLL 库的句柄。

2. 获得 DLL 函数

获得 DLL 的句柄之后,接下在应用程序中调用 Win32 API 函数 GetProcAddress( )来获得要使用的导出函数。GetProcAddress( )的原型如下:

```
FARPROC GetProcAddress(
    HMODULE hModule,            //DLL 的句柄
    LPCSTR lpProcName            //导入函数的名称
    );
```

GetProcAddress( )函数的返回值为 DLL 导出函数的地址。

3. 释放 DLL

在使用完 DLL 之后,必须用 FreeLibrary( )函数来释放动态连接库。FreeLibrary( )函数的原型如下:

```
BOOL FreeLibrary(
    HMODULE hLibModule        //DLL 句柄
);
```

采用显式连接方式调用 DLL 库,程序员可以决定加载哪个 DLL 文件,这就使程序的设计更为灵活。例如,某 DLL 库有两个带有字符串资源的 DLL 模块,一个是英语字符串资源模块,而另一个是西班牙语字符串资源模块。如果使用显式连接方式,应用程序就可以在用户选择了语种后再加载与之对应的 DLL 文件。

例 13-6 创建一个应用程序,在该程序中采用显式连接方式调用例 13-4 的 DLL 导出函数 ShowMsg( ),该导出函数可以显示一个对话框。

(1) 创建一个测试程序,名称为 MFCexp13_6test。

(2) 把例 13-4 中的 DLL 和导入库文件复制到 MFCexp13_6test 应用程序的路径中。

(3) 使 MFCexp13_6test 程序视图类鼠标消息响应函数如下:

```
void CMFCexp13_6testView::OnLButtonDown(UINT nFlags,CPoint point)
{
    typedef void ( TESTDLL)( );
    HINSTANCE hDllInst;
    hDllInst=::LoadLibrary ("MFCexp13_6dll.dll");
    if (hDllInst==NULL)
    {
        AfxMessageBox("Fail");
    }
    TESTDLL * lpproc;
    lpproc=(TESTDLL *)GetProcAddress (hDllInst,"Show");
    if (lpproc!=(TESTDLL *)NULL) (*lpproc)( );
    FreeLibrary(hDllInst);
    CView::OnLButtonDown(nFlags, point);
}
```

程序运行结果如图 13-8 所示。

图 13-8　例 13-6 应用程序运行结果

本 章 小 结

- 动态连接库(DLL)是程序运行时装载一种二进制文件,主要是通过它的各种导出函数、类、资源来向外界提供服务,并且该服务允许同时被多个不同的进程所共享。
- DllMain()是 Windows 的动态连接库的入口函数,主要作用是调用动态连接库时,完成初始化工作。
- 声明为导出函数有两种方法:在 DEF 文件中用函数的名称来声明,使用关键字 _declspec(dllexport)来声明。
- 在 Visual C++ 中,动态连接库分为非 MFC DLL、常规型 DLL 和扩展型 DLL 三种。使用向导 Win32 Dynamic-Link Library 来创建第一种动态连接库,使用 MFC AppWizard(dll)来创建第二种和第三种动态连接库。
- 动态连接库的导出函数被其他程序模块调用,在这些调用函数的程序模块中称为导入函数。
- 应用程序与 DLL 有隐式连接和显式连接两种链接方式。

习　题　13

13-1　DLL 的特点是什么?

13-2　为什么要创建 DLL?

13-3　调用 DLL 函数的方法是什么?

13-4　MFC 支持哪两种形式的 DLL?

13-5　何时必须重新编译使用 DLL 的应用程序?

13-6　在 DLL 中,为了把 MFC 类或其派生类作为导出类,在声明类时要使用哪个宏?

13-7　应用程序中的导入函数与 DLL 文件中的导出函数进行连接有几种方式? 各有什么特点?

13-8　简述用显式连接方式来使用 DLL 的步骤。

思考题:想一想,应用程序还有哪些可以采用动态加载方式?

第 14 章　组件对象模型基础

组件对象模型(Component Object Model,COM)既是一种开发应用程序接口标准,也是一种软件开发技术。具有 COM 标准接口的软件模块称为 COM 组件,通过 COM 标准接口,COM 组件可以毫无阻碍地被所有应用程序所使用,从而能以组装的方式开发大型软件。

本章主要内容:
- 函数模块、类模块、接口。
- 组件对象模型(COM)的基本概念。
- COM 的 C++ 实现。
- 使用 COM 组件。
- 使用 ATL 设计 COM 组件。

14.1　组件对象模型概述

简单地说,组件对象模型(COM)是一种开发应用程序接口的标准。该标准追求的目标是:不同厂商、不同语言、不同方法制作的软件模块,只要它们的接口符合 COM 标准,那么它们就可以无缝地进行组合而形成大型软件。

14.1.1　软件模块化的发展历程

从面向过程程序设计方法,到面向对象程序设计方法,再到现在的 COM,软件工程的发展经历了一个漫长曲折的过程。在这个过程中,人们一直追求软件的生产能像汽车的生产那样,先按标准制造零件和部件,然后再把这些零件和部件组装成最终产品。于是,如何把一个大型软件划分成可以重复使用的标准模块就是解决问题的关键。显然,作为可重用的软件模块,它应该是一个功能相对独立、稳定,具有封装性,代码可以重用的程序实体。

1. 函数模块及其接口

最初,人们是按照代码段的功能以函数的形式来划分模块的,例如,下面的加法运算函数:

```
int Add(int x, int y)
{
    return x+y;
}
```

为了隐藏函数的实现代码,并使用户使用起来方便,函数的开发者要提供一个如下形式的头文件:

```
//Add.h
int Add(int , int);
```

函数用户在使用这个函数模块时只要在程序前面包含这个头文件就可以了,例如:

```
#include <iostream.h>
#include "Add.h"                            //包含头文件 Add.h
void main(void)
{
    int a=10,b=20;
    cout<<Add(a,b)<<endl;
}
```

可见,从用户的角度来看,Add( )这个函数模块就是如图 14-1 所示的样子。

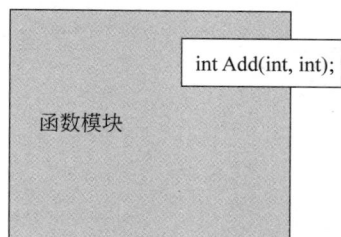

图 14-1　函数模块及其接口示意图

这就是说,函数模块是如图 14-1 所示的一个封装体,程序与函数模块是通过 Add(int,int)实现连接的,故 Add(int,int)是函数这个封装体的外露部分,所以也称为函数模块的接口。

显然,当开发一个大型应用程序时,程序总设计人员可以利用这种函数形式的模块,把一个大规模的程序分成若干模块,在规定了模块的接口后把任务分配给不同的程序设计人员(甚至是不同的厂家)去设计模块实体,待所有模块设计完之后,再使用调用的方法把这些模块连接为最终产品。

显然,这可以大大提高软件开发效率,所以这种方法很快就在业界风行起来,特别是出现了第 13 章讲过的 DLL 之后,市场上很快出现了许多以第三方函数库为产品的软件供应商,以至于有人说"程序就是由函数组成的"。

2. 类模块及其接口

但是,随着软件规模的不断增大,以函数为软件模块的程序设计方法的缺点也日益明显。其中,数据与操作的分离是这种方法的致命弱点,经常导致程序出现张冠李戴、驴唇不对马嘴的现象。为了解决这个问题,产生了面向对象的程序设计方法。

在长期实践中人们发现,世界是由各种不同的事物所组成的,事物有其固有属性和行为,是相对独立、稳定的,世界中的所有问题是依靠事物之间的联系和交互来解决的。所以在计算机程序设计中以事物为着眼点,用类来描述这种稳定的东西,并把类作为程序的基本模块应该是模块化的合理做法。例如下面的类 A:

```
class A
{
    private:
        私有数据成员;
            ⋮
        私有函数成员;
            ⋮
    public:
        void f1( ){…}
        void f2( ){…}
        void g1( ){…}
        void g2( ){…}
};
```

仿照声明函数原型的方法,人们把原型和实现分开来写成如下头文件和实现文件:

```
//类的头文件 A.h-------------------------------------------------------------------
class A
```

```
{
    private:
        私有数据成员;
         ⋮
        私有函数成员原型;
         ⋮
    public:
        void f1( );
        void f2( );
        void g1( );
    void g2( );
};
```

```
//类实现文件 A.cpp---------------------------------------------------------
私有成员函数的实现
 ⋮
void A::f1( ){…}
void A::f2( ){…}
void A::g1( ){…}
void A::g2( ){…}
```

但是,类头文件中仍然含有类私有成员的声明,并没有实现私有成员的隐蔽。为了只把公有成员暴露在外面,人们把对类中的公有函数声明用另外一种意义更加清楚的类来表示。例如,把声明 A 类公有函数原型的头文件写成如下形式:

```
//头文件 IA.h-----------------------------------------------------------
Class IA
{
    public:
        virtual void f1( )=0;
        virtual void f2( )=0;
        virtual void g1( )=0;
        virtual void g2( )=0;
};
```

即用抽象类来描述,这样一个实体类便可以由抽象类来派生,并由实体类实现抽象类中所有的虚函数。例如,前面的 A 类:

```
//源文件 A.cpp-----------------------------------------------------------
class A : public IA
{
    private:
     ⋮
    public:
        void f1( ){…}
        void f2( ){…}
        void g1( ){…}
        void g2( ){…}
};
```

于是,暴露给用户的只是抽象类 IA,而 A 类代码就可以被隐藏起来了。这样,IA 就是类模块 A 的接口,从而实现了类模块的封装。

更进一步,还可以对类的共有成员函数进行分类为模块定义多个接口,例如,将类 A 的共有成员函数分成 IA 和 IB 两类:

```
//头文件 IA.h-----------------------------------------------------------
Class IA
{
    public:
        virtual void f1( )=0;
        virtual void f2( )=0;
};
//头文件 IB.h-----------------------------------------------------------
Class IB
{
    public:
        virtual void g1( )=0;
        virtual void g2( )=0;
};

//源文件 A.cpp--------------------------------------------------------
class A : public IA, public IB
{
    private:
     ⋮
    public:
        void f1( ){…}
        void f2( ){…}
        void g1( ){…}
        void g2( ){…}
};
```

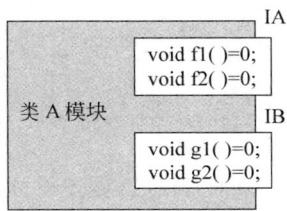

图 14-2　类 A 模块及其接口示意图

则类 A 模块的示意图如图 14-2 所示。

凡是学过 C++ 的读者都知道,类的成员函数是通过该类的对象来调用的,但承担 A 类接口任务的 IA 和 IB 是两个不能定义对象的抽象类,那么抽象类如何来调用成员函数呢?因为 C++ 虽然不允许定义抽象类对象,但允许定义抽象类指针,这样就可以把一个抽象类派生类对象的指针赋给抽象类指针,让抽象类指针指向派生类对象,这样就可以调用派生类对象的成员函数。这就是说,表面上看,是通过抽象类指针调用成员函数,但实质上还是派生类对象在调用成员函数,但仅限于调用派生类继承自抽象类并未实现的虚函数。

例 14-1　把上面的文件 A.cpp 改写成如下代码,并编写一个测试程序观察运行结果,体会上面所讲的内容。

```
//源文件 A.cpp--------------------------------------------------------
#include <iostream.h>
#include "IA.h"
#include "IB.h"
class A;
void QueryInterface(A* x,void* * ppv);
class A:public IA, public IB
{
    private:
        char* s1,* s2,* s3,* s4;
    public:
        A( )
        {
            s1="This is f1( )";
            s2="This is f2( )";
```

```
                s3="This is g1( )";
                s4="This is g2( )";
        }
        virtual void f1( ){cout<<s1<<endl;}
        virtual void f2( ){cout<<s2<<endl;}
        virtual void g1( ){cout<<s3<<endl;}
        virtual void g2( ){cout<<s4<<endl;}
};

//测试程序-----------------------------------------------
void main( )
{
    IA * pIA;                                    //定义 IA 指针
    A*a=new A;                                   //定义 A 类对象
    QueryInterface(a,(void * * )&pIA);           //获得 IA 指针
    pIA->f1( );                                  //通过 IA 指针调用对象的 f1( )
    //pIA->g1( );                                //该行代码非法：pIA 不能访问 g1( )
    delete a;                                    //删除 a
}

void QueryInterface(A&x,void * * ppv) { * ppv=(IA * )(&x);}
```

上面程序运行后结果为

```
This is f1( )
```

按照面向对象程序设计的原则,应该把函数 QueryInterface( )封装到两个抽象类中,既然两个抽象类中的这两个函数名称、参数都一样,那么就再定义一个抽象类 IUnknown 作为 IA 和 IB 的基类。

例 14-2 定义一个类模块,要求如下:

(1) 定义一个抽象类 IUnknown 作为 IA 和 IB 基类,把函数 QueryInterface( )定义在抽象类 IUnknown 中。

(2) 在抽象类 IUnknown 中再定义一个用于销毁对象的函数 Release( )。

(3) 从抽象类 IUnknown 集成两个接口 IA 和 IB,每个接口定义两个服务函数。

(4) 定义类 A 中实现 IA 和 IB 两个接口。

(5) 定义一个全局函数 CoGetInst( )来创建一个 A 类对象,并使用户获得类模块接口的指针。

(6) 编写一个用户程序,在获得类模块接口指针后使用类模块的服务。

(7) 最后根据程序运行情况体会抽象类 IUnknown 的作用。

程序代码如下:

```
//抽象类 IUnknown 的头文件 IUnknown.h--------------------------
class IUnknown
{
    public:
        virtual int QueryInterface(char * IName,void * * ppv)=0;   //查询其他接口的函数
        virtual void Release( )=0;                                 //销毁对象的函数
};
```

然后让 IA 和 IB 继承自 IUnknown,这两个抽象类的头文件如下:

```
//抽象类 IA 的头文件 IA.h-----------------------------------------
```

```cpp
#include"IUnknown.h"
class IA:public IUnknown
{
    public:
        virtual void f1( )=0;                       //IA 接口的服务函数 1
        virtual void f2( )=0;                       //IA 接口的服务函数 2
};

//抽象类 IB 的头文件 IB.h------------------------------------
class IB:public IUnknown
{
    public:
        virtual void g1( )=0;                       //IB 接口的服务函数 1
        virtual void g2( )=0;                       //IB 接口的服务函数 2
};

//类 A 的源文件 A.cpp------------------------------------
#include <iostream.h>
#include "IA.h"
#include "IB.h"
class A:public IA, public IB
{
    private:
        char * s1, * s2, * s3, * s4;
    public:
        A( )
        {
            s1="This is f1( )";
            s2="This is f2( )";
            s3="This is g1( )";
            s4="This is g2( )";
        }
        virtual void f1( ){cout<<s1<<endl; }
        virtual void f2( ){cout<<s2<<endl; }
        virtual void g1( ){cout<<s3<<endl; }
        virtual void g2( ){cout<<s4<<endl; }
        virtual int QueryInterface(char * IName,void * * ppv)
        {
            if (IName=="IA")
            {
                * ppv=(IA * )(this);
                return 1;
            }
            else if (IName=="IB")
                {
                    * ppv=(IB * )(this);
                    return 1;
                }
                else
                    return 0;
        }
        virtual void Release( ){delete this; }
};
//用于创建模块对象的函数------------------------------------
```

```
A * GreateInst( )
{
    return new A;
}
//提供给用户使用,可以获得类模块接口的函数------------------------------
void CoGetInst(
        char * IName,                              //待获得接口名称
        void ** ppv                                //返回的接口指针
            )
{
    A * a=GreateInst( );
    a->QueryInterface(IName,ppv);
}
//测试程序代码--------------------------------------------------------------
void main( )
{
    IA * pIA;                                      //定义 IA 接口指针
    CoGetInst("IA",(void **) &pIA);                //获得 IA 接口指针
    pIA->f1( );                                    //通过 IA 指针获得 f1 服务

    IB * pIB;                                      //定义 IB 接口指针
    pIA->QueryInterface("IB",(void **) &pIB);      //通过 IA 获得 IB 指针
    pIB->g2( );                                    //通过 IB 指针获得 g2 服务
    pIA->Release( );                               //模块使用完毕销毁
}
```

程序运行结果如下:

```
This is f1( )
This is g2( )
```

由于 IA 和 IB 都继承自 IUnknown,所以与抽象类 IUnknown 一样都为类 A 提供了原型一致的函数 QueryInterface( )。也就是说,抽象类 IUnknown 定义了抽象类 IA 和 IB 必须提供的成员函数。这样,类 A 就具有了 IUnknown、IA 和 IB 三个接口,而且可以通过任一接口的函数 QueryInterface( )获得其他接口的指针。

显然,通过上面的一系列封装,用户能看到的只是类模块的接口,即实现了模块实现代码和接口的分离,给实现可组装模块奠定了基础。如果进一步把这种类模块封装到 DLL 或 EXE 中,那么它就可以成为可动态加载的程序模块了。

3. COM 的诞生

但无论是把类模块封装到 DLL 还是 EXE 中,它还是有一个致命的弱点,即它的代码重用是基于源码的,它依赖于编程语言,因此妨碍了模块的跨语言应用。而且作为通用模块来说,类模块至少还有以下两方面的不足。

(1)类名、接口名重名的问题。作为希望所有应用程序都可以使用的通用模块,就应该放置在一个公共场所——系统目录下,那么全世界所有开发者提供模块都放在这一个公共场所就势必会出现重名的问题。

(2)模块的跨语言应用问题。上面的例子中,类模块接口的抽象类是用 C ++ 语言编写的,如果不解决跨语言问题,那么该模块在其他语言编写的应用程序中就不能使用。

可喜的是,经过多年不懈的努力,人们最后终于较好地解决了上述问题并取得了成果,这就是 COM。

14.1.2 组件对象模型

COM(Component Object Model,组件对象模型)把软件的应用分成两大部分：COM
服务器和 COM 客户机,如图 14-3 所示。

COM 服务器可以是 DLL 也可以是 EXE,它的任
务就是提供软件模块;而使用 COM 服务器所提供的
软件模块的应用程序就是 COM 客户机。如图 14-3
所示,客户机必须通过软件模块接口才能获得模块的
服务,客户机可以知道从服务器的软件模块中能得到
什么服务,但不必知道该服务的实现细节。

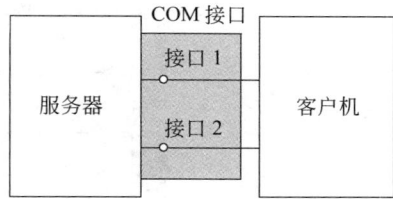
图 14-3　COM 应用的构成

这就像人们在饭店吃饭一样,顾客必须通过菜单
来选择所需要的服务,如果顾客点了菜单上的某个菜,那么顾客就可以吃到这个菜,至于这
个菜是在什么地方以及如何制作的,顾客完全不必知道,顾客只要能看懂菜单,而饭店能按
菜单提供合格的菜肴也就可以了。在这个例子中,顾客是客户,饭店就是服务器,而饭店提
供的菜单、歌单、酒水单等分类说明服务项目的各种单就是接口。

显然,为了使客户和服务器可以毫无障碍地进行沟通,接口是一个至关重要的关键环
节,即接口必须按照一个双方都能识别的标准格式来制作,这个标准就是组件对象模型。

14.1.3 COM 术语

简单地说,具有符合 COM 标准的接口软件模块称为组件。

1. 组件类、组件对象和组件服务器

以 C++ 编写的模块为例,由一个或多个抽象类派生出来,并实现了抽象基类的各个纯
虚函数的类称为 COM 类,或组件类(例如前面的类 A)。

组件类的实例称为组件对象或 COM 对象。组件类的抽象基类是组件对象的接口。

含有一个或多个组件类的 DLL 或 EXE 称为 COM 服务器或组件。当然也可以这样
说,可以提供一个或多个组件对象的 DLL 和 EXE 称为 COM 服务器或组件。

2. COM 库及 COM API

作为可以支持 COM 的操作系统,都应该有一些管理组件的函数,这些函数的集合称为
COM 库,它以 DLL 的形式存在于操作系统,向客户提供查找注册表、组件定位及返回组件
对象接口指针等操作函数,这些函数称为 COM API。客户一般不能直接管理 COM 对象,
而只是通过 COM API 向 COM 库提出请求,以获得 COM 对象的接口指针来享用组件的服
务。组件类、组件服务器、COM 库之间的关系如图 14-4 所示。图中带阴影的是客户正在连
接到组件。

常用的 COM API 有 CoInitialize( )、CoCreateInstance( )和 CoUninitialize( )等。

在使用上,COM 库与其他库有所不同,它要求在使用 COM 库之前必须由客户调用函
数 CoInitialize( )对其进行初始化,在使用完毕后还要调用函数 CoUninitialize( )来恢复它。
客户用函数 CoCreateInstance( )(类似例 14-2 中的 CoGetInst( ))来获得一个 COM 对象接
口指针。

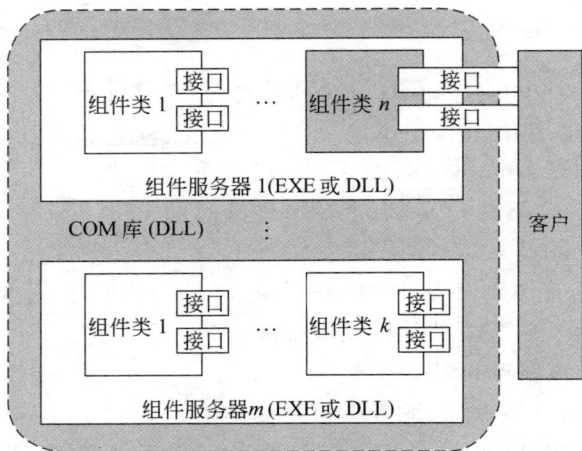

图 14-4　组件类、组件服务器和 COM 库

3. 进程内组件、进程外组件、本地组件和远程组件

按照组件在运行时是否占用进程空间,它被分为两种类型:进程内组件、进程外组件。用 DLL 实现且运行在客户程序地址空间的组件称为进程内组件,凡是用 EXE 实现的组件都称为进程外组件。按照组件在运行时是否在本地计算机上,进程外组件又分为本地组件和远程组件:与客户在同一台计算机上运行的称为本地组件;与客户程序不在同一台计算机而运行在与客户机联网的某台计算机上的称为远程组件。

14.2　组件类、接口的标识及注册

COM 规定,组件类与接口均应有唯一的标识,并且该标识应该能被不同语言编制的客户程序所识别。为此,COM 规定,组件与组件接口的标识必须是一个 128 位的二进制数字,而且这个二进制数字的标识不能由组件设计者指定,而是由编译器按照一个可以确保产生唯一二进制数字的算法随机产生,并且该标识一经发布,就不允许再做更改。这样产生的标识称为全局唯一标识符(Globally Unique Identifier,GUID)。

用于标识组件接口的 GUID 称为接口标识符 IID(Interface Identifier);而用来标识组件类的 GUID 称为类标识符 CLSID(ClassID)。

例如,在 C++ 中某一个组件类的标识符为

```
extern "C" const GUID CLISID_MYSPELLCHECKER=
     {0x54bf6567, 0x1007, 0x11d1,
     {0xb0, 0xaa, 0x44, 0x45, 0x53, 0x54, 0x00, 0x00}}
```

同样的标识符在其他非 C 环境中为

```
{54bf6567-1007-11d1-b0aa-444553540000}
rrrrrrrr-tttt-tttt-oooo-aa-aa-aa-aa-aa-aa
```
　随机数　　时间戳　与机器重启　　一般为网卡的地址
　　　　　　　　　次数有关的数

为了使客户程序能够方便地找到组件,COM 规定,组件必须把标识、存放位置等信息

登记到系统的注册表中,即得进行注册。这样,当客户需要组件时,只要到注册表上去找就可以了,而不必担心组件的真正位置。

取消注册则相反——从注册表删除这些组件的所有信息。

14.3　COM 规定的标准服务

接口是组件能够对外进行服务的项目进行归类之后的列表,是一组功能相关的函数原型的集合。COM 规定,一个功能完善的组件至少应该有 IUnknown、IClassFactory 和 IDispatch 三个接口(作为约定,COM 中的所有接口名称都以字母"I"开头)。其中,IUnknown 为提供基本服务的接口,为使组件的所有接口都能提供这些基本服务,COM 规定组件上的其余接口(包括 IClassFactory 和 IDispatch)必须由 IUnknown 来派生。

14.3.1　接口 IUnknown

为了保证组件接口在基本功能上的标准化,COM 定义了与前面例题 14-2 中的抽象类 IUnknown 基本相同的一个基本接口 IUnknown,组件其他所有接口必须由这个 IUnknown 接口或其派生类来派生,这样就保证了组件的所有接口都能向客户提供同样的基本服务。

接口 IUnknown 的 C++ 声明如下:

```
class IUnknown
{
    public:
        virtual HRESULT _stdcall QueryInterface(const IID& iid, void * * ppv) = 0;
        virtual ULONG _stdcall AddRef( ) = 0;
        virtual ULONG _stdcall Release( ) = 0;
};
```

可以看到,除了 QueryInterface( )之外,现在的 IUnknown 接口比例 14-2 中的 IUnknown 多定义了两个纯虚函数: AddRef( )和 Release( )。IUnknown 中的这三个虚函数就规定了组件所有接口都应该具备的三大服务项目。

1. QueryInterface( )函数

前面谈到,组件一般不只一个接口,所以 COM 规定,组件的每个接口都必须具有提供本组件其他接口的能力。即当客户程序取得组件对象的任意一个接口后,客户能通过这个接口来得到该组件的其他接口。所以在接口 IUnknown 定义了一个接口查询函数 QueryInterface( ),并要求组件类必须实现它,QueryInterface( )函数的原型如下:

```
virtual HRESULT _stdcall QueryInterface(
    const IID& iid,                      //需要查询接口的 IID
    void * * ppv                         //查询后得到的接口指针
    );
```

当查询成功后,函数的返回值为 S_OK。所以,在使用 QueryInterface( )查询一个接口后,客户必须使用宏 SUCCEEDED 或 FAILED 宏来判断查询是否成功。

2. AddRef( )和 Release( )函数

AddRef( )和 Release( )这两个函数是用来控制组件对象生存期的。

客户程序在使用组件之前,要申请创建组件对象,如果客户不再需要这个组件对象,则应该及时释放该组件对象。显然在多个客户程序可以使用同一个组件对象的情况下,对象是否应该存在只能由组件自己来管理。为此,COM 要求组件对象必须记录客户使用自己的情况。为达到这个目的,组件对象内设置了一个计数器,当客户程序在引用组件对象时,客户就调用函数 AddRef( )把计数器的值加 1;而当客户程序不再引用该组件对象时,客户就调用 Release( )函数把计数器的值减 1。这样,组件对象就可以根据计数器的值,随时知道有多少个客户程序正在引用自己,在 Release( )函数中一旦发现计数器的值为 0,那就意味着已经没有客户程序引用自己了,于是组件就可以销毁自己。

带有接口 IUnknown 的组件示意图如图 14-5 所示。组件的更一般的画法如图 14-6 所示。

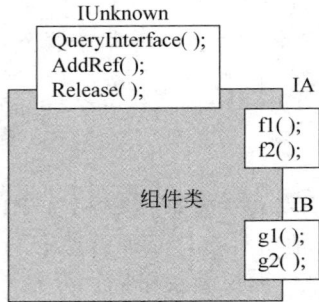

图 14-5　组件 A 及其接口示意图　　　　图 14-6　组件的一般图形表示

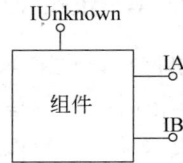

下面是一个组件的主要代码。其中一个接口的名称为 ISum,另一个接口的名称为 IMult。在 ISum 接口中有一个对两个数求和的函数,在 IMult 接口中有一个对两个数求乘积的函数。

接口声明如下:

```
//ISum 接口的声明----------------------------------------------------
static const GUID IID_ ISum=
{ 0x6aaf876e, 0xfced, 0x4ee0, { 0xb5, 0xd3, 0x63, 0xcd, 0x6e, 0x22, 0x42, 0xf5 } };

class ISum : public IUnknown
{
    public:
        virtual HRESULT Sum( int x, int y, int * z)=0;
};

//IMult 接口的声明----------------------------------------------------
static const GUID IID_IMult=
{ 0x5f144d5c, 0xa20c, 0x42e7, { 0x8f, 0x91, 0x4d, 0x5c, 0xae, 0x43, 0xb, 0x29 } };

class IMult : public IUnknown
{
    public:
        virtual HRESULT Mul(int x, int y, int * z )=0;
};

//组件类的声明-------------------------------------------------------
static const GUID CLISID_Meth=
{ 0xabfa7022, 0x7e2f, 0x4d0e, { 0x8a, 0x4f, 0xf5, 0x8b, 0xbc, 0xeb, 0xb2, 0xda } };
```

```
class Meth : public ISum,public IMeth
{
    public:
        Meth( );                    //构造函数
        ～Meth( );                   //析构函数
        //重写 IUnknown 的三个函数
        HRESULT QueryInterface(const IID& iid, void＊＊ppv);
        ULONG AddRef( );
        ULONG Release( );
        //接口中的两个方法
        HRESULT Sum( int x, int y, int＊z);
        HRESULT Mul(int x,int y,int＊z);
    Private:
        ULONG m_ulRef;              //组件引用计数器
};
//组件类的实现-------------------------------------------------
Meth:: Meth ( )                     //构造函数的实现
{
    m_ulRef=0;                      //给组件引用记数变量置初值
}
//查询函数的实现
HRESULT Meth::QueryInterface(const IID& iid, void＊＊ppv)
{
    if (iid==IID_IUnknown || iid==IID_ISum)
    {
        ＊ppv=(ISum＊)(this);
        (ISum＊)(＊this)->AddRef( );
    }
    else if (iid==IID_IMult)
        {
            ＊ppv=(IMult＊)(this);
            (IMult＊)(＊this)->AddRef( );
        }
        else
        {
            ＊ppv=NULL;
            return E_NOTINTERFACE;
        }
    return S_OK;
}
//组件生命期加 1 函数的实现
ULONG Meth::AddRef( )
{
    return++m_ulRef;                //引用计数器加 1
}
//组件生命期减 1 函数的实现
ULONG Meth::Release( )
{
    m_ulRef--;                      //引用计数器减 1
    if (m_ulRef <=0)
    {
        m_ulRef=0;
        delete this;                //当计数器为 0 时销毁组件对象自己
    }
```

```
        return m_ulRef;
    }
    //加法函数的实现
    HRESULT Meth::Sum( int x, int y, int * z)
    {
        * z=x+y;
        return S_OK;
    }
    //乘法函数的实现
    HRESULT Meth::Mul(int x,int y,int * z);
    {
        * z=x * y;
        return S_OK;
    }
```

3. 服务函数的返回值类型

COM 规定,为了远程调用的安全,组件接口中的函数除了 AddRef( )和 Release( )之外,其余服务函数都应该以 HRESULT 为返回值的类型,以备调用者来判断函数的调用是否成功,当函数调用成功时,函数的返回值为 S_OK,如果有错误则应返回表 14-1 中所列的结果。

表 14-1　当函数有错时可能的返回值

值	说　明	值	说　明
E_INVALIDARC	函数中有一个或多个参数无效	E_OUTOFMEMORY	内存不够
E_NOINTERFACE	对象没有此接口	E_UNEXPECTED	产生未知错误

14.3.2　接口 IClassFactory 和 IDispatch

为支持组件的跨语言应用,COM 除了用二进制规定了 GUID 标识符之外,还要求组件必须提供 IClassFactory 和 IDispatch 两个接口。

1. 类工厂接口 IClassFactory

已经知道,客户程序中使用的是组件类的对象,但由于两个原因这个对象不能由客户程序创建,一是因为只要由客户来创建对象,那么客户就必须先获得组件类的头文件,这不利于类代码的隐藏;二是因为编写客户程序的语言往往与编写组件类的程序设计语言不相同,因此客户程序根本就没有办法来创建这个对象,而作为以提供服务为目标的服务器也不应该让客户来创建这个对象,所以也只能由管理组件的 COM 库按客户提供的 GUID 创建这个对象。

显然这是一个类似先前讲过的对象动态创建的问题,只不过这次与 GUID(相当于类名称)相对应的不是一个函数,而是一个实现 IClassFactory 接口并被称为组件类旁类的类。旁类实现 IClassFactory 接口的一个用于创建组件对象的服务函数 CreateInstance( )(类似例 14-2 中的 CreateInst( ))。而创建旁类对象的任务则由 COM API 函数 CoCreateInstance( )(类似例 14-2 中的 CoGetInst( ))来负责。CoCreateInstance( )函数的原型如下:

```
STDAPI CoCreateInstance(
    REFCLSID rclsid,            //组件类的标识 CLSID
```

```
    LPUNKNOWN pUnkOuter,              //是否需要支持聚合
    DWORD dwClsContext,               //组件类型
    REFIID riid,                      //欲申请的接口标识
    LPVOID * ppv                      //返回所申请的接口指针 IID
);
```

当客户需要一个组件时,将调用 COM API 函数 CoCreateInstance( )向系统发出请求,
COM 库根据函数参数中的 CLSID 在注册表中找到组件类的名称后,先创建该组件的旁类
对象,然后再调用旁类对象的成员函数 CreateInstance( )来创建组件类对象,最后再按参数
IID 把客户所请求的接口指针返回给客户,接下来客户便可以享用组件的服务了。

CoCreateInstance( )函数的执行过程如图 14-7 所示。

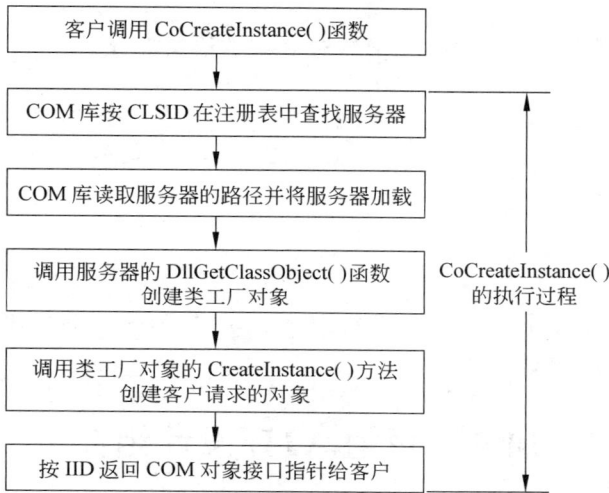

图 14-7　CoCreateInstance( )的执行过程

由于这个旁类对象是用来创建组件类对象的,故这个旁类的对象称为类工厂(似乎叫组
件对象工厂更合适),而 IClassFactory 则称为类工厂接口。

另外,为使接口 IClassFactory 能提供 IUnknown 所规定的三个基本服务,COM 要求它
必须由 IClassFactory 来派生。

2. 调度接口 IDispatch

IDispatch 接口也是从接口 IUnknown 继承来的,是组件执行调度任务的一个接口。

在前面已经知道,有些组件类(例如 C++ 类)是使用指针来调用服务函数的。但是,并
不是所有的计算机程序设计语言都支持指针,典型的如 VBScript、JavaScript 这些脚本语言
就不支持指针,那么这些语言编写的客户程序如何来使用组件呢? 这时就要用到调度接口
提供的服务了。调度接口的服务函数把组件中的每一个函数及每一个属性都编上号,在不
能使用指针的客户程序要调用这些函数和属性的时候就把这些编号传给客户,而客户再根
据这些编号来调用相应的函数。当然实际过程远比这复杂得多,因为调用函数时还需要解
决参数、参数类型以及返回类型等一些其他问题。如果读者希望了解相关情况请参考其他
专著。

14.4　COM 接口的二进制标准及 IDL

从前面的叙述中已经知道,客户获得的是组件的接口,因此客户是否能理解并使用这个接口就是一个至关重要的问题。

为实现跨语言的接口,COM 规定了接口内存结构的二进制标准。为满足这个二进制标准,组件设计者在声明接口时,必须使用一种独立于普通编程语言并可以为所有语言都能够理解的语言。微软选用的是开放软件基金会(Open Software Foudation,OSF)为分布式计算环境 RPC(Remote Procedure Call,远程过程调用)软件包开发的,用来定义接口的工具 IDL。

为了将 IDL 应用于 COM 系统中,微软对 IDL 的语法进行了扩充。

例如,某接口 ISum 的 IDL 描述如下:

```
import "unknwn.idl";
[ object, uuid(6AAF876E-FCED-4ee0-B5D3-63CD6E2242F5) ]
interface ISum : IUnknown
{
    HRESULT Sum([in] int x, [in] int y, [out, retval] int * retval )
};
```

代码中方括号括起来的部分为 IDL 部分。注意,作为接口的抽象类的关键字不再是 class 而是更为规范的 interface 了。

14.5　使用 ATL 设计组件

设计一个组件是一件极其繁杂、劳累的工作,为了使程序设计人员可以快速地开发出高质量的 COM 组件,Visual C++ 提供了一个 ActiveX 模板库(Activex Tempelate Library,ATL)。ATL 使用模板对 COM 提供了充分的支持,组件设计者通过对 ATL 所提供的模板的继承,可以直接获得 IUnknown、IDispatch、IClassFactory 和组件所需的其他实现,从而形成一个高质量的组件框架,并通过加入自己所需的各种 COM 功能片段来完成组件的设计。

14.5.1　ATL 对 COM 的支持

ATL 对 COM 的原始支持是从对 IUnknown 的支持开始的,下面是在创建一个名称为 First 的组件时,由 Visual C++ 的 ATL 向导生成的组件类的声明代码:

```
class ATL_NO_VTABLE CFirst :
    public CComObjectRootEx<CComSingleThreadModel>,
    public CComCoClass<CFirst, &CLSID_First>,
    public IDispatchImpl<IFirst, &IID_IFirst, &LIBID_ABCLib>
{
    public:
        CFirst( )    {    }
    DECLARE_REGISTRY_RESOURCEID(IDR_FIRST)
    DECLARE_PROTECT_FINAL_CONSTRUCT( )
    BEGIN_COM_MAP(CFirst)
        COM_INTERFACE_ENTRY(IFirst)
```

```
        COM_INTERFACE_ENTRY(IDispatch)
    END_COM_MAP()
    //IFirst
    public:
};
```

从代码中可以看到，组件是由三个模板（CComObjectRootEx、CComCoClass 和 IDispatchImpl）为基类派生的。

在模板 CComObjectRootEx 中实现了对 IUnknown 的支持，在模板 CComCoClass 中实现了对类工厂的支持，而在模板 IDispatchImpl 中实现了对接口 IDispatch 的支持。

在上面的接口声明代码中，值得注意的是，宏 BEGIN_COM_MAP( )到宏 END_COM_MAP( )之间的内容。ATL 在这两个宏之间使用宏 COM_INTERFACE_ENTRY( )说明了该组件的接口，由于组件开发人员目前还没有声明别的接口，因此在这段代码中只有两个接口的声明：IFirst 和 IDispatch。

14.5.2 使用 ATL 设计组件的步骤和方法

例 14-3 使用 ATL 设计一个组件，该组件中提供了一个方法 AddNumbers( )，该方法可以对两个数求和。

（1）创建组件工程。选择菜单 File|New 选项，在 Projects 选项卡中选择 ATL COM AppWizard，然后在 Project Name 栏中输入工程名称"Simple_ATL"，单击 OK 按钮，在下一个对话框中单击 Finish 按钮。随即向导会生成组件工程的框架代码。

（2）插入 COM 对象。选择菜单 Insert|New ATL Object 选项，在弹出的 ATL Object Wizard 对话框中按图 14-8 进行选择。

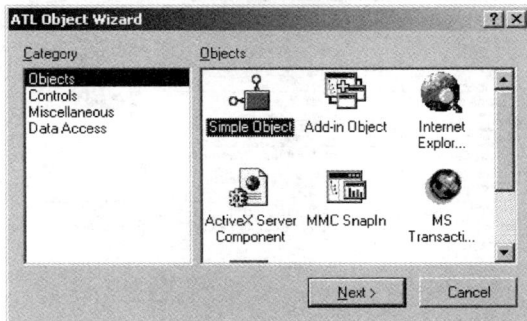

图 14-8　ATL Object Wizard 对话框

（3）单击 Next 按钮，在出现的"ATL Object Wizard 属性"对话框中的 Short Name 栏中添入组件名称（本例为 First），其余属性由向导自动添加，如图 14-9 所示。单击"确定"按钮，向导将会自动产生组件的代码。

在 Visual C++ 工作空间管理窗口的 ClassView 选项卡上可以看到，向导生成了一个组件类和一个接口，如图 14-10 所示。

（4）在接口中加入方法。在 Workspace 窗口的 ClassView 选项卡中选择接口 IFirst 并右击鼠标，在弹出的菜单中选择 AddMethod 选项，在弹出的对话框中的 Method Name 栏中填写方法名称"AddNumbers"，在"参数"栏中填写方法的参数[in] long Num1，[in] long

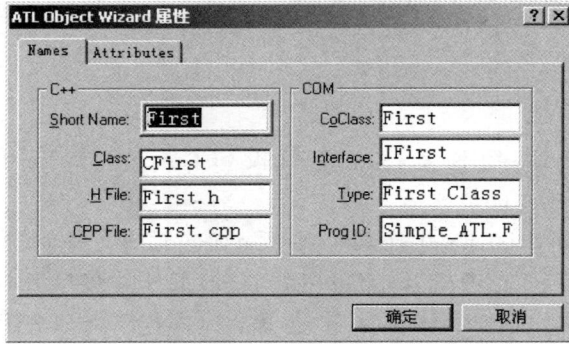

图 14-9 "ATL Object Wizard 属性"对话框

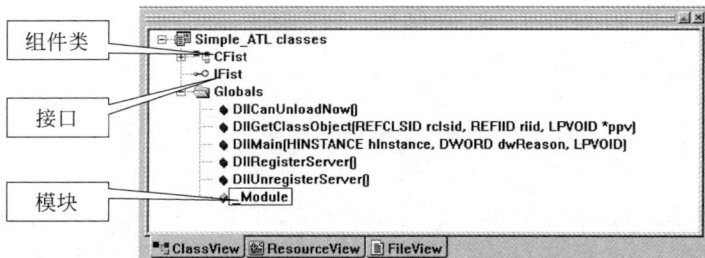

图 14-10 Workspace 窗口的 ClassView 选项卡

Num2,[out] long * ReturnVal,如图 14-11 所示。

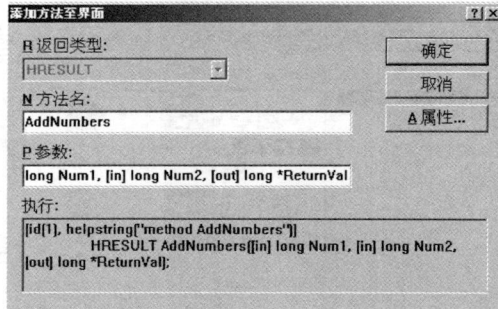

图 14-11 给接口添加 AddNumbers( )方法

（5）实现方法：

```
STDMETHODIMP CFirst::AddNumbers(long Num1, long Num2, long * ReturnVal)
{
    //TODO: Add your implementation code here
    * ReturnVal=Num1+Num2;
    return S_OK;
}
```

至此,组件程序编写完毕,编译该程序后就会建立一个进程内组件。接下来使用菜单 Tools|RegisterControl 选项,注册该组件。

（6）编写一个测试程序：

```
#include <iostream.h>
#include "C:\Program Files\Microsoft Visual Studio\
MyProjects\Simple_ATL\Simple_ATL.h"
#include "C:\Program Files\
Microsoft Visual Studio\
MyProjects\Simple_ATL\Simple_ATL_i.c"
void main(void)
{
    //声明 Simple_ATL 接口指针
    HRESULT hr;
    IFirst_ATL * IFirstATL=NULL;
    hr=CoInitialize(NULL);              //初始化 COM
    if (SUCCEEDED(hr))                  //检查能否得到一个接口指针
    {
        hr=CoCreateInstance( CLSID_First,
            NULL,
            CLSCTX_INPROC_SERVER,
            IID_IFirst_ATL,
            (void**) &IFirstATL);

        if (SUCCEEDED(hr))              //如果成功,则调用 AddNumbers( )方法
        {
            long ReturnValue;
            IFirstATL->AddNumbers(5, 7, &ReturnValue);
            cout <<"The answer for 5+7 is: " <<ReturnValue <<endl;
            IFirstATL->Release( );
        }
        else
        {
            cout <<"CoCreateInstance Failed." <<endl;
        }
    }

    CoUninitialize( );                  //释放 COM
}
```

程序运行结果为

The answer for 5+7 is: 12

14.5.3 浏览 ATL 生成的代码

为了了解 ATL 生成的 DLL 型组件的概貌,下面列出了该组件的主要文件和代码。
组件概貌如图 14-12 所示。

1. COM 组件(服务器)的文件

代码如下:

```
//Simple_ATL.cpp : Implementation of DLL Exports.
//Note: Proxy/Stub Information
//      To build a separate proxy/stub DLL,
//      run nmake-f Simple_ATLps.mk in the project directory.
```

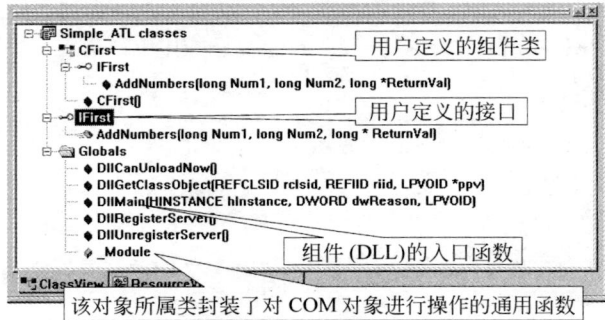

图 14-12 ATL 生成的组件概貌

```
#include "stdafx.h"
#include "resource.h"
#include <initguid.h>                //系统头文件
#include "Simple_ATL.h"              //接口定义和类型定义
#include "Simple_ATL_i.c"            //包含接口、组件类和类型 ID 的文件


CComModule _Module;                  //定义全局模块


BEGIN_OBJECT_MAP(ObjectMap)          //对象映射表
OBJECT_ENTRY(CLSID_First, CFirst)    //把 CFirst 对象加入映射表
END_OBJECT_MAP( )


//DLL 入口函数----------------------------------------------------------------------

extern "C"
BOOL WINAPI DllMain(HINSTANCE hInstance, DWORD dwReason, LPVOID /* lpReserved * /)
{
    if (dwReason==DLL_PROCESS_ATTACH)
    {
        _Module.Init(                //初始化程序全局模块
            ObjectMap, hInstance, &LIBID_SIMPLE_ATLLib);
            DisableThreadLibraryCalls(hInstance);
    }
    else if (dwReason==DLL_PROCESS_DETACH)
        _Module.Term( );
    return TRUE;     //ok
}
//以下均是提供给 COM 库调用的函数////////////////////////////////////////////////
//判断 COM 对象是否可卸载的函数------------------------------------------------

STDAPI DllCanUnloadNow(void)
{
    return (_Module.GetLockCount( )==0) ? S_OK : S_FALSE;
}


//获得类工厂对象的函数--------------------------------------------------------
STDAPI DllGetClassObject(REFCLSID rclsid, REFIID riid, LPVOID * ppv)
{
    return _Module.GetClassObject(rclsid, riid, ppv);
}
```

```
//自动注册函数-------------------------------------------------------------------
STDAPI DllRegisterServer(void)
{
    //registers object, typelib and all interfaces in typelib
    return _Module.RegisterServer(TRUE);
}

//自动反注册函数-----------------------------------------------------------------

STDAPI DllUnregisterServer(void)
{
    return _Module.UnregisterServer(TRUE);
}
```

显然这是一个动态链接库 DLL。

与这个文件相配套的模块描述文件(DEF 文件)如下。

```
; Simple_ATL.def : Declares the module parameters.
LIBRARY "Simple_ATL.DLL"
EXPORTS
    DllCanUnloadNow @1 PRIVATE
    DllGetClassObject @2 PRIVATE
    DllRegisterServer @3 PRIVATE
    DllUnregisterServer @4 PRIVATE
```

可以看到,DLL 中的 4 个函数均为可导出函数,而且函数内只是简单地调用了全局模块对象的成员函数。因为全局模块所属的 CComModule 类封装了对组件对象进行操作的函数,所以这个类称为组件中心模块类。CComModule 类对象用一个称为对象映射表的表来记录 COM 对象的信息,其中的每一项都包含 COM 对象的 CLSID 以及类工厂接口指针等信息,组件的可导出函数 DllGetClassObject( )就是依据这些信息获取类工厂对象的。

2. 接口的 IDL 声明文件(部分)

代码如下:

```
import "oaidl.idl";
import "ocidl.idl";
    [
        object,
        uuid(09DE34FD-0136-45EA-B0FD-7B3D22EC4463),
        dual,
        helpstring("IFirst Interface"),
        pointer_default(unique)
    ]
    interface IFirst : IDispatch
    {
        [id(1), helpstring("method AddNumbers")]          //用户添加的服务
        HRESULT AddNumbers([in] long Num1, [in] long Num2, [out] long * ReturnVal);
    };
```

3. 组件类的声明和实现文件

代码如下:

```
//组件类 CFirst 的声明文件-------------------------------------------------------
class ATL_NO_VTABLE CFirst :
    public CComObjectRootEx<CComSingleThreadModel>,
```

```
        public CComCoClass<CFirst, &CLSID_First>,
        public IDispatchImpl<IFirst, &IID_IFirst, &LIBID_SIMPLE_ATLLib>
{
public:
    CFirst()
    {
    }

    DECLARE_REGISTRY_RESOURCEID(IDR_FIRST)

    DECLARE_PROTECT_FINAL_CONSTRUCT()

    BEGIN_COM_MAP(CFirst)                                    //接口映射表
        COM_INTERFACE_ENTRY(IFirst)
        COM_INTERFACE_ENTRY(IDispatch)
    END_COM_MAP()

//IFirst
public:
    STDMETHOD(AddNumbers)(/* [in] */ long Num1,             //用户添加的方法声明
            /* [in] */ long Num2, /* [out] */ long * ReturnVal);
};

//组件类实现文件------------------------------------------------------------------
STDMETHODIMP CFirst::AddNumbers(long Num1, long Num2, long * ReturnVal)
{
    //TODO: Add your implementation code here
    * ReturnVal=Num1+Num2;
    return S_OK;
}
```

14.6　组件的包含与聚合

采用组件的一个目的就是实现代码的重用,因此在组件的设计中,可以在组件的内部使用其他组件,但必须保证它看起来是一个对象(外层对象)。也就是说,外层对象必须具有使客户程序能通过外层对象接口的 QueryInterface() 函数查询到内层对象所有接口的能力。根据实现这种功能的方式,组件的重用分为包含和聚合两种方式。

14.6.1　包含

图 14-13 是实现组件对象包含的示意图,从图中可以看到,组件对象 B 包含组件对象 A,即 B 为外层组件对象;A 为内层组件对象。如果希望客户能通过外层 B 对象来访问内层 A 对象接口 IMult 的最简单方法就是给外层组件也定义一个 IMult 的接口,然后在接口的实现中创建组件 A,并调用内层组件的 IMult。这其实就是以外层组件作为客户,而把内层组件作为服务器的方式。

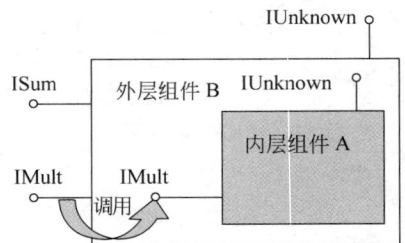

图 14-13　组件包含的示意图

14.6.2 聚合

当采用聚合模式时,外层组件对象 B 仍然要负责创建组件对象 A,但对象 B 自己并不实现 IMult 接口,而是把内层组件对象 A 的 IMult 接口指针如图 14-14 所示直接返回给客户程序。为此,组件 B 和组件 A 对象必须相互保存对方的 IUnknown 接口指针,即把内层组件对象的 IUnknown 接口指针 pUnknownInner 保存在外层组件对象中的 IUnknown 接口中,而把外层组件对象的 IUnknown 接口指针 pUnkownOuter 保存在内层组件对象的 IUnknown 接口中。

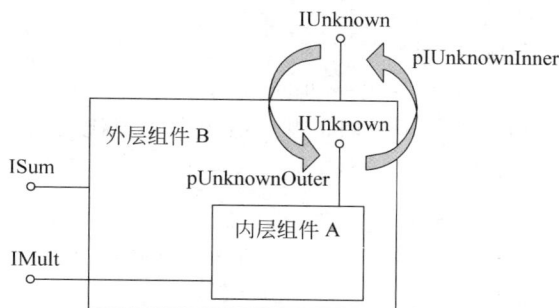

图 14-14　组件聚合的示意图

当客户通过对象 B 接口的 QueryInterface( )函数请求 A 对象接口时,对象 B 只要将请求再传递给 pUnknownInner 指向的 A 对象接口的 QueryInterface( )函数就可以了。

最重要的是,无论何时当客户程序请求 IUnknown 接口时,都必须向客户返回 B 的 IUnknown 接口指针,以使客户只能看到外层组件对象 B 的 IUnknown 接口。

本 章 小 结

- 组件对象模型(COM)是一种二进制应用程序接口标准,是一种基于 C/S 模型的组件软件体系结构。COM 客户是使用 COM 服务器的应用程序,客户必须通过组件的接口才能获得服务器的服务,客户可以知道从服务器可以获得什么服务,但不知道该服务实现的细节。
- COM 使用一个称为全局唯一标识符(Globally Unique Identifier,GUID)的 128 位二进制数字来唯一地标识一个组件对象或接口。标识组件接口的 GUID 称为接口标识符(Interface Identifier,IID),标识某种类型组件的 GUID 称为类标识符 CLSID(ClassID)。组件注册后才能使用。
- IUnknown 是 COM 定义的基本接口,其他接口都从此接口派生。
- 微软使用 IDL 来描述接口,以使其满足 COM 标准。
- 组件对象库(Component Object Library)是系统组件,它提供 COM 管理机制。
- 客户程序通过组件对象库和相应的 GUID 申请组件对象、获得该对象的接口指针并通过接口指针使用组件所提供的服务。
- 使用 ATL 可以快速地开发出高质量的 COM 组件。ATL 使用基于模板的方法,充分地对 COM 进行支持。通过对 ATL 提供的模板的继承,可以直接获得 IUnknown、IDispatch、IClassFactory 和组件所需的其他实现,通过加入所需的 COM 功能片段来完成组件的设计。

习 题 14

14-1　划分软件模块的原则是什么?

14-2　什么是组件、COM 和组件对象?

14-3　什么是组件接口? 其作用是什么?

14-4　COM 最基本的接口是什么?

14-5　组件对象是怎样控制自身生存期的?

思考题:思考一下,COM 组件是采用了哪些措施来实现代码封装的? 在这些措施中有什么体会? 组件还应该有哪些应用?

第 15 章 ActiveX 应用基础

ActiveX 是 Microsoft 提出的一组符合 COM 规范,以使组件可以在网络环境中进行交互的技术。作为针对 Internet 应用开发的技术,ActiveX 被广泛应用于 Web 服务器以及客户端的各方面。当然,ActiveX 技术也可以应用于桌面系统。

本章主要内容:

- ActiveX 技术的基本概念。
- ActiveX 容器。
- ActiveX 服务器。
- ActiveX 控件与 ActiveX 文档。

15.1 ActiveX 技术概述

ActiveX 是以 COM 为基础的技术,它的前身是对象链接和嵌入(Object Linking and Embedding,OLE)。

15.1.1 ActiveX 的前身——OLE

早期,Windows 在进程间进行通信采用的是动态数据交换(Dynamic Data Exchange,DDE)技术,如图 15-1 所示。

DDE 技术利用内存共享缓冲区来完成进程间数据交互,由于它不是应用层协议,所以不能在不同的应用程序间实现数据的共享。而起源于复合文档(Compound Document)的 OLE 技术则使情况发生了质的变化。

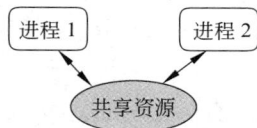

图 15-1　进程通信的 DDE 技术

1. 复合文档

如果把当前应用程序所建立的文档称为本地数据,把其他应用程序建立的文档称为异地数据,则把除了包含本地数据之外还链接或嵌入了异地数据的文档称为复合文档。

复合文档并不是什么新鲜东西,大家熟知的中国画就是一种复合文档。之所以把它称为复合文档,是因为在文档中除了图画之外,还有文字、名人题跋、印章等各种不同的信息,如图 15-2 所示。这些信息的复合使得文档图文并茂、意趣深远、极富艺术感染力。同样,今天的报纸上既有文本又有图片的版面也是一种复合文档。当然还有更复杂的复合文档,这些文档除了包含图片和文字之外,还可以包含音频、视频等其他对象。显然,对于计算机来说,复合文档就是一个含有不同应用程序制作的文档结合体。言外之意,在计算机技术中必须使用多种工具(应用程序)来制作这种复合文档。

2. 实现复合文档的方法——链接和嵌入

建立复合文档实质上就是想办法把其他应用程序所建立的数据引用到本地应用程序中,目前有链接和嵌入两种引用方式。

图 15-2　中国画就是一种典型的复合文档

　　链接就是在本地程序建立一个类似于 C 语言中的指针，它在本地程序中用于占位并指向外部数据对象，数据对象本身仍然存放在它最初创建的应用程序中。因此，复合文档是靠着指针来保持与外部对象链接的。当本地应用程序修改被链接的数据时，存放在外部应用程序中的数据会同步发生变化。

　　嵌入则类似于应用程序的自动变量，被引用的数据对象被复制到这个变量并保存在本地。对于被嵌入的对象来说，它是存储在复合文档中的，所以当本地应用程序修改被嵌入的数据时，存放在外部应用程序中的数据不会发生变化。

　　提供可供链接、嵌入对象的程序称为服务器，而接受链接、嵌入对象的程序称为容器，也称为客户。

　　Windows 附件组中的写字板就是一个应用 OLE 的实例，如果在菜单上选中"对象"|"插入"选项，写字板会弹出如图 15-3(a)所示的对话框，在对话框中列出了已在系统中注册的 OLE 服务器(如公式编辑工具、绘图工具、报表生成工具等)，这些服务器可以为写字板提供嵌入、链接的对象。如果选择了某个插入对象，那么在写字板程序界面上就会出现被插入对象的内容，如图 15-3(b)所示。

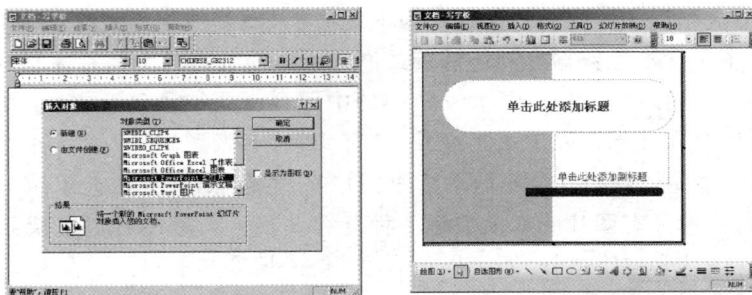
(a)　"插入对象"对话框　　　　　　　(b) 插入对象
图 15-3　应用 OLE 的实例

3. COM 是实现链接和嵌入的技术基础

　　显而易见，为了实现对象的嵌入或链接，充当提供对象的应用程序和使用对象的应用程序的接口都必须符合某种通用规范，目前这个规范就是 COM。

OLE 是第一个 COM 架构的软件系统。符合 COM 规范的，用来提供可链接或嵌入对象的应用程序称为 OLE 服务器；符合 COM 规范的，用来使用链接和嵌入对象的应用程序称为 OLE 容器。OLE 技术在一定程度上实现了"文档是目标，应用程序是工具，以文档为中心"的程序设计理念。

15.1.2　ActiveX 技术的缘起

随着技术的进步，要求链接和嵌入的对象无论是种类还是复杂程度都有了大幅度增加和提高，只依靠本地计算机服务器所提供的服务已经远远不能满足这种飞速增长的要求。于是，人们把眼睛转向了互联网，希望可以从互联网得到所需要的服务器。于是，微软在1996 年适时地发表了 ActiveX 技术。ActiveX 技术把互联网看作计算机的外围设备，对COM 规范进行扩展，使得互联网上的所有计算机可以互相无阻碍地共享服务。

COM、OLE 和 ActiveX 之间的关系如图 15-4 所示。

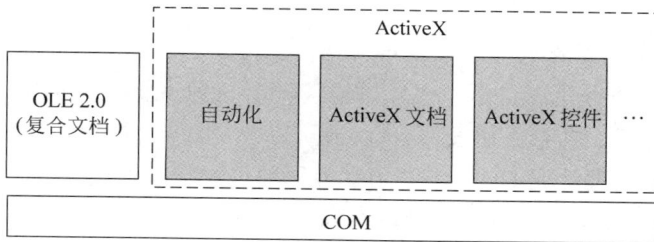

图 15-4　COM、OLE、ActiveX 之间的关系

15.1.3　ActiveX 自动化

1. ActiveX 自动化

ActiveX 自动化的早期名称叫 OLE 自动化，即便到现在仍然还有人使用这个称呼。

ActiveX 自动化，是指客户应用程序可以深入到服务器应用程序内部，直接调用服务器的组件获得服务。也就是说，ActiveX 自动化技术的目的是在应用程序之间实现功能上的共享。即服务器不仅向客户提供数据，还自动提供对数据的编辑操作功能。

例如，如果用户在写字板应用程序中选择了 PowerPoint 文档作为插入对象形成了复合文档，那么当用户需要对 PowerPoint 文档进行编辑操作时，就可以不用进入 PowerPoint，只用鼠标左键双击 PowerPoint 文档，就能在客户端自动启动 PowerPoint 的编辑功能（前提是系统中安装有 PowerPoint）来对链接、嵌入的对象进行编辑，如图 15-5 所示。之所以能这样做，是因为微软已经把写字板、PowerPoint 都设计成 ActiveX 自动化程序，它们可以共享对方的功能。

2. ActiveX 容器和 ActiveX 服务器

ActiveX 自动化程序在应用时，用户所在的应用程序为客户，而其他提供服务的应用程序为服务器。在 ActiveX 技术中，客户常常被称为容器。

ActiveX 容器是为链接或嵌入的对象提供存储和存储控制的应用程序。在提供了显示嵌入和链接对象的场所的同时，还提供处理链接和嵌入对象的通知消息的机制，在 ActiveX

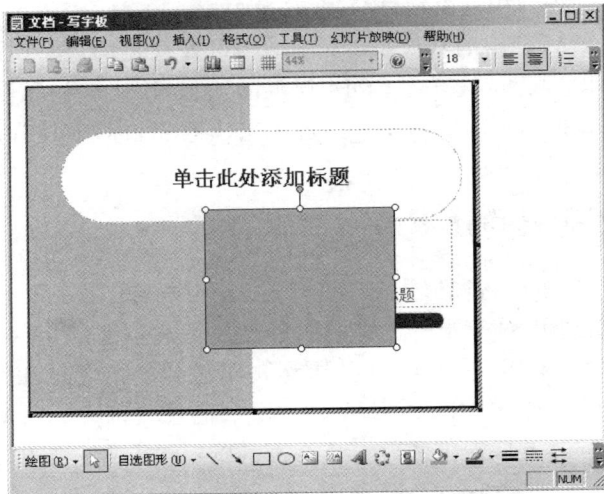

图 15-5　仍然是写字板程序,但菜单已变为 PowerPoint

容器程序中必须包含与服务器交互的接口及接口实现。

ActiveX 服务器是向 ActiveX 容器提供嵌入或链接对象的应用程序。ActiveX 服务器可以有两种实现方式,一种是全服务器,这种服务器是一个可以单独运行的程序;另一种是微型服务器,它一般被设计成 DDL,它必须在容器的进程空间里运行。ActiveX 服务器中必须包含与 ActiveX 容器交互的接口和接口实现。

15.1.4　ActiveX 控件

ActiveX 控件是一种微型应用程序,它可以与服务器应用程序分离并嵌入到容器来运行。也就是说,ActiveX 控件是一个不需要服务器管理的完整实体,服务器的任务只是在客户需要 ActiveX 控件时把它交给客户。

ActiveX 控件的最重要的用途之一是为 Web 页提供计算能力,如果把某个应用程序设计成 ActiveX 控件,那么就可以把它嵌入 Web 页,当用户登录该 Web 页时,系统会自动下载 ActiveX 控件并在 Web 页中运行它。

15.1.5　ActiveX 文档

ActiveX 文档是 Microsoft 在 OLE 文档的基础上,结合 Internet 发展而成的一种可以从 Web 服务器下载的特殊文档类型。传统概念中的文档就是数据,而且是静态数据。而 ActiveX 文档可以看成一种活动的数据,这种数据除了数据本身之外还携带了与数据相关的其他信息,它可以通过互联网传送给远程计算机的客户应用程序(一般是 Web 页浏览器),并利用自身携带的与数据相关的信息,指导客户端对文档进行正确的管理和显示。

当浏览器发现 ActiveX 文档文件时,它会自动从硬盘上装入与该 ActiveX 文档相对应的服务程序,并且接管整个浏览器窗口,用以显示文档的内容,用户可以查看文档的内容,也可以编辑文档。例如,在 Internet Explorer 浏览器中访问 Web 服务器上的 Excel 文件时,只要本地硬盘上安装了 Microsoft Excel 电子表格软件,浏览器就会利用该软件打开文件,并且把 Excel 界面和浏览器界面结合在一起。对用户来说,感觉不到有两个独立的程序在运行,而且,浏览器中的历史记录也会把该文档作为 Web 页面记录下来,以后"后退"时仍然可以回到该页面。可以把下载的 ActiveX 文档保存于本地硬盘,不允许把修改过的文档上载。

其实,ActiveX 文档就是一个既包含数据,也包含管理这个数据所需工具的文档包。从这个角度看,ActiveX 文档有时更像一个可以运行在客户端并携带有大量数据的应用程序。

15.1.6　ActiveX 文档与 ActiveX 控件的区别

ActiveX 文档和 ActiveX 控件都是 OLE 技术与 Internet 结合之后发展起来的技术,Microsoft Internet Explorer 是它们共同的容器,但在行为特性上两种技术有显著的区别,概括如下。

(1) 程序类型不同。ActiveX 文档的服务程序运行在自己的进程中,通常服务程序是一个 EXE 程序;而 ActiveX 控件通常是一个 DLL 或 OCX 程序,它运行在其容器进程中。

(2) 界面方式不同。ActiveX 文档服务程序占用浏览器的整个窗口,而 ActiveX 控件通常只占用浏览器窗口的一个矩形区域。

(3) 在 HTML 文件中的使用方式不同。ActiveX 文档与 HTML 文件无关,但可以在 HTML 中通过超链接指向 ActiveX 文档文件;而 ActiveX 控件作为对象被嵌入在 HTML 文件中。

(4) 数据保存方式不同。ActiveX 文档服务程序可以操作磁盘文件,而 ActiveX 控件一般不操作磁盘文件。

(5) 服务程序下载方式不同。ActiveX 控件可以自动下载并由浏览器登记注册,而 ActiveX 文档服务程序不支持这种特性。

15.2　用 MFC 设计 ActiveX 容器

MFC 对 ActiveX 容器提供了比较完整的支持,如果用 AppWizard 创建应用程序时选择了 ActiveX 容器的选项,则该应用程序就具备了 ActiveX 容器所应具备的大部分功能。

15.2.1　ActiveX 容器的结构

既然容器可以操纵嵌入或链接来的对象,那么容器必须提供相应的机制来管理这些对象,MFC 是通过数据结构和内部的 C++ 对象实现这个机制的。这个结构称作客户位置(ClientSite 或 ContainerSite),对于被管理的每一个嵌入或链接的对象,容器都会为其创建一个客户位置。每个客户位置包含嵌入或链接的对象可以使用的两个容器端接口 IOleClientSite 和 IOleAdviseSite,如图 15-6 所示。客户位置接口是服务器用来与它的对象的客户位置进行对话的接口。文档中嵌入的每个对象都是该类的一个实例。

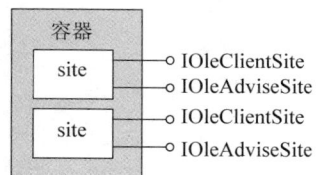

图 15-6　ClientSite 的结构

同时,ActiveX 容器为了实现与 ActiveX 服务器的通信必须实现如下 4 个接口。

1. IOleDocumentSite

它是 ActiveX 容器专用的接口,可使 ActiveX 对象直接被容器程序激活,ActiveX 对象调用 IOleDocumentSite∷ActiveMe( )成员函数激活自身。

2. IOleClientSite

这是 OLE 技术使用的接口,也用于 ActiveX 文档技术。ActiveX 对象通过该接口获取它的显示状态、显示区域的大小以及容器提供的其他一些资源信息。

3. IOleInPlaceSite

这是 OLE 技术使用的接口,也用于 ActiveX 技术。ActiveX 对象通过该接口控制激活操作,在进行界面整合操作前给容器发出通知。

4. IOleInPlaceFrame

服务程序通过 IOleInPlaceFrame 接口实现菜单的合并以及一些界面状态的控制。

15.2.2 用 MFC 设计 ActiveX 容器

在 Visual C ++ 中可用 MFC AppWizard 快速创建 ActiveX 容器程序的框架,框架包含所有接口及其实现。由于 ActiveX 技术是由 OLE 技术发展而来,所以在 MFC 实现的 ActiveX 容器程序框架中类或函数的名称中都有 Ole 的字样。

例 15-1 设计一个名称为 ContainerApp 的 ActiveX 容器应用程序。

(1) 选择菜单 File | New,在打开的 New 对话框中,选择 Projects 选项卡并选择 AppWizard(exe)项目创建一个名称为 ContainerApp 的新工程。

(2) 在 MFC AppWizard-Step1 对话框中选择 Single Document 选项。

(3) 接受 MFC AppWizard-Step2 对话框中的默认选项。

(4) 在 MFC AppWizard-Step3 对话框中选择 Container 选项(如图 15-7 所示),通知 AppWizard 生成 ActiveX 容器所需的代码。

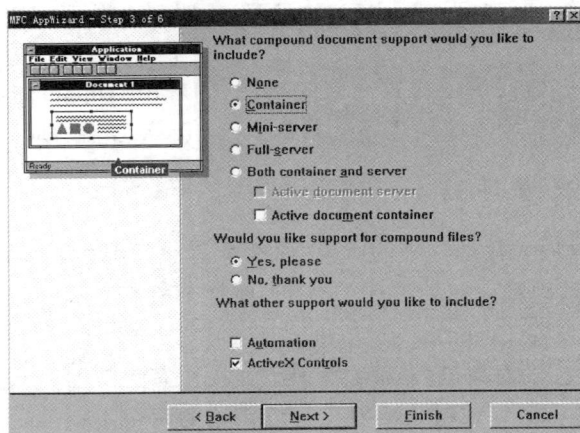

图 15-7 在本对话框中选择 Container 选项

(5) 在 MFC AppWizard-Step4 对话框中关闭除了 3D 控制之外的所有选项。

(6) 在 MFC AppWizard-Step5 对话框中选择 As a Statically Linked Library 选项。

(7) 单击 Finish 按钮。在随后出现的对话框中单击 OK 按钮,生成程序框架代码。

编译并运行这个应用程序,将会看到,在应用程序的"编辑"菜单上出现了一个新选项"插入新对象",如图 15-8 所示。如果选择了这个选项,则会弹出"插入对象"对话框,并在对话框中列出计算机中可以提供链接或嵌入对象的服务器。如果选择了某服务器,如图 15-9 所示,并单击对话框的"确定"按钮,则该服务器提供的对象将显示在容器应用程序的用户区中,如图 15-10 所示(这里是选择了 Microsoft Excel 图表)。

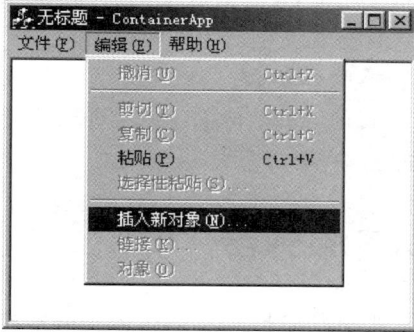

图 15-8 在菜单中出现了"插入新对象"选项

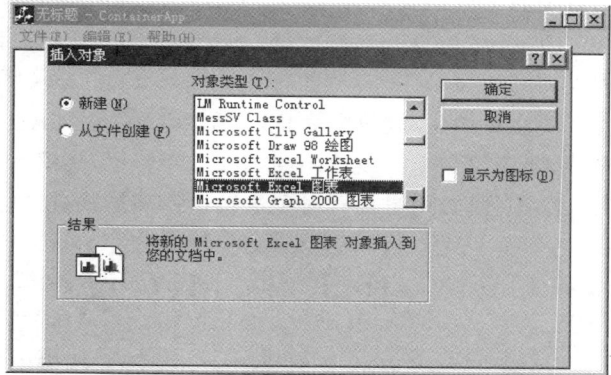

图 15-9 选择了"插入新对象"选项将弹出"插入对象"对话框

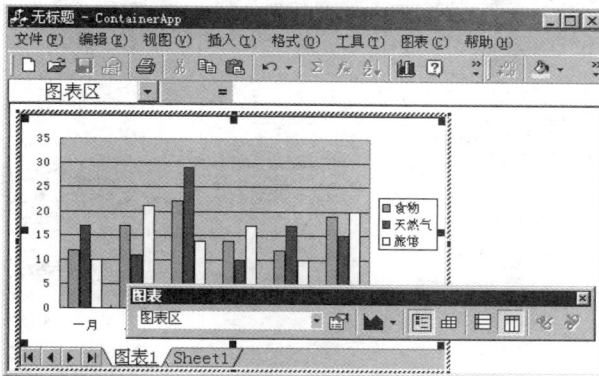

图 15-10 在容器应用程序中插入了一个 Microsoft Excel 图表对象

首先看一下 AppWizard 创建的 ActiveX 容器应用程序的代码与一般 MFC 应用程序的代码有什么主要的区别。

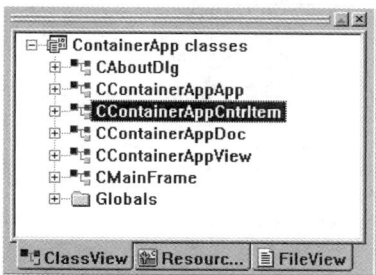

图 15-11 容器应用程序增加了一个类

从图 15-11 中可以看到,程序中增加了一新类 CContainerAppCntrlItem。这是框架为了支持容器操作而增加的,该类从 COleClientItem 派生而来的,它封装了处理客户位置接口的代码。文档中的每个对象占用一个客户位置。

另外,在 CWinApp 的派生类 CContainerAppApp 中 InitInstance( )函数的开始处,可以看到对 AfxOleInit 的调用,该调用启动了 OLE DLL 并对它进

行了初始化。

变化最大的是文档类 CContainerAppDoc,它并不直接继承自 CDocument,而是继承自 COleDocument,从而使文档类的行为发生了根本性的改变。为了维护链接和嵌入对象, COleDocument 中包含一个对象的列表。为了在视图中正确地显示这些对象,框架中的视图类可以通过某种方式得到该列表,再有就是 AppWizard 在消息映射中也增加了与容器操作有关的条目。

CContainerAppView.cpp 对视图类进行了修改使之能够处理 OLE 对象上的时间、OLE 插入和其他与 OLE 有关的任务。例如,OnDraw( )函数包含重画文档对象的代码。

要注意的是,到目前为止,只是得到了一个 ActiveX 容器的框架,它还有很多方面需要完善,要获得一个可以使用的 ActiveX 容器,还必须做一些其他工作。例如,嵌入对象位置及大小的管理,用鼠标对对象进行选择和撤销选择,对象的删除,等等。

15.3　用 MFC 设计 ActiveX 服务器

用 MFC AppWizard 创建 ActiveX 服务器应用程序框件的方法与前面创建 ActiveX 容器应用程序的方法极其类似,只不过在 AppWizard 的第 3 步选择 Full-server 选项即可,如图 15-12 所示。

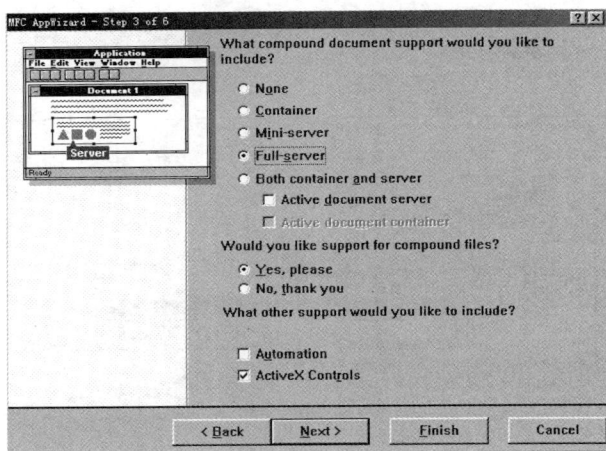

图 15-12　选择 Full-server 选项

例 15-2　设计一个名称为 MFCexp15_2 的 ActiveX 服务器应用程序。

按照上面的方法用 MFC AppWizard 创建 ActiveX 服务器应用程序框架。

编译运行本程序后可以看到,该程序可以与一般应用程序一样单独运行(这正是 Full-server 程序的特点)。

如果运行例 15-1 中设计的容器应用程序后,并选择"编辑"|"插入新对象"菜单,则在弹出对话框的"对象类型"选项框中可以看到新增加了一个新选项 MFCexp Document,如图 15-13 所示。

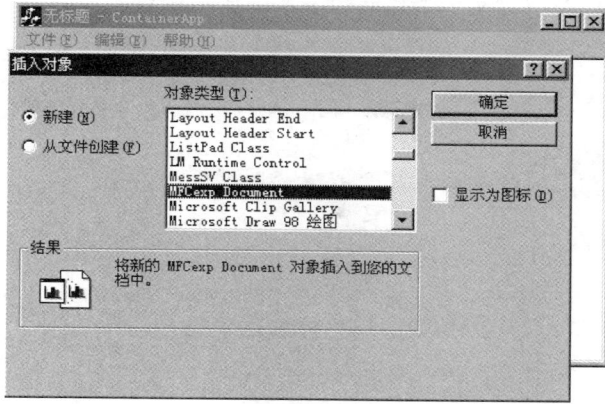

图 15-13 出现了 MFCexp Document 文档对象

15.4 用 MFC 设计 ActiveX 自动化应用程序

15.4.1 用 MFC 设计 ActiveX 自动化服务器

使用 AppWizard 创建支持自动化的 ActiveX 服务器非常简单,只要在第 3 步选中 Automation 选项,就可以使创建的这个应用程序支持自动化,见图 15-14。稍微麻烦一点的是自动化服务程序必须要指定它可以提供的服务,这些服务就是自动化客户程序可以访问的属性和方法。

例 15-3 创建一个自动化服务器程序,它运行后会在应用程序窗口的客户区画一个圆形,同时它还给客户提供了一个方法,客户使用这个服务可以改变服务器所画的圆形的参数。

(1)首先创建一个项目 AutoServer,如图 15-14 所示的方法选择选项,确保启用自动化支持。

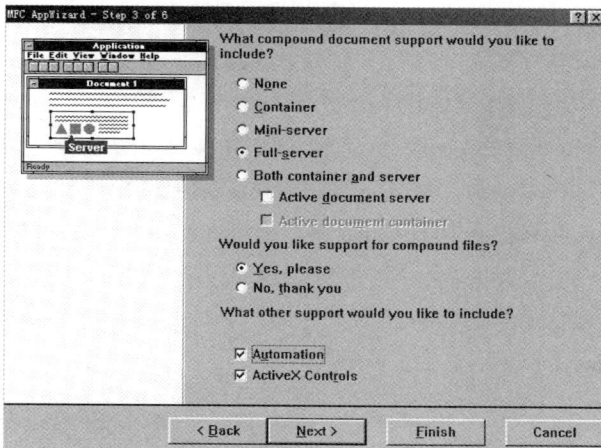

图 15-14 除了选择 Full-server 选项之外还要选择 Automation 选项

（2）在程序的文档类中定义 3 个存储圆参数的成员变量：

```
public:
    UINT m_yPos;        //存储圆的 y 轴方向的位置的成员变量
    UINT m_xPos;        //存储圆的 x 轴方向的位置的成员变量
    UINT m_diameter;    //存储圆半径的成员变量
```

（3）在文档类的构造函数中对这 3 个成员变量进行初始化。

```
m_diameter=200;
m_xPos=20;
m_yPos=20;
```

（4）在文档类的 Serialize( )函数中填写序列化代码：

```
void CAutoServerDoc::Serialize(CArchive& ar)
{
    if (ar.IsStoring())
    {
        ar<<m_diameter <<m_xPos <<m_yPos;
    }
    else
    {
        ar>>m_diameter>>m_xPos>>m_yPos;
    }
}
```

（5）在视图类的 OnDraw( )函数中填写绘制圆的代码：

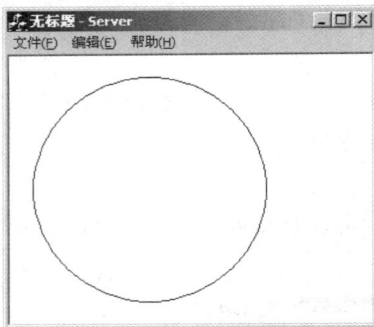

图 15-15　例 15-3 程序运行结果

```
pDC->Ellipse(pDoc->m_xPos,pDoc->m_yPos,
    pDoc->m_diameter+pDoc->m_xPos,
    pDoc->m_diameter+pDoc->m_yPos);
```

运行该程序，可以观察程序绘制圆的效果，如图 15-15 所示。

（6）接下来，选择菜单 View｜ClassWizard 打开 ClassWizard 对话框来定义服务器向客户程序提供的属性和方法。在对话框中选择 Automation 选项卡，在 Class name 框中选择 CAutoServerDoc，然后单击 Add Property 按钮，在随后的 Add Property 对话框中的 External name（外部名称）框中输入“Diameter”，在 Type 框中选择数据类型（例如 short），这样就定义了客户可以访问的属性（半径，对应于服务器应用程序中的 m_diameter）。接着再选中 Get/Set 选项，这样通知客户应用程序可以用 GetDiameter( )方法获取这个属性值，而使用 SetDiameter( )方法可以设置这个属性值，如图 15-16 所示。最后单击 OK 按钮进行确认。

（7）在文档类中实现这两个在客户端可以访问服务器属性的方法：

```
short CAutoServerDoc::GetDiameter()
{
    return m_diameter;
}
void CAutoServerDoc::SetDiameter(short nNewValue)
{
```

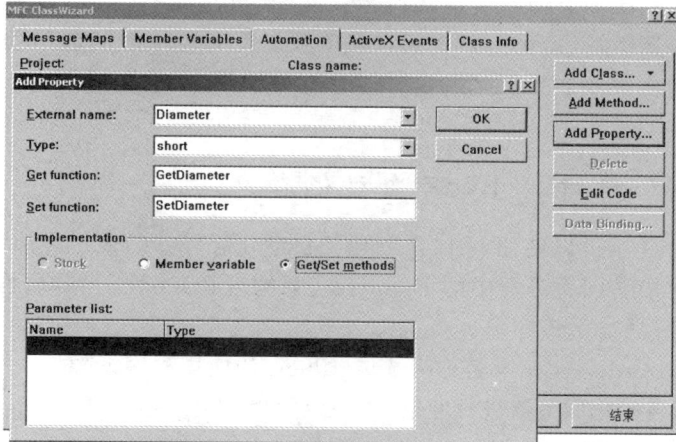

图 15-16 添加属性及访问属性的方法

```
    m_diameter=nNewValue;
    UpdateAllViews(NULL);
    SetModifiedFlag();
}
```

（8）为了在客户应用程序中可以观察客户对圆的修改效果，再添加一个方法来显示服务器的窗口。具体做法为：在 Class Wizard 中，单击 Add Method 按钮。在打开的 Add Method 对话框中，在 External name 框中输入方法名"DispSvWindow"，在 Return type 框中选择 void，如图 15-17 所示。然后在该方法中输入如下代码：

```
void CAutoServerDoc::DispSvWindow()
{
    CFrameWnd * pWnd=(CFrameWnd * )AfxGetMainWnd();      //获得窗口指针
    pWnd->ActivateFrame(SW_SHOW);                        //显示窗口
}
```

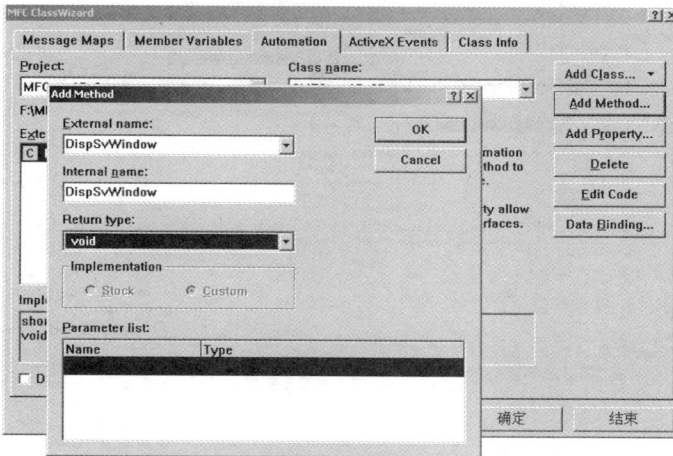

图 15-17 添加方法

最后，编译并运行使应用程序可以注册到系统的类型库中，这样自动化客户在需要自动化服务时就可以在系统的类型库中检索到这个服务器了。

在自动化服务器运行后，也可以看到它在单独运行时与一般的应用程序并没有什么不同。为了观察自动化服务器是如何为客户应用程序服务的，还得制作一个自动化客户应用程序。

15.4.2　用 MFC 设计 ActiveX 自动化客户

例 15-4　设计一个可以使用例 15-3 创建的自动化服务器的客户应用程序，在该客户应用程序中单击事件中访问服务器中的 Diameter（圆的直径）属性，当其属性值为＞30 时，客户程序把它改为 30 后显示该图形。

（1）用 AppWizard 创建一个名称为 AutoClient 的应用程序框架。

（2）由于要与自动化服务器进行通信，故在应用程序类 CAutoClientApp 的 InitInstance() 函数中添加初始化 ActiveX 的代码：

```
BOOL OleEnabled=AfxOleInit();
if(!OleEnabled)
    return-1;
```

（3）应用 ClassWizard 从类型库把服务器的 AutoServer.tlb 文件导入客户应用程序的视图类中，因为只有导入该文件后，客户应用程序的视图类才能访问服务器所提供的属性和方法。具体方法为：首先在 ClassWizard 中选择 Message Maps 选项卡，在 Class name 框中确认了 CAutoClientView 类后，单击 Add Class 按钮，在出现的下拉菜单中选择 From a type liberary 选项（见图 15-18），然后在随后出现的对话框中找到 AutoServer.tlb 文件并单击"确定"按钮（见图 15-19），并在随后的 Confirm classes 对话框中找到它并单击"打开"按钮。于是在 Client 的工程管理窗口的 ClassView 选项卡上可以看到，自动化服务器接口 IAutoServer 已经添加到 Client 工程中，这样就可以在需要的地方定义它的对象，并通过对象来使用服务器所提供的服务，如图 15-20 所示。

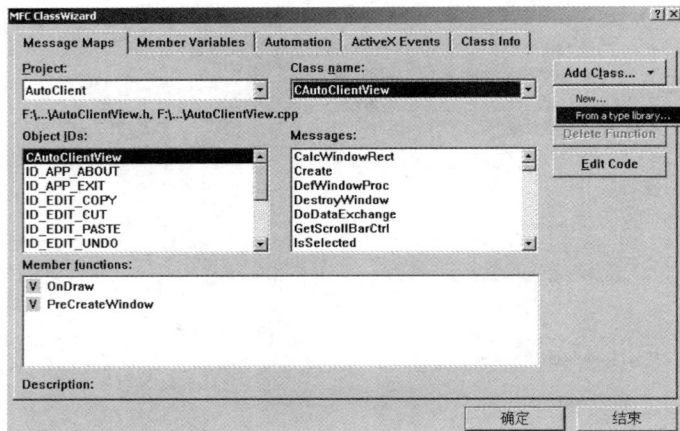

图 15-18　选择类型库导入文件

（4）在 ClientView.h 中添加包含文件的代码：

```
#include "AutoServer.h"
```

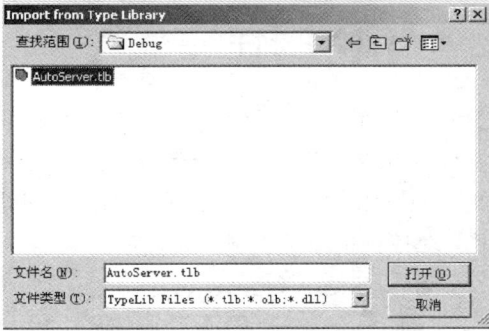

图 15-19　自类型库导入 tlb 文件

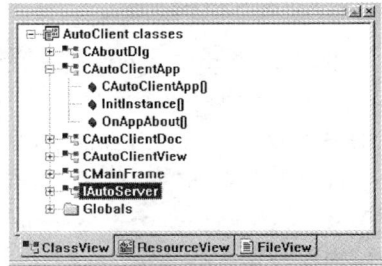

图 15-20　在工程管理窗口中可以看到新增加的类

（5）按题目要求，在 CClientView 类中定义一个对象：

```
IAutoServer m_server;
```

（6）然后在 CClientView 类的 OnCreate() 事件函数中用如下代码来装载服务器的文档：

```
int CClientView::OnCreate(LPCREATESTRUCT lpCreateStruct)
{
    if (CView::OnCreate(lpCreateStruct)==-1)
        return-1;
    BOOL loaded=m_server.CreateDispatch("AutoServer.Document");
    if (!loaded)
        return-1;
    return 0;
}
```

（7）在视图类的单击事件的响应函数中用如下代码来操作服务器的属性（如果圆形的直径大于 100，则使其变为 30）：

```
void CClientView::OnLButtonDown(UINT nFlags, CPoint point)
{
    if (m_server.GetDiameter( )>100)
        m_server.SetDiameter(30);
    m_server.DispSvWindow( );
    CView::OnLButtonDown(nFlags, point);
}
```

程序运行结果如图 15-21 所示。

图 15-21　在应用程序窗口的用户区单击将弹出服务器的窗口

15.5　用 MFC 设计 ActiveX 控件

为了可以快速开发 ActiveX 控件,Visual C++ 提供了一个开发向导 MFC ActiveX ControlWizard,下面用一个实例来说明 ActiveX 控件的开发过程。

例 15-5　设计一个具有如图 15-22 所示外观的 ActiveX 控件。当用户在控件的编辑框中输入一行文字后单击"确认"按钮,则输入的文字会在控件的下部显示出来。

首先创建应用程序框架。

（1）使用菜单 File|New 在 New 对话框的 Projects 选项卡中启动一个 MFC ActiveX ControlWizard 工程,在 Project name 框中输入工程名"Control"。

图 15-22　控件的外观

（2）在 MFC ActiveX ControlWizard-Step1 of 2 对话框中,接受所有默认选项,然后单击 Finish 按钮。

（3）在随后出现的 New Project Information 对话框中单击 OK 按钮。于是 MFC ActiveX ControlWizard 就可以创建 ActiveX 控件的框架代码。

接下来创建控件的用户界面。

（1）在 CControlCtrl 类声明中添加两个成员变量 CButton m_button 和 CEdit m_edit,给控件添加一个编辑框和一个按钮。

（2）在 Resource.h 文件中定义标识:

```
#define IDC_BUTTON 101
#define IDC_EDIT 102
```

（3）在 CControlCtrl 的 WM_CREATE 消息响应函数 OnCreate( )中用如下代码创建控件的用户界面:

```
int CControlCtrl::OnCreate(LPCREATESTRUCT lpCreateStruct)
{
    if (COleControl::OnCreate(lpCreateStruct)==-1)
      return-1;
    m_edit.Create(WS_CHILD|WS_BORDER|WS_VISIBLE|ES_AUTOHSCROLL,CRect(20,70,
        120,100), this,IDC_EDIT);
    m_button.Create("确认",WS_CHILD|WS_BORDER|WS_VISIBLE|BS_PUSHBUTTON,
        CRect(130,70,230,100),this,IDC_BUTTON);
    return 0;
}
```

（4）在 CControlCtrl::OnDraw( )函数中绘出控件:

```
void CControlCtrl::OnDraw(CDC * pdc, const CRect& rcBounds, const CRect& rcInvalid)
{
    pdc->FillRect(rcBounds, CBrush::FromHandle((HBRUSH)GetStockObject(WHITE_
        BRUSH)));
    pdc->TextOut(10,40,"请输入相关信息");
    pdc->TextOut(10,180,m_string);
}
```

有时需要观察一下控件的外观是否满足要求,这时需要使用 Visual C++ 提供的工具

ActiveX Control Test Container,具体做法如下。

（1）选择菜单 Build|Build Control.ocx 选项编译、连接和注册控件，以使其他应用程序或 Web 页可以使用它。

（2）选择菜单 Tools|ActiveX Control Test Container 选项，并在出现的测试应用程序的菜单中选择 Edit|Insert New Control 选项，如图 15-23 所示。

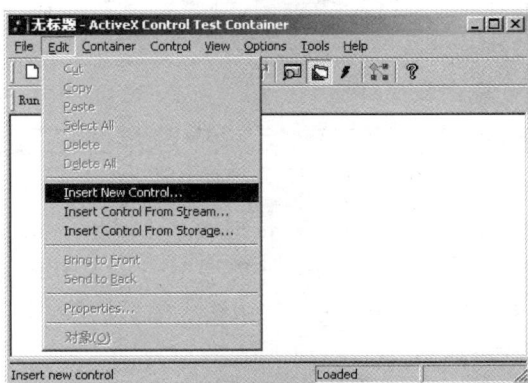

图 15-23　选择 Insert New Control 选项向窗口添加控件

在随后出现的 Insert Control 对话框中查找并选择要添入的控件，并单击 OK 按钮，如图 15-24 所示。于是，在控件测试应用程序的窗口上就显示出了所设计的控件的外观了，如图 15-25 所示。

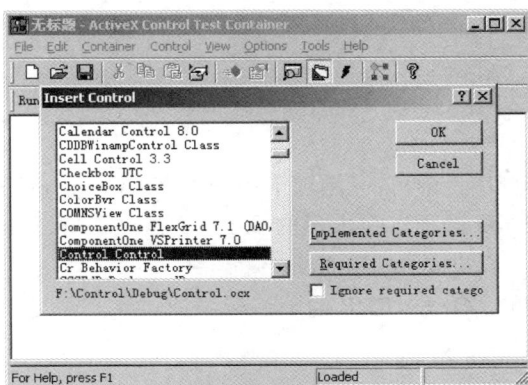

图 15-24　在 Insert Control 对话框中找到所要添加的控件

前面已经谈到，ActiveX 控件是一个可以在其他应用程序中运行的微型应用程序。在使用控件的应用程序中，用户是通过控件的属性和方法来控制控件的外观和行为的。因此，设计一个完整的控件还应该需要设计它的属性和方法。给控件添加属性和方法的步骤如下。

（1）CControlCtrl 类中添加一个成员变量：

CString m_string;

用来存放编辑框的属性值（该值是编辑框中的字符串）。

（2）按 Ctrl＋W 组合键打开 ClassWizard，选择 Automation 选项卡。单击 Add Property 按

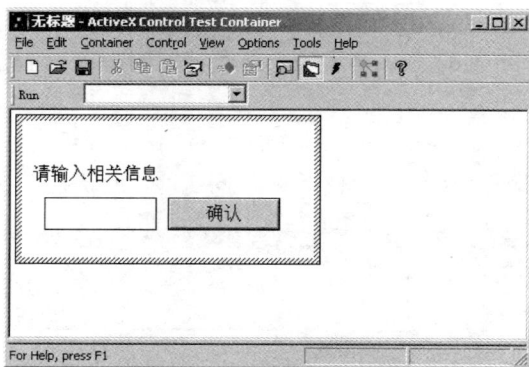

图 15-25　控件在容器中的外观

钮。在 Add Property 对话框的 External name 框中添入属性名"InputString",在选择 Get/ Set 选项之后,在 Type 框中选择该属性的数据类型 BSTR(BSTR,这是自动化函数中字符串的数据类型),然后在 Get 和 Set 这两个方法中输入如下代码:

```
BSTR CControlCtrl::GetInputString( )
{
    CString strResult;
    //TODO: Add your property handler here
    strResult=m_string;                        //返回属性值
    return strResult.AllocSysString( );
}

void CControlCtrl::SetInputString(LPCTSTR lpszNewValue)
{
    //TODO: Add your property handler here
    m_string=lpszNewValue;                     //设置属性值
    SetModifiedFlag( );
}
```

（3）右击工程管理窗口 ClassView 选项卡中的类名 CControlCtrl,从弹出的快捷菜单中选择 Add Member Function 选项。在出现的 Add Member Function 对话框中添加按钮消息响应函数 afx_msg void OnButtonClicked( )。

（4）在消息映射中 ON_OLEVERB 的下一行添加:

```
ON_BN_CLICKED(IDC_BUTTON,OnButtonClicked)
```

（5）编写按钮的代码,以使用户在单击控件的按钮后可以用编辑框中的字符串给控件的成员变量 m_edit 赋值:

```
CControlCtrl::OnButtonClicked ( )
{
    char str[21];
    m_edit.GetWindowText(str,20);
    SetInputString(str);
    InvalidateRect(NULL);
}
```

（6）再次用 Visual C++ 的 Control Test Container 工具测试控件可以看到,在控件的编辑框中输入文字后单击"确认"按钮,输入的文字会在控件的下部显示出来,如图 15-26 所示。

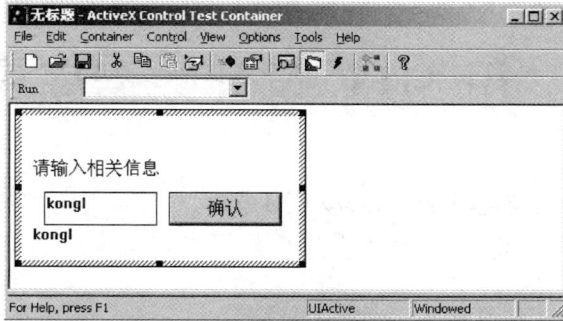

图 15-26　控件在容器中运行后的结果

本 章 小 结

- ActiveX 是一种基于 COM,为了适应互联网需要而发展起来的技术。ActiveX 框架的主要目的是允许软件组件之间进行互操作。即使这些组件是来自不同的开发商,用不同的语言和工具在不同的时间开发的,这些组件对象在进程内以及在不同的进程间,甚至在网络上的计算机之间都可以进行通信。
- ActiveX 容器是为链接或嵌入的对象提供存储和存储控制的应用程序。ActiveX 服务器是向 ActiveX 容器提供嵌入或链接对象的应用程序。
- ActiveX 自动化允许一个客户应用程序可以深入到系统内部,通过服务器应用程序来调用服务器的组件获得服务。
- ActiveX 文档是一个既包含数据,又包含管理这个数据所需工具的文档包。
- ActiveX 控件是一种可以与服务器应用程序分离的可编程组件,它实质上相当于一种可以嵌入容器应用程序中运行的微型应用程序。

习 题 15

15-1　复合文档与普通文档有什么区别?

15-2　OLE 技术中对象链接和嵌入有什么区别?

15-3　什么是 ActiveX 容器及 ActiveX 服务器?

15-4　ActiveX 自动化应用程序有什么特点?

15-5　什么是 ActiveX 控件?

15-6　什么是 ActiveX 文档?

15-7　ActiveX 控件与 ActiveX 文档有什么区别?

15-8　为什么进程内服务器不能单独运行?

第 16 章　用 MFC 设计数据库应用程序

数据库应用程序是在数据库管理系统(DBMS)的支持下对数据库中数据进行加工、处理的程序。MFC 提供了两组数据库类来支持数据库应用程序的开发,其中一组是基于 ODBC(Open Database Connectivity)的,而另一组是基于 DAO(Data Access Objects)的。本章主要从程序设计的角度介绍如何使用 MFC 的数据库类编写数据库应用程序。

本章主要内容:

- 数据库应用系统及数据库系统。
- ODBC 的基本概念和结构。
- 使用 ODBC 数据库类编写数据库应用程序。
- 使用 DAO 数据库类编写数据库应用程序介绍。

16.1　数据库系统及数据库应用程序

16.1.1　数据库系统

数据库系统由数据库、数据库管理系统、数据库应用系统三部分组成,它们与数据库用户之间的关系如图 16-1 所示。

数据库是存放数据的仓库,数据库管理系统完成对数据库中数据的组织、存储、获取、维护和管理工作,数据库应用系统通过数据库管理系统对库中数据进行加工、处理,并将结果提供给用户,其功能由数据库应用程序实现。

由于不同的数据库在实现它的数据库管理系统时都具有一些不同的特性,因而用某个数据库管理系统开发的数据库应用系统将无法在其他数据库管理系统上使用。所以,为了使一个数据库应用系统可以适用于所有的数据库管理系统,人们在数据库应用系统和数据库管理系统之间增加了一

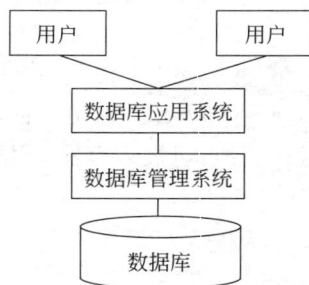

图 16-1　数据库系统的组成

个符合某种规范的标准接口,从而使按照标准接口设计的数据库应用系统可以访问所有支持标准接口的数据库管理系统。常用的标准接口有 ODBC、ADO、JDBC 等,如图 16-2 所示。MFC 支持 ODBC 和 ADO。

16.1.2　数据库应用系统的设计

创建数据库应用程序通常分为数据库设计和数据库应用程序设计两方面。

1. 数据库设计

数据库设计是创建数据库应用系统首先要完成的工作。通过数据库设计最终建立数据库,包括所需的表、索引、视图、关系图等。具体方法和过程可参考数据库方面的书籍和所使

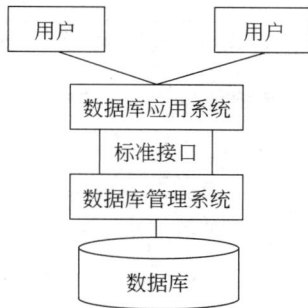

图 16-2　数据库管理系统与数据库应用系统之间的标准接口

用的 DBMS。

2. 数据库应用程序设计

建立数据库后,即可开始数据库应用程序的设计。一般分为配置数据源(如建立 ODBC 连接)和编写数据库应用程序(如使用 Visual C++ 编写)两步。

由于数据库设计不是本课程的内容,所以本书只介绍数据库应用程序的设计,在不会引起歧义的情况下,本章的其余部分将把数据库应用程序简称为"应用程序"。

16.2　ODBC 的基本构成

开放数据库互连(Open DataBase Connectivity,ODBC)是一种数据库应用程序设计接口(Application Programming Interface,API)技术。它建立了一组访问数据库的通用规范,并提供了相应的标准 API,使用 ODBC 可以编写独立于具体数据库的应用程序。以 SQL Server 为例的 32 位 ODBC 的体系结构及其与应用程序和数据库之间的关系如图 16-3 所示,而表 16-1 则列出了 ODBC 各组成部分的功能。

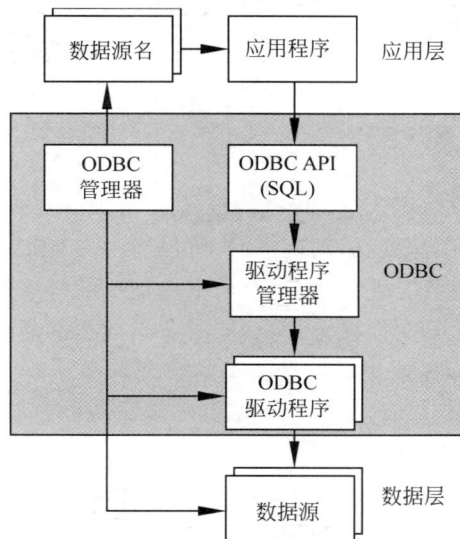

图 16-3　ODBC 的结构及其与应用程序和数据库之间的关系

表 16-1　ODBC 体系结构的组成及功能

组　　成	功　　能
应用程序	调用 ODBC API 函数与 ODBC 数据源通信,提交 SQL 语句,处理结果集
驱动程序管理器	管理应用程序和 ODBC 驱动程序之间的通信
ODBC 驱动程序	处理所有应用程序的 ODBC 函数调用,连接数据源,将应用程序的 SQL 语句传递给数据源,并将结果返回给应用程序
数据源	包含驱动程序访问 DBMS 数据所需的所有信息

在 ODBC 中,应用程序不能直接对数据库进行访问,它必须使用数据源名(DSN)通过 ODBC 管理器和数据库交换信息。

数据源就是数据库位置、数据库类型以及 ODBC 驱动程序等信息的集合。数据源负责将运行结果送回应用程序。

ODBC 管理器负责安装驱动程序,管理数据源,并帮助程序员跟踪 ODBC 函数调用。同时也负责将应用程序的 SQL 语句及其他信息传递给驱动程序,而驱动程序则负责将运行结果送回应用程序。

Visual C++ 为大多数数据库提供了 ODBC 驱动程序(如 SQL Server、Microsoft Access、Microsoft FoxPro、Microsoft Excel、dBASE、Paradox、Microsoft Oracle ODBC 和 Text 文件等)。

16.3　配置 ODBC 数据源

从图 16-3 中可以知道,设计一个以 ODBC 为接口的应用程序首先要使用 ODBC 管理器来配置数据源,以便向应用程序提供数据源名称及其他与数据源相关的信息。在 Windows 9x 操作系统的控制面板中,有一个名为"ODBC 数据源(32 位)"的图标,通过它可以激活专门为用户设置 ODBC 环境的程序(ODBC data source administrator,ODBC 数据源管理器)。在 Windows 2000 以后操作系统中,上述图标被放置在控制面板的"管理工具"里面。

16.3.1　ODBC 管理器

ODBC 管理器支持多种数据库管理系统(DataBase Management System,DBMS)。当要增加一个数据源和一个所需要的驱动程序时,可以通过 ODBC 管理器的配置对话框配置特定类型的数据库。大多数情况下,在编写对数据库操作的程序时,至少需要知道诸如数据库文件名、系统(本地或远程)、文件夹等信息,同时要给数据源命名。

使用 ODBC 管理器可以定义以下三种类型的数据源。

(1) 用户数据源:作为位于计算机本地的用户数据源而创建的,并且只能被创建这个数据源的用户所使用。

(2) 系统数据源:作为属于计算机或系统而不是特定用户的系统数据源而创建的,用户必须有访问权才能使用。

(3) 文件数据源:指定到文件中作为文件数据源而定义的,任何已经正确地安装了驱动程序的用户都可以使用这种数据源。

16.3.2　配置 ODBC 数据源的方法和步骤

假设计算机中已安装了 MS SQL Server 系统，服务器名称为 lym。并且已经使用 SQL
Server 的企业管理器创建了一个名称为 TMS 的数据库，在数据库 TMS 中创建一个表
student(学生表)，该表中具有三个字段：sno(学号)、sname(姓名)、ssex(性别)。

下面以数据库 TMS 作为应用程序的数据源为例，具体说明配置 ODBC 数据源的方法
和步骤。

(1) 在 Windows 系统中，选择菜单"开始"|"设置"|"控制面板"选项打开计算机的控制
面板，双击"ODBC 数据源(32 位)"图标，然后在打开的"ODBC 数据管理器"对话框中选择
"系统 DSN"选项卡，如图 16-4 和图 16-5 所示。

图 16-4　在控制面板中选择"ODBC 数据源(32 位)"

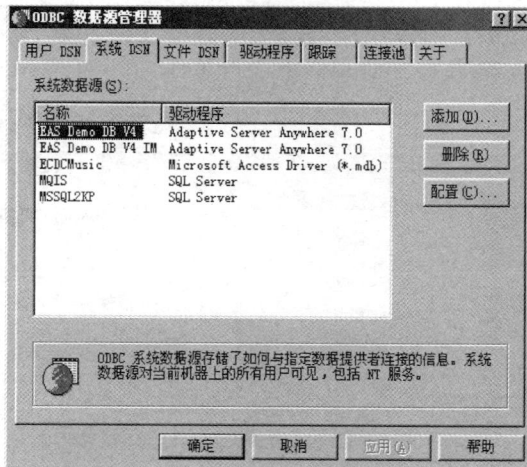

图 16-5　ODBC 数据源管理器

(2) 单击"添加"按钮，打开"创建新数据源"对话框，选择 ODBC 的驱动程序 SQL Server，

如图 16-6 所示。

图 16-6　创建新数据源

（3）单击"完成"按钮，打开"建立新的数据源到 SQL Server"对话框，在"名称"文本框中输入"tmsDSN"，在"服务器"下拉列表框中输入"lym"，从而把数据源名与服务器连接起来，如图 16-7 所示。

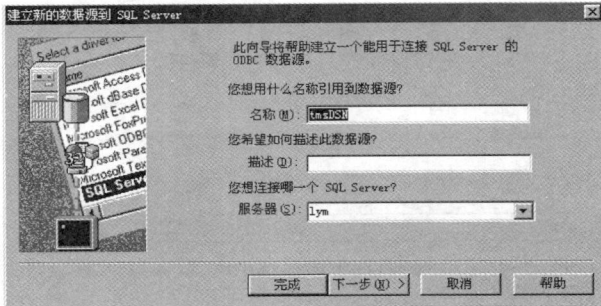

图 16-7　把数据源连接到 SQL Server 服务器

（4）单击"下一步"按钮，在打开的对话框中再单击"下一步"按钮，在打开的对话框中单击"更改默认的数据库为"复选框，从其对应的下拉列表选择 tms 数据库，如图 16-8 所示。

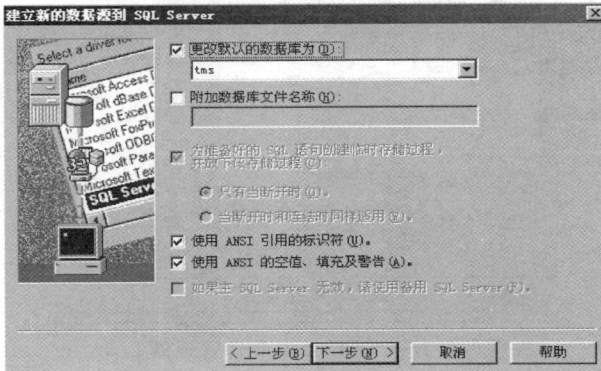

图 16-8　选择数据库 tms

（5）单击"下一步"按钮，在打开的对话框中单击"完成"按钮，在打开的对话框中单击"测试数据源"按钮进行测试。在测试成功后单击"确定"按钮返回到如图 16-5 所示的"系统 DSN"选项卡。在"系统数据源"窗口中就会看到新建的名称为 tmsDSN、驱动程序为 SQL Server、数据库为 TMS 的 ODBC 数据源。

这样，就完成了 ODBC 数据源的配置工作。在下面的实例中将使用 ODBC 数据源 tmsDSN。

16.4 MFC 的 ODBC 类

在 MFC 中，用来支持 ODBC 的类有 CDatabase（数据库类）、CRecordset（记录集类）、CRecordView（可视记录集类）、CfieldExchange（数据交换类）、CDBException（异常类）。这些类的对象相互配合可以完成诸如连接数据源、选择和操纵记录、在表单中显示操纵数据、直接调用 ODBC API 函数和使用 SQL 语句等工作，也可以与 MFC 的文档/视图框架结构协同工作。

概括地讲，CDatabase 针对某个数据库，它负责连接数据源；CRecordset 针对数据源中的记录集，它负责对记录的操作；CRecordView 负责界面；而 CFieldExchange 负责 CRecordset 与数据源的数据交换。其中，数据库应用程序的主要工作是由 CDatabase 和 CRecordset 类完成的，CRecordView 和 CFieldExchange 类只是起辅助作用。辅助类的使用可参考 MFC 的有关资料，下面主要介绍 CDatabase、CRecordset 和 CDBException 类。

16.4.1 CDatabase 类

CDatabase 类对象提供了对数据源的连接，通过它可以对数据源进行操作。

应用程序要访问数据源提供的数据，必须先创建一个与数据源相关联的 CDatabase 类对象。CDatabase 类在 MFC 中的层次关系如图 16-9 所示，在这个类中封装了一些与数据源进行连接相关的操作，其主要成员如表 16-2 所示。

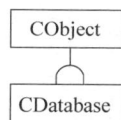

图 16-9 CDatabase 在 MFC 类层次中的位置

表 16-2 CDatabase 主要成员

成　　员	说　　明
m_hdbc	数据源 ODBC 连接句柄，HDBC 类型
CDatabase( )	构造 CDatabase 对象（构造后必须调用 OpenEx/Open 初始化）
Open( )/ OpenEx( )	建立到数据源的连接
Close( )	关闭数据源连接
GetConnect( )	返回 ODBC 连接字符串
BeginTrans( )	开始事务
BindParameters( )	调用 CDatabase::ExecuteSQL 前绑定参数
CommitTrans( )	提交由 BeginTrans 开始的事务

成　员	说　明
Rollback( )	回退由 BeginTrans 开始的事务
ExecuteSQL( )	执行一条 SQL 语句,无记录返回

表 16-2 中 Open( )函数的原型如下:

```
virtual BOOL Open(LPCTSTR lpszDSN,
    BOOL bExclusive=FALSE,
    BOOL bReadOnly=FALSE,
    LPCTSTR lpszConnect="ODBC;",
    BOOL bUseCursorLib=TRUE);
```

当函数调用成功时函数返回非 0 值。

Open( )函数的主要参数说明如下。

lpszDSN:指定一个数据源名(在 ODBC 驱动程序管理器中注册的,如 16.3 节中的 tmsDSN)。

bReadOnly:是否以只读方式打开数据源,默认值为 FALSE。

lpszConnect:指定一个连接字符串。连接字符串可能包括数据源名、数据源用户 ID、密码及其他信息。连接字符串必须以"ODBC;"开始。

bUseCursorLib:是否装载 ODBC 游标库,默认为 TRUE。游标库只支持静态快照和向前游标。

例如,下面的代码创建了一个 CDatabase 对象 m_db 并与数据源 tmsDSN 进行了连接:

```
CDatabase m_db;              //创建 CDatabase 对象
//使用数据源 tmsDSN 或连接字符串"ODBC;UID=sa"(无口令)连接
m_db.Open( _T( "tmsDSN" ), FALSE, FALSE, _T( "ODBC;DSN=tmsDSN;UID=sa" );
```

OpenEx( )函数原型如下:

```
virtual BOOL OpenEx( LPCTSTR lpszConnectString, DWORD dwOptions=0);
```

其中,主要参数说明如下。

lpszConnectString:指定一个 ODBC 连接字符串,包括数据源名、用户 ID、密码等其他信息,如"DSN=tmsDSN;UID=SA;PWD="。

dwOptions:由位屏蔽组合指定打开选项。默认值为 0,表示以共享方式打开数据库,带写访问,不装载 ODBC 游标库。dwOptions 可选择的值如表 16-3 所示。

表 16-3　dwOptions 的可选值

值	说　明
CDatabase::openReadOnly	只读打开
CDatabase::UseCursorLib	装载 ODBC 游标库
CDatabase::noOdbcDialog	不显示 ODBC 连接对话框
CDatabase::forceOdbcDialog	显示 ODBC 连接对话框

函数调用成功返回非 0 值。

例如：

```
CDatabase m_db;
//以只读方式连接数据源
m_db.OpenEx( _T( "DSN=tmsDSN;UID=sa" ),CDatabase::openReadOnly | CDatabase::
    noOdbcDialog );
```

当 CDatabase 对象被使用后，要用成员函数 Close( )关闭对象，Close( )函数的原型如下：

```
virtual void Close( );
```

16.4.2　CRecordset 类

CRecordset 类对象提供了从数据源中提取出的记录集，它是 MFC 的 ODBC 类中最重要、功能最强大的类。

CRecordset 对象通常用于两种形式：动态行集和快照集。动态行集能与其他用户所做的更改保持同步，快照集则是数据的一个静态视图。每种形式在记录集被打开时都提供一组记录，所不同的是，当在一个动态行集里滚动到一条记录时，由其他用户或应用程序中的其他记录集对该记录所做的更改会相应地显示出来。

使用 CRecordset 派生类的对象可以选择和操纵数据源数据。例如，检查当前记录的数据字段，过滤、排序记录集，编写默认的 SQL SELECT 语句，对选择的记录进行滚动，添加、修改、删除记录，刷新记录集等。

CRecordset 类在 MFC 中的层次关系如图 16-10 所示。CRecordset 类在头文件 afxdb.h 中声明，主要成员如表 16-4 所示。

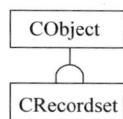

图 16-10　CRecordset 在 MFC 类层次中的位置

表 16-4　CRecordset 主要成员

成　　员	说　　明
m_hstmt	记录集的 ODBC 语句句柄，HSTMT 类型
m_nFields	记录集中字段数据成员的个数，UINT 类型
m_nParams	记录集中参数数据成员的个数，UINT 类型
m_pDatabase	CDatabase 对象指针，用于记录集与数据源的连接
m_strFilter	存放 SQL WHERE 子句的字符串（CString 类型），用于过滤
m_strSort	存放 SQL ORDER BY 子句的字符串（CString 类型），用于排序
CRecordset( )	构造 CRecordset 对象
Open( )	通过检索表或执行查询打开记录集
Close( )	关闭记录集和关联的 ODBC HSTMT
CanAppend( )	如果可以使用成员函数 AddNew( )添加记录，返回非 0 值
CanRestart( )	如果可以使用成员函数 Requery( )重新检索，返回非 0 值

成　员	说　明
CanScroll( )	如果可以滚动记录,返回非 0 值
CanUpdate( )	如果记录集可以更新(如添加、删除记录),返回非 0 值
GetODBCFieldCount( )	返回记录集中字段个数
GetRecordCount( )	返回记录集中记录个数
GetStatus( )	获取记录集状态,如当前记录号、所有记录是否检索完毕
GetSQL( )	获取选择记录的 SQL 语句
IsBOF( )	是否到记录集头
IsEOF( )	是否到记录集尾
AddNew( )	为添加新记录做准备,调用 Update 将数据保存到数据源
Delete( )	删除当前记录,删除后,程序须显式地滚动到其他记录
Edit( )	为编辑当前记录做准备,调用 Update 将数据保存到数据源
Update( )	完成 AddNew( )或 Edit( )操作,将数据保存到数据源
Move( )	移动到距当前记录指定距离的记录
MoveFirst( )	移动到记录集头
MoveLast( )	移动到记录集尾
MoveNext( )	下移一条记录
MovePrev( )	前移一条记录
SetAbsolutePosition( )	移动到指定位置的记录
GetFieldValue( )	返回当前记录指定字段的值
GetODBCFieldInfo( )	返回字段信息
GetRowStatus( )	返回记录集中行的状态
IsFieldDirty( )	如果当前记录的指定字段的值被修改,返回非 0 值
RefreshRowset( )	刷新指定行的数据和状态
Requery( )	刷新选择的记录
SetFieldDirty( )	标记当前记录的指定字段的值被修改
DoBulkFieldExchange( )	执行 Bulk RFX
DoFieldExchange( )	执行 RFX

下面介绍 CRecordset 类的主要成员函数。

CRecordset( )函数的原型如下:

```
CRecordset( CDatabase * pDatabase=NULL);
```

其中,参数 pDatabase 为 CDatabase 对象指针。

Open 函数的原型如下:

```
virtual BOOL Open( UINT nOpenType=AFX_DB_USE_DEFAULT_TYPE, LPCTSTR lpszSQL=NULL,
    DWORD dwOptions=none );
```

其中，nOpenType 的默认值为 AFX_DB_USE_DEFAULT_TYPE，也可用其他值，如表 16-5 所示。

表 16-5　参数 nOpenType 可选的值

值	说　　明
CRecordset::dynaset	—
CRecordset::snapshot	双向滚动 snapshot(默认值)
CRecordset::dynamic	通常不支持
CRecordset::forwardOnly	只读、向前滚动

lpszSQL 可输入的值如表 16-6 所示。

表 16-6　lpszSQL 可输入的值

值	说　　明
NULL	使用由 GetDefaultSQL 返回的值
表名	使用表的所有字段,如"student"
存储过程名	使用存储过程定义的字段,如"{call sp}"
SELECT 语句	如"SELECT sno, sname, ssex FROM student"

在 MFC 中，可以使用 dynaset 和 snapshot 两种方式和 CRecordset 对象对数据源进行操作。以 dynaset 方式使用的记录集对象也简称为 dynaset。在多用户环境中，其他用户可以编辑、删除 dynaset 中的记录，也可以向与 dynaset 相关的表中添加记录。添加、删除的记录会反映在 dynaset 里。其他用户修改、删除 dynaset 的记录也会反映在 dynaset 里；添加的记录要调用成员函数 Requery( )才能反映在 dynaset 里。如果对同一数据源同时建立多个连接(即多个 CDatabase 对象)，其情形与此类似。

snapshot 是一种反映数据静态视图的记录集，分为可修改和只读两种。可修改的 snapshot 不反映其他用户对记录的改变，只反映自己对记录的修改和删除。添加的记录只有调用成员函数 Requery( )后才可见。

使用的步骤如下。

(1) Recordset 派生一记录集类，假设为 CXRecordset。

(2) 构造一个 CXRecordset 对象，将一 CDatabase 对象指针传递给其构造函数。

(3) 调用 CXRecordset 成员函数 Open 从数据源选择数据。在此指定该对象是 dynaset 还是 snapshot。

(4) 依据记录集的使用方式进行检索、编辑等操作或调用成员函数 Requery 刷新记录集。在 CRecordset 的派生类中，使用 RFX (record field exchange)或 Bulk RFX 机制实现记录集对象与数据源之间的数据交换。

(5) 操作完成后调用成员函数 Close( )关闭记录集。

几种调用 Open( )函数的方式如下：

```
CDatabase db;
db.Open(_T("tmsDSN"));
CRecordset rs(&db) ;
//使用默认 SQL 语句以 snapshot 方式打开只读记录集
rs.Open(CRecordset::snapshot, NULL, CRecordset::readOnly);
//传递完整 SELECT 语句,以 dynaset 方式打开
rs.Open(CRecordset::dynaset, _T( "Select L_Name from Customer"));
//以默认方式打开
rs.Open( );
```

下面是一个从打开数据源使用其中的记录一直到关闭数据源的代码片段。

```
CDatabase m_db;
m_db.Open(_T("tmsDSN"),FALSE,FALSE,_T("ODBC; UID=sa"),FALSE);
CRecordset m_set(&m_db);
m_set.Open(AFX_DB_USE_DEFAULT_TYPE,"select * from student");
//使用记录集
m_set.Close( );
m_db.Close( );
```

16.4.3　CDBException 类

进行数据库操作时,经常会由于各种原因导致操作失败,如数据完整性问题、网络I/O
问题等。因此,程序中必须对此进行相应的处理。

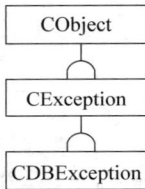

在 MFC ODBC 调用失败时,通常会返回一个 CDBException 类的异常对象,其中包含一个描述失败的字符串。这个 CDBException 对象由数据库类的成员函数构造并抛出。

CDBException 类在 MFC 中的层次关系如图 16-11 所示。

CDBException 类在头文件 afxdb.h 中声明,主要成员如表 16-7 所示。

图 16-11　CDBException 在 MFC 类层次中的位置

表 16-7　CDBException 类的主要成员

成　　　员	说　　　明
m_nRetCode	ODBC 返回码,RETCODE 类型
m_strError	描述错误的字符串
m_strStateNativeOrigin	ODBC 返回的错误码

下面是 MFC 处理 ODBC 异常的一个代码片段：

//rs 为 CRecordset 派生类的对象

```
try
{
    rs.Delete( );
}
```

```
catch(CDBException * e)
{
    AfxMessageBox(e->m_strError, MB_ICONEXCLAMATION);
    e->Delete();                                    //删除 CDBException 对象
    rs.MoveFirst();                                 //丢失记录位置,移到记录集头
    return;
}
rs.MoveNext();
```

16.5　ODBC 应用程序实例

下面通过实例介绍 MFC ODBC 应用程序的编写,实例中将使用前面提到的数据库 tms 和表 student,以及 ODBC 数据源 tmsDSN。

16.5.1　显示和处理表中的数据

下面编写的代码将使应用程序具有按记录显示表 student 的内容,通过导航按钮浏览表,通过数据处理按钮对表中数据进行编辑、添加和删除的功能。具体开发步骤及方法如下。

(1) 用应用程序向导 MFC AppWizard(exe)建立基于对话框的应用程序 tms。

(2) 在 Workspace 的 ResourceView 中打开 Dialog 文件夹,双击 IDD_TMS_DIALOG,在右侧的设计窗口中建立如图 16-12 所示的界面。给各控件设置好属性,使用 MFC ClassWizard 给控件添加成员变量,具体设置如表 16-8 所示。

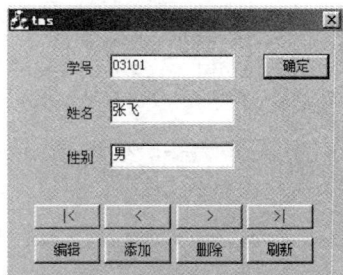

图 16-12　应用程序运行后的界面

表 16-8　控件的属性及绑定的成员变量

对 象 类 型	ID	Caption	Member Variables	Type
静态文本	IDC_STATIC	学号		
静态文本	IDC_STATIC	姓名		
静态文本	IDC_STATIC	性别		
按钮	IDC_BUTTONtop	|<		
按钮	IDC_BUTTONpre	<		
按钮	IDC_BUTTONnext	>		
按钮	IDC_BUTTONbottom	>|		
按钮	IDC_BUTTONedit	编辑		
按钮	IDC_BUTTONadd	添加		
按钮	IDC_BUTTONdel	删除		
按钮	IDC_BUTTONrefresh	刷新		

对 象 类 型	ID	Caption	Member Variables	Type
文本框	IDC_EDITsno		m_esno	CString
文本框	IDC_EDITname		m_ename	CString
文本框	IDC_EDITsex		m_esex	CString

（3）使用 MFC ClassWizard 添加新类，名字为 CtmsSet，其 Base class 为 CRecordset，选择 ODBC 数据源 tmsDSN，选择表 student。

（4）编写代码：

```
//在 tmsSet.h 文件的开始部分添加代码
#include <afxdb.h>
//在 tmsDlg.h 文件中添加代码
#include "tmsSet.h"
class CTmsDlg : public CDialog
{
    protected:
    CDatabase m_db;
    CtmsSet m_rs;
     ⋮
};
//在 BOOL CTmsDlg::OnInitDialog()中添加代码
{
     ⋮
    //TODO: Add extra initialization here
    m_db.Open(_T("tmsDSN"));
    m_rs.m_pDatabase=&m_db;
    m_rs.Open();
    m_esno=m_rs.m_sno;         //给与文本框绑定的成员变量赋值
    m_ename=m_rs.m_sname;
    m_esex=m_rs.m_sex;
    UpdateData(FALSE);         //刷新文本框

    return TRUE;
}
//给"|<"按钮添加单击事件响应代码
void CTmsDlg::OnBUTTONtop()
{
    //TODO: Add your control notification handler code here
    m_rs.MoveFirst();          //移动到记录集的第一条记录
    m_esno=m_rs.m_sno;
    m_ename=m_rs.m_sname;
    m_esex=m_rs.m_sex;
    UpdateData(FALSE);
}
//给">|"按钮添加单击事件响应代码
void CTmsDlg::OnBUTTONbottom()
{
    //TODO: Add your control notification handler code here
    m_rs.MoveLast();           //移动到记录集的最后一条记录
```

```cpp
    m_esno=m_rs.m_sno;
    m_ename=m_rs.m_sname;
    m_esex=m_rs.m_sex;
    UpdateData(FALSE);
}
//给">"按钮添加单击事件响应代码
void CTmsDlg::OnBUTTONnext()
{
    //TODO: Add your control notification handler code here
    m_rs.MoveNext();          //后移一条记录
    if (m_rs.IsEOF())
        m_rs.MoveLast();
    m_esno=m_rs.m_sno;
    m_ename=m_rs.m_sname;
    m_esex=m_rs.m_sex;
    UpdateData(FALSE);
}
//给"<"按钮添加单击事件响应代码
void CTmsDlg::OnBUTTONpre()
{
    m_rs.MovePrev();          //前移一条记录
    if (m_rs.IsBOF())
        m_rs.MoveFirst();
    m_esno=m_rs.m_sno;
    m_ename=m_rs.m_sname;
    m_esex=m_rs.m_sex;
    UpdateData(FALSE);
}
//给"确定"按钮添加单击事件响应代码
void CTmsDlg::OnOK()
{
    m_rs.Close();
    m_db.Close();
    CDialog::OnOK();
}
//给"添加"按钮添加单击事件响应代码
void CTmsDlg::OnBUTTONadd()
{
    try
    {
        m_rs.AddNew();          //添加新记录
        UpdateData(TRUE);       //刷新与文本框绑定的成员变量
        m_rs.m_sno=m_esno;
        m_rs.m_sname=m_ename;
        m_rs.m_sex=m_esex;
        m_rs.Update();          //更新数据源
    }
    catch(CDBException * e)
    {
        AfxMessageBox(e->m_strError, MB_ICONEXCLAMATION);
        e->Delete();
        m_rs.MoveFirst();
        m_esno=m_rs.m_sno;
        m_ename=m_rs.m_sname;
```

```
            m_esex=m_rs.m_sex;
            UpdateData(FALSE);
        }
    }
//给"删除"按钮添加单击事件响应代码
void CTmsDlg::OnBUTTONdel( )
{
    //TODO: Add your control notification handler code here
    if (m_rs.IsEOF( )||m_rs.IsBOF( ))
        return;
    try
    {
        m_rs.Delete( );
    }
    catch(CDBException * e)
    {
        AfxMessageBox(e->m_strError, MB_ICONEXCLAMATION);
        e->Delete( );
        return;
    }
    m_rs.MoveFirst( );
    m_esno=m_rs.m_sno;
    m_ename=m_rs.m_sname;
    m_esex=m_rs.m_sex;
    UpdateData(FALSE);
}
//给"编辑"按钮添加单击事件响应代码
void CTmsDlg::OnBUTTONedit( )
{
    //TODO: Add your control notification handler code here
    CString csSno,csSname,csSsex;
    csSno=m_rs.m_sno;
    csSname=m_rs.m_sname;
    csSsex=m_rs.m_sex;
    try
    {
        m_rs.Edit( );
        UpdateData(TRUE);
        m_rs.m_sno=m_esno;
        m_rs.m_sname=m_ename;
        m_rs.m_sex=m_esex;
        m_rs.Update( );
    }
    catch(CDBException * e)
    {
        AfxMessageBox(e->m_strError, MB_ICONEXCLAMATION);
        e->Delete( );
        m_esno=csSno;
        m_ename=csSname;
        m_esex=csSsex;
        UpdateData(FALSE);
    }
}
//给"刷新"按钮添加单击事件响应代码
```

```
void CTmsDlg::OnBUTTONrefresh( )
{
    //TODO: Add your control notification handler code here
    try
    {
        m_rs.Requery( );
    }
    catch(CDBException * e)
    {
        AfxMessageBox("Can not Requery! ",MB_ICONEXCLAMATION);
        e->Delete( );
    }
}
```

16.5.2 连接两个表

下面编写的代码实现了两个表的连接功能。编写代码的步骤如下。

（1）在数据库 tms 中添加一新表 department，其字段有 dno（系号）、dname（系名）等，在表 student 中添加一字段 dno（系号）。

（2）在上个例子的程序用户界面上添加一个静态文本、一个文本框两个控件，如图 16-13 所示。文本框用于显示系名。

（3）在 MFC ClassWizard 的 Member Variables 选项卡中选中类 CtmsSet。单击 Update Columns 按钮，选择 ODBC 数据源 tmsDSN，选择表 department，加入 department 表的字段。

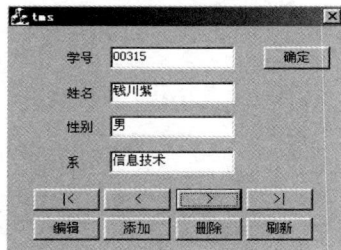

图 16-13 应用程序运行后的界面

（4）添加代码：

```
//编辑 CtmsSet::GetDefaultSQL( )函数如下
 CString CtmsSet::GetDefaultSQL( )
 {
     return _T("[dbo].[student],[dbo].[department]");
 }

//给两个表同名字段 dno 添加表名加以限制,编辑 CtmsSet::DoFieldExchange( )
//函数如下
 void CtmsSet::DoFieldExchange(CFieldExchange * pFX)
 {
     //{{AFX_FIELD_MAP(CtmsSet)
     pFX->SetFieldType(CFieldExchange::outputColumn);
     RFX_Text(pFX, _T("[sname]"), m_sname);
     RFX_Text(pFX, _T("[sno]"), m_sno);
     RFX_Text(pFX, _T("[ssex]"), m_sex);
     RFX_Text(pFX, _T("[dbo].[student].[dno]"),
         m_dno);              //添加表名
     RFX_Text(pFX, _T("[dname]"), m_dname);
     //}}AFX_FIELD_MAP
 }

//编辑 CTmsDlg::OnInitDialog( )函数如下
 BOOL CTmsDlg::OnInitDialog( )
```

```
        {
            ⋮
        //TODO: Add extra initialization here
        m_db.Open(_T("tmsDSN"));
        m_rs.m_pDatabase=&m_db;
        //CRecordset 的数据成员 m_strFilter 的值用于 SQL 的 Where 子句
        //参见表 16-4,必须在成员函数 Open()调用前赋值
        m_rs.m_strFilter=_T("[dbo].[student].[dno]=[dbo].[department].[dno]");
        m_rs.Open();
        m_esno=m_rs.m_sno;
        m_ename=m_rs.m_sname;
        m_esex=m_rs.m_sex;
        m_ednam=m_rs.m_dname;
        UpdateData(FALSE);
        return TRUE;
        }
```

16.6 使用 DAO 设计数据库应用程序简介

16.6.1 DAO 简介

DAO 基于 Microsoft Jet 数据库引擎技术,使用 Jet 访问数据库。数据库引擎 DBMS 的核心进程,如 Access、SQL Server。通俗地说,就是不带图形界面管理工具的 DBMS,主要用于数据的存储、检索和改变。Jet 是 Access 的数据库引擎。

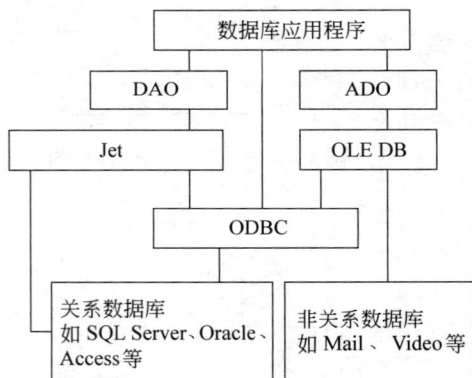

图 16-14 数据访问的连接方式

DAO 使用 COM 技术实现,包括一组 COM 接口和实现这些接口的对象。使用这些对象可以访问 Microsoft Jet (.MDB)数据库、ODBC 数据源和 ISAM (Indexed Sequential Access Method)数据库,如 dBASE、Paradox、Microsoft FoxPro 等。

图 16-14 显示了在 Microsoft 产品体系中数据访问的几种连接方式,并表明了 DAO 和

ODBC 之间的关系。

16.6.2 DAO 和 MFC

MFC 使用 DAO 类将 DAO 功能封装起来。主要的 DAO 对象都有对应的 MFC 类,但没有 field、index、parameter、relation 等 DAO 对象。这些对象可通过 MFC 类提供的接口(成员函数)访问,如表 16-9 和表 16-10 所示。

表 16-9 DAO 对象和 MFC 类映射表

MFC 类	DAO 对象	说　　明	
CDaoWorkspace	Workspace	提供数据库引擎,管理事务空间	

MFC 类	DAO 对象	说　明
CDaoDatabase	Database	数据库连接
CDaoTableDef	Tabledef	用于检查和操纵表结构
CDaoQueryDef	Querydef	用于在数据库中存储查询
CDaoRecordset	Recordset	用于管理结果集
CDaoException	Error	异常处理,响应 DAO 错误
CDaoFieldExchange	无	管理数据库记录与记录集字段数据成员之间的数据交换

表 16-10　非映射 DAO 对象和 MFC 类的关系表

DAO 对象	MFC 管理方法
Field	由类 CDaoTableDef 和 CDaoRecordset 封装,提供成员函数完成添加、删除、检查等功能
Index	由类 CDaoTableDef 和 CDaoRecordset 封装,提供成员函数管理
Parameter	由类 CDaoQueryDef 封装,提供成员函数管理
Relation	由类 CDaoDatabase 封装,提供成员函数管理

16.6.3　使用 MFC DAO 类编程

如果应用程序要访问的是 Microsoft Jet (.MDB)数据库,那么使用 MFC DAO 类编写应用程序是最合适的。MFC DAO 类和 MFC ODBC 类的使用方法在许多方面非常相似。

下面介绍如何修改 16.5 节中的实例使它成为一个应用 DAO 来访问数据库的应用程序,并且主要介绍 MFC DAO 类和 MFC ODBC 类在使用上的不同之处。其中用到了 CdaoDatabase 类的成员函数 Open,它的函数原型如下:

```
virtual void Open(LPCTSTR lpszName, BOOL bExclusive=FALSE, BOOL bReadOnly=FALSE,
    LPCTSTR lpszConnect=_T("") );
```

其中,参数 lpszName 为 Microsoft Jet (.MDB)数据库文件名的字符串;lpszConnect 为打开数据库的字符串,字符串由数据库连接参数组成,使用此参数时 lpszName 应为空串""。例如:

```
_T("Paradox 4.X;DATABASE=C:\\test\\tt")
_T("ODBC;DSN=tmsDSN")
```

用 MFC DAO 类修改 16.5 节中实例的步骤如下。

(1) 用 Microsoft Access 建立数据库 tms.mdb,库中建表 student。

(2) 在使用 MFC ClassWizard 添加新类 CtmsSet 时,Base class 选择 CDaoRecordset,选择 DAO 数据源,库文件选择 tms.mdb,表选择 student。

(3) 在头文件<afxdao.h>中包含 MFC DAO 类的头文件:

```
#include <afxdao.h>
```

(4) 将 CDatabase m_db 改为 CDaoDatabase m_db。

（5）BOOL CTmsDlg∷OnInitDialog( )中打开数据库代码如下：

```
m_db.Open(_T("d:\\lym\\tms.mdb"));                    //打开数据库 tms.mdb
```

本 章 小 结

- 数据库系统一般由数据库、数据库管理系统、数据库应用系统构成。数据库是存放数据的仓库。为使一个数据库应用系统适用于所有的数据库管理系统，人们在数据库应用系统和数据库管理系统之间增加一个公认的标准接口。ODBC 和 ADO 是两个常用的标准接口。
- MFC 有两组数据库类，一组是基于 ODBC(Open DataBase Connectivity)的，一组是基于 DAO(Data Access Objects)的。
- ODBC 是一个应用程序设计接口（API）。数据库应用程序使用 API 并通过 ODBC 驱动程序管理器，调用 ODBC 驱动程序中相应的函数。驱动程序使用结构化查询语言（SQL）与 DBMS 交互，并将结果返回给应用程序。
- 使用控制面板中的"ODBC 数据源（32 位）"来定义数据源。
- MFC 基于 ODBC 的数据库类主要有 CDatabase、CRecordset、CRecordView、CFieldExchange、CDBException。这些类相互配合可以完成如连接数据源、选择和操纵记录、在表单中显示操纵数据、直接调用 ODBC API 函数和使用 SQL 语句等工作。
- DAO 基于 Microsoft Jet 数据库引擎技术，使用 Jet 访问数据库。数据库引擎是 DBMS 的核心进程。通俗地说，就是不带图形界面管理工具的 DBMS，主要用于数据的存储、检索和改变。Jet 是 Access 的数据库引擎。
- MFC 使用 DAO 类将 DAO 功能封装起来。MFC DAO 类和 MFC ODBC 类的使用方法相似。

习 题 16

16-1　简述数据库系统的组成。

16-2　MFC 支持哪几种数据库连接？

16-3　试总结 DAO 与 ODBC 的相同之处。

16-4　试总结 DAO 与 ODBC 的不相同之处。

第 17 章　异常和异常处理

异常也是一种事件,但与键盘事件和鼠标事件等由用户或系统有意激发的事件不同,它们是由于系统运行中的错误而引发的事件,并不是设计人员所希望或所需要的事件。显然,这种异常事件必须被及时处理,否则将会发生不可预料的后果。

17.1　异常处理的基本思想

在小型应用程序中,往往是在出现异常后就地处理。例如,当出现除零错误时,给出提示信息并停止程序运行:

```
#include <iostream.h>
double fuc(double x,double y)
{
    if (y==0)
    {
        cerr<<"Error of dividing zero.\n";
        exit(1);                                //退出程序
    }
    return x/y;
}
void main( )
{
    fuc(2,3);
    fuc(4,0);
}
```

但是在大型程序中,这种处理异常的方式就显得过于粗糙。因为在大型程序中,函数之间有着明确的分工和复杂的调用关系。发现错误的函数往往处在函数调用链的底层,因此简单地在发现错误的函数中处理异常,就没有机会把调用链中的上层函数已完成的一些工作做妥善的善后处理(例如,上层函数已经申请了堆对象,那么释放堆对象的工作显然不能在底层函数中处理),从而使程序不能正常运行。

C++处理异常的方式和人类社会处理意外事件的方式一样:在底层发生的问题,需要逐级向上报告,一直报告到有处理该意外能力的那一级为止。

在应用程序中,如果某个函数发现了错误,就引发一个异常,这个函数就将这个异常向上级调用者传递,希望它的调用者可以捕获这个异常并处理这个错误。如果调用者也不能处理这个错误,就继续向它的上级调用者传递,一直传递到异常被处理为止。如果程序始终没有相应的代码处理这个错误,那么这个异常最后被系统所接受,简单地终止程序运行。异常的传递如图 17-1 所示。

C++把处理异常的程序分成两部分:try 语句块和若干个 catch 语句块:

```
try
{
```

```
        可能出现异常的语句块
}
catch(异常类型声明 1)
{
        异常处理语句块 1
}
catch(异常类型声明 2)
{
        异常处理语句块 2
}
    ⋮
catch(异常类型声明 n)
{
        异常处理语句块 n
}
```

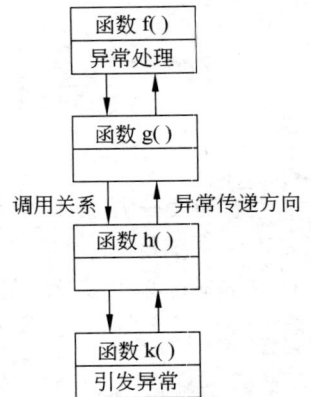

图 17-1   异常的传递

在 try 语句块中放置的是需要监视的程序段,在这个程序
段后放置了由若干个 catch 语句块组成的异常处理程序段。

如果在 try 语句块的程序段中(包括在其中调用的函数)发现了异常,则需要使用 throw 语句抛掷异常,该语句的语法为

```
        throw 表达式;
```

于是程序流程就会跳出 try 语句块,并用 throw 后表达式的类型与 try 语句块后面 catch 语句后的异常类型声明去比较,如果被抛出的异常类型与某个 catch 语句的异常类型相匹配,则运行该异常处理语句块进行异常处理。

例 17-1   处理除数为 0 的异常。

程序:

```cpp
#include <iostream.h>
double Div(double x,double y)
{
    if (y==0)throw x;                          //如果除数为零则抛掷一个 int 型异常
    return x/y;
}
void main( )
{
    try
    {                                          //可能出现异常的程序段
        cout<<"10/8="<<Div(10,8)<<endl;
        cout<<"10/5.4="<<Div(10,5.4)<<endl;
        cout<<"15/0="<<Div(15,0)<<endl;
        cout<<"10.7/5.4="<<Div(10.7,5.4)<<endl;
    }
    catch(double)                              //捕获 double 型异常
    {
        cout<<"Error of dividing zero."<<endl;
    }
    cout<<"that is ok"<<endl;
}
```

运行结果如下:

```
10/8=1.25
```

```
10/5.4=1.85185
Error of dividing zero.
that is ok
```

从运行结果中可以看出,当执行 cout<< "15/0＝"<< Div(15,0)<< endl;语句时,在函数 Div( )中发生了 double(因为表达式 x 是 double 型的)型的异常,异常被抛掷后,在 main( )函数中,该异常与异常捕获语句 catch(double)相匹配,于是,程序执行 catch(double)语句块的异常处理程序,输出信息"Error of dividing zero.",然后,程序执行 catch 语句块后的程序,输出"that is ok"。而函数中 cout<< "15/0＝"<< Div(15,0)<< endl语句后的语句未被执行。

如果把 cout<< "15/0＝"<< Div(15,0)<< endl;语句去掉,程序运行结果如下:

```
10/8=1.25
10/5.4=1.85185
10.7/5.4=1.98148
that is ok
```

从结果中可以看到,在函数中未发生异常时,catch 语句块不被执行。

现将 C ++ 的异常处理过程说明如下。

- 如果在 try 监视段执行期间没有发生异常,则 catch 语句块不被执行。
- 如果在 try 监视段执行期间发生了异常,并有异常抛掷,则该异常将沿调用链上传,直至找到与该异常类型相匹配的 catch 语句块来处理异常。异常处理后将执行所有 catch 语句块的程序。
- 如果未找到与该异常类型相匹配的 catch 语句块,则由 C ++ 终止程序的运行。

注意,catch(…)语句可以捕获全部异常,因此如果使用这个语句的话,应将它放置在所有 catch 语句块之后。

在 Visual C ++ 环境中,使用异常处理机制须打开 Project Settings 对话框,并选择 Enable exception handling 复选项,如图 17-2 所示。

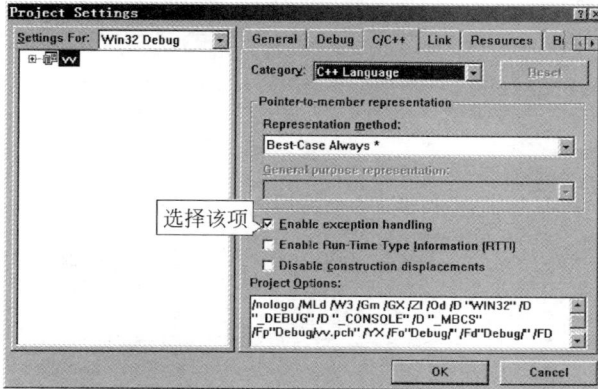

图 17-2　设置 MFC 的异常处理功能

为了增强程序的可读性,C ++ 允许在函数的声明中注明函数可能抛掷的异常类型,其语法如下:

返回值类型 函数名(形参列表)throw(异常类型 1,异常类型 2,…)

例如,例17-1中的函数声明可写为

```
double Div(double x,double y) throw(int);
```

这种做法,称为异常接口声明。

17.2 异 常 对 象

异常处理的 catch 语句的括号中,除了可以使用数据类型外,还可以在数据类型的后面使用标识符。也就是说,异常处理语句块实质上是一个异常处理函数,括号中的内容实质是函数的形参,而 throw 语句中的表达式相当于实参。这样,就可以利用 throw 语句中的表达式,把异常发生地的某些信息传递给异常处理语句块,以使异常处理语句块对异常进行合理的处理。

throw 中的表达式也称为异常对象。

例 17-2 抛掷一个类型的异常。

程序如下:

```
#include <iostream.h>
//定义了一个描述飞机的类
class Aircraft
{
    public:
        char * AircraftType;                    //飞机类型
        int passMax;                            //最大乘员数
        int passengers;                         //实际乘员数
    public:
        void print( )                           //输出异常信息的函数
        {
            cout<<"Aircraft Type is:"<<AircraftType<<endl;
            cout<<" passengers is:"<<passengers <<endl;
        }
};
//记录乘员数目的函数
void fuc(int passengers )
{
    Aircraft A;
    A.AircraftType="Queen";
    A. passMax=100;
    A. passengers=passengers;
    if (A. passengers>A. passMax) throw A;       //如果超员则抛掷异常对象 A
}

void main( )
{
    try
    {
        fuc(125);
    }
    catch(Aircraft B)                           //捕获 Aircraft 类型异常
    {
        B. print( );
```

```
    }
}
```

程序运行结果如下：

```
Aircraft Type is:Queen
passengers is:125
```

17.3   MFC 的异常类

MFC 把 Windows 应用程序中可能遇到的大多数异常对象抽象成了 MFC 异常类。

17.3.1   CException 类

CException 类继承自 CObject，是 MFC 所有其他异常类的基类，并且是一个纯虚类。

CException 类提供了两个公共方法：一个是用来描述异常信息的 GetErrorMessage（）；另一个是可以为用户显示一个包含错误信息的信息对话框。

17.3.2   CException 类的子类

在 MFC 中，CException 类的子类有很多，部分名称及用途如表 17-1 所示。

表 17-1   CException 类的部分子类

类　　名	描　　述
CArchiveException	该类对象可以提供串行化异常状态
CDaoException	该类对象用来表示基于 DataAccessObjects 数据库类的异常状态
CDBException	该类对象用来表示 MFC 数据库类的异常状态
CFileException	该类对象用来提供文件输入输出时的异常状态

下面以 CArchiveException 类作为例子来介绍 MFC 异常类的应用。

CArchiveException 类继承自 CException 类，当一个串行化工作出现异常时，MFC 的异常机制会产生一个 CArchiveException 类的对象。该对象的成员 m_cause 的值表示了异常的原因。成员 m_cause 的值及异常原因如表 17-2 所示。

表 17-2   CArchiveException∷m_cause 的值

值	异 常 描 述
none	没有错误发生
generic	未指定的错误
readOnly	试图对只读文件进行写操作
endOfFile	读取文件已到达文件尾
writeOnly	试图读一个只写文件
badIndex	非法文件格式

值	异 常 描 述	
badClass	试图读一个对象到一个错误类型的对象中	
badSchema	试图读一个对象,它带有不同的类的版本	

例 17-3 判别一个文件串行化异常的原因。代码如下:

```
void CMyDocument∷Serialize(CArchive&ar)
{
    try
    {
        if ( ar.IsLoading( ))
        {
            //load from archive
        }
        else
        {
        //stare the archive
        }
}
catch(CArchiveException * e )
{
    switch ( e->m_cause )
    {
        case CArchiveException∷reneric:
            //handle generic exception
            break;
        case CArchiveException∷readOnly:
            //handle readOnly exception
            break;
              ⋮
            default:
                throw;
        }
    }
}
```

本 章 小 结

- C++ 的异常处理机制使用了 3 个关键字: try、catch 和 throw。catch 代码段是异常处理的程序段,throw 相当于对 catch 的调用;throw 与 catch 匹配的规则是 throw 抛掷的对象类型必须与 catch 参数的类型一致。
- MFC 支持 C++ 的异常处理机制。
- MFC 提供了程序中的大多数异常类,该类的对象可以作为 throw 抛掷的对象,对象中含有异常的信息。在异常处理程序段中可以利用这些信息对异常进行分析和处理。

习　题　17

17-1　什么是异常？为什么要进行异常的处理？

17-2　说明 try 语句块与 catch 语句块的作用，throw 语句应该在程序的什么地方使用？

17-3　C++ 是用什么信息来区分不同的异常的？

17-4　简述异常的处理过程。

17-5　什么称为异常对象？它起什么作用？

17-6　阅读 MFC 的一个异常类的代码。

第 18 章　.NET 和 C♯

为了解决网络分布式计算方面的一些难题,微软在 21 世纪初推出了.NET。.NET 实质上是一个应用程序开发和运行平台规范。该规范内容广泛,包含诸如.NET 组件格式、编程语言、标准类和工具等各方面。作为这个规范的制定者,微软还陆续向业界提供了两套.NET 的实现,即基于 Windows 的.NET Framework 及跨平台的.NET Core。

本章主要内容:

- .NET 的概念及其术语。
- CLR 的基本概念、托管代码的编译过程及其运行。
- 跨平台的.NET Core。
- C♯语言简介。

18.1　.NET 及.NET Framework 和.NET Core

.NET 是微软开发适用于网络应用的平台规范,.NET Framework 和.NET Core 则是.NET 的两个实现,前者适用于 Windows,后者则适用于包括 Windows 在内的多个平台。

18.1.1　.NET 的出现

众所周知,计算机需要操作系统作为应用软件的运行平台,由于历史原因,每台计算机上的操作系统不会完全相同,在单机应用时代,这不是个问题。但自 20 世纪 90 年代互联网发展起来之后,则出现了一些亟待解决的技术问题,其中最重要的便是如何使从网络下载来的同一个应用程序能在不同的操作系统上运行,即跨平台问题。为了攻克这个难题,世界上各大计算机厂商及研究机构都投入了大量的资金和力量。当然微软也不例外,它借助自己的技术、资金以及市场优势及时地加入了这场竞争。但让人没想到的竟然是率先胜出的是当时名声尚微的 Sun 公司。原因是 Sun 公司发现早年间开发的一款虚拟机能解决这个问题。原来,Sun 公司曾为一个嵌入式项目试图开发一种以新型二进制字节码为执行代码的新型硬件平台,为了进行实验,该公司用软件在现有操作系统之上模拟了这个硬件平台并获得了成功,但由于某种原因整个项目被搁置了。当跨平台这个需求出现时,Sun 立即就想到:如果为所有不同的操作系统都配置上述那种可以执行字节码的软件,不就可以在字节码上实现平台的统一了吗? 于是 Sun 在开发了可以与各种不同操作系统适配的虚拟机(Sun 把上述软件称为虚拟机)的同时,又开发了一种以二进制字节码为目标语言的高级语言 Java,自此,"Java 旋风"立即横扫世界。

Java 的跨平台思想如图 18-1 所示。

从图中可见,Java 的所谓跨平台实质上就是在不同的操作系统之上又用虚拟机这个软件包了一层皮,从而使得各种平台对应用程序呈现的是一个统一的字节码二进制界面。

眼见 Sun 公司拔了头筹,不甘落后的微软奋起直追,2000 年 6 月,微软宣布它正在开发

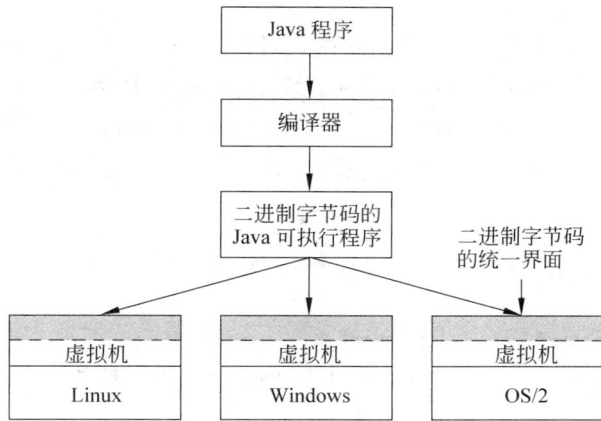

图 18-1　Java 实现跨平台的思想

一项适用于网络环境称为.NET 的技术规范。随后在 2002 年就推出了适用于 Windows 且符合.NET 规范的框架.NET Framework,与此同时,还推出了适合在该平台使用的程序设计语言 C♯和经过改造了的 VB,从而不仅实现了跨平台,而且还以新的编译器实现了跨语言编程。

18.1.2　.NET 与.NET Framework 概览

.NET 与.NET Framework 的层次结构如图 18-2 所示。

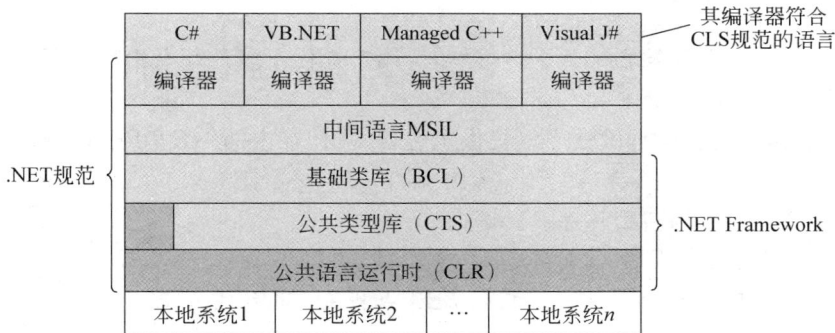

图 18-2　.NET 和.NET Framework 的层次结构

无论是跨平台还是跨语言,在不能改变本地系统硬件平台二进制语言的情况下,都需要另行设计一个新的、统一的二进制语言。在这个统一语言基础上,对下便可以以虚拟机的方式屏蔽硬件平台的差异以实现跨平台,对上则以编译器屏蔽不同编程语言的差异以实现跨语言。

微软公司推出的新型二进制语言称为中间语言(MSIL,也称为 IL),如果要类比的话,IL 对应于 Java 的字节码。接下来,微软以 IL 为基础,向下以虚拟机为核心推出了.NET Framework,其核心称为 CLR(Common Language Runtime,公共语言运行时),这个 CLR 对应于 Java 虚拟机;向上则提出了一个称为 CLS(Common Language Specification)的编译器规范,凡是依照此规范设计的编译器,均可以把对应的高级语言程序编译为规范的 IL 代码,从而可在 CLR 上运行。

为了统一数据在内存中的布局,.NET 在 IL 层面又提供了一套统一的数据类型,并将其称为公共类型库(Common Type System,CTS)。当然,作为一个程序开发平台,.NET Framework 还必须为应用程序设计提供一套称为 BCL 的基础类库。

在本书中,常用的名词是公共语言运行时(Common Language Runtime,CLR)和中间语言(Intermediate Language,IL)。

18.1.3 高级语言编译器与 CLR 中的即时编译器

从上面的叙述可知,高级语言源代码需要经过两次翻译才能成为硬件所能执行的二进制机器码。第一次是将高级语言源代码翻译成 IL 代码,第二次则是把 IL 代码翻译成最终的二进制机器码。

第一次翻译是真正的编译,执行这个任务的就是那些符合 CLS 规范的高级语言编译器,其翻译的结果是扩展名为.dll 或.exe 的 IL 代码;执行第二次翻译则是 CLR 中的即时编译器(Just In-Time compile,JIT)。

JIT 的工作方式有点儿特殊,它只把当前需要执行的 IL 代码(通常是一个方法)编译为本机指令并立即执行,同时把编译出来的结果保存到缓存以应对将来对同一方法的再次调用。也就是说,JIT 对于头一次遇到的 IL 代码虽然是一种解释执行方式,但从它保存的解释结果来看,它又是一种编译工作方式,故称之为即时编译器。显然,JIT 这种不编译多余代码的方式特别适合网络应用。

18.1.4 开发语言和开发工具

作为第一套.NET 开发和运行平台,微软为用户提供了多种开发语言和开发工具。

1. 开发语言

在微软的.NET 实现中,微软不仅提供了包含 CLR 在内的.NET Framework,还为用户提供了一组可扩展的开发语言,如 C♯、VB.NET、VC ++ .NET、VJ♯ 等。其中的 C♯ 是专门为.NET 而开发的一种新型程序设计语言。

2. 开发工具

与其他程序开发平台一样,.NET 为用户提供的最基本程序开发工具为.NET Framework SDK。另外,按照微软的一贯风格,它还为用户提供了可视化的.NET 集成开发环境 Microsoft Visual Studio,如图 18-3 所示。

18.1.5 托管代码的概念

1. 托管代码及其文件格式

从功能上看,CLR 更接近于一个操作系统,它对运行在它上面的程序负有文件加载、内存管理、代码安全、线程控制等一系列管理责任。也就是说,如果在一个计算机系统上安装了.NET,那么在该系统中就会存在两个应用程序管理者:本地系统和 CLR。如果把可以运行在本地系统上的应用程序称为"本地代码",那么符合 CLS 规范可以运行在 CLR 之上的代码就被称为"托管代码"。意思是说,这种代码的管理被本地系统委托给 CLR 了,因此 CLR 也常被称为"托管环境",如图 18-4 所示。

图 18-3　Microsoft Visual Studio 2019

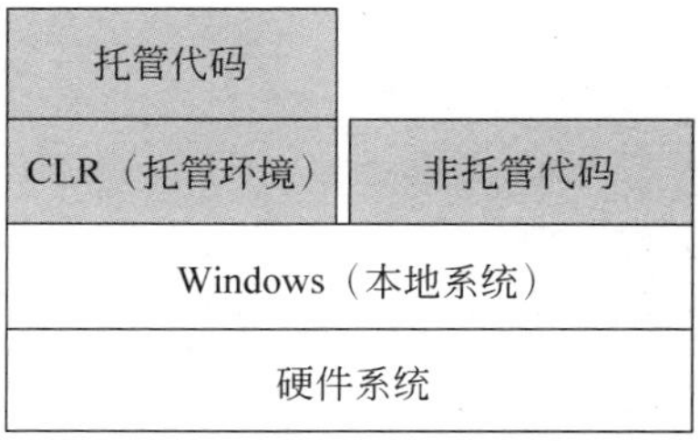

图 18-4　Windows 中的托管代码和非托管代码

在 Windows 中,凡是可执行文件(.dll 和.exe)都是 PE 文件。PE 的意思是 Portable Executable(可移植的执行体),这是任何 Win32 平台 PE 装载器都能识别的可执行文件格式。为了不改变老用户的使用习惯,运行在.NET 上的托管代码文件仍然是 PE 格式,其扩展名仍为.dll 和.exe。但为了系统能够识别一个文件是否为托管代码文件,微软在传统的 PE 文件中加入了一个 CLR 头,并在其中记录了执行该文件所要求的 CLR 版本、标志以及托管模块入口方法(Main( )方法)等信息。

2. 托管环境的功能

大体上,托管环境为托管代码提供了三项服务:代码安全检查、类型安全和垃圾自动收集。

.NET 经常要运行从网络上下载的程序代码,为了防止恶意代码的入侵,CLR 的一个重要工作就是要对下载的代码进行安全性检查。.NET 的另一个很重要的特性就是类型安全。一方面,编译器进行编译时会严格检查所有对象的类型,以避免在运行时出现类型不匹配的错误,从而保证不会出现错误的类型转换和非法越界操作。另外,为了防止用户因错误销毁对象而使系统崩溃,CLR 设置了一个自动垃圾收集器(Garbage Collector,GC)。当收集器的一个回收周期到来时,它会对系统中的所有对象进行检查,如果发现某些对象已不再被应用程序所使用,垃圾收集器会立即销毁这些对象以释放它们所占用的内存。

18.1.6　程序集

微软给可以运行于托管环境的程序起了一个新名:程序集(Assembly),其扩展名为

.exe 或.dll。程序集也称为装配件,利用它们可以像搭积木一样组装成更大的程序集。

1. 程序集是模块及资源文件的集合

在.NET 中,微软认为装配件的最小单元应该是一种只具有单一功能且不能单独运行的功能模块,即它们应该是类似建筑工程中的门、窗、功能砌块之类的单元。而真正能运行且具有较完善功能的模块应该是这些单一功能模块的组合。

基于上述理念,微软首先推出了这种不能单独运行的模块,其扩展名为 netmodule,而把由 netmodule 模块组合形成的大模块称为程序集。为使程序集具有较为完整功能的程序集,微软还允许它可以包含图片、图标之类的资源文件。当然,出于管理的需要,程序集它还必须包含一个"清单",并在其中记录程序集所包含的模块、资源以及程序集本身的版本、密钥等说明信息。

根据是否含有入口方法 Main(),程序集被分为两种:没有入口方法的称为类库,扩展名为.dll;带有入口方法的称为可执行程序,扩展名为.exe。

程序集可以通过引用的方式使用其他程序集的功能,这种引用其实就是装配。

下面使用一个示例来说明模块及程序集的相关概念。

现有模块 Stu 源文件 Stu.cs 如下:

```
using System;
public class Student
{
    public void Show()
    {
        Console.WriteLine("这是一个 Student 对象");
    }
}
```

文件创建完毕后,从命令行启动 C♯编译器 csc 并输入如下命令:

```
>csc /t:module Stu.cs
```

编译成功后会得到一个名称为 Stu.netmodule 的文件,该文件就是一个扩展名为.netmodule 的模块。

如法炮制,再写一个模块源文件 Ppl.cs:

```
using System;
public class Peaple
{
    public void Show()
    {
        Console.WriteLine("这是一个 Peaple 对象");
    }
}
```

然后按照上述编译方法编译后可得到模块文件 Ppl.netmodule。

接下来,在编译器中输入如下命令:

```
>csc /out:Clss.dll /t:library /addmodule:Stu.netmodule;Ppl.netmodule
```

这个命令的含义是:添加模块 Stu 和 Ppl 以生成一个名称为 Clss.dll 的库程序集。如果程序集还需要资源文件,如图片,那么上面的编译命令如下:

```
>csc /out:Clss.dll /t:library /addmodule:Stu.netmodule;Ppl.netmodule /res:W04.jpg
```

本例的资源为一个事先加入当前目录的图片 W04.jpg 文件。

如果使用 ILDasm.exe 查看 Clss.dll，那么可以看到它的清单里有如下内容：

```
.class extern public Student
{
    .file Stu.netmodule
    .class 0x02000002
}
.class extern public Peaple
{
    .file Ppl.netmodule
    .class 0x02000002
}
.mresource public W04.jpg
{
    // Offset: 0x00000000 Length: 0x000410B9
}
```

如果接着再编写一个带有入口方法 Main() 的代码 Prm.cs：

```
using System;
class Program
{
    static void Main()
    {
        Student stu=new Student();
        stu.Show();
        Peaple ppl=new Peaple();
        ppl.Show();
        Console.Read();
    }
}
```

如果使用如下所示 csc 命令：

```
>csc /out:Program_1.exe /addmodule:Stu.netmodule;Ppl.netmodule /res:W04.jpg Prm.cs
```

则编译后可得到.exe 程序集 Program_1.exe。这是一个具有入口方法 Main() 的程序集，可以独立运行，运行后结果如下：

```
这是一个 Student 对象
这是一个 Peaple 对象
```

Clss.dll 和 Program_1.exe 看起来都是由 Stu 和 Ppl 两个模块构成的程序集，只不过 Program_1.exe 带有入口方法，能够独立运行，但仔细看还是有区别，即 Program_1.exe 除了 Stu 和 Ppl 两个模块之外，还包含一个源文件 Prm.cs 中 Program 生成的模块。

其实，在已经有了库 Clss.dll 的情况下，可以使用下面所示 csc 命令来生成与 Program_1.exe 具有同样功能的.exe 程序集 Program_2.exe：

```
>csc /out:Program_2.exe /r:Clss.dll Prm.cs
```

编译命令中的 r 为编译开关 reference 的简写，这个开关也称为元数据引用开关，其作用是通知编译器在编译时要引用库 Clss.dll 中的元数据（关于元数据，后面有介绍），因为元数据里含有库 Clss.dll 中的类型说明，它的作用与头文件等价。

这种通过引用关联程序集的做法实质上就是程序集的安装。但需要注意的是，这种装配并不是真的把代码装配到一起了,而只是把这种装配关系记录在了清单之中,从而使 CLR 可以在运行时根据清单找到需要的文件,并将程序运行所需要的代码加载进来以实现程序的功能。

显然,上述装配实质上只是一种逻辑意义上的装配,模块和程序集文件及其代码并没有发生物理位置变化。可见,程序集有点像一个组织(如学校的学生会),虽然这个组织的所有成员会被登记在一个表上,但这些成员原来在哪儿仍然在哪儿,不会因其加入组织而发生变化,但当组织有需要时会根据登记表找到相应的成员并要求他完成约定的任务。

程序集清单中的信息如表 18-1 所示。

表 18-1　程序集清单中的信息

信　　　息	说　　　明	
程序集名称	程序集名称的文本字符串	
版本号	主版本号和次版本号,以及修订号和内部版本号	
区域性	有关该程序集支持的区域性或语言的信息	
公钥	共享程序必备	
程序集中所有文件的列表	程序集中包含的每一文件的散列及文件名	
类型引用信息	用来将类型引用映射到包含其声明和实现的文件的信息	
引用其他程序集的信息	程序集所引用的其他程序集列表	

其实在编程实践中,人们常常跨过模块这一级,直接把源代码编译成程序集,如果程序比较简单,那么就直接编译成.exe 程序集,如果希望代码重用,那么就编译成.dll 程序集,然后在使用的地方引用它,这种不使用其他模块的程序集也被称为单模块程序集。

总之,程序集是一种可以在 CLR 运行,拥有版本号、自解释(因为有清单)、可装配的二进制(IL)文件,程序集的扩展名为.exe 或.dll。

2. 元数据

.NET 的 PE 文件与 Windows 平台的 PE 文件有所不同,它包括 5 部分: PE 头、CLR 头、清单及元数据、IL 代码。

按照定义,元数据是说明数据的数据。那么在这里什么数据需要说明? 对于 C♯这种面向对象语言来说,需要在元数据中说明的主要就是程序里面需要的那些类型声明。

以前因为计算机资源的匮乏,人们不得不把二进制可执行代码之外的说明信息以头文件或其他文件形式提供,结果就是说明文件与可执行文件的分离,这种分离曾给人们带来了无尽的痛苦和麻烦。而今,在大多数情况下,计算机资源的限制不再是什么大问题,将说明信息并入可执行文件已经是现代可执行文件的潮流。因此,.NET 编译器在把源文件编译成 PE 文件时,就会把类型说明信息制作成中间语言(IL)数据存储于 PE 文件,这种存在于 PE 文件中的类型说明信息就称为元数据。

当 PE 文件被加载时,CRL 会把 PE 文件中的这些元数据随 IL 可执行代码一并加载到内存,从而使得其他 PE 文件可以通过引用它的元数据来发现有关的类、成员、继承等信息。

元数据的存在,除了可以大大地提高程序集的可靠性,还促使 C♯发展了两个强大机制: 反射和特性(见 19 章)。除此之外,元数据还对 C♯语言动态特性的发展提供了有力的支持。可以说,C♯的新特性有很大一部分源于元数据。

3. 程序集的部署——私有程序集和共享程序集

大多数情况下,程序集都是以私有程序集方式被使用,即它们与客户应用程序共同位于同一个文件夹,客户程序集只需要添加引用即可。当然程序集也可以被多个应用程序共享,为了使所有的客户都能找到共享程序集,共享程序集必须安装在系统提供的一个全局程序集高速缓冲存储器(Global Assembly Cache,GAC)之中。

18.1.7　真正跨平台的.NET Core

微软在推出了适用于 Windows 的.NET Framework 之后,2016 年又在 Red Hat DevNation 大会上正式发布了跨平台的.NET Core 以及 ASP.NET Core 1.0。.NET Core 真正实现了跨平台,它支持在 Windows、macOS、Linux 等系统上的开发和部署(在图 18-3 的 Microsoft Visual Studio 2019 上可以看到.NET Core 的选项),可以在硬件设备、云服务和嵌入式/物联网方案中使用。

从 BCL 层面上看,可以简单地把.NET Core 认为是.NET Framework 的跨平台版本,因为.NET Core 1.0 的大部分核心代码都继承自.NET Framework。

.NET Core 是一个可以用来构建现代、可伸缩和高性能的跨平台软件应用程序的通用开发框架。可为 Windows、Linux 和 macOS 构建软件应用程序,包括 Web 应用程序、移动应用程序、桌面应用程序、云服务、微服务、API、游戏和物联网应用程序。.NET Core 并不局限于单一的编程语言,它支持 C♯、VB.NET、F♯、XAML 和 TypeScript。这些编程语言都是开源的,由独立的社区管理。表 18-2 列出了.NET Core 的主要发展。

表 18-2　.NET Core 的主要发展

版　　本	发布日期	关键特征/产品
.NET Core 1.0	6/27/2016	Visual Studio 2015 Update 3 支持的.NET Core 的初始版本
.NET Core 1.1.1	3/7/2017	.NET Core Tools 1.0 受 Visual Studio 2017 支持
.NET Core 2.0	8/14/2017	Visual Studio 2017 15.3,ASP.NET Core 2.0,实体框架 2.0
.NET Core 2.1	5/30/2018	ASP.NET Core 2.1,EF Core 2.1
.NET Core 2.2	12/4/2018	ASP.NET Core 2.2,EF Core 2.2
.NET Core 3.0 预览 3	3/6/2019	通过 Visual Studio 2019 支持 ASP.NET Core 3.0、EF Core3.0、UWP、Windows 窗体、WPF
.NET 5.0	11/10/2020	.NET 5.0 是 3.1 之后 .NET Core 的下一个主要版本。版本号之所以跨过 4.0,官网称主要有两个原因:一是为了跳过版本号 4.x ,以免与 .NET Framework 4.x 混淆;二是从名称中删掉了单词"Core",以强调这是.NET 发展的主要方向

18.2　C♯

C♯是微软专门为.NET 配套开发的一种完全面向对象的编程语言。

18.2.1 C#的特点

C♯语言的主要特点如下。

1. 完全面向对象

学习 MFC 时就知道,因 C++ 的不完全面向对象曾迫使人们必须拐弯抹角地使用一个全局函数 AfxGetApp()来获得应用程序对象。在发展 C♯ 时,微软便不再允许程序中出现全局函数,即使是入口方法(C♯ 采用了面向对象的术语,把函数改称作方法)也必须封装到类中,其格式如下:

```
public class Hello
{
    ...
    public void static Main(string[] args)              //程序入口方法
    {
        ...
    }
    ...
}
```

2. 使用了命名(名字)空间

在.NET 体系中,各种程序实体(如类、对象、属性、方法、字段等)的数目巨大。如何为这些程序实体进行命名是一个大问题,稍有不慎就会出现类名冲突。为此,C♯ 采取了分段长名字的命名方法,即引入了命名空间(也称为名字空间)的概念。

所谓的命名空间,从程序代码来看,就是使用关键字 namespace 在程序中声明的语句块。例如:

```
namespace 命名空间名
{
}
```

不管有多少个语句块,只要其名称相同,那么即是同一个命名空间。

凡是在同一个命名空间声明的具有名称的程序实体,其名称中都含有这个命名空间名字的字段。例如:

```
namespace 空间名 1
{
    namespace 空间名 2
    {
        class 类名
        {
        }
    }
}
```

如果一个类被定义在一个上述这样的语句块中,那么这个类的名称就为

名字空间名 1.名字空间名 2.类名

类名的前面如果具有了全部的命名空间名,那么这种类名称为类的全限定名。例如,对于下面的定义:

```
namespace Probling
```

```
    {
        public class Hello
        {
            ...
        }
    }
```

则 Hello 类的全限定名就为 Probling.Hello。

　　当一个类处在一个多层嵌套命名空间的较深位置时,这个类的名称会很长,所以当程序引用一个类名时,C♯允许在程序的开头位置用关键字 using 先指出被引用类的所属名字空间,意思是说以下程序中的名字出自 using 引用的名字空间,从而使程序中的类名变短。例如下面的程序段:

```
using System;
class MyFirstApp
{
    static void Main()
    {
        Console.WriteLine ("Hello .NET");
    }
}
```

　　由于在程序的开头位置使用了关键字 using 指出了本程序所引用的命名空间 System,所以当程序使用系统提供的 System.Console.WriteLine ( )方法时就可以只写 Console.WriteLine ( ),而没有必要非得用它的全限定名了。

　　学习过 Java 的读者一定要注意: C♯的命名空间与 Java 包的概念有所不同,C♯命名空间只是一种逻辑意义上的分区,与类文件所在的实际物理位置(文件目录)无关。

3. C♯ 中的所有类都是 Object 的子类

　　.NET 定义了一个称为 System.Object 的抽象类,它是所有 C♯类的共同基类,如果用户在定义自己的类时没有指定基类,那么编译器会自动将 Object 作为其基类。这种做法的重要性在于:一是便于实现面向抽象编程;二是 Object 可以为派生类提供一些通用方法。

　　Object 常用通用方法如表 18-3 所示。

表 18-3　Object 类的通用方法

方　　　法	访问修饰符	作　　　用
string ToString( )	public virtual	返回对象的字符串表示
int GetHashTable( )	public virtual	在实现字典(散列表)时使用
bool Equals(object obj)	public virtual	对对象的实例进行比较
bool Equals(object objA, object objB)	public static	对对象的实例进行比较
bool ReferenceEquals(object objA, object objB)	public static	比较两个引用是否为同一对象
Type GetType( )	public	返回对象的类信息
object MemberwiseClone( )	protected	对对象进行浅复制
void Finalize( )	protected virtual	析构方法

18.2.2 C#的值类型和引用类型

自从面向对象程序设计语言出现之后,在其语言体系中就出现了两种截然不同的数据类型:原类型和类类型。原类型也叫原生类型,即那些非面向对象语言遗留下的原始(基本)数据类型,如整型、浮点型等;而类类型是以类的形式封装起来的数据(对象)。

1. 值类型

在程序设计技术中,人们把原生类型称为值类型,这种类型的数据以变量形式出现,变量和数据一一对应,对变量的操作就是对这个变量的数据值进行操作,所以称为值类型。

2. 引用类型

引用类型就是那些类类型。

类类型数据以对象的形式存在于内存,程序是通过一个称为引用(类似前面介绍过的句柄)的中介物对对象进行操作,目的就是为了安全。因为在现代面向对象程序中,类的实例都创建于内存堆,程序得到的是实例指针,为避免用户直接使用这种不安全的指针,C#必须用一个引用来隐藏这个指针,于是,类类型也就得名引用类型。

定义一个引用并使之指向被引用对象的方法如下:

```
Hello hand;              //定义一个可以指向 Hello 类型对象的引用 hand
hand=new Hello();        //创建 Hello 类对象并将其与引用 hand 相关联
```

当然也可以在定义引用的同时定义对象,例如:

```
Hello hand=new Hello();   //定义引用的同时定义对象
```

可见,引用也是有类型的。引用与对象之间的关系如图 18-5 所示。

图 18-5　引用、对象指针和对象之间的关系

引用是一个可以单独定义的中介,它与对象之间的关联属于一种后天的弱关联,因此引用就具有不同于普通变量的两个特点:一是同一个对象可以有多个引用,如图 18-6(a)所示;二是程序可以根据需要改变引用的指向,如图 18-6(b)所示。

(a) 同一个对象可以有多个引用

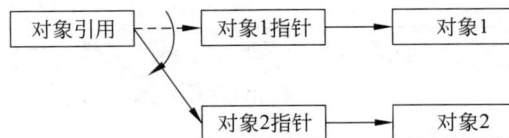

(b) 同一个引用可以更换其引用对象

图 18-6　引用的特点

3. 装箱和拆箱(值类型与引用类型之间的转换)

为了解决原生类型与引用类型之间的差异而造成的一些程序设计上的问题,C♯ 引入了装箱和拆箱技术。

原生类型与引用类型之间的差异主要体现在兼容性问题,引用类型都有一个共同的基类(如 C♯ 的 Object),它们因同属一个"家族"而具有共同的特征,这些共同的特征使得它们之间的沟通变得轻而易举。例如,有一个方法的参数类型为 Object,任何引用类型对象都可以作为该方法的参数,极大地提高了这个方法的重用性。为了使那些没有共同基类的"散兵游勇"式的原生类型也具有这种便利性,C♯ 引进了装箱技术。

在 C♯ 中的装箱技术中,原生类型的数值型数据通常只能装到 Object 对象中。装箱方法如下:

```
int i=0;
System.Object obj=i;
```

这个过程就是将 i 装箱。拆箱就是将一个引用型对象转换成任意值型,例如:

```
int i=0;
System.Object obj=i;        //将 i 装箱
int j=(int)obj;             //将 obj 拆箱
```

这个过程前两句是将 i 装箱,后一句是将 obj 拆箱。

对于 C♯ 来说,装箱和拆箱是一个比较古老的技术了,自从有了泛型之后,这种技术很少再有应用了。

18.2.3 C#的数据类型转换

数据类型在一定的条件下可以相互转换。C♯ 允许使用两种转换方式:隐式转换和显式转换。前述的装箱和拆箱也是一种数据类型转换。

1. 隐式转换

隐式转换:从类型 A 到类型 B 的转换可以在所有情况下进行,执行转换的规则非常简单,不需要做任何工作,也不需要另外编写代码。例如,将 int 型数据转换成 double 型数据:

```
int a =10;
double b =a;               //隐式转换
```

隐式转换规则是:任何类型 A,只要其取值范围完全包含在类型 B 的取值范围内,就可以隐式转换为类型 B。基于这个转换规则,C♯ 的隐式转换不会导致数据丢失。但要注意,最常用的简单类型 bool 和 string 没有隐式转换。

2. 显式转换

显式转换又叫强制类型转换,这种转换需要用户明确地指定转换类型。例如,将 double 类型数据转换成 int 类型数据:

```
double c =10.5;
int d =(int)c;             //显式转换
```

进行这种转换时,编译器将对转换进行溢出检测。如果有溢出说明转换失败,就表明源类型不是一个合法的目标类型,无法进行类型转换。强制类型转换会造成数据丢失,如在上面的例子中,最终得到的 d 值为 10。

3. 使用转换方法进行类型转换

使用 Object 基类的 ToString() 方法进行类型转换成字符串，如表 18-4 所示。

表 18-4 ToString() 功能表

格式符	格式符含义	示　例	转　换　结　果
C	货币	2.5.ToString("C")	￥2.50
D	十进制数	25.ToString("D5")	00025
E	科学型	25000.ToString("E")	2.500000E＋005
F	固定点	25.ToString("F2")	25.00
G	常规	2.5.ToString("G")	2.5
N	数字	2500000.ToString("N")	2,500,000.00
X	十六进制	255.ToString("X")	FF

使用 Convert 类提供的转换方法进行数据类型转换。Convert 类提供的转换方法如表 18-5 所示。

表 18-5 Convert 类常用的类型转换方法

方　法	说　明
Convert.ToInt32()	转换为整型(int)
Convert.ToChar()	转换为字符型(char)
Convert.ToString()	转换为字符串型(string)
Convert.ToDateTime()	转换为日期型(datetime)
Convert.ToDouble()	转换为双精度浮点型(double)
Convert.ToSingle()	转换为单精度浮点型(float)。

使用这些方法的前提是能将需要转换的对象转换成相应的类型，如果不能转换则会报错。

4. 使用 as 操作符转换

使用 as 操作符转换。使用格式如下：

```
B b=a as B;
```

以上语句企图将对象 a 转换为 B 类型。如果要转换的类型与指定类型兼容，转换就会成功；如果类型不兼容，则返回 null，而不是引发异常。as 只能用于引用类型和可为空的类型。

18.2.4　C#泛型

泛型(Generic)允许将类或方法中数据类型的确定延迟到真正需要使用它们的时候，而在此之前允许在数据类型的位置用一个"变量"(也称为占位符)替代之，待到该代码真正被应用时再以实际需要的数据类型把这个"变量"替换掉。

例如，有如下代码：

```
public class Stack
{
    private string[] m_item;
    public string Pop(){...}
    public void Push(string item){...}
    public Stack(int i)
    {
        this.m_item =new string[i];
    }
}
```

在编写代码时如果不想把其中的类型 string 写死,而希望可以在程序实际应用这段代码时根据具体应用场景再指定它的实际类型。C#的办法如下:

```
public class Stack<T>
{
    private T[] m_item;
    public T Pop(){…}
    public void Push(T item){...}
    public Stack(int i)
    {
        this.m_item =new T[i];
    }
}
```

把所有 string 的位置用占位符 T 替换,然后在类名后面的尖括号中指明 T 是占位符不是实际类型。实际类型则在程序真正使用这个类时再指定,代码如下:

```
Stack<double>dStack =new Stack<double>(10);
```

于是原来代码中的占位符就都被替换成 double 了。

当然也可以定义泛型方法,一个简单的例子如下。

```
public void Dsp<T>(T data)
{
    Console.WriteLine(data);
}
```

C#也允许设计泛型接口:

```
public interface GenericInterface<T>{}
```

泛型方法(可以作为传入参数,也可以作为返回值):

```
public T void Create<T>(T t)
{
    return default(T)
}
```

可以看到,上述这种做法实质上就是把数据类型参数化了,其中的"变量"实质上就是数据类型参数或占位符,英文称作 Generic,中文译作"泛型"。

使用泛型可以不必因数据类型的变化而大量编写同一代码,最大限度地实现了代码重用。

实际编程工作中有时并不希望泛型太"泛",而是希望能对传入的数据类型有所约束。具体方法就是指定适用类型的祖先,即其继承的接口或类。为此,C#2.0 提供了泛型约束关键字 where。其使用格式如下：

```
public class Node<T, V>where T : Stack, IComparable
    where V: Stack
{…}
```

以上的泛型类的约束表明，T 必须是从 Stack 和 IComparable 继承，V 必须是 Stack 或从 Stack 继承，否则将无法通过编译器的类型检查，编译失败。泛型约束格式如表 18-6 所示。

表 18-6　泛型约束格式

泛 型 约 束	说　　明	
where T : struct	类型必须是值类型	
where T : class	类型必须是引用类型。此约束还应用于任何类、接口、委托或数组类型	
where T : unmanaged	类型不能是引用类型，并且任何嵌套级别均不能包含任何引用类型成员	
where T : new()	类型必须具有公共无参数构造函数	
where T :＜基类名＞	类型必须是指定的基类或派生自指定的基类	
where T :＜接口名称＞	类型必须是指定的接口或实现指定的接口	
where T : U	为 T 提供的类型必须是为 U 提供的参数或派生自为 U 提供的参数	

18.2.5　推断类型 var

关键字 var 是 C♯3.0 开始推出的一种类型，称为推断类型。使用 var 定义的对象，编译器会根据上下文来推断该对象的类型。

例如，如以下语句一样定义一个变量：

var a =1 ;

于是编译器会根据等号右边的值 1 推断出变量 a 是一个整数类型。同理：

var b ="2";

编译器就会把 b 定义为 string 类型。

当自己无法确定结果变量应该是什么类型时，可以使用 var 来试试。

使用 var 定义变量时要注意以下几个问题。

* 必须在定义时初始化。也就是 var 必须与等式连用，不能以如下形式单独定义一个 var 类型变量：

  var s;

* 一个 var 变量一旦初始化完成，就不能再为其赋与初始化值类型不同的值了。

* var 要求是局部变量。

注意，var 实质上是一条指令，并不属于泛型范畴，本书只是为了方便才把它放到了这里。

18.2.6　C#的控制台输出和输入

本节仅介绍编程常用的控制台输出和输入，目的只是为了读者阅读程序方便，至于其他有关输入输出语句的内容请读者参阅其他文献。

1. 控制台输出

System.Console.WriteLine()表示向控制台写入字符串后换行。例如：

```
System.Console.WriteLine("Hello C#!");
```

如果字符串中含有需要输出的变量,则需要使用格式字符串和变量表。例如：

```
int a=20, w=12,m=8;
Console.WriteLine("本班共有{0}个学生,其中{1}个女生,{2}个男生",a,w,m);
```

其中,{0}{1}{2}称为占位符,代表后面依次排列的变量表,0 对应变量列表的第一个变量,1 对应变量列表的第二个变量,以此类推,完成输出。

上例的输出为

本班共有 20 个学生,其中 12 个女生,8 个男生

Console.Write()表示向控制台直接写入字符串,不进行换行,可继续接着前面的字符写入。

2. 控制台输入

Console.ReadLine()这一句代码返回一个字符串数据,可以把它直接赋值给字符串变量,例如：

```
string strname=Console.ReadLine();
```

有时需要从控制台输入数字,就用到前面介绍的内容——数据转换,例如：

```
int num=int.Pares(Console.ReadLine());
int num=Convert.ToIn32(Console.ReadLine());
```

Console.Read()表示从控制台读取字符串,不换行。

Console.ReadKey()表示获取用户按下的下一个字符或功能键,按下的键显示在控制台窗口中。

Console.Beep()通过控制台扬声器播放提示音。

Console.Clear()清除控制台缓冲区和相应的控制台窗口的显示信息。

18.2.7 类

类是 C♯程序的基本模块,类的成员可以是字段、属性、索引器、方法和事件。其中,字段是数据成员,而属性、索引器、方法和事件都是方法成员。

1. 类的声明

与 C++ 相同,class 是用来声明 C♯类的关键字,其应用格式如下：

```
访问控制关键字 class 类名
{
    类体
}
```

通常,类中可以根据需要声明构造方法、字段、方法、属性、索引、事件等成员。其中,属性、索引和事件是 C♯新引入的概念。

2. 类的静态构造方法

C♯允许为类声明静态构造方法,该方法在类被载入内存时会被系统自动调用,且只调

用一次。根据静态构造方法的被调用时机可知,它通常被用来对对象进行初始化。

声明静态构造方法的关键字为 static,不允许使用任何访问控制修饰字。声明类的静态方法实例如下:

```
public class Test
{
    static Test()        //静态构造方法
    {
                        //初始化代码;
    }
    …
}
```

18.2.8 类的继承

不同于 C++,C♯类不允许多继承,每个派生类只能有一个基类。之所以这样做,一是为了避免多继承产生命名冲突,二是避免因误用多继承而产生一些"不伦不类"的子类。

1. 派生类的声明及关键字 base

派生类的声明格式如下:

访问控制字 class 派生类名:基类名
{
    类体;
}

如果需要在派生类中访问基类成员,则在访问时需在基类成员前面使用关键字 base,并在 base 与成员名之间使用点号"."。base 代表了基类对象的引用。如果需要在派生类的构造方法中调用基类构造方法,则其格式如下:

```
public Child():base(参数)
{
    …
}
```

其中,Child()为派生类的构造方法。

2. 密封类及关键字 sealed

可以使用关键字 sealed 来使一个类成为密封类(或称最终类),这种类不能作为基类来派生新类。声明一个密封类的格式如下:

访问控制字 sealed class 类名
{
    类体
}

3. 匿名类型

所谓匿名类型就是没有类名的类型。当认为没有必要为一个简单的应用而特意声明一个类时,可以考虑使用匿名类型。因这种类型没有名称,故需使用 new 及成员的初始值直接创建对象。示例如下:

```
var v=new { Name="李　逵", Sex="男" };
var v=new[] {
    new { Name="宋　江", Sex="男" },
```

```
        new { Name="孙二娘", Message="女!" }
    };
```

示例程序代码如下：

```
using System;
public class NClass
{
    public static void Main(string[] args)
    {
        var a =new { Name ="李   逵", Sex ="男" };
        Console.WriteLine(a);
        var b =new[] {
            new { Name ="宋   江", Sex ="男" },
            new { Name ="孙二娘", Sex ="女" }
        };
        foreach(var item in b)
        {
            Console.WriteLine(item);
        }
    }
}
```

匿名类型通常用在查询表达式的 select 子句中，以便返回源序列中每个对象的属性子集（见第 19 章的 Linq 简介）。

18.2.9 C#的多态性

与 C++类似，C#也支持通过方法重载和运算符重载来实现静态多态，也是通过虚函数的重写来实现的动态多态，只是在语法上 C#与 C++稍有不同。

C#仍然使用关键字 virtual 来声明虚方法，但在派生类中，要使用关键字 override 来修饰被重写了的虚方法。例如下面的代码：

```
using System;
public class DrawingObject
{
    public virtual void Draw()              //虚方法
    {
        Console.WriteLine("这是绘图类");
    }
}
//派生类
public class Line : DrawingObject
{
    public override void Draw()              //重写了的基类虚方法
    {
        Console.WriteLine("这是线段类");
    }
}
```

另外，为了实现字段和方法的版本控制，C#还定义了一个关键字 new，该关键字的作用可参阅其他文献。

18.2.10 接口、抽象类及其作用

"高内聚,低耦合"是软件设计中需要遵循的一个重要原则。高内聚的实现依赖于程序员对代码的认识和组织,而低耦合的实现,则需要语言上的支持,为此,C♯提供了接口、抽象类和委托(也称为代表)等手段。

如果说类是对一类事物的抽象,那么接口就是对一类方法的抽象。接口只负责提供一组方法的调用特征,即方法名称、方法参数的数目、类型以及返回值类型等(这些调用特征也称为方法的"签名")。也就是说,接口只负责对方法的形式与规格提出要求,而方法的实现(方法体)则推给了"继承"了接口的实现类。接口作为中介实现了服务和客户的隔离或缓冲。

1. 接口的声明

声明接口的关键字为 interface,接口的声明格式如下:

```
访问修饰字 interface 接口名称
{
    方法签名 1;
    方法签名 2;
    …
    方法签名 n;
}
```

其中的方法签名默认为公有,不需要使用任何访问控制修饰字。接口最大的特点是不能实例化。

习惯上,接口名称以大写英文字符 I 来开头。例如:

```
public interface IDisposable
{
    int Dispose(int, double);            //方法签名
    …
}
```

学习过 C++ 的读者一看就会清楚,这就是抽象类!只不过 C++ 抽象类是用一些纯虚函数来表示这些方法签名。其实在 C++ 中,抽象类就是当作接口来使用的,只不过对接口的作用还没有更深刻的认识,所以也就没有 interface 这个关键字。

从应用的角度看,接口是方法的提供者(服务方)与方法的使用者(客户方)之间制定的服务合约或合同。接口为程序代码供需双方建立了一种约束,如果双方各自都严格按照接口的规定编程,那么任何一方代码的变化就都不会对对方的代码形成干扰,从而实现了双方代码的"解耦"。由于这种解耦作用可以大大提高软件的可维护性,所以现代软件设计大力提倡面向接口编程。即一旦双方共同确定了接口,那么供需双方就必须都以这个接口为标准编写自己的代码。

2. 接口的实现类

作为服务供应方如何按照接口的约束来写自己的代码呢?具体做法就是编写一个接口的实现类,其格式如下:

```
访问控制修饰字 class 类名 : 接口名
{
    类体;
```

```
        }
```

与类继承很相似,但为了强调这是服务方对合约的兑现,所以这里把这种做法称为"接口实现"。例如,接口 IDisposable 的实现:

```
class SomeClass : IDisposable
{
    public int Dispose(int x, double y)    //接口中方法的实现
    {
        方法体
    }
    ...
}
```

接口实现类与接口之间关系的图形表示如图 18-7 所示。为了区别于类,接口图框中的接口名要使用斜体字,用箭头指向被实现接口,而箭头后面的连线则表示这个实现是个由虚到实的过程。

一个实现类可以实现多个接口,其图形表示如图 18-8 所示。

图 18-7 接口及其实现类的图形表示   图 18-8 一个实现类可以实现多个接口

在 C♯中,类对接口的实现并不属于继承,因此实现类还可以具有一个基类,如果不显式声明,则默认基类为 Object。

需要时,接口也可以进行扩展(对于接口不使用"继承"一词),如图 18-9 所示。

3. 用接口实现代码解耦

为了把接口的解耦作用看得更清楚,这里提供了一个简单的示例。例如,现在有一个需要音箱的放大器,其类代码如下:

```
class Amplifier
{
    public Soundbox soundbox;            //声明音箱类对象
    public static void Main()
    {
        soundbox=new Soundbox();         //创建音箱类对象
        soundbox.Play();                 //调用音箱方法
    }
}
```

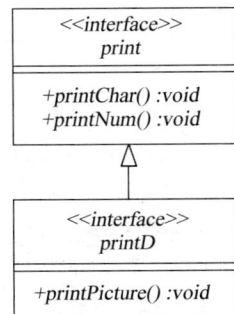

图 18-9 把接口 print
        扩展为 printD

由于音箱对象写死在了放大器类中,那么当音箱类一旦发生变化,通常会要改写放大器类代码。客户类代码与服务类代码之间有耦合,显然这不利于代码的维护。

仔细分析可知,客户类需要的只是服务类的方法,如果服务方能承诺服务方法的签名不发生变化,那么服务类的变化就不会影响到客户类。即只要客户类只对方法签名的集合——接口来编写程序就可以实现代码解耦了。

对于本例来说，就是先声明一个接口 ISoundbox，然后再声明接口的实现 Low_Soundbox 并在其中实现音箱方法 Play()。代码如下：

```
using System;
namespace Soundbox
{
    public interface ISoundbox                 //接口
    {
        void Play();
    }
    public class Low_Soundbox:ISoundbox        //接口实现
    {
        public void Play()                     //音箱的播音方法
        {
            Console.WriteLine("低音炮~~~~~~~~");
        }
    }
}
```

客户方 Amplifier 的代码如下：

```
using System;
using Soundbox;
namespace Amplifier
{
    public class Amplifier1
    {
        ISoundbox soundbox;                       //使用接口 ISoundbox 声明音箱对象
        public Amplifier1(ISoundbox soundbox)     //参数类型也是 ISoundbox
        {
            this.soundbox=soundbox;               //创建音箱类对象
        }
        public void TurnOn()                      //打开放大器
        {
            soundbox.Play();                      //调用音箱方法
        }
    }
}
```

可见，客户代码是由构造方法以 ISoundbox 类型为参数来接收服务对象的，只要接口 ISoundbox 没发生变化，那么不管服务方(音箱)发生了什么变化，只要它是接口 ISoundbox 的实现类，客户的构造方法就能毫无障碍地接收它。

4. 抽象类

有时，当人们在制定某种服务约定时，常常不得不在方法之外再提出一些附加条件，从而需要定义一些字段。于是人们把含有字段又定义了一些虚方法的类称为抽象类，类中的虚方法也就称为抽象方法。在声明抽象类时必须使用关键字 abstract 来修饰类和虚方法。

抽象类声明格式如下：

```
abstract class 类名
{
    字段;
    …
    abstract  类型 方法名(参数)          /＊抽象方法＊/
```

```
        ...
    }
```

　　抽象类虽然属于类的范畴,也可以具有一个基类,但程序不能创建抽象类的实例,以为它的方法还都没有被实现。抽象类虽然也具有解耦作用,但更多的是作为一个类族的基类,如图 18-10 所示。

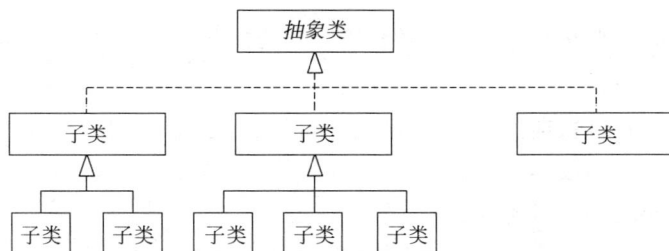

图 18-10　抽象类作为类族的起点

18.3　委托、匿名方法、Lambda 表达式

18.3.1　委托的定义和使用

　　在学习 C++ 时就知道,函数指针也能实现解耦。因为函数指针可以指向一个函数,所以函数指针可以看成是它指向的那个函数的代表(delegate)。代表属于一种中介,也是一类抽象,故可以隔离函数使用者和函数提供者,从而实现双方代码的解耦。

　　但因只持有函数地址的函数指针太原始,非常不安全,极容易因它指向空地址而使程序崩溃,为此,C♯ 对函数指针进行了类封装,并在类中采取了一系列措施使它成为一个安全数据类型。为了有别于函数指针,C♯ 把这个与函数指针功能相似的类型称为委托。

　　由于委托所代表的方法的签名具有多样性,所以 C♯ 只能提供委托的类模板,因此定义一个委托对象时需要两个步骤:先依据被代表方法的签名从委托类模板声明一个委托类,接下来再由委托类定义一个委托对象。

　　声明一个委托类的格式如下:

```
[访问修饰符] delegate 返回值类型 委托类名(参数列表);
```

其中,delegate 是声明委托类的关键字,后边是待代表的方法的签名,其中占据着方法名位置的便是所声明的委托类名。例如:

```
public delegate int IntDelegate(int,int);
```

　　声明了一个委托类 IntDelegate,它可以代表的方法的签名为两个 int 类型参数,返回值类型为 int。

　　声明了委托类之后便可以定义一个委托对象了:

```
委托类名 委托对象名 =new 委托类名(Target);
```

其中,Target 为被委托的方法名。对于上面声明了 IntDelegate 委托类来说,如果有如下定义语句:

```
IntDelegate int_Delegate=new IntDelegate(intMeth);
```

那么,被代表的方法一定为

```
int intMeth(int x, int y)
{
    ...
}
```

C# 2.0 之后允许把被委托的方法名直接与委托关联,即上述定义语句可以写为

```
IntDelegate int_Delegate=intMeth;
```

C# 还有一种所谓的"多播委托",这种委托可以代表多个方法,当程序调用这种委托对象时,会依次连续调用那些方法。多播委托类重载了运算符"+""-""+=""-=",目的是能向多播委托中加入或移出委托方法。

多播委托有一个限制:被代表方法的返回类型必须为 void,即多播委托类的声明格式如下:

```
delegate void 委托类名(参数列表);
```

18.3.2　委托与匿名方法

在程序设计实践中,被委托的方法常常只是在与委托关联时使用一次,所以为了简便,C# 允许使用匿名方法。匿名方法就是一种没有方法名的方法,但在参数列表之前必须使用关键字 delegate。下面是一个使用匿名方法的示例:

```
using System;
public class NClass
{
    //声明委托类
    delegate int Del(int x, int y);
    public static void Main(string[] args)
    {
        //定义匿名方法并将其与委托 p 关联
        Del p =delegate(int x,int y)
        {
            return x+y;
        };
        //调用委托
        Console.WriteLine(p(100,300));
    }
}
```

从例子中可以看出,这种方法之所以可以匿名,一是因为它是一次性"消费"的,二是它马上就要交由委托来执行,所以它也就不必具有名字了。

18.3.3　委托与 Lambda 表达式

Lambda 表达式也是一种匿名函数,它的简便性在于它只需使用一个 Lambda 运算符"=>"来表示这是一个方法。"=>"运算符的左边为输入参数列表,右边为表达式或语句块。如果只有一个参数,参数列表可以不使用括号,其格式如下:

```
param=>表达式              //单参数
```

```
(param-list)=>表达式        //多参数
```

在编写 Lambda 表达式时,可以忽略参数的类型,编译器会根据上下文推断参数的类型,但是,当表达式有多个参数且编译器无法自动判断其类型时,则需要显式指定类型。

以下都是合法的 Lambda 表达式:

```
(x,y)=>x * y                      //多参数,隐式类型=>表达式
x=>x * 5                          //单参数,隐式类型=>表达式
x=>{ return x * 5; }              //单参数,隐式类型=>语句块
(int x)=>x * 5                    //单参数,显式类型=>表达式
(int x)=>{ return x * 5; }        //单参数,显式类型=>语句块
()=>Console.WriteLine()           //无参数
```

上面那个匿名方法的例子也可以使用 Lambda 表达式来实现。代码如下:

```
Del p=(x,y)=>x+y;
//调用委托
Console.WriteLine(p(100,300));
```

18.3.4 泛型委托

鉴于委托应用的广泛性,也为了省却由模板定义委托类的步骤,C♯预置了两个常用的泛型委托类系列:无返回值的 Action<T>系列与有返回值的 Func<T>系列。

Action 为无返回值的委托,最多可以设置 16 个参数;Func 为有返回值的委托,输入参数列表的最后一位为返回值类型。

例 18-1 使用泛型委托的示例。代码如下:

```
using System;
public class GDelegate
{
    public static void Main(string[] args)
    {
        //Action 委托与 Lambda 表达式
        //无参
        Action test1 = () => { Console.WriteLine("无参委托"); };
        test1();
        //单个参数
        Action<double>test2 = (x) =>
                { Console.WriteLine("x * x={0}",x * x); };
        test2(5.89);
        //两个参数
        Action<int, int>test3 =(x, y)=>
            { Console.WriteLine("x+y={0}",x+y); };
        test3(20,40);

        //Func 委托与 Lambda 表达式
        //单输入参数
        Func <int,int>sqr =x =>x * x;
        Console.WriteLine(sqr(5));
        //两个输入参数
        Func<int,int,int>intfunc=(x, y)=>y-x+100;
        Console.WriteLine(intfunc(10,30));
        //两个参数,返回值类型与输入参数类型不同
        Func <string,string,int>totalLength =(s1, s2)=>s1.Length +s2.Length;
```

```
        Console.WriteLine(totalLength ("a", "the"));
    }
}
```

程序运行结果如图 18-11 所示。

图 18-11   例 18-1 程序运行结果

读者以后会看到,泛型委托的主要应用是作为方法的参数来向方法内传递代码。

18.4   C♯类的特殊方法

为了更准确地描述对象的行为,C♯发展了三种新型方法:事件、属性和索引器。它们都可以声明在接口和抽象类。

18.4.1   事件

1. 事件的基本概念

事件是程序在运行中所发生,且为某些其他对象所关注的一件事。发生事件的对象称为事件源,关注事件的对象称为事件接收者。事件接收者之所以关注事件是因为它需要在事件发生时做出一些反应(如处理一件业务),即事件接收者此刻需要执行一个称为事件处理方法的方法。显然,如何使事件源在事件发生时能够激活(调用)事件接收者的事件处理方法是此类问题的关键。

在 MFC 中,事件发生时事件源是通过调用函数指针来调用事件接收者的事件处理方法(MFC 称之为消息响应函数)的,那么在这里,事件源用委托来调用事件处理方法就是顺理成章的解决方法。

按照功能,委托完全可以满足事件处理的需要,但 C♯设计者总是觉得还差那么一点点,因为事件是发生在事件源内部,所以设计者们希望委托的调用也应该被限制在内部,以防外部误调用而引发误操作。但这又带来了一个新问题,因为事件接收者属于外部对象,如果委托设计为私有,那么外部的事件接收者就没有办法把自己的事件处理方法加入委托。于是在对普通委托进行了一番改造之后,得到了一个能满足上述要求的特殊委托并命名之为"事件"。其实把它称为"事件方法委托"更合适。

定义一个事件分为两步:先按照被委托方法的签名声明委托类,然后再定义事件,但要记得使用关键字 event。下面是定义一个事件的例子:

```
//声明一个委托类
public delegate void delegateRun(object,object);
//定义一个事件
public event delegateRun eventRun;
```

可见,与定义一个委托差不多,只是多了一个关键字 event,但这个关键字就使得

eventRun 变成了一个被改造了的特殊委托——事件。

例 18-2 设计一个事件源 Sender,在其内部设计一个能接收键盘数据的方法,再设计一个事件接收者 Receiver,其中定义一个能在显示器上输出一串文字的方法,当事件源 Sender 由键盘获得的数据为"1"时,这个事件要激发事件接收者 Receiver 的那个能输出一串文字的事件处理方法。

(1) 程序代码:

```
using System;
public class Program
{
//事件源接口
public interface IKeyinput1
{
    event GetStrHandler GetStr;              //事件
    void Go();                               //激活事件方法
}
//声明委托
public delegate void GetStrHandler();
//事件源类
public class Sender:IKeyinput1
{
    public event GetStrHandler GetStr;       //定义事件
    public void Go()                         //事件源
    {
        Console.WriteLine("键盘输入 1 会触发事件");
        int n=Console.Read();
        if (n==49)
        {
            GetStr();                        //通过事件对象调用事件处理方法
        }
        Console.ReadKey();
    }
}
//事件接收者
public class Receiver
{
    public Receiver(IKeyinput1 s)            //接收一个事件源对象
    {
        s.GetStr +=OnGetStr;                 //将事件处理方法加入事件
    }
    //事件处理方法
    private void OnGetStr()
    {
        Console.WriteLine("事件处理方法已经被执行!!!!");
    }
}
static void Main(string[] args)
{
    IKeyinput1 s =new Sender();
    Receiver r =new Receiver(s);
    s.Go();
}
```

```
}
```

（2）程序运行结果。程序运行结果如图 18-12 所示。

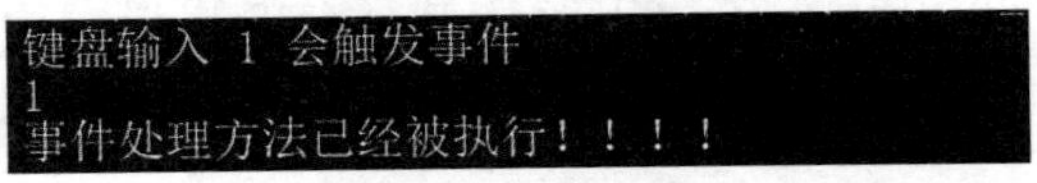

```
键盘输入 1 会触发事件
1
事件处理方法已经被执行！！！！
```

图 18-12　例 18-2 程序运行结果

2. 关于事件的参数

事件的参数也是事件处理方法的参数，既然是事件处理方法，那么它通常需要了解事件的相关信息，也就是说，按照惯例 C♯ 为用户提供一个统一的描述事件信息的基类 System.EventArgs。EventArgs 的声明如下：

```
namespace System
{
    public class EventArgs
    {
        public static readonly EventArgs Empty;
        public EventArgs();
    }
}
```

当然，用户也可以定义自己的类，然后把事件的相关信息封装于此。

除此之外，事件处理方法通常还需要把事件源对象作为参数，以便知道事件源的一些信息。

下面的例 18-3 是一个很好的说明了事件处理方法及参数的应用，这个例子讲了一只猫在夜里大叫一声之后人和老鼠的反应。

例 18-3　猫事件代码。代码如下：

```
using System;
namespace CatCall
{
    //声明事件参数类
    public class callEventArgs : System.EventArgs
    {
        public callEventArgs(string CDo)
        {
            cdo=CDo;
        }
        public string cdo;
    }
    //声明委托
    public delegate void CallEventHandler(
                    Cat sender, callEventArgs e);
    //猫(事件源)
    public class Cat
    {
        //private string catName="猫";
        //public string get(){return catName;}
        public event CallEventHandler Call;    //定义事件
        //激活事件方法
```

```csharp
        public virtual void OnCall(object sender,callEventArgs e)
        {
            if (Call !=null)
            {
                Call(this, e);                    //事件的实参为本对象和事件信息对象
            }
        }
        public void Calling(string CatDo)         //猫大叫
        {
            Console.WriteLine("猫大叫:");
            OnCall(this,new callEventArgs(CatDo));    //调用激活事件方法
        }
}
//老鼠(事件接收者)
class Mouse
{
        private string mName;
        public Mouse(string MName)
        {
            this.mName =MName;
        }
        //老鼠的事件处理方法
        public void OnCatCall(object sender, callEventArgs e)
        {
            Console.WriteLine(e.cdo+"   " +mName +
                    "逃窜:"+ sender.ToString()+"来啦,快跑啊!");
        }
}
//人(事件接收者)
class Person
{
        private string pName;
        public Person(string PName)
        {
            this.pName =PName;
        }
        //人的事件处理方法
        public void OnCatCall(object sender, callEventArgs e)
        {
            Console.WriteLine(e.cdo+"   "+pName +
                "醒了:哦,是"+ sender.ToString()+"啊。");
        }
}
class Relation
{
        static void Main()
        {
            Cat cat =new Cat();
            Mouse mouse =new Mouse("老鼠");
            Person men =new Person("老人");
            cat.Call +=mouse.OnCatCall;
            cat.Call +=men.OnCatCall;
            cat.Calling("aou<<<<<");
        }
```

```
        }
    }
```
程序运行结果如图 18-13 所示。

图 18-13　例 18-3 程序运行结果

上例代码中的这一段：

```
cat.Call +=mouse.OnCatCall;
cat.Call +=men.OnCatCall;
```

是不是有点像 MFC 的消息映射表？

3. 系统预定义事件

如果把上面定义的事件称为用户定义事件,那么.NET Framework 中的那些预置类所定义的事件就称为预定义事件。

.NET 的预定义事件可分为两类：一类是那些在程序运行中由硬设备产生的事件,如鼠标单击事件、键盘键按下事件、打印机启动事件等；另一类是由系统产生的事件,如程序窗口的创建事件、窗口的销毁事件等。这种由系统产生的事件,其事件发送者都不需要应用程序者设计,应用程序设计者只需负责编写事件处理程序方法。

凡是预置事件,.NET 都在相关类中做了相应的预定义。例如,大多数控件的基类都定义了鼠标单击事件（Click 事件）：

```
public event EventHandler Click;
```

为了使事件处理方法能够了解事件的详细信息及事件的发送者,.NET 对于事件处理方法的参数也做了相应规定：一是因其使用了多播委托,所以所有的事件处理方法都应为 void 类型；二是其参数必须为 sender 和 e,其中的 sender 为事件源对象,而 e 则为系统预置的 EventArgs 类或其子类对象,它包含事件信息。

例如,鼠标单击事件的处理方法就被定义为

```
protected virtual void OnClick(object sender,EventArgs e);
```

.NET 之所以把预定义事件的处理方法都定义为虚方法,就是为了使用户可以在派生类中重写该方法。对于这些预定义事件,用户只需正确地重写事件处理方法并将之加入事件即可。

例 18-4　设计一个基于 Form 的应用程序,在 Form 上安置一个按钮,当用户单击该按钮时会使 Form 的高度减少一半。

（1）程序设计分析。

根据题目要求可知,完成这个题目需要使用预定义的事件。由于这种预定义事件的大多数定义工作已由系统完成,所以用户的任务相当简单。其主要工作就是如下三项。

- 以按钮作为事件源,而把 Form 作为事件观察者。
- 在观察者 Form 中编写 Click 事件处理方法 OnClick(),并在该方法中将 Form 的 Height 属性值减半。

- 在程序的主方法 Main()中完成事件处理机制的装配。

（2）程序代码：

```
using System;
using System.Windows.Forms;
class Form1 : Form
{
    public Button button1;                //定义按钮引用
    public Form1()
    {
        Text ="事件处理示例";              //设置窗体的标题
        button1 =new Button();            //创建按钮对象
        button1.Text ="单击";             //设置按钮的标题
        Controls.Add(button1);            //将 button1 添加到窗体
    }
    //事件处理方法
    public void OnClick(object sender, EventArgs e)
    {
        this.Height =this.Height / 2;
    }
}
class Test
{
    public static void Main()
    {
        Form1 f =new Form1();
        //安装事件处理方法
        f.button1.Click +=new EventHandler(f.OnClick);
        Application.Run(f);               //运行窗口程序
    }
}
```

（3）程序运行结果。

程序运行结果如图 18-14 所示。

(a) 程序开始运行后的结果   (b) 单击按钮后的结果

图 18-14　例 18-14 程序运行结果

（4）说明。

本例中的 Application 是.NET 的一个预置类，它就相当于 MFC 的应用程序类，其方法 Run()的作用是以参数所表示的窗体作为界面来启动该应用程序。

18.4.2　属性

所有事物都有一些表示其特征的数据，这些数据表示了事物之间的区别。例如，一谈到兽中之王的老虎，人们头脑中会马上浮现出它那威风凛凛的样子：斑斓的虎皮、锐利的虎爪、如星的虎目、轻盈敏捷的身姿等。凡是这些用来描述对象特征的数据都具有一个共同的特点：它们可以被外界所感知或影响。从程序设计的角度来看，被外界感知就是在类中应该含有专门对这些数据进行读/写的公有(public)方法，这种数据应该是一种字段和方法的结合体。为了表示这种结合体，C♯就发展了一种新型类成员——属性。

C♯属性的最初格式如下：

```
//一个具有 int 型属性字段的属性定义
int someProperty;              //用于存储属性值的字段
public int SomeProperty        //属性的定义,必须为公有且具有与字段相同的类型
{
    get                        //属性值的读方法(没有括号)
    {
        return someProperty;
    }
    set                        //属性值的写方法(没有括号)
    {
        someProperty =value;
    }
}
```

可见，属性写法像一个只有返回值类型而没有参数列表的方法，在方法体中还包含两个没有参数列表也没有返回值的方法 set 和 get。当外部需要读取上述属性字段值时，其表达式如下：

```
int MyProp=p.SomeProperty;   //p 为对象
```

这时 get 方法有效，返回属性字段 someProperty。当外部需要向属性字段赋值时，其表达式如下：

```
p.SomeProperty=100;          //p 为对象
```

set 方法起作用，先把 100 赋给系统预置的默认参数 value，然后再赋给字段 someProperty。

set 和 get 这两个方法称为属性访问器，外部代码通过赋值操作符"＝"，并根据赋值方向调用 set 或者 get。

程序员可以根据需要在 set 和 get 这两个方法中添加自己的代码，例如，进行安全检查或对属性值进行必要的限制等。

在编程实践中，大多数情况下并不需要在 get 和 set 中添加自己的代码，所以为了简便，C♯提供了所谓的自动属性，其格式如下：

```
public 类型 属性名{get; set;}
```

对于自动属性，编译器会自动隐式地为其提供默认的字段和 value 参数。例如，上述属性 SomeProperty 的自动形式如下：

```
public int SomeProperty{get; set;}
```

例 18-5　两种属性应用程序示例。

(1) 程序代码。

程序代码如下。

```
using System;
public class program
```

```
{
    static void Main()
    {
        PrpTest p=new PrpTest();            //定义对象
        p.IntProp=10;                       //为属性赋值
        int a=p.IntProp;                    //读属性
        Console.WriteLine(a);
        p.Age=34;                           //为自动属性赋值
        int b=p.Age;                        //读自动属性
        Console.WriteLine(b);
    }

    public class PrpTest
    {
        private int intprop;
        public int IntProp                  //属性
        {
            get{
                return intprop;
            }
            set{
                intprop=value;
            }
        }
        public int Age{set;get;}            //自动属性
    }
}
```

（2）程序运行结果。

程序运行结果如图 18-15 所示。

图 18-15   例 18-15 程序运行结果

如果属性中只有一个 get 访问器，那么该属性就是一个只读属性。

C#允许在定义自动属性时以下面的方式为其赋初值。

```
public int Age{set;get;} =10;               //为自动属性赋初值
```

18.4.3   索引器

C#类中可以定义索引器（Indexer）。索引器实质上是一种属性，只不过其字段是一个数组。

索引器可以对数组进行操作。索引指示器的定义格式如下：

```
private string[] myData;            //数组
public string this[int pos]         //索引器（访问器）
{
    get
    {
        return myData[pos];
    }
```

```
        set
        {
            myData[pos] =value;
        }
}
```

可见，索引器与普通属性的区别在于以下两点。

- 索引器的名称必须为其所在类的对象引用 this，从而使用户可以通过本类对象来使用索引器。
- 索引器名称后面有一个用方括号括起来的参数，该参数便是用来指示被访问数组元素的索引，这也是这种访问器称为索引器的原因。

例 18-6 索引器的应用示例。代码如下：

```
using System;
using System.Collections;
public class IndexerClass
{
    private string[] name =new string[2];
    //索引器必须以 this 关键字定义
    public string this[int index]
    {
        //实现索引器的 get 方法
        get
        {
            if (index <2)
            {
                return name[index];
            }
            return null;
        }
        //实现索引器的 set 方法
        set
        {
            if (index <2)
            {
                name[index] =value;
            }
        }
    }
}
public class Test
{
    static void Main()
    {
        //索引器的使用
        IndexerClass Indexer =new IndexerClass();
        //"="号右边对索引器赋值，其实就是调用其 set 方法
        Indexer[0] ="舞蹈队";
        Indexer[1] ="体操队";
        //输出索引器的值，其实就是调用其 get 方法
        Console.WriteLine(Indexer[0]);
        Console.WriteLine(Indexer[1]);
    }
```

}

程序运行结果如图 18-16 所示。

图 18-16 例 18-6 程序运行结果

索引器和属性有如下区别。

- 属性以名称来标识,索引器以函数形式标识。
- 索引器可以被重载,属性不可以。
- 索引器不能声明为 static,属性可以。

由于索引指示器是一种方法,所以它可以被声明在接口中,其原型格式如下:

```
public 类型 this[类型 索引参数] {get;set;}
```

例如:

```
public string this[int pos] {get;set;}
```

18.5 foreach 循环、IEnumerable 接口与集合类对象

为了能更为简捷地对集合中的元素进行遍历,C♯语言提供了 foreach 循环,具体语法格式如下:

```
foreach(数据类型 变量 in 集合)
{
    //语句块
}
```

foreach 循环括号中的表达式由关键字 in 和由它隔开的两个项组成。in 右边的项是待遍历的集合名,in 左边的项是一个变量名,该变量用来存放由集合读取的各个元素。这个表达式的含义为:在循环时,每次都依次从集合中读取一个元素并保存至变量中,如果成功(表达式结果为 true)则执行花括号中的语句块,否则结束循环。其实这时集合中的元素都已经被访问到。

可见,这种遍历操作必须借助一个具有类似指针功能的对象,以便指向相应的集合元素,并能在每次循环中进行一次移动,这种对象就是迭代器。为此,C♯提供了一个称为 IEnumerable 的接口并要求所有集合类必须实现它。

IEnumerable 定义于 System.Collections 空间,其代码如下:

```
public interface IEnumerable
{
    IEnumerator GetEnumerator();
}
```

除此之外,在 System.Collections.Generic 空间还有一个继承了 IEnumerable 的泛型版:

```
public interface IEnumerable<out T>: IEnumerable
{
```

```
IEnumerator<T>GetEnumerator();
}
```

可以看到,这两个接口都只定义了一个 GetEnumerator()方法,其类型为 IEnumerator。这个类型的代码如下:

```
public interface IEnumerator
{
    object Current { get; }          //迭代器的当前位置
    bool MoveNext();                 //移动迭代器指向下一个位置
    void Reset();                    //复位
}
```

从注释中可以猜出,这是一个迭代器。下面这个示例说明了这个迭代器的用途。

例 18-7　迭代器应用示例。

首先定义一个测试用的 Student 类:

```
public class Student
{
    public string Name;
    public Student(string name)
    {
        Name=name;
    }
}
```

接下来实现迭代器接口 IEnumerator,为 Student 类定义一个名为 StEnumerator 的迭代器类:

```
public class StEnumerator : IEnumerator
{
    Student[] p;                                //Student 数组
    int idx=-1;                                 //设置迭代器初值
    public StEnumerator(Student[] t)            //构造方法
    {
        p=t;
    }
    public object Current                       //实现 Current 属性
    {
        get
        {
            //Console.WriteLine("idx="+idx);    //观察索引的变化
            if (idx==-1)
                return new IndexOutOfRangeException();
            return p[idx];
        }
    }
    public bool MoveNext()                      //实现 MoveNext()方法
    {
        idx++;
        return p.Length >idx;
    }
    public void Reset()                         //实现 Reset()方法
    {
        idx=-1;
```

```
        }
    }
```

编写实验程序如下：

```csharp
//程序
static void Main(string[] args)
{
    Student[] s = { new Student("刘大"),
              new Student("王二"),
              new Student("张三") };
    //创建迭代器
    StEnumerator enumerator = new StEnumerator(s);
    //使用迭代器依次输出数组元素
    enumerator.MoveNext();                            //移动
    Student p0 = (Student)enumerator.Current;          //取值
    Console.WriteLine(p0.Name);                        //显示
    enumerator.MoveNext();
    Student p1 = (Student)enumerator.Current;
    Console.WriteLine(p1.Name);
    enumerator.MoveNext();
    Student p2 = (Student)enumerator.Current;
    Console.WriteLine(p2.Name);
    enumerator.Reset();                                //复位
    //再显示一轮
    enumerator.MoveNext();
    Student p10 = (Student)enumerator.Current;
    Console.WriteLine(p10.Name);
    enumerator.MoveNext();
    Student p11 = (Student)enumerator.Current;
    Console.WriteLine(p11.Name);
    //enumerator.MoveNext();                           //不移动
    Student p12 = (Student)enumerator.Current;
    Console.WriteLine(p12.Name);
    Console.ReadKey();
}
```

程序运行结果如下：

```
idx=0
刘大
idx=1
王二
idx=2
张三
idx=0
刘大
idx=1
王二
idx=1
王二
```

　　C#为了使系统定义的集合类能成为所谓的可枚举类型，均为它们实现了 IEnumerable 接口，从而使它们的对象都能通过调用 GetEnumerator() 函数获得所需的迭代器，并在 foreach 循环中使用它完成集合的遍历。

对于那些用户自定义的集合（如数组），为了免去用户自行实现 IEnumerable 接口的麻烦，系统在运行时会自动为它们实现所需的 IEnumerable 接口。通过运行如下代码也可以证明这一点：

```
foreach (var type in typeof(int[]).GetInterfaces())
{
    Console.WriteLine(type);
}
```

这段代码使用了反射技术（反射技术请见第 19 章）列出了 int 数组所实现的所有接口。

代码运行结果如下：

```
System.ICloneable
System.Collections.IList
System.Collections.ICollection
System.Collections.IEnumerable
System.Collections.IStructuralComparable
System.Collections.IStructuralEquatable
System.Collections.Generic.IList`1[System.Int32]
System.Collections.Generic.ICollection`1[System.Int32]
System.Collections.Generic.IEnumerable`1[System.Int32]
System.Collections.Generic.IReadOnlyList`1[System.Int32]
System.Collections.Generic.IReadOnlyCollection`1[System.Int32]
```

可见，在列出的接口中，IEnumerable 接口赫然在列。

运行下面程序段，体会 foreach 的用法：

```
int[] I={ 1, 2, 3, 4, 5 };
foreach(int item in I)
{
    Console.Write(item+",");
}
```

上述程序运行结果如下：

```
1,2,3,4,5,
```

可见，在 foreach 循环依次遍历了数组 I 中的所有数据。

综上所述可知，C♯的集合都实现了 IEnumerable 接口，都属于可枚举类型，都自带可以顺序读取集合成员的迭代器，而 foreach 循环语句就是使用迭代器遍历集合的工具。

本 章 小 结

- .NET 是微软提出的一个跨平台系统的规范，而.NET Framework 是按照.NET 规范设计的一个可以运行在 Windows 操作系统上的平台，在此平台上可以运行符合 .NET 规范的托管程序。
- CLR 称为公共语言运行时，它能依靠其中的即时（JIT）编译器把公共语言指令编译为本地指令。它相当于运行在 Windows 操作系统上的虚拟机，支持所有能编译为公共语言代码的高级语言程序。
- .NET Core 是微软推出的符合.NET 规范，可以运行在当今大多数操作系统之上的跨平台运行平台。

- 为了支持自己的.NET Core 和.NET Framework,微软推出了多种可以运行于这两个平台上的高级语言,其中最主要也最具代表性的就是 C♯。C♯是一个完全面向对象的语言,在 C♯中一切都是对象,它们都有一个共同的祖先 Object。

习 题 18

18-1　什么是.NET? 什么称为.NET Framework?

18-2　上网查找资料,了解微软为什么要开发.NET。

18-3　什么是公共语言? 什么是公共类型? 它们有什么用途?

18-4　.NET 如何实现了跨平台和跨语言应用?

18-5　什么是托管环境和托管代码?

18-6　使用托管代码有什么好处?

18-7　试编写一个程序,输出字符串"Hello .NET"。

18-8　设计 3 个源文件,每个源文件都有一个类,其中一个带有程序入口。试做如下工作。

（1）把没有入口的两个文件编译成模块,然后将这两个模块加入有入口的代码编译成一个.exe 程序集。

（2）只把一个没有入口的文件编译成模块,然后将其加入另一个没有入口的代码中编译成.dll 程序集,最后用有入口的代码引用上述.dll 程序集编译成.exe 程序集。

18-9　把习题 18-8 中的两个没有入口文件都编译成.dll 程序集,然后再用有入口的文件引用上面编译成功的两个.dll 程序编译一个.exe 程序集。

18-10　使用命令 ILDasm 对习题 18-9 中的程序集进行反编译并观察各个程序集的清单。

18-11　阅读本书配套教材关于公有程序集的相关内容,再按照提供的例题练习一遍。

18-12　试编写一个程序,在程序中声明一个带有默认构造方法和普通带参构造方法的类,然后在主方法中用这两种构造方法定义该类的对象并输出结果。

18-13　C♯的类继承与 C++ 的类继承有什么区别?

18-14　简述 Object 类的作用。

18-15　什么是原生类型和引用类型?

18-16　有人说,C♯中的任何合法类都会有一个基类。这个说法对不对?

18-17　试编写一个程序,把一个原生类型数据装箱。

18-18　试编写一个程序,把已装箱的整型数据在拆箱后存入整型变量。

18-19　试编写一个程序,在其中声明一个带有静态方法和静态构造方法的类。

18-20　试编写一个程序,练习类继承及 base 关键字的应用。

18-21　试编写一个程序,练习多态。

18-22　上网查找 as 操作符的应用并写一篇学习笔记。

18-23　什么是接口? 为什么说接口是客户和服务之间的服务契约? 接口主要有什么用途?

18-24　什么是接口的实现类? 实现类与接口有什么关系?

18-25　为什么一个类可以实现多个接口？

18-26　编写一个程序，练习接口的实现。

18-27　什么是抽象类？抽象类有什么用途？

18-28　编写一个测试程序，验证本章介绍的放大器和音箱代码并从中理解面向接口编程的实质。

18-29　什么是委托模板、委托类、委托类对象？试说明它们之间的关系。

18-30　设计一个使用委托调用方法的程序。

18-31　设计一个多播委托程序。

18-32　为什么说委托对象就相当于方法指针？

18-33　什么是属性？属性字段与普通字段有区别吗？

18-34　什么是属性访问器？在格式上属性访问器与普通方法有什么区别？

18-35　编写一个程序，体会属性的实质。

18-36　设计一个程序，练习索引指示器的使用。

18-37　什么是事件？事件与委托有什么关系？

18-38　什么是系统预定义事件，在使用上它与用户定义的事件有什么不同？上网查一下，C♯.NET 都有哪些预定义事件。

18-39　什么是事件信息类？该类的对象有什么用途？

18-40　把 MFC 和 C♯ 的事件处理机制作一个比较，看看它们有何异同。

18-41　设计一个程序，将整型数 CurrentNumber 累加到 20，要求在累加过程中，每当该整数可以被 5 整除时便产生一个事件，观察者的事件处理方法会将该数乘以 50 输出。

第 19 章   C♯的几个重要机制与特性

C♯一出现便致力于成为一个受业界欢迎的主流语言,为顺应软件业对程序设计语言的要求,C♯推出了一系列重要机制与特性,本章主要介绍反射、特性、扩展方法、Linq 和 C♯为使自己具有动态语言特性而做的努力。

本章主要内容:

- 反射机制与元数据的关系及反射机制的应用。
- 特性、自定义特性,特性的应用及其与元数据和反射的关系。
- 扩展方法及 Linq 系统,一个符合"开闭原则"的软件构架。
- C♯动态特性及 DLR。

19.1   反 射 机 制

前已述及,C♯编译器在程序集 PE 文件的元数据中包含本程序集以及自外部模块引用的所有类型说明信息。为了可以充分利用这些信息,C♯提供了反射机制,使程序可以在运行时对元数据进行读取和查询,从而大大地提高了程序的可扩展性。

19.1.1   Type 对象及其使用

如果用一句话来解释 C♯反射,那就是"在应用程序中使用 Type 对象来获取目标类型元数据"。这里的目标类型元数据是指那些需要了解的类型,及其字段、属性、方法等信息,而 Type 对象则是获取这些信息的工具。

1. Type 对象

为了使应用程序能够对元数据进行访问和查询,系统定义了一系列用于获取元数据的方法,并将之封装于 System.Type 类。当然,为了方便,系统也在 Type 类中定义了一些属性用以存放元数据中的一些诸如类型名称、版本等通用信息。总之,Type 对象就像一面镜子一样映照出了目标类型的样貌,所以人们将这种机制称作"反射"。

应用程序实施反射操作的第一个步骤就是获取 Type 对象。获取一个 Type 类对象的方法很简单,通常只需使用目标类名(字符串)作为实参调用 Type 类的静态方法 GetType() 即可。例如如下代码:

```
Type td=Type.GetType("System.Double");
```

这里得到的 td 就是与目标类 System.Double 相关联的 Type 对象。

很奇怪,这里没有看到用来创建对象的 new。原因是不同的目标类所需的 Type 对象有些许不同,所以系统提供的 Type 类只是一个基类,真正与目标类关联的 Type 类对象是这个基类的派生类,只不过这个派生过程由系统代劳了,用户只需调用 Type 的静态方法 GetType() 就可以了,前提是必须以目标类的字符串名为实参。

除了使用类方法 GetType() 方法外,还有如下两种获取目标类型 Type 对象的方法。

- 使用运算符 typeof，参数为目标类型名，例如：

```
Type t=typeof(int);
```

注意，这里的参数是类名，不是字符串。

- 通过目标类继承自 Object 的实例方法 GetType()方法。例如：

```
int i;
Type t=i.GetType();
```

前面说过，作为反射工具，Type 类封装了一系列名称为 Get×××()的实例方法，用户可以根据需要通过调用它们获得目标类的相关信息。

Type 对象常用的 Get×××()方法如表 19-1 所示。

表 19-1 Type 常用获取目标类信息的实例方法

方　　法	返回类型	说　　明
GetInterface，GetInterfaces	Type，InterfaceInfo	获取该类实现的接口
GetConstructor，GetConstructors	ConstructorInfo	获取构造函数
GetEvent，GetEvents	EventInfo	获取事件
GetField，GetFields	FieldInfo	获取字段
GetMethod，GetMethods	MemberInfo	获取方法
GetProperty，GetProperties	MemberInfo	获取属性

注：每个方法都可以接收一个枚举类型 BindingFlags 的参数，用于控制成员和类型搜索方法。

表 19-1 的第二列示出了各个方法的返回值类型，这些类型定义在 System.Reflection 命名空间，应用程序在使用反射时要注意引用这个命名空间并定义所需要类型的对象，因为必须使用它们来接纳 Get×××()方法返回的信息。

Type 对象除了提供上述各种 Get×××()方法之外，还以属性的方式保存了目标类的类名、类的种类、类所属命名空间、类的基类或接口等通用信息。Type 常用属性如表 19-2 所示。

表 19-2 Type 常用属性

属　　性	说　　明	
Name	类名	
FullName	类的完全限定名（包括命名空间名）	
Namespace	类的命名空间名	
BaseType	目标类的直接基类	
UnderlyingSystemType	在.NET 运行库中映射的类型（底层类型）	
IsAbstract	是否为抽象类	
IsClass	是否为类类型或引用类型	
IsEnum	是否为枚举	

属　　性	说　　明
IsPrimitive	是否为基本(原生)类型
IsValueType	是否为值类型

2. Type 对象的使用

下面是一个对用户自己定义的类型使用 Type 对象进行反射操作的示例代码:

```
using System;
using System.Reflection;
namespace TypeTest
{
    class Program
    {
        static void Main(string[] args)
        {
            //创建对象
            Student student =new Student();
            //通过对象获得所属类的 Type 对象
            Type t=student.GetType();
            //由 Type 对象获得构造方法信息
            ConstructorInfo[] ctorinfo=t.GetConstructors();
            //显示获得的信息
            foreach (var item in ctorinfo)
            {
                Console.Write(item.Name.ToString() +" ");
                ParameterInfo[] parainfo=item.GetParameters();
                foreach (ParameterInfo p in parainfo)
                {
                    Console.Write(p.ParameterType.ToString()
                            +" " +p.Name +" ");
                }
                Console.WriteLine();
            }

            //查看类中的属性
            PropertyInfo[] propinfo=t.GetProperties();
            foreach (var pi in propinfo)
            {
                Console.WriteLine(pi.Name);
            }

            //查看类中的 public 方法
            MethodInfo[] methinfo=t.GetMethods();
            foreach (var mi in methinfo)
            {
                Console.WriteLine(mi.ReturnType +" " +mi.Name);
            }
            //查看类中的 public 字段
            FieldInfo[] fiedinfo=t.GetFields();
            foreach (var fi in fiedinfo)
            {
```

```
                Console.WriteLine(fi.Name);
            }
            Console.ReadKey();
        }
        //目标类代码
        class Student
        {
            public string x;
            public int y;
            public string Name { get; set; }
            public int Age { get; set; }
            public Student(string m, int n)
            {
                x=m;
                y=n;
            }
            public Student()
            {
            }
            public void Show()
            {
            }
        }
    }
}
```

程序运行结果如下：

```
.ctor System.String m System.Int32 n
.ctor
Name
Age
System.String get_Name
System.Void set_Name
System.Int32 get_Age
System.Void set_Age
System.Void Show
System.Boolean Equals
System.Int32 GetHashCode
System.Type GetType
System.String ToString
x
y
```

反射不仅可以获取目标类信息，而且可以使程序利用这些信息对目标类进行操控，甚至可以创建目标类对象。

19.1.2 对目标程序集的反射

除了查看自己，镜子的另一个重要作用就是对他人进行窥探，如肠镜、胃镜之类。同样，在应用程序中使用 Type 对象进行反射，更经常也更有意义的是对自身以外的其他程序集中感兴趣的类型进行反射操作。这种操作大体上分为以下两步。

- 将目标程序集加载至当前程序集所在程序域。

- 获得 Type 对象。

1. 目标程序集的加载

把目标程序集加载到当前程序集所在的程序域是对其进行反射操作的第一步。有关程序域的概念请见本书配套习题解答及上机实验中的阅读材料,这里只需把它理解成一个可以容纳应用程序运行的内存空间即可。

系统在 System.Reflection 空间定义的 Assembly 类中提供了一系列用于加载程序集的 Load()方法。其中最常用的是 Assembly.Load(),它有多个重载版本,常用的是那个以目标程序集名称为参数的单参数版本。

使用 Assembly.Load()加载程序集时,如果实参为目标程序集的强名称(含有版本、区域信息、公有密钥标记等信息的名称),那么 Assembly.Load()会按照如下路径去查找。

全局程序集缓存 GAC→应用程序根目录→应用程序私有目录

如果用户提供的是只给出了程序集名称的弱名称,则 Assembly.Load()会在当前程序集所在目录中查找,如果没找到,则抛出异常。

例 19-1　设计一个声明了一个 Show()方法的接口 IDplPlugin,然后再设计一个 dll 程序集和一个 exe 程序集,以接口 IDplPlugin 为契约由 dll 程序集向 exe 程序集提供服务(服务项目自定)。

要求:不以引用方式而以反射方式使用 dll 程序集,本程序仅需完成 dll 程序集的加载任务。

(1) 接口 PluginInterface.cs 代码:

```
using System;
namespace PluginInterface
{
    public interface IDplPlugin
    {
        void Show(string name,int age);
    }
}
```

(2) 实现了上述接口的 dll 程序集 DplPlugin.cs 代码:

```
using System;
using PluginInterface;                          //引用接口命名空间
namespace PluginTest
{
    public class DplPlugin:IDplPlugin
    {
        public void Show(string name,int age)    //服务项目
        {
            Console.WriteLine("Name:{0}  Age:{1}",name,age);
        }
    }
}
```

实现的服务项目很简单,只是一个输出语句。

(3) 客户 exe 程序集 ReflectTest.cs 代码:

```
using System;
using System.Reflection;
```

```
using PluginInterface;                          //引用接口命名空间
namespace Assmp
{
    public class prog
    {
        public static void Main(string[] args)
        {
            //以程序集弱名称加载程序集
            Assembly assembly=Assembly.Load("DplPlugin");
            Console.WriteLine(assembly);        //输出结果
        }
    }
}
```

因题目要求不能以引用方式使用 dll 程序集,故只能使用加载程序集到当前程序域的方法,这里调用的方法是 Assembly.Load()。

（4）编译。

PluginInterface.cs 编译为 dll 文件:

```
>csc /t:library PluginInterface.cs
```

DplPlugin.cs 编译为 dll 文件:

```
>csc /t:library /r:PluginInterface.dll DplPlugin.cs
```

ReflectTest.cs 编译为 exe 文件:

```
>csc /r:PluginInterface.dll ReflectTest.cs
```

注意：目标程序集(exe)和用户程序集(dll)都要引用定义了接口的 dll 程序集,即供需双方必须各自持有一份服务契约,这是两个程序集在代码上的唯一联系。

（5）程序运行结果。

程序运行结果如图 19-1 所示。

```
E:\第四版\CSharp\反射示例>ReflectTest
DplPlugin, Version=0.0.0.0, Culture=neutral, PublicKeyToken=null
```

图 19-1 例 19-1 程序运行结果

程序运行后输出了目标程序集的名称,这意味着目标程序集加载成功。需注意的是,这里按照强文件名称格式输出,尽管在 Load()方法中输入的是弱名称。

除了 Assembly.Load()之外,第二个比较常用的程序集加载方法为 Assembly.LoadFrom(),其参数为目标程序集的存储路径或网络路径。使用方法请读者自行查找。

2. 对程序集中类型的反射操作

一旦程序集被成功加载,其后通常便是通过程序集的实例方法 GetExportedTypes()方法来获取该程序集所有的公有类型的 Type 对象。

如果在例 19-1 测试程序中添加如下代码:

```
Type[] types =assembly.GetExportedTypes();
foreach (Type t in types)
{
    Console.WriteLine(t.Name);
}
```

代码中,定义了数组 Type[] 来收纳这些返回的 Type 对象。接下来便在 foreach 循环中输出这些 Type 对象的属性 Name。程序运行后的结果如图 19-2 所示。

DplPlugin

图 19-2　例 19-1 增加代码后程序运行结果

因为本例的目标程序集只声明了一个类型,故只输出了这个类型的名称,有兴趣的读者可以在目标程序集再增加几个类型试试。

如果在例 19-1 程序中的输出语句 Console.WriteLine() 中再增加如下几项内容:

```
Console.WriteLine(t.Name+"  "+t.FullName+"  "+t.BaseType+"  抽象类?"+
    t.IsAbstract);
```

则程序运行后会输出如图 19-3 所示内容。

DplPlugin PluginTest.DplPlugin System.Object 抽象类? False

图 19-3　例 19-1 增加代码后程序运行结果

可见,又多获得了一些目标类的信息。

如果想知道目标程序集是否含有接口,可以调用 Type 对象的 GetInterfaces() 方法,例如,在例 19-1 程序代码中增加如下一段语句:

```
foreach (Type inter in t.GetInterfaces())
{
    Console.WriteLine(inter.Name);
}
```

则程序运行后会出现如图 19-4 所示结果。

IDplPlugin

图 19-4　例 19-1 增加代码后程序运行结果

程序集 Type 对象的 GetInterface() 方法特别有用,是应用程序用以发现实现了期望接口类型的重要手段。由于这个类型常常是应用程序进行反射操作的终极目标,所以接下来的操作就是创建这个类型的对象以便享用它的服务。

创建一个对象的最直接方法便是调用构造方法。这可以通过 Type 提供的 InvokeMember() 方法来实现,方法签名如下:

```
public object InvokeMember(
    string name,                         //目标方法名称
    BindingFlags invokeAttr,             //查找成员筛选器
    Binder binder,                       //规定了匹配成员和实参的规则
    object target,                       //要调用其成员的对象
    object[] args);                      //传递给目标方法的参数
```

用这个方法创建对象需将 BindingFlags 参数设置为 BindingFlags.CreateInstance。但更常用的是如下动态创建对象方法(详细使用方法请读者自行到网上查询):

```
Activator.CreateInstance(Type);                  //使用无参构造方法
Activator.CreateInstance(Type, Object[]);        //使用有参构造方法
```

下面在例 19-1 程序中增加了两段创建目标类对象的代码,并在其中分别使用了上面的 InvokeMember() 和 Activator.CreateInstance() 方法。

```
if (t.GetInterface("IDplPlugin")!=null)
{
    //调用 Activator.CreateInstance() 创建对象
    var obj=(IDplPlugin)Activator.CreateInstance(t);
    obj.Show("张飞",23);          //通过对象调用 Show() 方法
    //调用 InvokeMember() 创建对象
    var obj1 = (IDplPlugin)t.InvokeMember(t.ToString(),
            BindingFlags.CreateInstance, null, null, null);
    obj1.Show("吕布",21);          //通过对象调用 Show() 方法
    //通过 InvokeMember() 调用对象方法
    t.InvokeMember("Show", BindingFlags.InvokeMethod, null,
            obj1,new object[] {"刘备",33});
}
```

通过这一节的叙述,必须要注意一个重要且有意义的事实是:用户程序集没有引用目标程序集就享用了它的功能。换句话说,这两个程序集的代码不仅可以独立修改而且还可各自独立编译,充分地实现了解耦。

代码可以独立修改是面向接口编程的功劳,而可以各自独立编译则是反射的贡献,因为反射可以在运行期获取其他程序集的类信息,而引用只能在编译期才能获得这些信息。

例 19-1 程序完整代码请见本书配套习题解答及上机实验。

19.2 特　　性

元数据可以通过反射来访问和阅读,那么能不能有办法使得应用程序可以向元数据写数据呢? 答案是肯定的,因为只要在程序中声明一个类型并定义对象,编译器就会为其在元数据中记录相关数据。这么做的意义就在于应用程序可以在需要时,在 PE 文件中为程序添加一些运行期可读的注释,这是源文件中的那种注释没法办到的。

所谓的特性(Attribute),就是这种为了向元数据添加注释而定义的一种特殊类型对象。其特殊性就在于它可以附着在 C♯ 程序代码元素(程序集、模块、属性、方法等)前面对这些宿主元素进行一些注释。这些注释可以被应用程序或编译器通过反射来获得,从而使它们可根据注释内容来实现一些所需的特殊行为。

19.2.1　特性是一种特殊类型对象

从外观来看,特性在应用程序中被方括号括了起来,很醒目,很像贴在宿主元素前面的一个标记或者标签。例如如下特性:

```
[FieldNameAttribute("SocialSecurityNumber")]
```

从方括号中的内容看,它是一个方法调用,并且是一个构造方法调用。对于本例,FieldNameAttribute 是类名,也是构造方法名,括号中的"SocialSecurityNumber"是传递给构造方法的实参。方括号的作用是通知编译器在这里调用括号中的构造方法创建一个在程序源代码中看不到的对象,但要把其信息保存到元数据。于是以后当有需要时,应用程序可以利用反射将这些信息再读出来。

C#规定,在源代码中使用特性时,其名称后部的 Attribute 可以省略,如上面的特性可以写为

```
[FieldName("SocialSecurityNumber")]
```

这种省略了后缀的特性名称为"短名称",而带有后缀的就称为"长名称",但当编译器在编译时,它会把短名称修正为长名称。也就是说,短名称只是为了程序员方便罢了。

为使读者可以尽早了解特性的用途及应用特点,下面举了两个使用系统预置特性的小例子。

例 19-2 C#有一个预定义特性 Obsolete,该特性被用在一个方法的前面来说明这个方法已经过时。当用户程序调用了贴上 Obsolete 标签的方法时,编译器在编译时会向用户提出警告或拒绝编译。

(1)代码:

```
using System;
public class AnyClass
{
    [Obsolete("Don't use Old method, use New method", true)]
    static void Old() {Console.WriteLine("Hello!"); }        //过时方法
    static void New() {Console.WriteLine("Good!"); }
    public static void Main(string[] args )
    {
        Old();              //调用那个被声明为过时的方法
        New();
    }
}
```

为说明 Old()为一个过时方法,所以在方法的前面使用了特性 Obsolete。

(2)编译。

编译的结果如图 19-5 所示。

Exp19_2.cs(9,3): error CS0619: '"AnyClass.Old()"已过时:"Don't use Old method, use New method"

图 19-5　例 19-2 程序运行结果

可见,编译器拒绝对这个代码的编译并报错,因为程序试图编译和调用一个已经被 Obsolete 所注明的过时方法。

Obsolete 特性的第一个参数是个字符串,程序设计者可以在这里说明报错原因并指明处理方法。第二个参数可以为 true,也可以为默认值 false。当该值为 true 时,则拒绝编译;而为 false 时,虽然编译器会进行编译,但会提出警告。

(3)将第二个参数改为 false 再编译后运行。

编译及运行后结果如图 19-6 所示。

(4)用 ILDasm 查看元数据。

Old()方法的元数据如图 19-7 所示。

把选中的部分复制下来展示如下:

.method private hidebysig static void　Old() cil managed
{

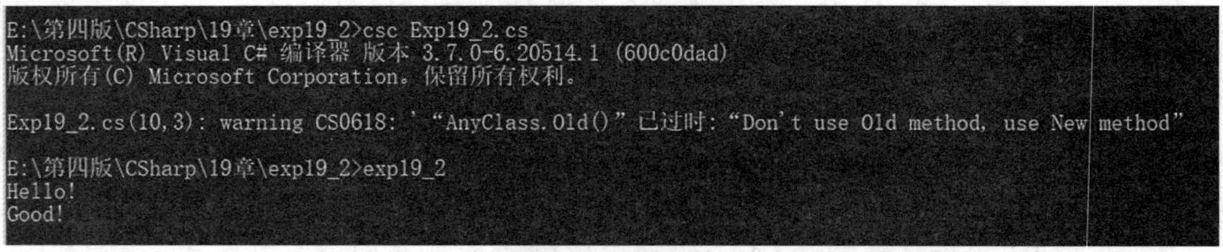

图 19-6　例 19-2 程序修改后运行结果

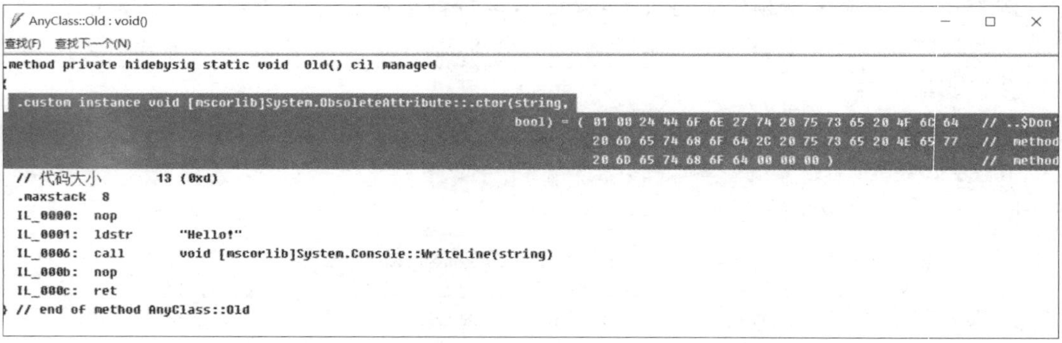

图 19-7　Old()方法的源数据表

.custom instance void [mscorlib]System.ObsoleteAttribute::.ctor(string,
bool) = (01 00 24 44 6F 6E 27 74 20 75 73 65 20 4F 6C 64　　// ..$ Don't use Old
20 6D 65 74 68 6F 64 2C 20 75 73 65 20 4E 65 77　　// method, use New
20 6D 65 74 68 6F 64 00 00 00)　　// method...

其中,粗体字就是特性嵌入元数据中的内容,括号中就是构造特性对象时的实参编码,在它的左边给出了英文原文。

读者有兴趣话,可以把 Old()方法前的特性删掉后再看一下元数据中的内容。

从例 19-2 可见,特性不仅可以在元数据中保存注释文字,也可以对编译器的行为进行干预。系统的大多数预置特性都是为了对编译工作进行指导。

在 C♯中,特性的目标元素可以为程序集、模块、类、属性、事件、字段、方法、参数、返回值。一般情况下,特性必须紧挨着被说明元素放在前面,如果一个被说明元素需要附着的特性比较多,那么就顺序排放,或者在一个方括号中以逗号进行分隔顺序排放。例如:

```
[AttributeUsage, Flags]
```

由于程序集(Assembly)和模块(Module)可以作为一个整体应用到程序集或模块中,所以用于说明程序集和模块的特性可以放在源代码的任何地方,但必须要使用关键字 assembly 或 module 来作前缀,前缀后要使用冒号分隔。例如:

```
[assembly: MyAttribute(P)]        //应用于程序集
[moduel: MyAttribute(P)]          //应用于模块
```

19.2.2　系统预定义特性

为了用户的方便,C♯提供一些预定义特性。这里举两个例子以使读者对特性及其使用有个进一步的认识。

1. Flags 特性

Flags 特性用于枚举类型的说明。凡以 Flags 特性来说明的枚举类型,编译器将把枚举数值看作位标记,而非数值。

例 19-3 Flags 特性用于枚举类型的示例。

(1) 代码:

```
using System;
using System.Runtime.InteropServices;        //包含定义了特性 Flags 的名字空间
namespace exp15_3
{
    class AttributeTest
    {
        [Flags]                              //特性安置于被说明程序元素之前
        enum Animal
        {
            Dog=0x0001,
            Cat=0x0002,
            Duck=0x0004,
            Chicken=0x0008
        }
        static void Main(string[] args)
        {
            Animal animals =Animal.Dog | Animal.Cat;
            Console.WriteLine(animals.ToString());
        }
    }
}
```

这里附带说一句,当没有实参需要传递时,特性方括号里面的调用构造方法语句可以没有参数列表所需的圆括号。

(2) 程序运行结果。

程序运行结果如图 19-8 所示。

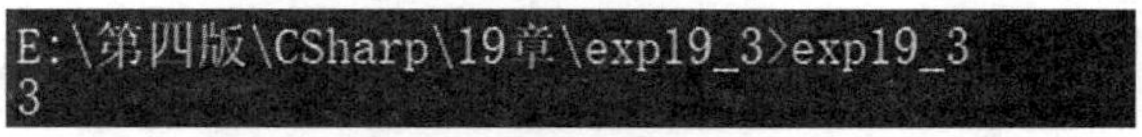

(a) 没有使用Flags特性时程序的运行结果

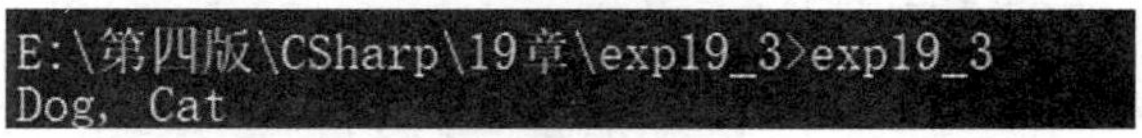

(b) 没有使用Flags特性时程序的运行结果

图 19-8   例 19-3 程序的运行结果

由于这里的目的只是说明预定义特性的使用方法,所以关于位标记的细节,请读者参阅其他文献。

2. Conditional 特性

为了辅助程序的调试工作,人们经常会编写一些临时代码。为了防止调试后的误删正式代码,.NET 在 System.Diagnostics 命名空间提供了 Conditional 特性,其用法如下。

```
[Conditional("DEBUG1")]
public void Print2()              //临时用于调试代码的方法
```

```
    {
        Console.WriteLine("This is Print2");
    }
```

Conditional 有一个常量形式的开关参数，它控制了特性 Conditional 的有效性。如果在程序的开头定义了 Conditional 中的常量（如#define DEBUG1），那么编译器将正常编译特性所说明的代码元素；否则，所说明的代码元素将不被编译器所编译（相当于被删除）。

例 19-4 具有两段临时代码的程序示例。

（1）程序代码：

```
//#define DEBUG1
#define 临时调试代码 2
using System;
using System.Diagnostics;        //包含 Conditional 特性所在的名字空间
namespace Test
{
    class Print
    {
        public void Print1()
        {
        Console.WriteLine("This is Print1");
        }
        [Conditional("DEBUG1")]
        public void Print2()      //临时代码 1
        {
            Console.WriteLine("This is Print2");
        }
        [Conditional("临时调试代码 2")]
        public void Print3()      //临时代码 2
        {
            Console.WriteLine("This is Print3");
        }
    }
    class MainClass
    {
        static void Main(string[]  args)
        {
            Print p=new Print();
            p.Print1();
            p.Print2();          //调用临时代码 1
            p.Print3();          //调用临时代码 2
        }
    }
}
```

（2）程序运行结果。

程序运行结果如图 19-9 所示。

```
E:\第四版\CSharp\19章\exp19_4>exp19_4
This is Print1
This is Print3
```

图 19-9　例 19-4 程序的运行结果

从图 19-9 中可以看到,临时方法 1(Print1())因其说明特性 Conditional 中的常量
DEBUG1 未被定义,所以就未被编译,即在编译后的代码中被删除。

19.2.3　自定义特性

定义一个特性的步骤就是先声明一个特性类,然后在使用时只需在宿主前面调用构造
方法创建一个该类的对象即可。当然要记得把调用构造方法语句用方括号括起来,这样编
译器只会把对象构造于内存并将相应的数据加入宿主元素的元数据,而不会在程序中产生
对象引用。

特性类毕竟不是普通类,所以声明特性类必须遵守下面的一些特殊规则。

- 它必须继承自 System.Attribute 或其派生类。
- 必须使用系统定义的一个特性[AttributeUsage()]对自定义特性进行必要的说明。
  有人把特性[AttributeUsage()]称作特性的特性。

AttributeUsage 有三个参数 ValidOn、AllowMultiple 和 Inherited。

- 参数 ValidOn 用来列举待定义特性的目标宿主。可以作为特性宿主的是 Assembly、
  Module、Class、Struct、Enum、Constructor、Method、Property、Field、Event、Interface、
  Parameter、Delegate 等。可以用"或"操作符"|"把若干个宿主值组合起来构成
  ValidOn,在需要时也可以使用 All 和 ClassMembers 这两个值。

```
All=Assembly | Module | Class | Struct | Enum | Constructor | Method | Property
   | Field | Event | Interface | Parameter | Delegate
ClassMembers =Class | Struct | Enum | Constructor | Method | Property | Field
   | Event | Delegate | Interface
```

- 参数 AllowMultiple 用来说明待定义特性能否多次被重复使用于同一个程序要素。
- 参数 Inherited 用来说明待定义特性能否作为基类被继承。

一个使用 AttributeUsage 的示例如下。

```
[AttributeUsage(AttributeTargets.Class, AllowMultiple =false, Inherited =false )]
public class HelpAttribute : Attribute
{
}
```

这段代码以 Attribute 为基类定义了特性类 HelpAttribute,其前面使用特性
AttributeUsage 说明了 Help 特性只能放在 class 前面以类为宿主;本特性不能在同一个宿
主前面多次使用;本特性类不能被继承。

例 19-5　定义一个短名称为 Test 的特性。

(1) 程序代码:

```
using System;
namespace AttributeTest
{
    [AttributeUsage(                //对特性类的使用说明
        AttributeTargets.All,       //可以用于所有程序元素
        AllowMultiple=true,         //同一个元素可以被应用多次该特性
        Inherited=true              //表示特性可以被继承
        )]
    //定义特性类
    class TestAttribute:Attribute
```

```
    {
        public string Srt;              //定位参数
        public int flag;                //可选参数
        public bool isInner;            //可选参数
        //构造方法,其中的参数是定位参数,它必须出现在构造方法中
        public TestAttribute(string arg=null)
        {
            this.Srt=arg;
        }
    }
    //在 WorkA 类上使用特性
    [Test("这是一个类,其名称为 BusinessA,设计者:鲁智深",  //定位参数必须
                                            //从参数列表的头部开始——依次排列,其位置固定
        flag=3,                         //可选参数排列在定位参数之后,顺序任意
        isInner=true                    //可选参数排列在定位参数之后,顺序任意
        )]
    class BusinessA
    {
        public BusinessA() { }
        //在 show()方法上使用了三次特性,但参数各异
        [Test]
        [Test(flag=10)]
        [Test("hello method",flag=9)]
        public void show()
        {
            Console.WriteLine("this is BusinessA.");
        }
    }
    //在类 WorkB 上使用了特性
    [Test("BusinessB")]
    public class BusinessB
    {
        public void ply()
        {
            Console.WriteLine("this is BusinessB.");
        }
    }
    class Program
    {
        static void Main(string[] args)
        {
            //以下使用反射对特性的元数据进行了查询
            Type type =typeof(BusinessA);
            object[] objs=type.GetCustomAttributes(
                typeof(TestAttribute),false);
            foreach (var item in objs)
            {
                Console.WriteLine(((TestAttribute)item).Srt+" "
                    +((TestAttribute)item).flag+" "
                    +((TestAttribute)item).isInner);
            }
            foreach (var item in type.GetMethod("show").
                GetCustomAttributes(typeof(TestAttribute), false))
            {
```

```
            Console.WriteLine(((TestAttribute)item).Srt+"   "
                +((TestAttribute)item).flag+"   "
                +((TestAttribute)item).isInner);
        }
        foreach (var item in typeof(BusinessB).
            GetCustomAttributes(typeof(TestAttribute), false))
        {
            Console.WriteLine(((TestAttribute)item).Srt+"   "
                +((TestAttribute)item).flag+"   "
                +((TestAttribute)item).isInner);
        }
    }
  }
}
```

（2）程序运行结果。

程序运行结果如图 19-10 所示。

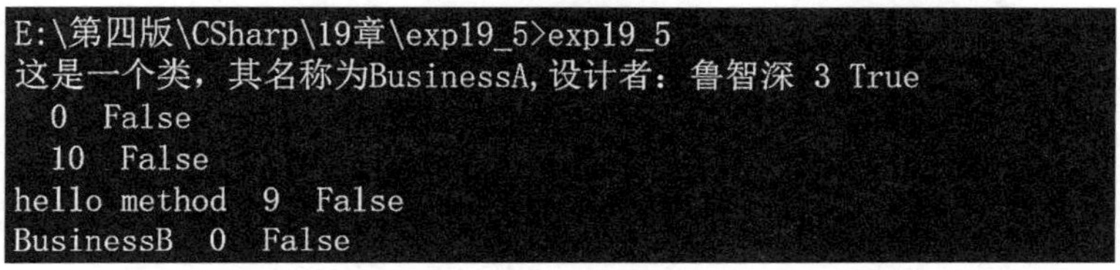

```
E:\第四版\CSharp\19章\exp19_5>exp19_5
这是一个类，其名称为BusinessA,设计者：鲁智深 3 True
  0   False
  10   False
hello method   9   False
BusinessB   0   False
```

图 19-10　例 19-5 程序的运行结果

（3）说明。

特性的构造方法可以使用两种参数：定位参数和可选参数。其中的可选参数也称为命名参数。

定位参数是在构造方法参数列表中列出的参数，例如，上例中用来给字段 Srt 传值的 arg，这是调用构造方法时必须有实参的参数，除非有默认值。由于这种参数在参数列表中有固定位置，故称作定位参数。而上例中 flag 和 isInner 这种具有不会频繁改变默认值的参数，为了方便则 C♯ 允许它们不出现于特性构造方法参数列表，而被称作可选参数。当不需要改变可选参数默认值时，可以不予理睬，而需要改变它们的值时，再传递实参，但它们的位置必须在定位参数之后。

命名参数可以是任何公共的、可存取的字段或属性，只要不是静态的或常量即可。合规的定位参数和命名参数的类型包括 bool、byte、char、double、float、int、long、short、string、System.Type、object、enum 类型，以及由上述类型组成的一维数组。

本例程序设计的这个特性只是为了说明自定义特性的设计方法，并没有什么实际功能。其实，特性除了可以提供元数据注释之外，还可以根据反射得来的特性数据来影响程序的执行流程。

例 19-6　编写程序使其可以根据[Test]特性的 Str 值是否为"Yes"，决定是否要创建 BusinessWork 类对象并执行该对象的 ply()方法。

（1）程序代码：

程序代码如下。

```
using System;
```

```
namespace AttributeTest
{
    [AttributeUsage(AttributeTargets.All, AllowMultiple=true,Inherited=true)]
    class TestAttribute:Attribute
    {
        public string Srt;
        public int flag;
        public bool isInner;
        public TestAttribute(string arg=null)
        {
            this.Srt=arg;
        }
    }
    [Test("Yes")]                          //给 BusinessWork 类添加了特性
    public class BusinessWork
    {
        public void ply()                  //BusinessWork 类增加了一个方法
        {
            Console.WriteLine("this is BusinessWork.");
        }
    }
    class Program
    {
        static void Main(string[] agrs)
        {
            foreach (var item in typeof(BusinessWork).
            GetCustomAttributes(typeof(TestAttribute), false))
            {
                //特性的数据会影响程序的执行
                if ((((TestAttribute)item).Srt).Equals("Yes"))
                {
                    BusinessWork b=new BusinessWork();
                    b.ply();
                }
            }
        }
    }
}
```

（2）程序运行结果。

程序运行结果如图 19-11 所示。

```
E:\第四版\CSharp\19章\exp19_6>exp19_6
this is BusinessWork.
```

图 19-11　例 19-6 程序的运行结果

碍于本书的宗旨，特性只能简介如此。

在自定义特性的应用方面，有很多高级程序员利用特性并结合反射机制开发出了很多具有创意的框架插件，为广大程序员编写整洁高效的代码提供了方便。例如，利用特性及反射技术实现了依赖注入（Dependency Injection，DI）和控制反转（IOC）的应用程序框架 MEF；实现了面向方面编程（AOP）的应用程序框架 PostSharp 和 Castle。了解并学习这些插件不仅会极大提高读者的编程水平,同时也会使读者对软件设计技术及其发展方向产生更深刻的认识。为了不使读者失去这个机会,作者将这方面的内容进行整理之后作为扩展阅读材料编写在了本书配套习题解答与上机实验中,有兴趣的读者可以自行参考阅读。

19.3　扩　展　方　法

顾名思义,扩展方法就是以扩展类模块功能为目的而设计的方法。这种方法可以使程序设计者在不修改也不继承原有类或接口的基础上为类型增加新的功能。

扩展方法是定义在被扩展类外的静态类中的一种特殊静态方法,它不仅可以通过静态类名调用,还可以被扩展类对象所调用。后者是它的主要应用,即其真正的用途是作为一个在被扩展类外定义的一个扩展类实例方法。

从扩展方法的定义格式上看,它第一个参数的定义很特殊,不仅参数的类型必须为被扩展类的类名,而且前面还必须有一个 this 关键字:

```
this 被扩展类名 参数名
```

假如这里有一个希望扩展其功能的 Student 类:

```
public class Student
{
    ...
}
```

现希望为这个类定义一个具有新功能的扩展方法 Func(),按照上述规定,其应该定义一个静态类(这个类名可以任意命名)中,代码如下。

```
static class expStu                     //静态类
{
    static void Func(this Student st, int x)        //Student 类的扩展方法
    {
        ...
    }
}
```

其实这里这个 this 就是本对象(也称为当前对象),也就是那个调用 Func()方法的对象。之所以把第一个参数写成这个样子,目的是要把 this 作为 st 的实参传递到方法中,这样在方法中便可以通过 st 来访问被扩展类对象的公有成员,从而可以扩展被扩展类的功能。也就是说,当编译器发现是一个实例调用静态方法 Func()方法时,它会把 this Student st 转换为与如下功能等价的操作:

```
Student st=this;
```

这也意味着通过一个实例调用扩展方法时的另一个特点:无须为第一个参数传递实参。例如,如下通过被扩展类实例 student 调用了扩展方法 student()的代码段:

```
Student student=new Student();   //定义了一个对象
student.student100);             //通过对象 student 调用了 Func()方法
```

因无须为 Func()的第一个参数传递实参,故本例仅为整型形参 x 传递了实参 100。

看起来有点儿复杂,但从应用的角度来看,只需记住如下要点即可。

- 按照规定格式在静态类中以静态方式定义扩展方法及其参数。
- 在使用被扩展类对象调用扩展方法时忽略第一个参数。
- 在需要识别一个定义于静态类的静态方法是不是扩展方法时，只需看其第一个参数是否以 this 开头，且 this 后面跟着的是否为被扩展类名。

扩展方法是对被扩展类功能的补充，故当其方法名与被扩展类内定义的实例方法重名时，在调用时后者优先。

至于扩展方法到底是实例方法还是静态方法这个问题，读者可参阅本书配套习题解答及上机实验中的扩展阅读材料。

例 19-7　为系统提供的 string 类型增加一个能给字符串追加字符串的 Add()方法。

（1）程序代码。

按照要求，设计扩展方法 Add()，其程序代码如下：

```
public static string Add(this string sExp, string s)
{
    return sExp +s;
}
```

（2）应用程序代码。

示例代码如下：

```
using System;
static class Program
{
    static void Main(string[] args)
    {
    string str ="李时珍";
    //程序只需传递第二个参数 s 即可
    string Newstr =str.Add("是《本草纲目》的作者,").Add("也是我国著名中医。");
    Console.WriteLine(Newstr);
    Console.ReadKey();
    }
    //为 string 类声明一个扩展方法
    public static string Add(this string sExp, string s)
    {
        return sExp +s;
    }
}
```

（3）程序运行结果。

程序结果如图 19-12 所示。

```
E:\第四版\MFC教材（第四版）\19章\exp19_7>exp19_7
李时珍是《本草纲目》的作者,也是我国著名中医。
```

图 19-12　例 19-7 程序的运行结果

由于本例 Add()方法的返回值类型也是 stirng，因此使得这个方法可以连续调用，从而可以使得初始的 string 类型实参 sExp 如同一个在连续生产线上的工件一样被连续加工，对于本例来说，就是在初始字符串"李时珍"的末尾追加了字符串"是《本草纲目》的作者，"之后，在后续的 Add()方法调用中又追加了字符串"医生我国著名中医。"

（4）讨论。

在本例中，恰好程序的主类 Program 为静态类，故扩展方法也就顺便定义在了这里，如果主类 Program 不是静态类，那么为了定义扩展方法就必须为它另行定义一个静态类，例如下面代码中的静态类 StcAdd：

```
using System;
class Program
{
    static void Main(string[] args)
    {
        string str ="李时珍";
        //扩展方法必须通过对象来调用
        string Newstr =str.Add("是《本草纲目》的作者,") .Add("也是我国著名中医。");
        Console.WriteLine(Newstr);
        Console.ReadKey();
    }
}
//为定义扩展方法声明的静态类
static class StcAdd
{
    //为 string 类定义一个扩展方法
    public static string Add(this string sExp, string s)
    {
        return sExp +s;
    }
}
```

相较于类功能的扩展，扩展方法更适合接口功能的扩展。因为作为一种契约，接口不应轻易变化，但当接口功能确实不敷应用而需要扩展时，使用扩展方法是一个比较明智的选择，因为它相当于契约的补充条款，很适合那些希望借助成功软件发展自己软件的开发者。当然也适合那些希望有第三方通过扩展方法提高自己软件产品适用面的软件开发商，例如，微软就为使自己的 Linq 系统更加开放，以扩大 Linq 系统的适用范围，而使用了扩展方法技术。

19.4　Linq 简介

Linq 是 Language Integrated Query 的缩写，通常翻译成"语言集成查询"，其实翻译成"统一查询语言"似乎更为合适。因为微软推出 Linq 的目的是要在 C♯语言系统中提供一个能面向各种不同数据源对象的统一的数据查询语言，从而能使 C♯程序以统一的方式对业界提供的五花八门的数据库进行增、删、改、查等操作。

19.4.1　Linq 系统设计思想

多年的发展使计算机应用领域产生了许多各具特色的数据库，如 MySQL、SQL Server、Oracle、PostgreSQL、MariaDB 以及 MongoDB 和 HBase 等。但麻烦的是，由于没有统一的数据查询语言，所以当应用程序需要访问这些数据库时，只能采用拼接字符串的方法来形成查询语句，既不方便，又丧失了强类型语言的优势。

为了解决上述问题,C♯提供了 Linq 系统,在这个系统中以常用的 SQL 为基础定义了统一的强类型数据库查询语言,而且还以示例的方式给出了相应的软件框架,目的是使 Linq 成为一个第三方可扩展的系统。目前,C♯提供的可直接使用的 Linq 框架有 Linq to Object、Linq to SQL 和 Linq to XML。

显然,这又是一个"一对多"跨平台问题。解决问题的办法当然还是老招数——采用类似虚拟机那样具有翻译(编译)功能的虚拟层,主要任务有以下两个。

- 提供统一的数据库查询语言。
- 把统一数据库查询语言翻译成实际数据库查询语言,即所谓的虚拟层。

这种把统一查询语言翻译(看作编译也未尝不可)成实际数据库查询语言的功能模块,在 Linq 中称为 Provider。

为了向第三方提供示范,微软提供了两种 Provider,分别应用在了 Linq to SQL 和 Linq to XML。现在也有许多个人在制作自己的 Provider。

前面提到,微软还提供了一个 Linq to Object,因为它的数据源不是数据库,而是为本机内存数据对象,是诸如数组、列表、字典等一些可以在内存中存储群体数据的集合对象,所以比较特殊。由于数组、列表、字典这些对象都可以直接使用 C♯语言提供的统一查询语言,故而不涉及 Provider,比较简单,所以从 Linq to Object 入手了解 Linq 是一个明智的选择。

19.4.2　Linq to Object 与统一查询语言

如果把应用程序建立的用于存储集合数据的集合类对象作为数据源,那么 Linq to Object 就是以这些对象为目标的查询系统,当然使用的查询语言就是 Linq。本节就以 Linq to Object 来介绍 Linq 统一查询语言的形成。

在计算机程序技术中,所谓的语言实质上就是一组具有一定功能的方法。考虑到 SQL 是大多数数据库使用的语言,故利用 SQL 的关键字来作为统一查询语言的方法名就是一个合理的选择。换句话说,这里就是要使用 C♯语言构建一套"类 SQL"语言。

那么这些"类 SQL"方法放到哪里合适呢? 由于这是一个对集合类进行功能扩展的问题,考虑到现有的手段,所以目前的可选方案如下:

- 查询对象的集合类中。
- 查询对象所属类的接口 IEnumerable 中。
- 再定义一个新的接口并将"类 SQL"方法签名定义在其中,然后用集合类实现它们。
- 定义一个静态类,在这个静态类中将这些"类 SQL"方法定义成扩展方法。

显然,综合考虑的结果应该是最后那个扩展方法方案。因为扩展方法便于实现连续调用,与 SQL 的风格一致,再就是扩展方法便于其他第三方进行功能扩展,最后就是由于扩展方法可以集中编写在一个单独的类,减轻了集合类的负担,符合软件功能单一的原则。

基于上述考虑,.NET 在 System.Linq 名字空间中定义了一个静态类 Enumerable,并在其中定义了一大批 IEnumerable 接口(因为集合类几乎都是该接口的实现类)的扩展方法。

为使读者对这些扩展方法有一个初步认识,下面示出了其中两个方法的签名:

```
namespace System.Linq
{
    public static class Enumerable
    {
```

```
public static IEnumerable<TSource>Where<TSource>(
    this IEnumerable<TSource>source, Func<TSource, bool>predicate);
    ...

public static TSource Aggregate<TSource>(this IEnumerable<TSource>source,
    Func<TSource, TSource, TSource>func);
    ...
    }
}
```

看到方法参数列表的第一个参数 this IEnumerable<TSource> source,马上就应该知道这是 IEnumerable 类扩展方法。其中,Where()方法最为典型,不仅其第一个参数为一个 IEnumerable 对象,且返回值也为一个 IEnumerable 对象,从而特别适合对 IEnumerable 对象进行连续操作。

第二个参数也很瞩目,因为它通常是一个 Lambda 表达式的委托 Func<>,即查询方法是在方法内通过执行一个 Lambda 表达式委托来实现其功能的。从语法上来看,这种有一定功能的参数又称为"谓词"。

当然,在 Enumerable 类中扩展方法中也有少量类似第二个方法的方法,因其返回值类型不是 IEnumerable,从而导致它不能被连续调用,故这种方法常常用在查询调用链的末尾。

在这里需要提醒读者的是,上面之所以对 Linq to Object 介绍了这么多,就是要告诉读者,Linq to Object 实质上就是在 IEnumerable 接口的基础上添加了一套扩展方法,这套扩展方法就是待设计的统一数据查询语言。如果把接口 IEnumerable 看作一个服务契约的话,那么静态类 Enumerable 中的那些扩展方法就是这个服务契约的扩展。显然,Linq 这种设计很好地遵循了"开闭原则",希望读者能够从这个设计中得到一些启发。

Linq to Object 的结构如图 19-13 所示。

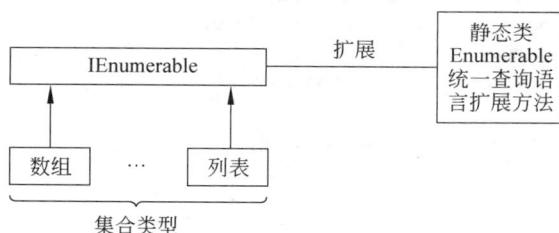

图 19-13 Linq to Object 的结构

那么那些需要使用 Provider 的翻译功能,可以对真正数据库操作的 Linq 系统是什么样子呢?它们的真正结构将在习题集的阅读材料中以 Linq to SQL 为例加以介绍。

19.4.3 Linq 的两种查询语法

为了在形式上更接近 SQL,Linq 在扩展方法的基础上又发展了统一语言的查询语法形式,而扩展方法形式就称为方法语法。下面的示例给出了这两种语法形式在使用上的区别。

例 19-8 方法语法和查询语法相比较的示例。

(1) 程序代码:

```
using System;
using System.Collections.Generic;
using System.Linq;
namespace TwoSyntax
{
    class Program
    {
        static void Main(string[] args)
        {
            //定义学生信息列表
            List<StudentMsg>MyStudentMsg =new List<StudentMsg>();
            MyStudentMsg.Add(new StudentMsg("张  平", 22));
            MyStudentMsg.Add(new StudentMsg("王大小", 28));
            MyStudentMsg.Add(new StudentMsg("吕玉明", 32));
            MyStudentMsg.Add(new StudentMsg("赵浅浅", 20));
            MyStudentMsg.Add(new StudentMsg("向预录", 14));
            MyStudentMsg.Add(new StudentMsg("米粒粒", 24));
            MyStudentMsg.Add(new StudentMsg("汤谢安", 34));
            MyStudentMsg.Add(new StudentMsg("伞里例", 25));
            //查询语法===================================
            //创建查询
            var items =from item in MyStudentMsg
                            where item.Age<28
                            select item.Name;
            //执行查询
            foreach (var a in items)
            {
                Console.WriteLine(a);
            }
            //方法语法===================================
            //创建查询
            var itemsMethod =MyStudentMsg .Where(x=>x.Age <28) .Select(x=>x.
                Name);
            //执行查询
            foreach (var a in itemsMethod)
            {
                Console.WriteLine(a);
            }
        }
    }
    //学生信息列表类
    public class StudentMsg
    {
        public StudentMsg(string name,int age)
        {
            Name=name;
            Age=age;
        }
        public string Name { get; set; }
        public int Age { get; set; }
    }
}
```

（2）程序运行结果。

程序运行结果如图 19-14 所示。

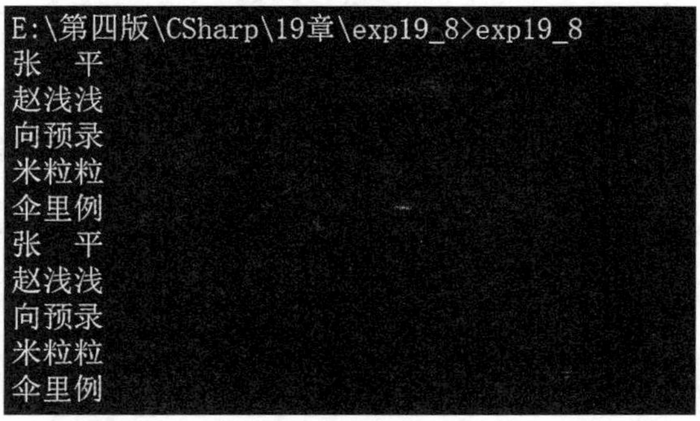

图 19-14　例 19-8 程序的运行结果

查询语法的核心是查询表达式,它由多个由关键字表示的子句组成。Linq 查询表达式的关键字如表 19-3 所示。

表 19-3　Linq 查询表达式的关键字

关键字	说　　明
from	指定范围变量和数据源
where	根据 bool 表达式从数据源中筛选数据
select	指定查询结果中的元素所具有的类型或表现形式
group	对查询结果按照键值进行分组(IGrouping＜TKey,TElement＞)
into	提供一个标识符,它可以充当对 join、group 或 select 子句结果的引用
orderby	对查询出的元素进行排序(ascending/descending)
join	按照两个指定匹配条件,使用 Equals 连接两个数据源
let	产生一个用于存储查询表达式中的子表达式查询结果的范围变量

一个查询的开头为 from 子句,表示从哪个数据源进行查询。这个子句除了指出被查询的数据源还定义了迭代器,在查询操作中,该迭代器会遍历数据源。一个 form 子句的格式如下:

```
from item in numbers
```

其中,item 是迭代器,numbers 为数据源名。

在 from 子句之后根据需要还可以有若干其他子句,但最后必须为 select 或 group 子句以最终确定查询结果。

大多数情况下,from 子句的后面跟着的是表示查询条件的 where 子句,然后是确定最终查询结果的 select 子句。

一个简单的查询语法示例:

```
int[] numbers={2,5,28};
IEnumerable<int>lowNums                    //返回枚举数
    =from n in numbers                     //n 为迭代器,numbers 为数据源
```

```
        where n<20                          //查询条件
        select n;                           //选择并返回
```

上面的例子已经说明了 from 子句的使用。如果有对多个数据源进行查询的需要，.NET 允许使用多个 from 子句。

例 19-9　多个 form 子句的程序示例。

（1）程序代码。

程序代码如下：

```
using System;
using System.Linq;
public class Program
{
    public static void Main(string[] args)
    {
        var NumbersA = new[] { 3, 4, 5, 6 };
        var NumbersB = new[] { 6, 7, 8, 9 };
        var someInts = from a in NumbersA               //两个 from 子句
            from b in NumbersB
            where a >4 && b <=8
            select new { a, b, sum =a +b, sub=a-b };    //匿名类型对象
        foreach (var s in someInts)
        {
            Console.WriteLine(s);
        }
    }
}
```

（2）程序运行结果。

程序运行结果如图 19-15 所示。

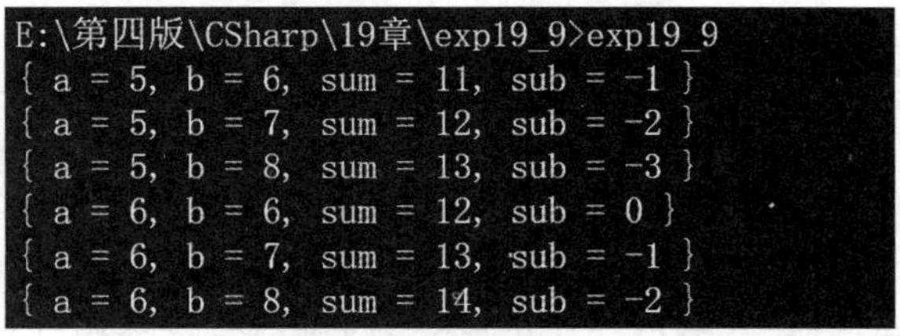

```
E:\第四版\CSharp\19章\exp19_9>exp19_9
{ a = 5,  b = 6,  sum = 11,  sub = -1 }
{ a = 5,  b = 7,  sum = 12,  sub = -2 }
{ a = 5,  b = 8,  sum = 13,  sub = -3 }
{ a = 6,  b = 6,  sum = 12,  sub = 0 }
{ a = 6,  b = 7,  sum = 13,  sub = -1 }
{ a = 6,  b = 8,  sum = 14,  sub = -2 }
```

图 19-15　例 19-9 程序的运行结果

在这个例子中也展示了关键字 select 的作用，在本例中这个关键字把查询结果用了一个无名类对象作为查询返回值。为了能使查询变量 someInts 适应不同的返回值类型，所以一般把它定义为 var 类型。

where 子句用于条件筛选。除了开始和结束的位置，它几乎可以出现在 Linq 表达式的任意位置上。

在一个 Linq 表达式中，可以有 where 子句，也可以没有；可以有一个，也可以有多个；多个 where 子句之间的逻辑关系相当于逻辑"与"，每个 where 子句可以包含一个或多个 bool 逻辑表达式，这些条件称为谓词，谓词之间的逻辑关系用逻辑符号"&&"和"||"来表示。

例 19-10　多个 where 子句和 let 子句的程序示例。

（1）程序代码。

程序代码如下：

```
using System;
using System.Linq;
public class Program
{
    public static void Main(string[] args)
    {
        var Numbers1 =new[] { 34, 48, 15, 66};
        var Numbers2 =new[] { 26, 97, 48, 19 };
        var someInts1 =from a in Numbers1
            from b in Numbers2
            let sum =a +b                      //在新的变量中保存结果
            where sum <=90
            where a==34
            select new { a, b, sum };
        foreach (var s in someInts1)
        {
            Console.WriteLine(s);
        }
    }
}
```

（2）程序运行结果。

程序运行结果如图 19-16 所示。

```
E:\第四版\CSharp\19章\exp19_10>exp19_10
{ a = 34,  b = 26,  sum = 60 }
{ a = 34,  b = 48,  sum = 82 }
{ a = 34,  b = 19,  sum = 53 }
```

图 19-16　例 19-10 程序的运行结果

　　根据语法的规定，Linq 表达式必须以 from 子句开头，以 select 或 group 子句结束，所以除了使用 select 来返回结果外，也可以使用 group 子句来返回元素分组后的结果。因篇幅所限，group 子句的例子就不再举了，请读者自行处理。

　　除了上述查询语法之外，在进行 Linq 查询时还可以使用方法语法，也就是通过调用上面介绍的 Enumerable 静态类提供的 IEnumerable 扩展方法解决数据源的查询问题。这些扩展方法也称为 Linq 标准查询操作符。查询语法和方法语法在语义上相同。相比较而言，查询语法似乎更简单且更易于阅读，特别是对于那些熟悉数据库查询语言的人。但编译器最后还是把查询表达式转换为方法语法。

　　Linq 方法语法非常灵活且功能丰富，结合着 Lambda 表达式可以创建各种复杂的查询。

　　例 19-11　在本例给出的学生列表中查询出所有姓名含有字母"y"的学生，按学生年龄进行排序，然后把姓名全部转换成大写格式之后与其性别一并输出。

（1）程序代码。

程序代码如下：

```
using System;
```

```
using System.Collections.Generic;
using System.Linq;
namespace Meth
{
    public class Program
    {
        static void Main(string[] args)
        {
            Student [] students =//创建学生列表
            {
                new Student("Tom",23,"M"),new Student("Dick", 22,"M"),
                new Student("Harry",25,"M"),new Student("Mary",21,"F"),
                new Student("Jay",22,"M"),new Student("Ketty",22,"F")
            };
            //调用扩展方法进行查询
            IEnumerable<Object>query =students
                .Where(s =>s.name.Contains("y"))          //选择名字含"y"的学生
                .OrderBy(s =>s.age)                       //按年龄排序
                .Select(s =>{ string name=s.name.ToUpper(); //将名字变为大写
                    return new{name, s.sex};});           //输出名字和性别
            foreach (Object s in query)                   //输出查询结果
                Console.WriteLine(s);
        }
    }
    //声明学生类
    public class Student
    {
        public string name{get;set;}
        public string sex{get;set;}
        public int age{get;set;}
        public Student(string name,int age,string sex)
        {
            this.name=name;
            this.age=age;
            this.sex=sex;
        }
    }
}
```

（2）程序运行结果。

程序运行结果如图 19-17 所示。

```
E:\第四版\CSharp\19章\exp19_11>exp19_11
{ name = MARY, sex = F }
{ name = JAY, sex = M }
{ name = KETTY, sex = F }
{ name = HARRY, sex = M }
```

图 19-17　例 19-11 程序的运行结果

19.5 C♯的动态特性

C♯本是一种静态类型语言,要求源程序在编译之前必须把对象类型、方法调用等所有与类型有关的事情搞清楚,否则编译器会因类型不匹配而拒绝编译。静态语言的优点是编译器能帮程序员找出更多错误并更正它们,从而在运行期几乎不需再去解析那些在静态时已经确定的事情,进而保证了代码的高效运行。

但近年来,随着计算机硬件能力的提高以及市场的需求,计算机已有能力牺牲一些执行效率以便在运行期能以"临时起意"的方式多做一些事情,使得程序员不会在编程时因处理类型问题而太痛苦。这种允许把有关问题延迟到运行期处理的编程语言称为动态语言,其优点如下。

- 支持 REPL(Read-Evaluate-Print Loop,"读入-执行-输出"循环迭代)的开发模式,整个过程简洁明了,直指问题的核心。
- 扩展方便。用户可以随时直接在动态对象上增加或移除功能,并且会立即生效。
- 动态编程语言的类型解析是在运行时完成,程序可以省去许多不必要的类型转换代码,程序代码更紧凑。

动态编程语言主要弱点如下。

- 代码中的许多错误要等到运行时才能发现,而且需要特定的运行环境支持,对其进行测试不太方便,也不支持许多用于提升代码质量的软件工程工具,因此不太适合于开发规模较大的应用系统。
- 与静态编程语言相比,动态编程语言编写的程序性能较低。不过随着计算机软硬件技术的不断进步,动态编程语言编写的程序性能在不断地提升,在特定的应用场景下,其性能也可以逼近静态语言程序。

总之,目前动态性能的强弱已经成为衡量一个现代编程语言的重要指标。

19.5.1 dynamic 类型

C♯在 4.0 版本推出了动态数据类型 dynamic,这种数据类型对象的真实类型会在运行时随着实际赋值的类型而变化。有人戏称其"嫁鸡随鸡,嫁狗随狗"。下面的程序示例充分体现了 dynamic 类型对象的这个特点。

例 19-12 某餐馆有茶、啤酒和果汁三种饮料,设计一个顾客可以用不同数字点选饮料的程序。

(1) 程序代码。

程序代码如下:

```
using System;
namespace exp19_12
{
    class Program
    {
        static void Main(string[] args)
        {
            for (;;)
```

```
        {
            Console.WriteLine("请选择：1-啤酒；2-果汁；"+
                "3-茶；其余-退出");
            string num =Console.ReadLine();
            dynamic beverage=Waiter(num);
            if (beverage!=null)
                Console.WriteLine("    服务员:这是您点的"
                            +beverage.getName()+",请品尝。");
            else
                break;
        }
        Console.WriteLine("程序已退出!");
    }
    //提供饮料
    static private dynamic  Waiter(string number)
    {
        if (number.Equals("1"))
            return new Beer();
        else if (number.Equals("2"))
            return new Juice();
        else if (number.Equals("3"))
            return new Tae();
            return null;
    }
}
public class Beer
{
    private string name="啤酒";
    public string getName(){return name;}
}
public class Juice
{
    private string name="果汁";
    public string getName(){return name;}
}
public class Tae
{
    private string name="茶";
    public string getName(){return name;}
}
}
```

（2）程序运行结果。

程序运行结果如图 19-18 所示。

从整个程序运行过程可知,以 dynamic 类型为返回值的 Waiter()方法先后返回了多种类型都没有发生错误,顺利且圆满地完成了程序的任务。这就是动态类型 dynamic 的优点：编译期类型不定,只要使用位置合规便可以通过,到了运行期则根据实际数据的具体需要再确定类型,而且以后如有需要还可以再变。显然,dynamic 的这种灵活性使人们可以编写出更加简洁的程序,同时也提高了代码的可读性。

19.5.2 动态行为的实现

动态行为,指的是在运行期能根据需要随时为对象增加新属性和新方法。

```
请选择：1-啤酒；2-果汁;3-茶；其余-退出
1
    服务员：这是您点的啤酒,请品尝。
请选择：1-啤酒；2-果汁;3-茶；其余-退出
2
    服务员：这是您点的果汁,请品尝。
请选择：1-啤酒；2-果汁;3-茶；其余-退出
5
程序已退出！
```

图 19-18　例 19-12 程序运行结果

为方便程序员实现上述动态行为，系统不仅提供了基类 ExpandObject 和 DynamicObject，还提供了接口 IDynamicMetaObjectProvider。从层次来说，最高级的是 ExpandObject，最低级的是 IDynamicMetaObjectProvider。越低级，提供给程序员发挥的空间越大，当然难度也就越高。本书只介绍前两种比较简单的 ExpandObject 和 DynamicObject。

1. 通过继承 ExpandObject 实现动态行为

ExpandObject 是系统在 System.Dynamic 中提供的一个较为完善的预置类型，通过继承 ExpandObject 来实现具有动态行为对象很简单，在程序中定义一个继承类的对象即可。

例 19-13　使用 ExpandObject 来实现动态行为的程序示例代码。

（1）程序代码。

程序代码如下：

```
using System;
using System.Dynamic;
namespace ExpandoObj
{
    class Program
    {
        static void Main(string[] args)
        {
            dynamic expand =new ExpandoObject();
            //动态为对象 expand 添加属性,需立即赋值
            expand.Name ="扈三娘";
            expand.Age =24;
            expand.Sex ="女";
            //用动态为对象添加委托的方式实现 Console.WriteLine 方法的功能
            expand.Show =(Action<string>)Console.WriteLine;
            //访问对象 expand 的属性和方法
            expand.Show ("姓名:"+expand.Name);
            expand.Show ("年龄:"+expand.Age);
            //为对象 expand 添加委托的方式实现 Lambda 表达式的功能
            expand.Addint =(Func<int, int>)(x=>x +50);
            Console.WriteLine("Addint()=" +expand.Addint(100));
            Console.Read();
        }
    }
}
```

（2）程序运行结果。

运行结果如图 19-19 所示。

姓名：扈三娘
年龄：24
Addint()=150

图 19-19   例 19-13 程序运行结果

（3）说明。

在为动态类型对象添加属性的同时即需赋值。

通常为动态类型对象添加属性是以添加委托实现的，所以在向委托赋值时，需要把待关联的方法转换成合适的委托类型。例如本例的如下语句：

```
expand.Addint = (Func<int, int>)(x => x + 50);
```

如果需要将一个自定义或系统定义的方法绑定到委托上去，那么其代码示例如下：

```
expand.Show = (Action<string>)Console.WriteLine;
```

这里把系统提供的 Console.WriteLine()方法转换为委托 Action<string>。

当然，同样的方法也可以绑定用户自定义方法。

2. 通过继承 DynamicObject 类来实现动态行为

基类 DynamicObject 相对来说比较低级，留给程序员发挥的空间较大。

用户以 DynamicObject 为基类派生出自己的类之后，必须要在类中重写一些 DynamicObject 类的以 Try 开头为名字的虚方法。

应用程序在运行过程中，每当程序为派生类对象添加或使用一个动态成员（即类中原来没有定义的属性、字段或方法等）时，都会调用一个 Try 开头的方法，程序员必须通过重写虚方法来实现对应成员所需要的功能或实现一些特殊行为。

下面示出了一个按照要求重写的 TrySetMember()方法代码：

```
//设置动态属性时会被调用的方法
public override bool TrySetMember(
    SetMemberBinder binder,          //绑定了属性名
    object value)                    //属性值
{
    return true;
}
```

方法内只有一个值为 true 的返回语句。为一探虚实，写一个派生类：

```
class DynamicObj : DynamicObject
{
    public override bool TrySetMember(
        SetMemberBinder binder,      //绑定了属性名
        object value)                //属性值
    {
        Console.WriteLine(binder.Name+"引起本方法被调用");
        return true;                 //false;
    }
}
```

为了简单，派生类中只重写了 TrySetMember()方法。为判断方法是否被调用了，在这

个方法中加了一个输出字符串的语句,其中的 binder.Name 为绑定参数的名称。

测试程序代码如下:

```
static void Main(string[] args)
{
    dynamic dynObj = new DynamicType();       //创建对象
    dynObj.Name = "赵云";                      //添加属性
}
```

程序编译和运行时都没有报错,且输出了一个如图 19-20 所示的语句。

Name引起本方法被调用

图 19-20　程序运行结果

可见方法 TrySetMember()被合法调用了。

再把 TrySetMember()方法的返回值改成 false 试一下。结果编译时没有报错,运行后却抛出了异常,如图 19-21 所示。

Name引起本方法被调用

未经处理的异常:
Microsoft.CSharp.RuntimeBinder.RuntimeBinderException:
　"exp19_14.Program.DynamicObj" 未包含 "Name" 的定义

图 19-21　方法仍然被调用,但抛出了异常

由于 Console.WriteLine()仍然正常输出,说明方法仍然被调用。

显然,如果真是为了在动态时为对象增加属性,那么就必须重写虚方法 TrySetMember()并把相关代码编写在其中,最后还要返回 True。同理,如果为了具有获得属性的能力,则应该重写虚方法 TryGetMember(),如果为了能动态添加方法,则应该重写虚方法 TryInvokeMember()。

例 19-14　通过重写 Try×××()方法实现动态功能的示例。

(1) 程序代码。

程序代码如下:

```
using System;
using System.Dynamic;
using System.Collections.Generic;
namespace exp19_14
{
    class Program
    {
        static void Main(string[] args)
        {
            dynamic dynObj = new DynamicObj();
            dynObj.Method1();
            dynObj.Name = "赵云";
            Console.WriteLine(dynObj.Name);
```

```csharp
        dynObj.Age ="24";
        Console.WriteLine(dynObj.Age);              //用于动态属性读取实验的代码
        double x=3.5;double y=9.32;
        dynamic s=dynObj.Method2(x,y);
        Console.WriteLine("{0}+{1}={2}",x,y,s);
        dynamic s1=dynObj.Method2("Hello,","Ketty!");
        Console.WriteLine(s1);
        s1=dynObj.Name;
        dynObj.Show(s1);
        Console.Read();
    }
//派生类(在此类中重写所需要的 Try 方法)
class DynamicObj : DynamicObject
{
    //为存储属性值定义的字典
    Dictionary<string, object>dictionary
            =new Dictionary<string, object>();
    //自字典读取属性值时会调用此方法
    public override bool TryGetMember(GetMemberBinder binder, out object
        result)
    {
        string name =binder.Name.ToLower();
        //返回属性值
        dictionary.TryGetValue(name,out result);
        return true;
    }
    //设置动态属性时被调用
    public override bool TrySetMember(SetMemberBinder binder, object
        value)
    {
        //把属性值存入字典
        dictionary[binder.Name.ToLower()] =value;
        return true;
    }
    //当派生类对象调用了动态方法时需要调用的方法
    public override bool TryInvokeMember(
        InvokeMemberBinder binder,          //绑定成员名称
        object[] args,                      //方法参数
        out object result)                  //方法运算结果
    {
        //重写时添加的代码以验证此方法的调用时刻
        if (binder.Name.Equals("Method2"))
            result=(dynamic)args[0]+(dynamic)args[1];

        else if (binder.Name.Equals("Show"))
        {
            Console.WriteLine("姓名:{0}",(string)args[0]);
            result=null;
        }
        else
            result =null;
```

```
                return true;
            }
            public string Name{get;set;}                //静态属性
            public void Method1(){Console.WriteLine("Method1是静态方法");}
        }
    }
}
```

（2）程序运行结果。

程序运行结果如图 19-22 所示。

```
E:\第四版\MFC教材（第四版）\19章代码\exp19_14>exp19_14
Method1是静态方法
赵云
24
3.5+9.32=12.82
Hello,Ketty!
姓名：赵云
```

图 19-22　例 19-14 程序运行结果

（3）说明。

从此例可以看到，本例使用了字典（Dictionary＜string,Object＞）这种集合类型对象来保存属性值。

另外，为了了解动态方法的特点，本例还动态定义了 Method2（）和 Show（）两个方法，在这里涉及在对 TryInvokeMember（）方法重写时，对参数 binder 及 result 的处理。

在学习了动态行为的实现之后，如果读者真的进行深入思考了，那么应该能猜得到.NET 实现动态行为特性的思路，即：一要改造编译器，使之不会在编译时对对象调用类中未有定义成员报错，并将问题的处理延迟到运行期；二是要在 CLR 之上构建一个中断处理系统（或称异常处理系统，亦或称事件处理系统），从而能在运行期发现上述编译时忽略的错误时发出一个中断（异常、或事件），进而能触发中断服务程序来处理这些错误。也就是说，DynamicObject 类型那些可以重写的 Try 方法实质上就是上述中断服务方法（或异常处理方法，或事件处理方法）。

于是，为实现上述系统，.NET 就在 CLR 的基础上又构建了一个称为动态语言运行时（Dyanmic Language Runtime，DLR）的新类型库，如图 19-23 所示。

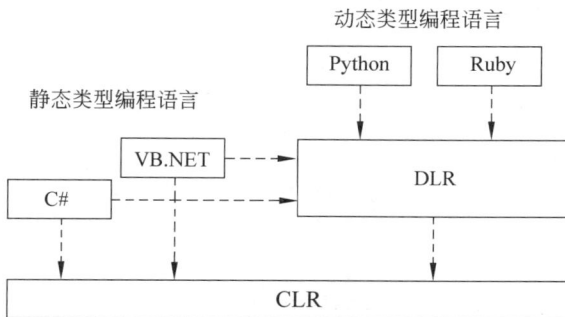

图 19-23　DLR 与 CLR 的关系

有人说,动态编程＝CLR＋DLR,即托管代码的运行有了两个平台,一个是 CLR。另一个是 DLR。通常托管代码运行于 CLR,而当发现托管代码出现未经定义的字段或属性、方法时,将会转移到 DLR 上运行。当然,原生的动态语言代码(如 Python、Ruby)就直接运行在 DLR 之上。

本 章 小 结

- 反射是用户窥测程序集及模块内部组成并对它们进行操控的重要手段,是利用 Assembly 和 Type 这两个工具探查程序集和类型的过程。这两个工具也是一种类型,它们用属性存储了探查结果,用方法进行探查和操作。
- 特性是一种在程序中没有引用的类对象,它仅存在于其宿主的元数据中,应用程序只能利用反射获取其信息,并在需要时利用这些信息影响程序的行为。
- 扩展方法是一种不想通过改造、继承给类型增加方法的机制,它适合应用在对现有系统进行功能扩展方面,如 Linq。
- 一定程度的动态特性是现代应用程序设计语言必须提供的机制。在动态行为方面,C♯ 从底层向高层,从具象向抽象,层层递进地提供了 IDynamicMetaObjectProvider、DynamicObject、ExpendoObj 3 种方式。除此动态行为之外,C♯ 还推出了动态数据类型 dynamic。

习 题 19

19-1 上网查找资料,理解反射及其作用。

19-2 企业招聘时,查看应聘者的档案算不算是一种反射操作?

19-3 在本章之前,为什么程序在定义非本文件类对象时不仅要引用类的名字空间,而且还要在编译时引用类所在的程序集?

19-4 上网查找资料,学习加载程序集方法 Assembly.LoadFrom() 的使用,并编写一个程序进行验证。

19-5 上网查找资料,学习 Assembly 类型的 GetExportedTypes() 和 GetType() 两个实例方法,再利用第二个方法得到的 Type 对象查看该类的属性成员。

19-6 阅读并运行下面的代码,结合代码对本章反射一节做一个总结。

代码如下:

```
using System;
using System.Reflection;
using System.IO;
using PluginInterface;
namespace Assmp
{
    public class prog
    {
        public static void Main(string[] args)
        {
            try
```

```
        {
            Assembly assembly=Assembly.Load("DplPlugin");
            Console.WriteLine(assembly);

            Type[] types =assembly.GetExportedTypes();

            foreach (Type t in types)
            {
                /* Console.WriteLine(t.Name+"  "+t.FullName+"  "+t.BaseType
                    +"  抽象类?"+t.IsAbstract);
                MethodInfo method =t.GetMethod("Show");
                Console.WriteLine(method);
                MethodInfo[] methods =t.GetMethods();
                foreach (MethodInfo meth in methods)
                {
                    Console.WriteLine(meth.DeclaringType +
                    " " +meth.MemberType +" " +meth.Name);
                }
                //查看接口
                foreach (Type inter in t.GetInterfaces())
                {
                    Console.WriteLine(inter.Name);
                } * /
                if (t.GetInterface("IDplPlugin")!=null)
                {
                    var obj=(IDplPlugin)Activator.CreateInstance(t);
                    obj.Show("张飞",23);
                    var obj1 =(IDplPlugin)t.InvokeMember(t.ToString(),
                        BindingFlags.CreateInstance, null, null, null);
                    obj1.Show("吕布",21);
                    t.InvokeMember("Show", BindingFlags.InvokeMethod, null,
                        obj1,new object[] {"刘备",33});
                }
            }
        }
        catch (Exception e)
        {
            Console.WriteLine(e.Message);
        }
    }
}
```

19-7　简述什么是特性。

19-8　为什么说特性是一种特殊的对象？它特殊在什么地方？

19-9　为什么有人说特性就是一种元数据注释？

19-10　特性可以用来说明哪些程序元素？

19-11　如何使用 ILDasm 查看元数据？

19-12　什么是系统预置特性？有什么用？试上网查找几个预置特性，编写一个测试程序。

19-13　什么是自定义特性？试描述编写自定义特性的步骤。试自己编写一个自定义特性。

19-14 把例 19-2 中 Obsolete 特性"（）"中的代码修改一下，看看有什么后果。

19-15 多做几遍例 19-3 和例 19-4 的实验，猜一猜这两个特性类的代码大致应该什么样。

19-16 编写一个能使用在类、方法、字段、属性前面的自定义特性。

19-17 借用习题 19-16 程序多做几个实验，以熟悉 AttributeUsage 特性的使用。

19-18 设计一个 Product 类和一个 Company 特性，用特性中的属性 CompanyName 来说明 Product 的生产商名，从而可以使用户在运行期能获得生产厂商名。

19-19 王同学、赵同学和肖同学都很有运动天赋，跑得快、跳得也高。现在要开运动会了，编写一个能选择他们运动项目的自定义特性。即只要在他们的运动方法上标注了这个特性，就会在程序的主方法中被选中执行。

19-20 上网查找预定义特性 DllImport 的使用方法，编一段调用 Windows 系统非托管 COM 组件的程序。

19-21 什么是扩展方法？如何定义？是静态方法吗？必须通过对象调用吗？

19-22 扩展方法适合应用在什么场合？下面是一个类代码：

```
public sealed class Fbclass
{
}
```

如果希望为这个类增加一个方法而采用扩展方法合适吗？为什么？如果合适，试为这个类设计一个静态方法。

19-23 有如下数组：

```
int[] number={ 92, 9, 16, 28, 17 }
```

使用 Linq 查询表达式方式找出其中的偶数项。

19-24 在上题的数组中用方法语法方式查询大于 10 且小于 88 的元素。

19-25 上网查找资料，然后编写一个查找程序，其查找目标是当前程序域的程序集有哪些类型实现了 IOutputArray 接口。要求使用程序域系统提供的 AppDomain.CurrentDomain.GetAssemblies()方法并结合 Linq 查询。

19-26 编写程序，在程序中创建一个动态 ExpandoObject 类型对象并为其动态添加一个自定义方法（方法自定）。

19-27 本书配套教材中给出了一个比较长的程序，该程序利用 Try 方法做了一个有意思的实验，仔细阅读和实验，把体会记录下来。

参考文献

[1] 郑雪明.Visual C++ 基础类库参考大全[M].北京：学苑出版社,1994.

[2] 康博创作室.Visual C++ 6.0 开发实用教程[M].北京：人民邮电出版社,1998.

[3] 钱能.C++ 程序设计教程[M].北京：清华大学出版社,1999.

[4] 郑莉,董渊.C++ 语言程序设计[M].北京：清华大学出版社,2000.

[5] 黄维通.Visual C++ 面向对象与可视化程序设计[M].北京：清华大学出版社,2000.

[6] 刘路放.Visual C++ 与面向对象程序设计教程[M].北京：高等教育出版社,2000.

[7] 侯俊杰.深入浅出 MFC[M].武汉：华中科技大学出版社,2001.

[8] WALNUM C.Windows 2000 编程核心技术精解[M].杜大鹏,李善茂,傅烨,等译.北京：中国水利水电出版社,2002.

[9] 余英,梁刚.Visual C++ 实践与提高 COM 和 COM+ 篇[M].北京：中国铁道出版社,2001.

[10] 任哲.C++ 面向对象程序设计[M].北京：高等教育出版社,2003.

附录 A 数据类型与 Windows 句柄

Windows 定义许多非单一的数据类型,同一数据类型常常有一个以上的名字。之所以这样做,是为了编写更容易读的程序代码,同时促进应用程序的跨平台实现。

A.1 简单数据类型

在 Windows 应用程序中一般不使用依赖硬件的简单数据类型,而代之以使用在 Windows 头文件中定义的别名。表 A-1 列出了常用的 Windows 数据类型。

表 A-1 常用的 Windows 数据类型

关 键 字	数 据 类 型	说 明
BOOL	逻辑类型	16 位整数,等价于 int
BOOLEAN	逻辑类型	等价于 BYTE
BYTE	字节	8 位无符号数
CHAR	字符	8 位字符
COLORREF		RGB(红绿蓝)颜色值(32 位)
DLGPROC		指向窗口函数的指针
DOUBLE	双精度	等价于 double
DWORD	双字	32 位无符号整数
DWORDLONG	双双字	64 位无符号整数
FLOAT	浮点数	等价于 float
HANDLE	句柄	一般句柄,等价于 void
HACCEL	句柄	加速键表句柄
HBITMAP	句柄	位图句柄
HBRUSH	句柄	画刷句柄
HDC	句柄	设备描述表句柄
HFILE	句柄	文件句柄
HFONT	句柄	字体句柄
HGDIOBJ	句柄	GDI(图形设备接口)对象句柄
HICON		图标句柄
HINSTANCE		实例句柄
HMENU		菜单句柄

关 键 字	数 据 类 型	说　明
HPALETTE		调色板句柄
HPEN		画笔句柄
HWND	窗口句柄	窗口句柄(32 位整数)
LONG	长整数	32 位长整数,等价于 long
INT	整数	等价于 int
LPARAM		32 位消息参数
LPCSTR	常量字符指针	指向字符串的 const 指针,等价于 const char *
LPSTR	字符指针	指向字符串的指针,等价于 char *
LPCTSTR	常量宽字符指针	等价于 const TCHAR *
LPTSTR	宽字符指针	等价于 TCHAR *
LPVOID	无类型指针	等价于 void *
LPCVOID	无类型常量指针	等价于 const void *
SHORT	短整数	16 位短整数,等价于 short
UCHAR		无符号 Windows 字符
UINT	长整数	32 位无符号整数,等价于 unsigned int
ULONG		无符号长整型数(32 位)
USHORT		无符号短整型数(16 位)
VOID		任意类型
WPARAM		32 位消息参数
WORD	字	16 位无符号短整数,等价于 unsigned short

A.2　结构数据类型

为了在应用程序中表达一些复杂的信息,Windows 还在 windows.h 中定义了一些结构数据类型。表 A-2 列出了一些常用的结构数据类型。

表 A-2　最常用的结构数据类型

数 据 类 型	说　明	数 据 类 型	说　明
BITMAP	描述位图信息的结构	MSG	窗口消息
LOGBRUSH	逻辑刷的结构	POINT	点
LOGFONT	逻辑字体	RECT	矩形
LOGPEN	逻辑笔	WNDCLASS	窗口类

A.3 句 柄

在 Windows 应用程序中,存在着很多诸如窗口、按钮、滚动条等复杂的对象和实例。为了在程序中区分和使用它们,必须对它们进行标识。为了区别于普通变量的标识,Windows 把这种复杂对象的标识称为"句柄"。不同的 Windows 对象的句柄具有不同的类型,常用的句柄类型如表 A-3 所示。

表 A-3　常用的句柄

句 柄 类 型	说　　明	句 柄 类 型	说　　明
HWND	窗口句柄	HDC	设备环境句柄
HINSTANCE	当前程序应用实例句柄	HBITMAP	位图句柄
HCURSOR	光标句柄	HICON	图标句柄
HFONT	字体句柄	HMENU	菜单句柄
HPEN	画笔句柄	HFILE	文件句柄
HBRUSH	画刷句柄		

MFC 独特的数据类型如表 A-4 所示。

表 A-4　MFC 独特的数据类型

数 据 类 型	意　　义
POSITION	一个数值,代表 collection 对象(如数组或链表)中的元素位置,常使用于 MFC collection classes
LPCRECT	32 位指针,指向一个不变的 RECT 结构

MFC 的全局函数如表 A-5 所示。

表 A-5　MFC 的全局函数

函　　数	意　　义
AfxBeginThread	开始一个新的线程
AfxEndThread	结束一个旧的线程
AfxFormatString1	类似 printf 一般地将字符串格式化
AfxFormatString2	类似 printf 一般地将字符串格式化
AfxMessageBox	类似 Windows API 函数 MessageBox
AfxOuputDebugString	将字符串输往除错装置
AfxGetApp	获得 application object(CwinApp 派生对象)的指针
AfxGetMainWnd	获得程序主窗口的指针
AfxGetInstance	获得程序的 instance handle
AfxWinInit	被 WinMain(由 MFC 提供)调用的一个函数用作 MFC GUI 程序初始化的一部分
AfxRegisterClass	以自定义的 WNDCLASS 注册窗口类

附录 B 标识符的匈牙利记法

在 Windows 应用程序中，为了使标识符具有良好的可读性，在命名标识符时要用小写英文字母在标识符的前面作为前缀以说明该变量的数据类型。这个前缀分为两部分，一部分称为"类型前缀"，用来表示数据类型；另一部分称为"通用前缀"，用来表示标识符的用途。表 B-1 和表 B-2 分别为匈牙利记法中常用类型前缀和通用前缀。

表 B-1 匈牙利记法中常用类型前缀

类 型 前 缀	说　　明
b	Boolean 布尔
br	Brush 画刷
by	Byte 字节
ch	Char 字符
dw	Double word 双字
fn	Function 函数
fon	Font 字体
l	Long 长型
n	Integer 整数
re	Rectangle 矩形
s	String 串
scr	Screen region 屏幕区
sz	NULL 终止串
u	Unsigned integer 无符号整数
w	Word 字
wnd	Window 窗口

表 B-2 匈牙利记法中通用前缀

通 用 前 缀	说　　明	通 用 前 缀	说　　明
a	数组	i	数组元素的索引
c	常量	lp	长指针
e	数组元素	np	近指针
h	句柄	p	指针

注：在通用前缀和类型前缀复合使用时，通用前缀要写在类型前缀的前面。

附录 C MFC 的消息映射

由于 MFC 把处理消息的窗口函数已封装在 CCmdTarget 类中，因此能处理消息映射的类必须从 CCmdTarget 类派生。使用 MFC 程序框架进行 Windows 应用程序设计时，程序员不必去设计和实现自己的窗口过程，而是通过 MFC 提供的一套消息映射机制来处理消息。

C.1 三类消息

根据处理函数和处理过程的不同，MFC 主要处理以下三类消息。

（1）Windows 消息：以"WM_"为前缀（WM_COMMAND 除外）。由窗口对象来处理这类消息，也就是说，这类消息处理函数是 MFC 窗口类的成员函数。

（2）命令消息。这是来自菜单、工具条按钮、加速键等用户接口对象的 WM_COMMAND 通知消息，属于应用程序自己定义的消息。通过消息映射机制，MFC 框架把命令按一定的路径分发给多种类型的对象（具备消息处理能力）处理，如文档、窗口、应用程序、文档模板等对象。

（3）控制通知消息。是控制子窗口送给父窗口的通知消息。一般由窗口对象来处理这类消息，也就是说，这类消息处理函数一般是 MFC 窗口类的成员函数。Win32 体系用 WM_NOFITY 可以处理更复杂的通知消息。

C.2 消息映射表项结构 AFX_MSGMAP_ENTRY

一个消息映射条目可以用 AFX_MSGMAP_ENTRY 结构来描述，该结构的定义如下：

```
struct AFX_MSGMAP_ENTRY
{
    UINT nMessage;              //Windows 消息 ID
    UINT nCode;                 //控制消息的通知码
    UINT nID;                   //Windows Control 的 ID

    UINT nLastID;               //nLastID 指定消息的被映射范围
    UINT nSig;                  //消息的动作标识
    AFX_PMSG pfn;               //响应消息时应执行的函数
};
```

从上述结构可以看出，每条映射有两部分的内容：前 4 个域是第一部分，是关于消息 ID 的；后两个域是第二部分，是关于消息对应处理函数的。

域 pfn 是一个指向 CCmdTarget 成员函数的指针。函数指针的类型定义如下：

```
typedef void (AFX_MSG_CALL CCmdTarget:: * AFX_PMSG)(void);
```

当使用一条或者多条消息映射条目初始化消息映射数组时，各种不同类型的消息函数都被转换成这样的类型：不接收参数，也不返回参数的类型。因为所有可以有消息映射的类都是从 CCmdTarget 派生的，所以可以实现这样的转换。

　　域 nSig 是一个标识变量，用来标识不同原型的消息处理函数，每一个不同原型的消息处理函数对应一个不同的 nSig。在消息分发时，MFC 内部根据 nSig 把消息派发给对应的成员函数处理，实际上，就是根据 nSig 的值把 pfn 还原成相应类型的消息处理函数并执行它。

C.3　在类声明文件中声明消息映射

　　在设计可影响消息的类时，应该在类声明（头文件）里用宏 DECLARE_MESSAGE_MAP 来声明消息映射。

　　宏 DECLARE_MESSAGE_MAP 的定义如下：

```
#ifdef _AFXDLL
#define DECLARE_MESSAGE_MAP() \
private: \
static const AFX_MSGMAP_ENTRY _messageEntries[]; \
protected: \
static AFX_DATA const AFX_MSGMAP messageMap; \
static const AFX_MSGMAP * PASCAL _GetBaseMessageMap(); \
virtual const AFX_MSGMAP * GetMessageMap() const; \
#else
#define DECLARE_MESSAGE_MAP() \
private: \
static const AFX_MSGMAP_ENTRY _messageEntries[]; \
protected: \
static AFX_DATA const AFX_MSGMAP messageMap; \
virtual const AFX_MSGMAP * GetMessageMap() const; \
#endif
```

DECLARE_MESSAGE_MAP 定义了两个版本，分别用于静态或者动态链接到 MFC DLL 的情形。

　　消息映射声明的实质是给所在类添加两个成员变量和两个成员函数。

　　两个被添加成员变量分别为 _messageEntries 和 messageMap。

　　第 1 个成员变量是一个 AFX_MSGMAP_ENTRY 类型的数组 _messageEntries[ ]；第 2 个成员变量 AFX_MSGMAP messageMap 是一个 AFX_MSGMAP 类型的静态成员变量。AFX_MSGMAP 结构的定义如下：

```
struct AFX_MSGMAP
{
    #ifdef _AFXDLL
    const AFX_MSGMAP * (PASCAL * pfnGetBaseMap)();
                                        //指向 _GetBaseMessageMap 函数的指针
    #else
    const AFX_MSGMAP * pBaseMap;        //基类消息映射入口 _messageEntries 的地址
    #endif
    const AFX_MSGMAP_ENTRY * lpEntries; //消息映射入口 _messageEntries 的地址
};
```

从上面的定义可以看出，messageMap 存放了类的消息映射数组 _messageEntries 和函数 _GetBaseMessageMap 的地址（不使用 MFC DLL 时，是基类消息映射数组的地址）。

两个被添加的成员函数为 _GetBaseMessageMap( ) 和 GetMessageMap( )，前者是用来获得基类消息映射表的函数，后者是用来获得自身消息映射表的函数。

C.4　在类实现文件中实现消息映射

消息映射实现的实质是初始化声明中定义的静态成员变量 _messageEntries 和 messageMap 及实现所声明的函数 GetMessageMap()、_GetBaseMessageMap()。

在类的实现（实现文件）里使用 IMPLEMENT_MESSAGE_MAP 宏来实现消息映射。

1. 消息映射表初始化宏 BEGIN_MESSAGE_MAP

BEGIN_MESSAGE_MAP 宏的定义如下：

```
#ifdef _AFXDLL
#define BEGIN_MESSAGE_MAP(theClass, baseClass) \
const AFX_MSGMAP * PASCAL theClass::_GetBaseMessageMap( ) \
{ return &baseClass::messageMap; } \
const AFX_MSGMAP * theClass::GetMessageMap( ) const \
{ return &theClass::messageMap; } \
AFX_DATADEF const AFX_MSGMAP theClass::messageMap= \
{ &theClass::_GetBaseMessageMap, &theClass::_messageEntries[0] }; \
const AFX_MSGMAP_ENTRY theClass::_messageEntries[ ]= \
{ \
#else
#define BEGIN_MESSAGE_MAP(theClass, baseClass) \
const AFX_MSGMAP * theClass::GetMessageMap( ) const \
{ return &theClass::messageMap; } \
AFX_DATADEF const AFX_MSGMAP theClass::messageMap= \
{ &baseClass::messageMap, &theClass::_messageEntries[0] }; \
const AFX_MSGMAP_ENTRY theClass::_messageEntries[ ]= \
{ \
#endif
```

BEGIN_MESSAGE_MAP 定义了两个版本，分别用于静态或者动态链接到 MFC DLL 的情形。

由于 Windows 中的消息种类繁多，因此不能把填写表项的宏统一起来，所以对于不同种类的消息，其填写表项的宏也不相同。

2. 宏 ON_WM_××××( )

这是用于 Windows 消息的宏，这样的宏不带参数。由于 MFC 提供了默认的 Windows 消息处理函数的定义和实现，所以它对应的消息和消息处理函数的函数名称、函数原型是固定的。例如，宏 ON_WM_CREATE( ) 把消息 WM_CREATE 映射到 OnCreate() 函数，消息映射条目的第 1 个成员 nMessage 指定为要处理的 Windows 消息的 ID，第 2 个成员 nCode 指定为 0。

除了单条命令消息的映射，还有把一定范围的命令消息映射到一个消息处理函数的映射宏 ON_COMMAND_RANGE。这类宏带有参数，需要指定命令 ID 的范围和消息处理函数。这些消息都映射到 WM_COMMAND 上，也就是将消息映射条目的第一个成员

nMessage 指定为 WM_COMMAND,第 2 个成员 nCode 指定为 CN_COMMAND(即 0),第 3 个成员 nID 和第 4 个成员 nLastID 指定了映射消息的起止范围。消息处理函数的原型是 void（UINT）,有一个 UINT 类型的参数,表示要处理的命令消息 ID,不返回值。

3. 宏 ON_COMMAND

ON_COMMAND 宏用来向消息映射表填充命令消息映射表项,该宏的定义如下:

```
#define ON_COMMAND(id, memberFxn) \
{\
WM_COMMAND, \
CN_COMMAND, \
(WORD)id, \
(WORD)id, \
AfxSig_vv, \
(AFX_PMSG)memberFxn\
};
```

例如:

```
ON_COMMAND(ID_APP_ABOUT, OnAppAbout)
```

则 ON_COMMAND 宏填写的表项如下:

```
{ WM_COMMAND,
CN_COMMAND,
(WORD)ID_APP_ABOUT,
(WORD)ID_APP_ABOUT,
AfxSig_vv,
(AFX_PMSG)OnAppAbout
}
```

这个消息映射表项的含义是:消息 ID 是 ID_APP_ABOUT,OnAppAbout 被转换成 AFX_PMSG 指针类型,AfxSig_vv 是 MFC 预定义的枚举变量,用来标识 OnAppAbout（） 函数类型为 void 且无参数。

4. 用于控制通知消息的宏

这类宏可能带有三个参数,如 ON_CONTROL,就需要指定控制窗口 ID、通知码和消息处理函数;也可能带有两个参数,如具体处理特定通知消息的宏 ON_BN_CLICKED、ON _LBN_DBLCLK、ON_CBN_EDITCHANGE 等,需要指定控制窗口 ID 和消息处理函数。

控制通知消息也被映射到 WM_COMMAND 上,也就是将消息映射条目的第 1 个成员的 nMessage 指定为 WM_COMMAND,但是第 2 个成员 nCode 是特定的通知码,第 3 个成员 nID 是控制子窗口的 ID,第 4 个成员 nLastID 等于第 3 个成员的值。消息处理函数的原型是 void（void）,没有参数,不返回值。

5. 处理通知消息宏 ON_NOTIFY

还有一类宏处理通知消息 ON_NOTIFY,它类似于 ON_CONTROL,但是控制通知消息被映射到 WM_NOTIFY。消息映射条目的第 1 个成员的 nMessage 被指定为 WM_ NOTIFY,第 2 个成员 nCode 是特定的通知码,第 3 个成员 nID 是控制子窗口的 ID,第 4 个成员 nLastID 等于第 3 个成员的值。消息处理函数的原型是 void（NMHDR *, LRESULT *）,参数 1 是 NMHDR 指针,参数 2 是 LRESULT 指针,用于返回结果,但函数不返回值。

对应地,还有把一定范围的控制子窗口的某个通知消息映射到一个消息处理函数的映射宏,这类宏包括 ON_CONTROL_RANGE 和 ON_NOTIFY_RANGE。这类宏带有参数,需要指定控制子窗口 ID 的范围和通知消息以及消息处理函数。

对于 ON_CONTROL_RANGE,是将消息映射条目的第 1 个成员的 nMessage 指定为 WM_COMMAND,但是第 2 个成员 nCode 是特定的通知码,第 3 个成员 nID 和第 4 个成员 nLastID 等于指定了控制窗口 ID 的范围。消息处理函数的原型是 void(UINT),参数表示要处理的通知消息是哪个 ID 的控制子窗口发送的,函数不返回值。

对于 ON_NOTIFY_RANGE,消息映射条目的第 1 个成员的 nMessage 被指定为 WM_NOTIFY,第 2 个成员 nCode 是特定的通知码,第 3 个成员 nID 和第 4 个成员 nLastID 指定了控制窗口 ID 的范围。消息处理函数的原型是 void(UINT,NMHDR∗,LRESULT∗),参数 1 表示要处理的通知消息是哪个 ID 的控制子窗口发送的,参数 2 是 NMHDR 指针,参数 3 是 LRESULT 指针,用于返回结果,但函数不返回值。

6. 用于用户界面接口状态更新的 ON_UPDATE_COMMAND_UI 宏

这类宏被映射到消息 WM_COMMAND 上,带有两个参数,需要指定用户接口对象 ID 和消息处理函数。消息映射条目的第一个成员 nMessage 被指定为 WM_COMMAND,第 2 个成员 nCode 被指定为−1,第 3 个成员 nID 和第 4 个成员 nLastID 都指定为用户接口对象 ID。消息处理函数的原型是 void(CCmdUI∗),参数指向一个 CCmdUI 对象,不返回值。

对应地,有更新一定 ID 范围的用户接口对象的宏 ON_UPDATE_COMMAND_UI_RANGE,此宏带有 3 个参数,用于指定用户接口对象 ID 的范围和消息处理函数。消息映射条目的第 1 个成员 nMessage 被指定为 WM_COMMAND,第 2 个成员 nCode 被指定为−1,第 3 个成员 nID 和第 4 个成员 nLastID 用于指定用户接口对象 ID 的范围。消息处理函数的原型是 void(CCmdUI∗),参数指向一个 CCmdUI 对象,函数不返回值。之所以不用当前用户接口对象 ID 作为参数,是因为 CCmdUI 对象包含有关信息。

7. END_MESSAGE_MAP

END_MESSAGE_MAP( )的定义如下:

```
#define END_MESSAGE_MAP( ) \
{0, 0, 0, 0, AfxSig_end, (AFX_PMSG)0 } \
}; \
```

即消息映射表最后表项的内容是宏 END_MESSAGE_MAP 的内容,它标识消息映射表的终止。

附录 D 文档/视图框架的补充内容

D.1 文档类与其他类对象之间的配合

从应用程序类 CWinApp 的声明中可以看到，CWinApp 类中包含用于新建文件的 OnFileNew( )函数和用于打开文件的 OnFileOpen( )函数：

```
afx_msg void OnFileNew( );
afx_msg void OnFileOpen( );
```

而在文档模板管理者类 CDocManager 中也有相应的函数：

```
virtual void OnFileNew( );
virtual void OnFileOpen( );
virtual CDocument * OpenDocumentFile(LPCTSTR lpszFileName);
```

并且在文档模板类 CDocTemplate 中也不例外：

```
virtual CDocument * OpenDocumentFile(
    LPCTSTR lpszPathName, BOOL bMakeVisible=TRUE)=0;
virtual CDocument * CreateNewDocument( );
```

复杂的是，在 CDocument 类中再次看到了相关函数：

```
virtual BOOL OnNewDocument( );
virtual BOOL OnOpenDocument(LPCTSTR lpszPathName);
```

文档/视图框架程序 File 菜单中的 New 和 Open 命令究竟调用的是哪个函数呢？

其实，当用户选择菜单（或工具栏）选项发生了 ID_FILE_OPEN 及 ID_FILE_NEW 菜单命令后，首先被调用的是 CWinApp（派生）类的 OnFileNew( )、OnFileOpen( )函数，其作用是选择文档模板，如图 D-1 所示。

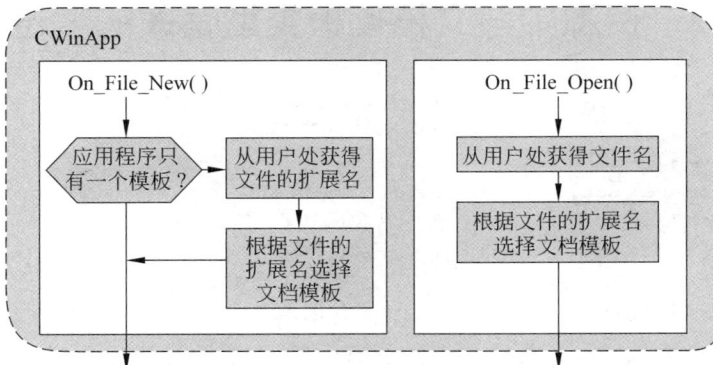

图 D-1 CWinApp 的函数用来选择文档模板

因为应用程序实质上是用 CDocManager 类对象来管理文档模板的。所以实际上，图 D-1 所示的"使用文件扩展名选择文档模板""是一个文档模板吗？"的行为是调用 CDocManager

类的相关函数 OnFileNew( )来完成模板的选择：

```
void CDocManager::OnFileNew()
{
    if (m_templateList.IsEmpty()) //空链表？
    {
         ⋮
        return ;
    }
    //取第一个文档模板的指针
    CDocTemplate * pTemplate=(CDocTemplate * )m_templateList.GetHead();
    if (m_templateList.GetCount()>1)
    {
        //如果多于一个文档模板,弹出对话框提示用户选择
        CNewTypeDlg dlg(&m_templateList);
        int nID=dlg.DoModal();
        if (nID==IDOK)
            pTemplate=dlg.m_pSelectedTemplate;
        else
            return ;
            //none-cancel operation
    }

    //参数为 NULL 时 OpenDocumentFile( )会新建一个文件
    pTemplate->OpenDocumentFile(NULL);
    }
     ⋮
}
```

之后,文档模板类的 OpenDocumentFile( )函数进行文档的创建工作,如果参数 lpszPathName 为 NULL,新建文档;相反,则打开文档。接下来,文档模板分别调用 CDocument 对象的 OnNewDocument( )或 OnOpenDocument( )函数来新建文档或打开文档。

D.2 资源中与文档模板类型有关的字符串

前面讲过,在 CWinApp 中的函数 InitInstance( )需要用类似如下的代码来创建文档模板对象：

```
pDocTemplate=new CMultiDocTemplate(
    IDR_BMPTYPE,                     //位图文档资源
    RUNTIME_CLASS(BMPDocument),      //位图文档
    RUNTIME_CLASS(CChildFrame),      //MDI 方框
    RUNTIME_CLASS(BMPView));         //位图视图
```

其中的第一个参数为该文档模板或文档的资源标识,即需要把应用程序的资源加载到程序中。在资源中有一个与文档模板类型相关的字符串,它由 7 个子字符串组成,各子字符串用换行符"\n"分隔,每个子串各有不同的作用。其格式及各子字符串的含义如下：

<子串 1>\n<子串 2>\n<子串 3>\n<子串 4>\n<子串 5>\n<子串 6>\n<子串 7>

各子串的含义如表 D-1 所示。

子串序号	说　　　明
1	窗口标题。该字符串仅出现在 SDI 程序中，对于多文档程序为空
2	文档名。在建立新文档时，新文档名为该字符串后加一个序号
3	新建文档类型名。该字符串显示在 File New 对话框中
4	过滤器名。显示在 Open 对话框中的 Type 下拉列表中
5	过滤器后缀。与过滤器名一起使用，指定与文档类型相关文件的扩展名
6	文档类型 Id。应用程序运行时会将该 Id 加入注册数据库中
7	注册文档类型名。存放在注册数据库中，标识文档类型的名字

D.3　文档类 CDocument 的代码

在"文档/视图"架构的 MFC 程序中，文档是一个 CDocument 派生对象，它负责存储应用程序的数据，并把这些信息提供给应用程序的其余部分。CDocument 类对文档的建立及归档提供支持并提供了应用程序用于控制其数据的接口，类 CDocument 的声明如下：

```
/////////////////////////////////////////////////////////////////////////////
//class CDocument is the main document data abstraction
class CDocument : public CCmdTarget
{
    DECLARE_DYNAMIC(CDocument)
    public:
        //Constructors
        CDocument();
        //Attributes
    public:
        const CString& GetTitle() const;                    //设置标题
        virtual void SetTitle(LPCTSTR lpszTitle);           //获得标题
        const CString& GetPathName() const;                 //获得路径
        virtual void SetPathName(LPCTSTR lpszPathName,      //设置路径
            BOOL bAddToMRU=TRUE);
        CDocTemplate * GetDocTemplate() const;              //取得文档模板指针
        virtual BOOL IsModified();                          //获得"脏"标志
        virtual void SetModifiedFlag(BOOL bModified=TRUE);  //设置"脏"标志
        //Operations
        void AddView(CView * pView);                //连接视图到文档,视图文档指针指向文档
        void RemoveView(CView * pView);             //完成与 AddView 相反的工作
        virtual POSITION GetFirstViewPosition() const;      //取得第一个视图
        virtual CView * GetNextView(POSITION& rPosition) const;  //遍历对应视图
        //Update Views (simple update-DAG only)
        void UpdateAllViews(CView * pSender, LPARAM lHint=0L, //更新所有视图
            CObject * pHint=NULL);  //Overridables
        //Special notifications
        virtual void OnChangedViewList();       //视图数目变化时执行的函数
        virtual void DeleteContents(); //delete doc items etc
        //File helpers
```

```
        virtual BOOL OnNewDocument( );                          //新建文档时响应的函数
        virtual BOOL OnOpenDocument(LPCTSTR lpszPathName);   //打开时响应
        virtual BOOL OnSaveDocument(LPCTSTR lpszPathName);   //保存时响应
        virtual void OnCloseDocument( );                        //关闭时响应
        virtual void ReportSaveLoadException(LPCTSTR lpszPathName,
            CException * e, BOOL bSaving, UINT nIDPDefault);
        virtual CFile * GetFile(LPCTSTR lpszFileName, UINT nOpenFlags,
            CFileException * pError);           //打开 lpszFileName 指定的文件
        virtual void ReleaseFile(CFile * pFile, BOOL bAbort);    //关闭文件
        //advanced overridables, closing down frame/doc, etc.
        virtual BOOL CanCloseFrame(CFrameWnd * pFrame);
        virtual BOOL SaveModified( );           //return TRUE if ok to continue
        virtual void PreCloseFrame(CFrameWnd * pFrame);
        //Implementation
    protected:
        //default implementation
        CString m_strTitle;
        CString m_strPathName;
        CDocTemplate * m_pDocTemplate;
        CPtrList m_viewList;                    //list of views
        BOOL m_bModified;                       //changed since last saved

    public:
        BOOL m_bAutoDelete;         //TRUE=>delete document when no more views
        BOOL m_bEmbedded;           //TRUE=>document is being created by OLE

        #ifdef _DEBUG
        virtual void Dump(CDumpContext&) const;
        virtual void AssertValid ( ) const;
        #endif                                  //_DEBUG
        virtual ~CDocument( );

        //implementation helpers
        virtual BOOL DoSave(LPCTSTR lpszPathName, BOOL bReplace=TRUE);
        virtual BOOL DoFileSave( );
        virtual void UpdateFrameCounts( );
        void DisconnectViews( );                //将所有的视图都与文档"失连"
        void SendInitialUpdate( );

        //overridables for implementation
        virtual HMENU GetDefaultMenu( );    //get menu depending on state
        virtual HACCEL GetDefaultAccelerator ( );
        virtual void OnIdle( );
        virtual void OnFinalRelease( );

        virtual BOOL OnCmdMsg(UINT nID, int nCode,
            void * pExtra, AFX_CMDHANDLERINFO * pHandlerInfo);
        friend class CDocTemplate;              //声明文档模板为友员类
    protected:
        //file menu commands
        //{{AFX_MSG(CDocument)
        afx_msg void OnFileClose( );
        afx_msg void OnFileSave( );
        afx_msg void OnFileSaveAs( );
```

```
        //}}AFX_MSG
        //mail enabling
        afx_msg void OnFileSendMail( );
        afx_msg void OnUpdateFileSendMail(CCmdUI * pCmdUI);

        DECLARE_MESSAGE_MAP( )
};
```

附录 E　多文档/视图框架的一个实例

这是一个多文档/视图架构的 MFC 程序,它支持两种文件格式(扩展名为 BMP 的位图文件和 TXT 的文本文件),另外,对于 BMP 格式文档对应有多个不同类型的视图。

E.1　创 建 工 程

用 Visual C++ 工程向导创建一个名为 Example 的多文档/视图框架 MFC 程序,最初的应用程序界面如图 E-1 所示。

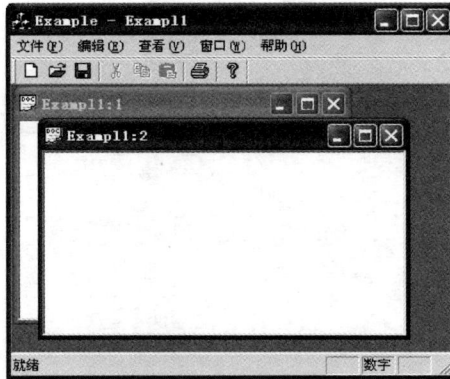

图 E-1　多文档应用程序界面

E.2　使默认文档模板成为 TXT 文档模板

(1) 在文档类中定义存放文件字符串的成员变量。

在文档类中定义 m_Text 用于存储 TXT 文件中的字符串。代码片段如下:

```
class CExampleDoc : public CDocument
{
    ⋮
    CString m_Text;                      //在文档类中定义成员 m_Text
    ⋮
}

//重写文档类的方法 Serialize( ),可将文件中的字符串读取到 m_Text 中
void CExampleDoc::Serialize(CArchive& ar)
{
    if (ar.IsStoring( ))
    {
        //TODO: add storing code here
    }
```

```
    else
    {
        //TODO: add loading code here
        ar.ReadString(m_Text);                    //读文件到文档对象
    }
}
//重写视图类的 OnDraw 函数(),显示文档中的字符串
void CExampleView::OnDraw(CDC * pDC)
{
    CExampleDoc * pDoc=GetDocument();
    pDC->TextOut(0,0,pDoc->m_Text);
}
```

这个时候的程序已经支持 TXT 类型文件了,例如,打开一个扩展名为 txt 的 TXT 文件,将出现如图 E-2 所示的样子。

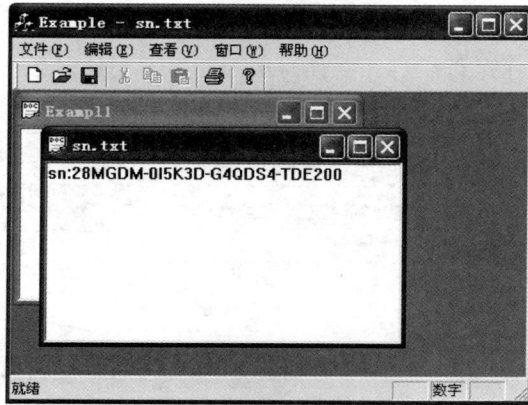

图 E-2　支持 TXT 文件的文档

(2) 使用资源定义文档模板的类型。

首先打开资源文件头文件 Resourse.h,添加标识定义 IDR_TEXTTYPE,添加的代码如下:

```
//{{NO_DEPENDENCIES}}
//Microsoft Visual C++generated include file.
//Used by EXAMPLE.RC
//
#define IDD_ABOUTBOX 100
#define IDR_MAINFRAME 128
//#define IDR_EXAMPLTYPE 129
#define IDR_TEXTTYPE 10001                    //添加的标识
```

对应地,在资源文件中增加相应的定义:

```
STRINGTABLE PRELOAD DISCARDABLE
BEGIN
IDR_MAINFRAME "Example"
IDR_EXAMPLTYPE
    "\nExampl\nExampl\n\n\nExample.Document\nExampl Document"

IDR_TEXTTYPE "\nTEXT\nTEXT                    //增加的定义
```

```
    \nExampl 文件 (＊.txt)\n.txt\nTEXT\nTEXT Document"
```

END

修改 CExampleApp∷InitInstance( )函数，以新增加的标识作为该函数的第一个参数：

```
BOOL CExampleApp∷InitInstance( )
{
    ⋮
    CMultiDocTemplate＊pDocTemplate;
    pDocTemplate=new CMultiDocTemplate(
        IDR_TEXTTYPE,                    //加载对应文本文件的资源标识
        RUNTIME_CLASS(CExampleDoc),
        RUNTIME_CLASS(CChildFrame),      //MDI 方框
        RUNTIME_CLASS(CExampleView));
    AddDocTemplate(pDocTemplate);
    ⋮
}
```

这样处理之后，在程序运行后打开文件时出现的打开文件对话框的变化如图 E-3 所示。

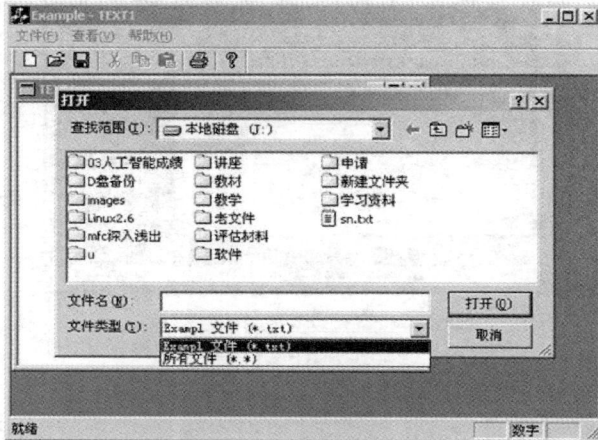

图 E-3　文件打开对话框

E.3　添加位图文档模板

（1）定义位图文档模板资源标识。

在资源头文件中定义：

```
#define IDR_BMPTYPE 10002                     //位图类型标识
```

在资源文件中定义：

```
IDR_BMPTYPE "\nBMP\nBMP\nExampl 文件 (＊.bmp)\n.bmp\nBMP\nBMP Document"
```

（2）在应用程序中添加位图文档类和位图视图类。

自 CView 类派生一个 BMPView 类，自 CDocument 类派生一个 BMPDocument 类，然后在 CExampleApp.cpp 中包含头文件：

```
#include "BMPView.h"
```

```
#include "BMPDocument.h"
```

修改 CExampleApp∷InitInstance( )函数,在函数中添加 BMP 格式文档模板的代码。

```
pDocTemplate=new CMultiDocTemplate(
    IDR_BMPTYPE,                        //位图文档资源
    RUNTIME_CLASS(BMPDocument),         //位图文档
    RUNTIME_CLASS(CChildFrame),         //custom MDI child frame
    RUNTIME_CLASS(BMPView));            //位图视图
AddDocTemplate(pDocTemplate);           //将模板加入文档模板链表
```

当这个程序启动或用户单击程序的"新建"菜单项时,将弹出如图 E-4 所示的对话框让用户选择新建文件的具体类型,这就是在应用程序中包含多个文档模板后出现的现象。

同样在单击"打开"菜单项时,在打开对话框中也会要求用户指定要打开文件的类型。

图 E-4　新建文件对话框

(3) 重写 BMPView 的函数 GetDocument( )。

对于新添加的视图类:

```
#include "BMPDocument.h "
class CBMPView : public CView
{
    ⋮
    BMPDocument * GetDocument( );         //声明
    ⋮
}
```

重写 BMPView∷GetDocument 函数:

```
BMPDocument * BMPView∷GetDocument( )
{
    ASSERT(m_pDocument->IsKindOf(RUNTIME_CLASS(BMPDocument)));
    return (BMPDocument * )m_pDocument;
}
```

(4) 重写 BMPView 的函数 OnDraw( )。

在 CBMPView∷OnDraw( )中应用第三方类 CDib 来完成图形的绘制。

```
#include "DIB.h"
void CBMPView∷OnDraw(CDC * pDC)
{
    CBMPDocument * pDoc=GetDocument( );
    //TODO: add draw code here
    CDib dib;                              //创建第三方类对象
    dib.Load(pDoc->GetPathName( ));        //装载位图
    dib.SetPalette(pDC);                   //设置调色板
    dib.Draw(pDC);                         //绘制位图
}
```

程序运行结果如图 E-5 所示。

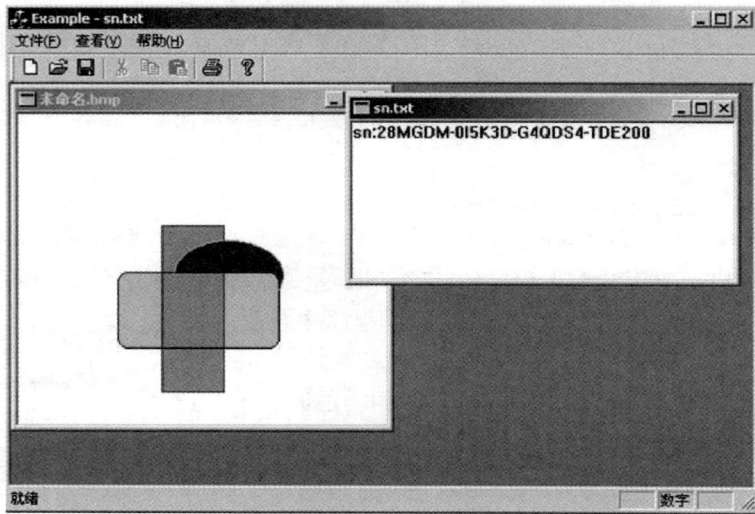

图 E-5 文本文档和位图文档都打开时的情况

附录 F　类信息表与 CObject 类

CObject 类是 MFC 大多数类的根类或基类。之所以这样,是因为 CObject 类有很多其他类所需要的特性和能力。或者说,MFC 的设计者把大多数类所需要的通用特性和能力封装在 CObject 类。这里将简单介绍 CObject 类的这些特性和能力,以及它们的实现机制,并介绍其派生类应该如何继承这些特性和能力。

F.1　类信息表

由于 CObject 类的许多能力都与类信息表有关,因此首先再系统地介绍一下类信息表。类信息表是一个静态 CRuntimeClass 结构变量,因此它是一个该类所有对象共享的类成员。CRuntimeClass 结构各个域的名称及含义如表 F-1 所示。

表 F-1　结构体 CRuntimeClass 各域的含义

域	说　　明	应　　用
m_lpszClassName	类名称	RTTI、对象动态创建
m_nObjectSize	对象大小	对象动态创建
m_wSchema	类的版本	对象动态创建
m_pfnCreateObject	动态创建对象函数指针	对象动态创建
m_pBaseClass	基类类信息表指针	用于形成类族谱系表
CreateObject( )	动态创建对象函数声明	对象动态创建
IsDerivedFrom( )	判断参数中表示的类是否为本类祖先的函数	RTTI
Store( )	存储类信息表函数的声明	对象动态创建
Load( )	读取类信息表函数的声明	对象动态创建
m_pNextClass	下一个类信息表的指针	用于形成总表

应用程序中所有具有这样表的类的类信息表通过指针 m_pNextClass 形成了一个总表,应用程序可以沿这个指针遍历总表中的所有类信息表,是对象动态创建的基础。

应用程序中所有具有这样表的类的类信息表通过指针 m_pBaseClass 形成了若干个类族谱系表,该表表示了类的继承和派生关系,是 RTTI(运行时对象类型识别)的基础。

在设计一个类时,如果该类需要这个表,则应该用宏 DECLARE_DYNAMIC( )声明,用宏 IMPLEMENT_DYNAMIC( )实现。

F.2　CObject 类对 RTTI 的支持

应用程序在运行时,常常需要确定一个对象是否属于某一个类或其派生类,并以此控制程序运行流程。这样,就要求一个对象在程序运行时能够提供自身的身份(属于哪个类)信息。如果一个对象具备这个能力,那么就说这个对象具有提供运行时类信息的能力,或者说它支持运行时类信息(Runtime Type Information,RTTI)。显然,具有类信息表的类的对象具备了提供自身身份的基础,因为根据类信息表不但可以查得该对象的类名,而且沿 m_pBaseClass 指针还可以查得其所有祖先类名。

只具有类信息表还不够,类还应该提供一个方法 IsKindOf( ):

```
BOOL IsKindOf(const CRuntimeClass * pClass) const;
```

在方法中,把本对象的类信息表与参数 pClass 进行比较,如果相同则返回为 TRUE,如果不同则沿类信息表提供的指针 m_pBaseClass 上溯,逐一与基类信息表相比较,如果找到相同的表则返回 TRUE;如果到最终也没有找到,则返回 FALSE。即当 IsKindOf( )返回值为 TRUE 时,表明本对象是 pClass 类或其派生类的对象。

MFC 为使所有具有 RTTI 能力的类都包含这样一个 IsKindOf( )函数,将这个函数定义在 CObject 类中,并要求所有希望具有 RTTI 能力的类,除了要用宏来声明和实现外,该类必须继承自 CObject 类。

F.3　CObject 对文档序列化的支持

前面已经提到,如果在类中使用了宏 DECLARE _ SERIAL 来声明序列化和 IMPLEMENT_SERIAL 来实现序列化,那么由于这两个宏中自然包含 RTTI 宏和对象动态创建宏,这样这种类也就具有了序列化的基础。除此之外,除了还需要一个 CArchive 对象配合之外,为完成文档各层对象的递次读写,各对象的类还需要一个格式统一的函数 Serialize( )。既然是具有序列化能力的类都需要这样一个函数,那么与前面的做法一样,MFC 把这个函数作为虚函数又封装到 CObject 类中。

所以 MFC 要求,凡是希望具有序列化能力的类必须用宏 DECLARE _ SERIAL 和 IMPLEMENT_SERIAL 来声明实现,同时这个类必须继承自 CObject 类或其派生类,目的就是包含序列化函数 Serialize( )。当然,为了支持对象的动态创建,还应该在类中定义一个无参数的构造函数。

F.4　CObject 对提供程序调试诊断信息的支持

在 Visual C ++ 中有 Debug Build 和 Release Build 两种编译模式,前者生成的是应用程序的调试版本,后者生成应用程序的运行版本。在调试版本中 CObject 提供了几个函数作为调试工具,用户使用这些工具可以在程序的调试运行中对程序状态进行观测或提供程序诊断信息。

一般情况下,应该在 Debug Build 模式下开发应用程序,而在 Release Build 模式下发布应用程序。

在 Debug Build 模式下,CObject 类有一个虚成员函数 Dump( ),其原型如下:

```
void CObject::Dump(CDumpContext& dc);
```

这个函数要和♯ifdef _DEBUT/♯endif 配合使用,例如:

```
#ifdef _DEBUG
    pMyObj->Dump(afxDump);
#endif
```

其中的参数 afxDump 是 MFC 预定的一个 CDumpContext 类对象,实质上就是 Visual C++
环境的调试窗口对象。用户可以通过重写 Dump( )在调试窗口上输出希望观测的程序对
象数据。

除 Dump( )之外,为了方便程序调试,CObject 还提供了虚函数 AssertValid( )与
ASSERT_VALID 宏,它在程序运行时对 CObject 及其派生对象进行内部检查。这个函数
同 Dump 一样,也是一个只存在于 CObject 调试版本中的成员函数。

用户可以在派生类中重写 AssertValid( )这个虚函数,以扩充它的检查功能。而
ASSERT 宏可以接收一个表达式。如果表达式值为 0(即为假),则产生异常,弹出出错信
息框。

所以希望具有提供程序调试诊断信息能力的类也应该继承自 CObject 类或其派生类。

附录 G　Visual C++ 中文件类型小结

Visual C++ 中文件类型如表 G-1 所示。

表 G-1　Visual C++ 中文件类型

文件或扩展名	含　义	
dsw	Workspace 文件	
dsp	Project 文件，在 Workspace 文件中可以包含多个 Project，每个工程都对应一个 dsp 文件	
opt	与 Workspace 文件相配合的一个重要的文件，这个文件中包含的是 Workspace 文件中要用的本地计算机的有关配置信息，所以这个文件不能在不同的计算机上共享。当打开一个 Workspace 文件时，如果系统找不到需要的 opt 类型文件，就会自动地创建一个与之配合的包含本地计算机信息的 opt 文件	
clw	是用来存放应用程序中用到的类和资源信息的文件，这些信息是 Visual C++ 中的 ClassWizard 工具管理和使用类的信息来源	
readme.txt	这个文件中列出了应用程序中用到的所有文件的信息	
h	头文件，包含的主要是类的定义	
cpp	实现文件。一般来说，.h 为扩展名的文件和.cpp 为扩展名的文件是一一对应配合使用的	
rc	资源文件，rc 文件可以直接在 Visual C++ 集成环境中以可视化的方法进行编辑和修改	
rc2	也是资源文件，但这个文件中的资源不能在 Visual C++ 的集成环境下直接进行编辑和修改，而是由用户根据需要手工编辑这个文件	
aps	存放二进制资源的中间文件，Visual C++ 把当前资源文件转换成二进制格式，并存放在 APS 文件中，以加快资源装载速度	
bmp	位图资源文件	
bsc	浏览信息文件，由浏览信息维护工具（BSCMAKE）从原始浏览信息文件（.SBR）中生成，BSC 文件可以用来在源代码编辑窗口中进行快速定位	
cur	光标资源文件	
def	模块定义文件，供生成动态链接库时使用	